环境保护与生态文明

Environmental Protection and Ecological Civilization

王军良　林春绵　申屠佳丽　主编

中国环境出版集团・北京

图书在版编目（CIP）数据

环境保护与生态文明/王军良，林春绵，申屠佳丽主编.
—北京：中国环境出版集团，2022.10
普通高等教育“十四五”规划教材
ISBN 978-7-5111-5058-5

Ⅰ. ①环… Ⅱ. ①王…②林…③申… Ⅲ. ①环境保护—中国—高等学校—教材②生态环境建设—中国—高等学校—教材 Ⅳ. ①X-12②X321.2

中国版本图书馆 CIP 数据核字（2022）第 027413 号

出 版 人　武德凯
责任编辑　葛　莉
封面设计　宋　瑞

出版发行　中国环境出版集团
（100062　北京市东城区广渠门内大街 16 号）
网　　址：http://www.cesp.com.cn
电子邮箱：bjgl@cesp.com.cn
联系电话：010-67112765（编辑管理部）
010-67113412（第二分社）
发行热线：010-67125803，010-67113405（传真）
印　　刷　北京中科印刷有限公司
经　　销　各地新华书店
版　　次　2022 年 10 月第 1 版
印　　次　2022 年 10 月第 1 次印刷
开　　本　787×1092　1/16
印　　张　24
字　　数　450 千字
定　　价　65.00 元

前　言

“环境与发展”是21世纪国际社会关注的重要议题，保护人类生存环境，实施可持续发展战略是我国的一项基本国策。生态文明建设越来越被党和国家所重视。加快推进生态文明建设，树立生态文明观念，是推动科学发展、建设美丽中国的必然要求。“百年大计，教育为本”，社会的进步和发展，教育是关键。开展环境保护和生态文明教育是高等学校素质教育的重要内容，是提高全民生态环境意识的重要手段。本书既是多年生态环境教育的经验积累，也是进一步开展环境保护与生态文明教育的新探索。环境保护知识和相关法规日新月异，本书在编写过程中立足前沿、力求创新。全书共分十三章，全面论述了人类社会面临的环境问题、人与环境的关系以及污染防治、清洁生产、环境管理、可持续发展及生态文明建设等环境保护的基本知识和最新成果。

本书由王军良、林春绵、申屠佳丽主编，具体编写分工：第一章由林春绵编写，第二章由徐超编写，第三章由成卓韦编写，第四章由戴启洲编写，第五章由金赞芳编写，第六章由王军良编写，第七章由魏秀珍编写，第八章由陈金媛编写，第九章由林春绵编写，第十章由姜理英编写，第十一章由陈东之编写，第十二章由叶杰旭编写，第十三章由叶杰旭、王军良编写，全书案例由申屠佳丽编写，全书由王军良统稿。

感谢书中所引图表等资料的作者，感谢盖瑞雪、刘雯、杨丽丽、张珍珍在本书编写工作中给予的帮助。由于编者水平有限，本书内容涉及领域广泛，书中难免有错误和不当之处，敬请专家、读者批评指正。

编　者

于浙江工业大学

2021年10月

目　录

第一章　绪　论 1

第一节　环境概述 2

第二节　环境问题 5

第三节　环境保护 15

第二章　环境与健康 25

第一节　人与自然 25

第二节　水环境与健康 26

第三节　大气环境与健康 31

第四节　土壤环境与健康 35

第五节　生活环境与健康 40

第三章　大气环境保护 45

第一节　大气与大气污染 45

第二节　大气污染物的扩散 61

第三节　大气污染控制技术 67

第四节　大气污染综合防治 74

第四章　水环境保护 80

第一节　水环境概述 80

第二节　水环境污染 89

第三节 水环境保护技术 99
第四节 水污染综合防治 106
第五节 海洋环境保护 115

第五章 固体废物的处理及资源化 130
第一节 固体废物的分类及危害 130
第二节 固体废物的管理 133
第三节 固体废物的处理技术 136
第四节 典型固体废物的处置与资源化利用 141

第六章 土壤环境保护 158
第一节 土壤污染概述 158
第二节 土壤污染综合防治 167
第三节 污染土壤修复技术 172

第七章 物理性污染控制 181
第一节 噪声污染与防治 181
第二节 电磁辐射污染与防治 203
第三节 放射性污染与防治 210
第四节 热污染及防治 216
第五节 光污染及防治 218

第八章 清洁生产 221
第一节 清洁生产概论 221
第二节 清洁生产的审核 230
第三节 清洁生产与节能减排 235
第四节 清洁生产与生态设计 239
第五节 清洁生产与环境标志 244

第九章　环境法规与标准 251
第一节　我国环境法规体系 251
第二节　我国环境标准体系 263

第十章　环境管理与监测 267
第一节　环境管理 267
第二节　环境监测 279

第十一章　生态系统与生物多样性保护 285
第一节　生态系统 285
第二节　生物多样性 295
第三节　生态与生物多样性保护 301

第十二章　可持续发展 314
第一节　可持续发展概论 314
第二节　可持续发展的基本理论与实施 320
第三节　中国人口的可持续发展 330
第四节　中国资源的可持续发展 334
第五节　中国能源的可持续发展 338

第十三章　生态文明建设 343
第一节　生态文明概述 343
第二节　生态文明建设的途径 346
第三节　国内外生态文明建设经验 356
第四节　习近平生态文明思想体系 362

主要参考文献 372

第一章 绪 论

翻阅20世纪60年代以前的报纸或书刊，你会发现几乎找不到“环境保护”这个词语。“环境保护”在那时并不是一个存在于社会意识和科学讨论中的概念。回想一下长期流行于全社会的口号——“向大自然宣战”“征服大自然”等，在这些口号中，大自然仅仅是人们征服与控制的对象，而非保护并与之和谐相处的对象。人类的这种征服自然的意识起源于原始洪荒时期，一直持续到20世纪。在这漫长的岁月里，没有人怀疑它的正确性，因为人类文明的许多进展是基于此意识而获得的，人类当前的许多经济与社会发展计划也是基于此意识而制订的。

大自然的景色多种多样。自然界凭借自己特有的格局和平衡保护着地球上的物种，然而人们却热衷于简化它，在高速发展中逐渐破坏了自然界的格局和平衡。

1962年，是全世界人民应该铭记的一年。这一年，美国海洋生物学家蕾切尔·卡逊在《纽约客》公开发表了基于癌症与杀虫剂的关系的研究文章，即《寂静的春天》的前言。虽然之后她受到了来自美国化工行业的巨大压力，但在1963年，她在著名的哥伦比亚广播公司拍摄的纪录片中，以沉着坚定的姿态，以确凿无误的举证，以无懈可击的阐述，表达了滥用农药对生态环境造成的严重后果，重申了保护人类生存环境的迫切要求。

她抵抗住了来自大型化工企业的诋毁，却无法抵抗癌症。她最终因乳腺癌于《寂静的春天》出版两年后逝世。蕾切尔·卡逊用自己的声音和生命唤醒的不只是美国，还有整个世界。《寂静的春天》一书，如同旷野中的呐喊，成为当代环境保护运动的动员令。它的出版改变了历史的进程。

蕾切尔·卡逊在《寂静的春天》中说：“我们对待植物的态度是异常狭隘的。如果我们看到一种植物具有某种直接用途，我们就种植它。如果出于某种原因，我们认为一种植物的存在不合心意或者没有必要，我们就可以立刻判它死刑。许多植物注定要毁灭，仅仅是由于我们狭隘地认为这些植物不过是偶然在一个错误的时间，长在一个错误的地方而已。还有许多植物正好与一些要除掉的植物生长在一起，因此也就随之而被毁掉了。但是大地植物是生命之网的一部分，在这个网中植物和大地之间、一些植物与另一些植物之间、植物和动物之间，存在着密切的、重要的联系。如果有时我们没有其他选择而必须破坏这些关系，我们必须谨慎一些，要充分了解我们的所作所为在时间和空间上产生的远期后果。”

虽然《寂静的春天》只是揭露了人类为追求利润而滥用农药的事实，但是蕾切尔·卡逊的影响已超越了她在《寂静的春天》中所谈及问题的疆界。她使我们正视一个观念，一个在现代文明中已丧失到令人震惊地步的观念，那就是：人类与大自然应融洽相处。

历史证明，人类与自然环境的关系是对立统一的，人类要追求持续的发展，就要顺应自然规律，从自然生态的角度出发，学会珍重自己，把自己当作自然界中的一员，建立一个与大自然和谐相处的绿色文明。

要完成这一艰巨的任务，就要彻底、广泛地通晓人类经济活动和社会发展对环境变化过程的影响，掌握其变化规律；提高对环境质量变化的识别力，培养分析和解决环境问题的技能，增强保护和改善环境的责任感和自觉性。

第一节 环境概述

一、环境的概念

“环境”一词的含义极其丰富。《辞海》将环境概括为“周围的境况，如自然环境、社会环境。”《中华人民共和国环境保护法》（以下简称《环境保护法》）第二条规定：“本法所称环境，是指影响人类生存和发展的各种天然的和经过人工改造的自然因素的总体，包括大气、水、海洋、土地、矿藏、森林、草原、湿地、野生生物、自然遗迹、人文遗迹、自然保护区、风景名胜区、城市和乡村等。”

《环境保护法》所指的“自然因素的总体”有两个约束条件：一是包括各种天然的和经过人工改造的；二是并不泛指人类周围的所有自然因素（整个太阳系的，甚至整个银河系的），而是指对人类的生存和发展有明显影响的自然因素的总体。

随着人类社会的发展，环境概念也在发展。有人根据月球引力对海水的潮汐有影响的事实，提出月球能否视为人类的生存环境？我们的回答是现阶段没有把月球视为人类的生存环境，任何一个国家的环境保护法也没有把月球规定为人类的生存环境，因为它对人类的生存和发展影响太小了。但是，随着宇宙航行和空间科学技术的发展，总有一天人类不但要在月球上建立空间实验站，还要开发利用月球上的自然资源，使地球上的人类频繁地往来于月球和地球之间。到那时，月球当然就会成为人类生存环境的重要组成部分。所以，我们要用发展的、辩证的观点来认识环境。

二、环境要素与环境质量

1．环境要素

环境要素，也叫环境基质，它是指构成人类环境整体的各个独立的、性质不同的而又服从整体演化规律的基本物质组分。它包括自然环境要素和人工环境要素。自然环境要素通常指水、大气、生物、阳光、岩石、土壤等。人工环境要素包括综合生产力、技术进步、人工产品和能量、政治体制、社会行为、宗教信仰等。

由环境要素组成了环境结构单元，又由环境结构单元组成了环境整体或环境系统。例如，由水组成水体，全部水体总称为水圈；由大气组成大气层，整个大气层总称为大气圈；由生物体组成生物群落，全部生物群落构成了生物圈。

2．环境质量

环境质量，一般是指在一个具体的环境内，环境的总体或者环境的某些要素，对人群的生存和繁衍以及经济发展的适宜程度，是反映人群的具体要求而形成的对环境进行评定的一个概念。显然，环境质量是对环境状况的一种描述，这种状况的形成，既有自然原因，也有人为原因，而且从某种意义上说，后者更为重要。

众所周知，人类活动可以影响周围的环境。这种影响并不总是好的，也会引起污染，污染可以影响环境质量。甚至资源利用的合理与否也可以改变环境质量。此外，人群的文化状态也影响着环境质量。因此，环境质量除大气环境质量、水环境质量、土壤环境质量、生态环境质量外，还有生产环境质量和文化环境质量等。

三、环境的特征

从对人类社会生存发展的作用的角度来考察，环境具有以下特征：

1．整体性和区域性

环境的整体性，是指环境的各个组成部分或要素构成了一个完整的系统，故又称系统性。也就是说，在不同的空间中，大气、水体、土壤、植物乃至人工生态系统等环境的组成部分存在紧密的相互联系、相互制约的关系，局部地区可给其他地区甚至全球带来危害。所以，人类的生存环境，从整体上看是没有地区界限和国界的。例如，河流上游的污染威胁着下游居民的安全，瑞典酸雨中有邻国大气污染的贡献，南极的企鹅体内也有滴滴涕（DDT）的积累。

环境的区域性，是指环境特性的区域差异。具体来说就是：不同区域（面积大小不同、地理位置不同）的环境有不同的特性，因此，环境的区域性与整体性是同一环境特性在不同侧面上的表现。

2．变动性和稳定性

环境的变动性，是指在自然界和人类社会行为的共同作用下，环境的内部结构和外在状态始终处于不断变化之中。人类社会的发展史就是环境的结构与状态在自然过程和人类社会行为相互作用下不断变化的历史。

环境的稳定性，是指环境系统具有一定自我调节能力的特性。在人类社会行为的作用下，环境结构与状态所发生的变化不超过一定的限度时，即人类生产、生活行为对环境的影响不超过环境的自净能力时，环境可以借助自身的调节能力使这些变化逐渐消失，使其结构和状态得以恢复。通常，环境的变动性和稳定性是相辅相成的，环境的变动性是绝对的，稳定性是相对的。

3．资源性和价值性

环境的资源性表现在物质性与非物质性两方面，其物质性（如空气、水、动植物、森林、草原、矿产资源等）是人类生存发展不可缺少的物质基础和能量基础。除物质性部分以外，环境的资源性还包括非物质性部分，如环境容量、环境状态等。

人类之所以如此重视环境，其根本原因在于人类越来越深刻地认识到环境是人类须臾不可离开的依托，甚至可以说，没有环境就没有人类的生存，更谈不上人类社会的发展，即环境与人类社会生存和发展之间客观地存在一种特定的关系，从该意义上说，环境具有不可估量的价值。

环境的价值性源于环境的资源性，是由其生态价值和存在价值决定。

第二节　环境问题

一、环境问题的产生

环境问题自人类诞生以来就存在。人类通过生产和消费作用于环境，从中获取生存和发展所需的物质和能量，同时又将废弃物排放到环境中，一旦超过环境所能容忍的限度，环境就会以某种形式反作用于人类，人类与环境就是如此相互作用。正如蕾切尔·卡逊在《寂静的春天》一书中所提到的：“地球上生命的历史一直是生物及其周围环境相互作用的历史。”

环境问题是指自然和人类活动作用所引发的人类周围环境质量的变化，以及这种变化对人类的生产、生活和健康等造成的有害影响。环境问题按其成因不同可分为原生环境问题和次生环境问题两大类：由自然因素引起的环境问题称为原生环境问题，如火山爆发、地震海啸、洪涝干旱等自然界发生的灾害或异常变化；人类活动引起的环境问题称为次生环境问题，如畜牧业的高速发展、过度砍伐森林和开荒造田导致的草原退化、水土流失、沙漠化，以及工业、农业、矿业、交通和城市建设排放的废气、废水和废渣等所造成的大气污染、水污染、土壤污染等。次生环境问题是环境科学与环境保护领域需要研究的主要问题，也是人类生存面临的最为严重的问题之一。

二、环境问题的发展

随着人类社会的发展，环境问题也在不断地发展和变化，历史上环境问题的发展主要经历以下四个阶段：

1．环境问题的萌芽阶段

在远古以来的漫长岁月里，人类仅仅是为了生存向自然界索取有限的自然资源，主要是利用和依赖环境，而不是有意识地改造环境，因此人类活动对环境和自身的影响不大。但进入农业社会后，人类利用和改造环境的行为越来越频繁，如大量砍伐森林、破坏草原、刀耕火种、盲目开荒等，造成严重的水土流失、频繁的水旱灾害和沙漠化等环境问题。但当时工业生产并不发达，因此引起的环境问题也不突出。

2．环境问题发展的恶化阶段

该阶段主要发生在工业革命以后。由于生产力大幅提高，扩大并强化了人类利用、改造环境的能力，进而破坏了原有的生态平衡，产生了新的环境问题。工业上除生产生活资料外，还大规模地进行生产资料的生产。大量深埋在地下的矿物原料被开采出来，加工利用后被投入环境中，许多工业产品在生产和消费过程中排放的“三废”都是人类所不熟悉且难以降解、消除的。但此时的环境污染尚属局部的、暂时的，其造成的危害也很有限。因此，环境问题并未引起人们的足够重视。

3．环境问题的第一次高潮

20 世纪 40 年代，环境问题开始引起人们的重视，并于 20 世纪 50 年代初至 60 年代末达到了第一次高潮，形成了以震惊世界的“八大公害事件”为代表的第一代环境问题，详见表 1-1。

表 1-1　八大公害事件

事件名称	发生时间	发生地点	污染源/物	扩散途径/致害原因	受体（人）反应/后果
马斯河谷烟雾事件	1930 年 12 月	比利时马斯河谷地区	谷地中工厂密布，烟尘、SO_2 等排放量大	河谷地形，常发生逆温天气且有雾，不利于污染物稀释扩散；SO_2、SO_3 和金属氧化物颗粒进入人体肺部深处	咳嗽、呼吸短促、流泪、喉痛、恶心、呕吐、胸闷窒息；几千人中毒，63 人死亡
洛杉矶光化学烟雾事件	1943 年 5—10 月	美国洛杉矶市	该市 250 万辆汽车每天耗汽油约 1 100 L，排放烃类约 1 000 t	三面环山，静风，不利于空气流通；阳光充足，石油工业废气和汽车废气在紫外线作用下生成光化学烟雾	刺激眼、喉、鼻，引起眼病和咽喉炎；大多数居民患病，65 岁以上老人死亡 400 多人
多诺拉烟雾事件	1948 年 10 月	美国多诺拉镇	河谷内工厂密集，排放大量烟尘、SO_2 等	河谷形盆地，又遇逆温和多雾天气，不利于污染物稀释扩散；SO_2、SO_3 和烟尘形成硫酸盐气溶胶，被吸入肺部	咳嗽、喉痛、胸闷、呕吐、腹泻；4 天内 43%的居民（约 6 000 人）患病，20 多人死亡
伦敦烟雾事件	1952 年 12 月	英国伦敦市	居民取暖燃煤中含硫量高，排放大量 SO_2、烟尘等	逆温天气，不利于污染物稀释扩散；SO_2 等在金属颗粒物催化下生成 SO_3、硫酸和磷酸盐，附着在烟尘上被吸入肺部	胸闷、咳嗽、喉痛、呕吐；5 天内死亡约 4 000 人

事件名称	发生时间	发生地点	污染源/物	扩散途径/致害原因	受体（人）反应/后果
水俣（病）事件	1953—1961年	日本熊本县水俣镇	氮肥厂含汞催化剂随废水排入海湾	无机汞在海水中转化为甲基汞，被鱼、贝类摄入，并在鱼体内富集，当地居民食用含甲基汞的鱼而中毒	口齿不清、步态不稳、面部痴呆、耳聋眼瞎、全身麻木，最后精神失常；截至1972年有180多人患病，50多人死亡，22个婴儿生来神经受损
四日事件（哮喘病）	1955年以来	日本四日市，并蔓延到几十个城市	工厂大量排放SO_2和煤尘，其中含钴、锰、钛等重金属颗粒	重金属粉尘和SO_2随煤尘进入肺部	支气管炎、支气管哮喘、肺气肿；截至1972年确诊患者817人，10多人因哮喘病死亡
米糠油事件	1968年	日本爱知县等23个府县	米糠油生产中用多氯联苯作热载体，因管理不善，多氯联苯进入米糠油中	食用含多氯联苯的米糠油	眼皮浮肿、多汗、全身有红丘疹，重症患者恶心呕吐、肝功能下降、肌肉疼痛、咳嗽不止，甚至死亡；患者5 000多人，死亡16人，实际受害者超过1万人
富山事件（骨痛病）	1931—1975年	日本富山县神通川流域，并蔓延至其他7条河的流域	炼锌厂未处理的含镉废水排入河中	用河水灌溉水稻，使米中也含镉，变成镉米，当地居民因长期饮用被镉污染的河水和食用镉米而中毒	开始时关节痛，继而神经痛和全身骨痛，最后骨骼软化萎缩、自然骨折、饮食不进、疼痛至死；截至1968年5月，确诊患者258例，死亡128例，至1977年12月又死亡9例

4．环境问题的第二次高潮

20世纪80年代以后人类不断加大开采自然资源和无偿利用环境的强度，在创造了巨大物质财富和前所未有社会文明的同时，也造成了全球性的生态破坏、资源短缺、环境污染加剧等重大问题，引发了第二次环境问题的高潮，形成第二代环境问题。在这个时期，人们共同关心的影响范围大、危害严重的环境问题分为三类：一是全球性的环境问题，如臭氧层空洞、温室效应、酸雨问题、危险物品全球转移等；二是大面积生态环境破坏问题，如森林和植被减少、草场退化、水土流失、沙尘暴、荒漠化和生物多样性锐减等；三是严重的突发性污染事件迭起。表1-2列出了近30多年来国际上发生的重大公害事件。

表 1-2 近 30 多年来的国际重大公害事件

事件时间	事件名称	危害后果
1984 年 11 月	墨西哥液化气爆炸事件	墨西哥首都近郊一座液化气供应站发生爆炸，54 个储气罐爆炸起火，死 1 000 多人，伤 4 000 多人，毁房 1 000 余幢，3 万人无家可归
1984 年 12 月	印度博帕尔毒气泄漏事件	美国联合碳化物公司印度分公司一家农药厂的剧毒物质异氰酸甲酯储罐外泄，直接致死 2.5 万人，间接致死 55 万人，另导致 20 多万人永久残疾
1985 年 1 月	英国威尔士饮用水污染事件	英国一家化工公司将含酚废水排入河流中，导致 200 万居民饮用水受到污染，44 人中毒
1986 年 4 月	苏联切尔诺贝利核电站事件	核电站位于基辅市郊区，由于四号反应堆爆炸起火，大量放射性物质外泄，死亡 31 人，237 人受放射性严重伤害，13 万居民紧急疏散
1986 年 11 月	莱茵河污染事件	瑞士巴塞尔桑多兹化工公司的一座仓库起火，库中有毒化学品随灭火用水流入莱茵河，河流受到严重污染
1988 年 11 月	美国莫农加希拉河污染事件	美国一家化学公司仓库起火，磷、汞、硫等大量有毒物进入河流，造成沿岸 100 万居民生活受到严重影响
1989 年 3 月	美国埃克森·瓦尔迪兹油轮漏油事件	美国阿拉斯加一艘油轮漏油达 26.2 万桶①，海域受到严重污染
2005 年 11 月	松花江重大水污染事件	吉林吉化公司双苯厂车间爆炸，约 100 t 苯类物质（苯、硝基苯等）流入松花江，造成了江水严重污染，沿岸数百万居民的生活受到影响
2007 年 5 月	江苏无锡太湖蓝藻暴发事件	太湖蓝藻暴发造成无锡全城自来水受到污染，数百万群众生活用水和饮用水严重短缺
2011 年 3 月	日本福岛地震核泄漏事件	大地震引发的核泄漏污染太平洋，12 万人进行核辐射检查，22 人进行检查时受到核辐射，12 万居民进行紧急疏散

三、全球主要环境问题

1．全球变暖（温室效应）

“温室效应”是指人类活动使大气中的 CO_2 等温室气体含量与日俱增，导致出现全球气候变暖的现象，是当代人类社会面临的全球性环境问题之一。

人类大量使用矿物燃料，增加了 CO_2 的排放量，加之森林被毁坏，使大气中的 CO_2 浓度增加。1980 年全球 CO_2 排放量约为 50 亿 t，之后持续增加，至 2019 年已高达 368 亿 t。由于 CO_2 含量的成倍增长，其他温室气体浓度增长也很快，预计到 2030 年全球平均温度将增加 1.5～4.5℃。21 世纪，全球平均气温可能以每 10 年增加 0.3℃的速度递增，全球平均海平面每 10 年可能升高 6 cm。

① 1 桶（美）=158.987 L。

温室气体过量排放将改变降雨和蒸发系统、影响农业生产和粮食资源、改变大气环流，进而影响海洋环流，导致富营养地区的迁移、海洋生物的再分布和一些商业捕鱼区的消失，还会导致海平面升高，一些岛国会因此消失。据统计，全世界大约有半数以上的居民生活在沿海地区，距海只有 60 km 左右，人口密度比内陆高出 12 倍。根据美国国家环境保护局最保守的估算，如果 21 世纪海平面上升 1 m，美国可能要损失 2 700 亿～4 250 亿美元。荷兰学者估计，如果海平面上升 1 m，全球将有 10 亿人口的生存受到威胁，500 万 km^2 的土地（其中耕地约占 1/3）将遭到不同程度的破坏。

2．酸雨

酸雨是指 pH 小于 5.6 的雨、雪或其他形式的大气降水（如雾、露、霜、雹等）。酸雨可以长距离输送并跨越国界，因此酸雨问题已不仅仅是区域性环境污染问题，而是全球性环境问题。酸雨形成的主要原因是化石燃料燃烧和汽车尾气排放的 SO_x 和 NO_x 在大气中形成硫酸、硝酸及其盐类，又以雨、雪、雾等形式返回地面，形成“酸沉降”。目前的研究表明，不同酸性物质对酸雨的贡献是不一样的，其中 H_2SO_4 占 60%～70%，HNO_3 占 30%，盐酸占 5%，有机酸占 2%。可见 H_2SO_4 和 HNO_3 是形成酸雨的主要物质。酸雨的危害包括破坏森林生态系统、破坏土壤的性质和结构、破坏水生生态系统、腐蚀建筑物、损害人体的呼吸道系统和皮肤等。

3．臭氧层的破坏

臭氧层遭破坏是当代人类活动使大气受到严重污染的结果。人们在生产中大量使用消耗臭氧层物质是大气中臭氧含量减少的主要原因，消耗臭氧层物质主要为氯氟烃类化合物，其中比较重要的是一氟三氯甲烷（CFC-11 或 F-11）和二氟二氯甲烷（CFC-12 或 F-12）等。这些物质的应用十分广泛，制冷剂、发泡剂、清洗剂等常见物品中都离不开它们。这些化学物质在低空不易分解，可以上升到高空的平流层，在那里受到阳光照射，氯氟烃光解产生氯等自由基，引发了一系列破坏臭氧分子的光化学反应。其反应的结果使臭氧变成了氧分子，从而使平流层中的臭氧遭到破坏。

平流层中的臭氧分子能大量吸收太阳紫外线，从而使地面上的生物免受太阳紫外线的伤害。为此，人们称臭氧层是“人类的保护伞”。平流层中臭氧含量一旦减少，照射到地面上的太阳紫外线就会增多，将会严重损害地面上动植物的基本结构，并危害到海洋生物的生存。此外，过多的紫外线还会使地球的气候和生态环境发生变异，直接影响人体健康，使皮肤癌、白内障等疾病增多。研究表明，大气中的臭氧每减少 1%，照射到地面上的紫外线就会增加 2%。20 世纪 80 年代，科学家观测到南极上空的臭氧在每年的 9—10 月急剧减少，形成臭氧层“空洞”。1985 年公布的测量结果表明，南极上空的臭氧层浓度再次大大减少的同时，臭氧层“空洞”也在扩大。1987 年，科学家们又发现北极上空也出现了臭氧层“空洞”。2020 年 4 月初，欧洲空间局称北极上空出现了 25 年来最大面积的臭氧层空洞。《自然》杂志认为2020年北极上空臭氧含量创下历史新低，并将此作为一种非凡的大气现象载入史册。为了保护臭氧层免受破坏，全世界共同采取“补天”行动。1985 年 3 月，《保护臭氧层维也纳公约》在奥地利的维也纳签订。1987 年 9 月 16 日，《关于消耗臭氧层物质的蒙特利尔议定书》(以下简称《蒙特利尔议定书》)在加拿大的蒙特利尔签订。1990 年 6 月，又对该议定书进行了修订。中国于 1991 年 6 月在修订后的《蒙特利尔议定书》上签字。1992 年 11 月，联合国环境规划署在丹麦首都哥本哈根召开《蒙特利尔议定书》缔约国第四次会议，进一步修正和调整了消耗臭氧层物质的使用时间。1995 年 1 月联合国大会决定，每年的 9 月 16 日为“国际保护臭氧层日”，要求所有缔约国按照《蒙特利尔议定书》及其修正案的目标，采取具体行动纪念这个日子。1994 年，对流层中消耗臭氧层物质浓度开始下降。2000 年，平流层中造成臭氧层“空洞”的物质已达到最大限度，之后其浓度也开始下降。但是，由于氟利昂的稳定性相当强，可以存在的年限为 50～100 年，臭氧层“空洞”问题的解决也只可能出现在 2050 年以后。

4．生物多样性危机

生物多样性指的是地球上生物圈中所有的生物体及其所构成的综合体，即动物、植物、微生物，以及它们所拥有的基因和生存环境。它包含三个层次：基因多样性、物种多样性和生态系统多样性。生物多样性问题已被联合国环境规划署确认为与全球气候变暖、臭氧层破坏和有害废物全球转移并列的全球四大环境问题之一，受到国际社会的高度重视。生物多样性具有很高的价值，它不仅可以为工业提供原料，如胶、油脂、芳香油、纤维等，还可以为人类提供各种特殊的基因，如耐寒抗病基因，使培育动植物新品种成为可能。许多野生动植物还是珍贵的药材，为治疗疑难病症提供了可能。

然而，由于生存环境的丧失、对资源的过度开发、环境污染和外来物种引进等，地球上的物种正在不断消失。自 1600 年以来，有记载的物种已有 724 个灭绝，目前还有 3 956 个物种濒临灭绝，3 647 个物种处于濒危状态，另有 7 240 个物种因种群骤减而成为稀有物种。世界自然保护联盟（IUCN）在 2018 年 11 月发布的最新《世界自然保护联盟濒危物种红色名录》中收录的 96 951 个物种里，有 26 840 个物种正在遭受灭绝的威胁，占比 27.7%。事实上，过去 35 亿年来地球上已有超过 95%的物种消失，许多物种经历了悲壮的大灭绝。气候变化、乱砍滥伐森林等引发的环境灾难日益频发，我们很难预测物种灭绝的速度和模式，假定将目前的灭绝速度设为常数，地球上每年将消失0.01%～0.7%的物种（每年有成千上万个物种消失）。如果按照这种趋势持续下去，未来数个世纪地球可能会再次经历物种大灭绝——75%的物种或将消失。这是地球资源的巨大损失，因为物种一旦消失，就永不再生。消失的物种不仅会使人类失去自然资源，还会通过食物链引起其他物种的消失。如今，人们都在呼吁保护生物多样性并将之付诸行动。

四、中国主要的环境问题

经济活动是环境问题出现的直接动因和非常重要的影响因素。改革开放以来，作为世界上发展速度最快的经济体，中国在享受经济飞速发展的同时，也承受着环境的压力。翻看每一年的中国生态环境状况公报，都能够看出这个“东方雄狮”身上拥有的隐疾。“绿水青山就是金山银山”已是国人的共识。

1．大气污染

自2013年4月全国科学技术名词审定委员会定义细颗粒物（$PM_{2.5}$）以来，国内的空气质量越来越被人们所重视。《2019年中国生态环境状况公报》显示，全国337个地级及以上城市中，有157个城市环境空气质量达标，占全部城市数的46.6%，相比2018年上升了10.8个百分点；180个城市环境空气质量超标，占全部城市数的53.4%（图1-1）。337个地级及以上城市平均优良天数比例为82.0%，平均超标天数比例为18.0%。$PM_{2.5}$平均质量浓度为36 μg/m^3，与2018年持平；超标天数比例为8.5%，比2018年上升0.2个百分点。PM_{10}平均质量浓度为63 μg/m^3，比2018年下降1.6%；超标天数比例为4.6%，比2018年下降0.3个百分点。

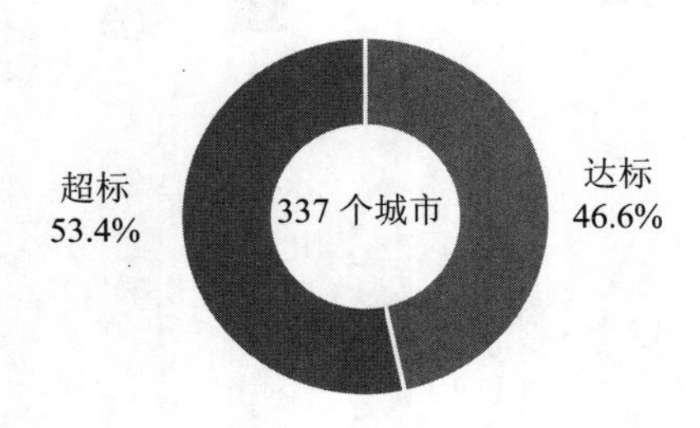

图1-1 2019年337个地级及以上城市环境空气质量达标情况

“雾霾”是近几年来比较热门的词语。细颗粒物是大气灰霾现象的重要诱因，霾是大量极细微的干尘粒等均匀地浮游于空中，使水平能见度小于10.0 km、空气普遍浑浊的现象。美国国家环境保护局2009年发布的《关于空气颗粒物综合科学评估报告》指出，有足够的科学研究结果证明了大气细颗粒物能吸附大量致癌物质和基因毒性诱变物质，给人体健康带来不可忽视的负面影响，包括死亡率提高、慢性病加剧、呼吸系统及心脏系统疾病恶化、改变肺功能及结构、影响生殖能力、改变人体的免疫结构等。据北京市卫生局统计，每次出现重度雾霾的天气，到市属各大医院呼吸科就诊的患者就增加2～5成。

2016年11月，中国社会科学院、中国气象局联合发布的《气候变化绿皮书：应对气候变化报告（2016)》指出，近50年来中国雾霾天气总体呈增加趋势。其中，雾天数明显减少，霾天数明显增加，持续性霾过程增加显著，且霾天数呈现东部增加西部减少的趋势。

2．水污染

据《2019年中国生态环境状况公报》，全国地表水1 931个水质断面（点位）中，优良（Ⅰ～Ⅲ类）水质断面比例为74.9%，与2018年相比上升3.9个百分点。劣Ⅴ类水质断面比例为3.4%，与2018年相比下降3.3个百分点，大江大河干流水质稳步改善。长江、黄河、珠江、松花江、淮河、海河、辽河七大流域，以及浙闽片河流、西北诸河、西南诸河监测的1 610个水质断面中，Ⅰ～Ⅲ类水质断面占79.1%（图1-2)，比2018年上升4.8个百分点；劣Ⅴ类水质断面占3.0%，与2018年相比下降3.9个百分点。西北诸河、浙闽片河流、西南诸河和长江流域水质为优，珠江流域水质良好，黄河、松花江、淮河、辽河和河海等流域为轻度污染。110个重要湖泊（水库）中，Ⅰ～Ⅲ类水质的湖泊（水库）占69.1%，比2018年上升2.4个百分点；劣Ⅴ类水质的湖泊（水库）占7.3%，比2018年下降0.8个百分点。太湖、滇池和巢湖湖体均为轻度污染。

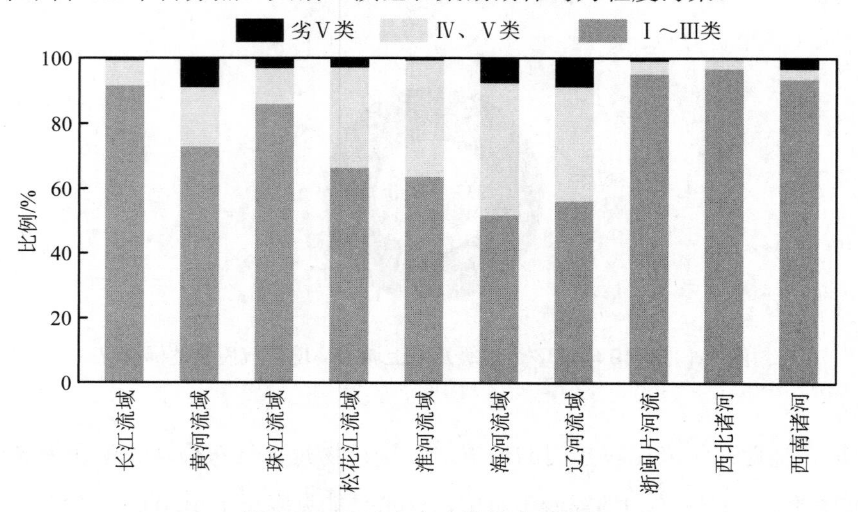

图1-2　2019年各大流域水质状况

3．固体废物污染

在过去 20 年中，随着经济的发展，我国城市固体废物数量增长迅速，废物处理设施和能力也从无到有，并逐步优化和提高。伴随着固体废物管理的法规制度相继出台，“减量化、资源化、无害化”的原则也得以确立。然而，以“可持续的固体废物综合管理”的五级优先排序为参照，我国尚未实现从固体废物处理到固体废物管理的根本转变，相关法规制度也并未形成完整的体系和清晰的层次。

《2019 年全国大、中城市固体废物污染环境防治年报》的信息显示，大、中城市一般工业固体废物的产生量为 15.5 亿 t，工业危险废物产生量为 4 643.0 万 t，医疗废物产生量约为 81.7 万 t，生活垃圾产生量约为 21 147.3 万 t。固体废物产生量之大，使得垃圾填埋场地供应不足，全国城市垃圾堆存累积量大大增加，同时也造成了巨大的经济损失。其中一般工业固体废物中综合利用量 8.6 亿 t，处置量 3.9 亿 t，贮存量 8.1 亿 t，倾倒丢弃量 4.6 万 t。一般工业固体废物综合利用量占利用处理总量的 41.7%，处置和贮存分别占比为 18.9%和 39.3%，综合利用仍然是处理一般工业固体废物的主要途径，部分城市对历史堆存的固体废物进行了有效的利用和处置。一般工业固体废物利用、处置等情况见图 1-3。

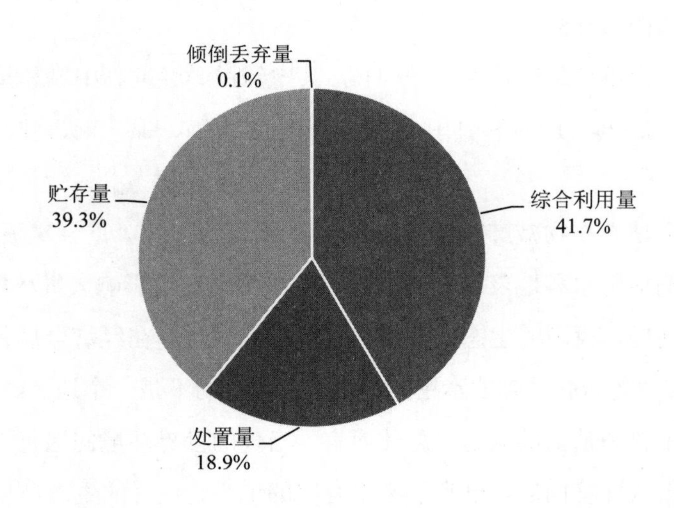

图 1-3　一般工业固体废物利用、处置等情况

在垃圾总量不断上升的同时，关于垃圾的处置问题也随之增多。我国许多城市没有规范的垃圾处理设施，而且现有设施超负荷运行情况非常普遍。除了设施能力不足，还有持续增加的垃圾清运量。数据显示，2018 年全国设市城市生活垃圾清运量达到

2.10 亿 t，城市生活垃圾处理率达到 99.4%。城市生活垃圾处理形势不容乐观，“垃圾围城”现象逐渐成为社会关注焦点。

固体废物如不加强妥善收集、利用和处理处置将会污染大气、水体和土壤，危害人体健康。其中危险废物如果处置不当，会给生态环境和人类健康带来不可逆转的巨大危害。随着经济的发展，垃圾——人类文明副产物的产生量也飞速增多，由此带来的问题值得我们深思。

4．土壤污染

从 2014 年环境保护部和国土资源部发布的《全国土壤污染状况调查公报》来看，全国土壤环境状况总体不容乐观，部分地区土壤污染较重，耕地土壤环境质量堪忧，工矿业废弃地土壤环境问题突出。工矿业、农业等人为活动以及土壤环境背景值高是造成土壤污染或超标的主要原因。

全国土壤点位总的超标率为 16.1%，其中轻微、轻度、中度和重度污染点位比例分别为 11.2%、2.3%、1.5%和 1.1%。污染类型以无机型为主，有机型次之，复合型污染比重较小，无机污染物超标点位数占全部超标点位数的 82.8%。南方土壤污染问题较北方严重，主要污染物为镉、汞、砷、铅等（类）重金属。其中，镉的点位超标率为 7.0%，重度污染点位比例为 0.5%。

对于耕地，土壤点位超标率为 19.4%，其中轻微、轻度、中度和重度污染点位比例分别为 13.7%、2.8%、1.8%和 1.1%，主要污染物为镉、镍、铜、砷、汞、铅、滴滴涕和多环芳烃。

土壤污染会使农作物减产和农产品品质降低，镉大米、“重金属蔬菜”等层出不穷；土壤污染会影响地下水和地表水环境质量；土壤污染也会影响大气环境质量。

面对种种问题，我国的生态环境保护事业任重道远。在经济全球化的形势下，在地球村各个“村民”之间联系越发紧密的情况下，面对的不是一个地区、一个国家的问题，而是全人类的生存和繁衍的问题。总体而言，当代的世界环境问题仍然十分严重，尤其是解决全球性大气环境问题，已到了刻不容缓的地步，良好的生态环境是人类文明发展的持久力量，关系着民生福祉，以至不得不大声疾呼“人类只有一个地球”。

保护地球，从我做起。真正能够为环境做出贡献的不是口头呼吁，而是我们的行动。

第三节 环境保护

环境保护是人类利用现代环境科学的理论与方法，有意识地保护自然资源并使其得到合理利用、防止自然环境受到污染和破坏的行为，对受到污染和破坏的环境必须做好综合治理，以创造出适合于人类生活、工作的环境。不同国家或地区在不同历史阶段有各种不同的环境问题，因而在不同时期不同国家环境保护工作的重点也不同。

一、世界环境保护发展历程

随着生产力的发展，环境问题相伴产生，并愈演愈烈，对人类自身的生存和发展造成不容忽视的危害。世界的环境保护发展历程大致可以分为 4 个阶段：

1．限制阶段

环境污染早在 19 世纪就已发生，如英国泰晤士河的污染，日本足尾铜矿的污染事件等。20 世纪 50 年代前后，相继发生了比利时马斯河谷烟雾事件、美国洛杉矶光化学烟雾事件、美国多诺拉烟雾事件、伦敦烟雾事件、日本水俣病和骨痛病事件、日本四日市大气污染事件和米糠油污染事件，即所谓的八大公害事件。当时尚未搞清这些公害事件产生的原因和机理，所以一般只是采取限制措施。如英国伦敦发生烟雾事件后，制定了法律，限制燃料使用量和污染物排放时间。

2．“三废”治理阶段

20 世纪 50 年代末 60 年代初，发达国家环境污染问题日益突出，于是各发达国家相继成立环境保护专门机构。当时的环境问题普遍认为是由工业污染引起的，所以环境保护工作主要就是治理污染源、减少排污量。在法律措施上，颁布了一系列环境保护的法律法规和标准。在经济措施上，采取给企业提供补助资金、帮助企业建设污染治理设施等措施，并通过征收排污费或实行“谁污染、谁治理”的原则，解决环境污染治理费用问题。在这个阶段，投入了大量资金，尽管环境污染有所控制，但所采取的末端治理措施，从根本上来说是被动的，因而收效并不显著。

3．综合治理阶段

1972 年 6 月 5 日，在瑞典首都斯德哥尔摩召开了首次联合国人类环境会议，提出了“只有一个地球”的口号，并通过了著名的《联合国人类环境会议宣言》。许多国家的环境意识开始觉醒，将环境保护写进宪法，并定为基本国策。随着环境科学研究的不断深入，污染治理技术也不断成熟，环境污染的治理也从“末端治理”向“全过程控制”和“综合治理”发展。

4．可持续发展阶段

20世纪80年代以来，人们开始重新审视传统思维和价值观念，意识到人类再也不能为所欲为地成为大自然的主人，人类必须与大自然和谐相处，成为大自然的朋友。1987年在《我们共同的未来》报告中，提出了可持续发展的理念。1992年6月在巴西里约热内卢召开了联合国环境与发展大会，通过了《里约环境与发展宣言》和《21世纪议程》这两个纲领性文件。各国普遍认识到：人类社会要生存下去，必须彻底改变靠无限制地消耗自然资源、破坏生态环境而维持发展的传统生产方式，人类必须走经济效益、社会效益和环境效益和谐统一的可持续发展道路。在这样的大背景下，“污染预防”成为新的指导思想，环境标志认证、ISO 14001 环境管理体系认证推动的“绿色潮流”席卷全球，深刻地影响着世界各国的社会和经济活动。

二、中国环保事业发展史

我国环境保护大致可以分为5个阶段：

1．萌芽阶段（1949—1972年）

中华人民共和国成立初期，由于当时人口相对较少，生产规模不大，所产生的环境问题大多是局部性的生态破坏和环境污染。经济建设与环境保护之间的矛盾尚不突出。

在20世纪50年代末至60年代初“大跃进”时期，特别是全民大炼钢铁和国家大力兴办重工业时，造成了比较严重的环境污染和生态破坏。在1966年开始的“文化大革命”期间，国家政治、经济和社会生活处于动乱之中，环境污染和生态破坏明显加剧。在此期间，经济建设强调数量、忽视质量，片面追求产值，不注重经济效益，导致浪费资源和污染环境的问题比较普遍。一些新建项目布局不合理。为了解决吃饭问题，一些地区片面强调“以粮为纲”，毁林毁草、围湖围海造田等问题相当突出。

1972年6月5—16日，在瑞典首都斯德哥尔摩召开了第一次联合国人类环境会议。根据周恩来总理的指示，我国政府派代表团参加了会议。通过这次会议，我国高层决策者开始认识到中国也同样存在严重的环境问题，需要认真对待。

2．起步阶段（1973—1982年）

1973年8月，国务院召开第一次全国环境保护会议，审议通过了“全面规划、合理布局、综合利用、化害为利、依靠群众、大家动手、保护环境、造福人民”的环境保护工作“三十二字”方针和我国第一个环境保护文件——《关于保护和改善环境的若干规定（试行草案）》。至此，我国环境保护事业开始起步。

1974 年 10 月，国务院环境保护领导小组正式成立。之后，各省、自治区、直辖市和国务院有关部门也陆续成立环境管理机构和环保科研、监测机构，在全国逐步开展了以“三废”治理和综合利用为主要内容的环境污染防治工作。1973 年 11 月，国家计委、国家建委、卫生部联合批准颁布了我国第一个环境标准——《工业“三废”排放试行标准》，为开展“三废”治理和综合利用工作提供了依据。1977 年 4 月，国家计委、国家建委、财政部和国务院环境保护领导小组联合下发了《关于治理工业“三废”，开展综合利用的几项规定》的通知，标志着中国以治理“三废”和综合利用为特色的污染防治工作进入新的阶段。值此期间，20 世纪 60 年代提出的“三废”治理和综合利用的概念，逐步被“环境保护”的概念所代替。这一时期，开展了重点区域污染调查，制定了全国环境保护规划，开始实行“三同时”、污染源限期治理等环境管理制度。

1978 年，第五届全国人大第一次会议通过的《中华人民共和国宪法》（以下简称《宪法》）规定：“国家保护环境和自然资源，防治污染和其他公害。”这是我国历史上第一次在《宪法》中对环境保护做出明确规定，为环境法制建设和环境保护事业奠定了坚实的基础。同年 12 月，党的十一届三中全会胜利召开，在全党确立了“解放思想、实事求是”的思想路线，为正确认识我国的环境形势奠定了思想基础。同年 12 月 31 日，中共中央批转了国务院环境保护领导小组的《环境保护工作汇报要点》，第一次以党中央的名义对环境保护工作做出指示。我国环境保护事业迎来了新的曙光。

党的十一届三中全会以后，党和国家对环境保护工作给予了高度重视，明确提出保护环境是社会主义现代化建设的重要组成部分。1979 年 9 月，第五届全国人大常委会第十一次会议通过了我国第一部环境保护基本法——《中华人民共和国环境保护法（试行）》，我国的环境保护工作开始走上法制化轨道。

3．发展阶段（1983—1993 年）

1983 年 12 月，国务院召开第二次全国环境保护会议，明确提出：保护环境是我国一项基本国策；制定了我国环境保护事业的战略方针：经济建设、城乡建设、环境建设同步规划、同步实施、同步发展，实现经济效益、环境效益、社会效益的统一。这次会议在我国环境保护发展史上具有重大意义，标志着中国环境保护工作进入发展阶段。

1989 年 4 月，国务院召开第三次全国环境保护会议，提出积极推行深化环境管理的环境保护目标责任制、城市环境综合整治定量考核制、排放污染物许可证制、污染集中控制和限期治理 5 项新制度和措施，连同继续实行的环境影响评价、“三同时”、排污收费 3 项老制度，使中国环境管理走上科学化、制度化的轨道。同时，以 1979 年颁布试行、1989 年正式实施的《中华人民共和国环境保护法》为代表的环境法规体系初步建立，为开展环境治理奠定了法治基础。

1992 年联合国环境与发展大会之后，我国在世界上率先提出《环境与发展十大对策》，第一次明确提出转变传统发展模式，走可持续发展道路。随后我国又制定了《中国 21 世纪议程》《中国环境保护行动计划》等纲领性文件，可持续发展战略成为我国经济和社会发展的基本指导思想。

1993 年 10 月召开了第二次全国工业污染防治工作会议，总结了工业污染防治工作的经验教训，提出了工业污染防治必须实行清洁生产，实行“3 个转变”，即由末端治理向生产全过程控制转变，由浓度控制向浓度与总量控制相结合转变，由分散治理向分散治理与集中控制相结合转变。这标志着我国工业污染防治工作指导方针发生了新的转变。

1982 年，城乡建设环境保护部内设环境保护局。1984 年成立国务院环境保护委员会，领导组织协调全国环境保护工作。1988 年，设立国家环境保护局，并被确定为国务院直属机构。国家环境保护机构设置不断加强，说明环境保护越来越被重视。

4．可持续发展阶段（1994—2011 年）

1994 年 3 月，我国政府率先制定实施《中国 21 世纪议程》。党的十四届五中全会、十五大和十五届三中全会，提出实施可持续发展战略，实行计划经济体制向社会主义市场经济体制、粗放型经济增长方式向集约型经济增长方式两个根本性转变。可持续发展成为指导国民经济社会发展的总体战略，环境保护成为改革开放和现代化建设的重要组成部分。

1996 年 7 月，国务院召开第四次全国环境保护会议。这次会议确定了坚持污染防治和生态保护并重的方针，实施《污染物排放总量控制计划》和《中国跨世纪绿色工程规划》两大举措。全国开始开展大规模的重点城市、流域、区域、海域的污染防治及生态建设和保护工程。大力推进“一控双达标”（控制主要污染物排放总量、工业污染源达标和重点城市的环境质量按功能区达标）工作，全面开展“三河”（淮河、海河、辽河）、“三湖”（太湖、滇池、巢湖）水污染防治，“两控区”（酸雨污染控制区和二氧化硫污染控制区）大气污染防治，“一市”（北京市）、“一海”（渤海）的污染防治（简称“33211”工程）。启动了退耕还林、退耕还草、保护天然林等一系列生态保护重大工程。环境保护工作进入崭新的阶段。

党的十六大以来，党中央、国务院提出树立和落实科学发展观、构建社会主义和谐社会、建设资源节约型环境友好型社会、让江河湖泊休养生息、推进环境保护历史性转变、环境保护是重大民生问题、探索环境保护新路等新思想、新举措。2002 年、2006 年和 2011 年国务院先后召开第五次全国环境保护会议、第六次全国环境保护大会、第七次全国环境保护大会，做出一系列新的重大决策部署。把主要污染物减排作为经济社会发展的约束性指标，完善环境法制和经济政策，强化重点流域区域污染防治，提高环境执法监管能力，积极开展国际环境交流与合作。

2002 年 10 月，第九届全国人民代表大会常务委员会第三十次会议修订通过了《中华人民共和国环境影响评价法》，自 2003 年 9 月 1 日起施行（2018 年 12 月，第十三届全国人民代表大会常务委员会第七次会议对该法进行了第二次修正）。该法的颁布实施进一步充实了我国的环境保护法制体系，为可持续发展从战略规划走向实践奠定了基础。

5．生态文明建设阶段（2012 年至今）

2012 年 11 月，党的十八大将生态文明建设纳入中国特色社会主义事业总体布局，把生态文明建设摆在突出位置，要求融入经济建设、政治建设、文化建设、社会建设各方面和全过程，努力建设美丽中国，实现中华民族永续发展，走向社会主义生态文明新时代。这是具有里程碑意义的科学论断和战略抉择，标志着我们党对中国特色社会主义规律认识的进一步深化，昭示着应从建设生态文明的战略高度认识和解决我国环境问题。

2014 年 4 月，第十二届全国人大常委会第八次会议通过修订后的《中华人民共和国环境保护法》（以下简称《环境保护法》），于 2015 年 1 月 1 日施行。由于《环境保护法》牵涉面甚广、争议较多，此次修订破例进行了四次审议才得以通过。至此，这部中国环保领域的基本法，完成了 25 年来的首次修订，使得我国环境保护能够更全面、更顺利地发展，同时推进生态文明建设，促进经济社会的可持续发展。

2015 年 10 月，党的十八届五中全会提出“实行省以下环保机构监测监察执法垂直管理制度”，并引发强烈关注。所谓的垂直管理，就是实行地方政府和上级主管部门的“双重领导”，上级主管部门负责管理业务事权，地方政府负责管理人财物，且纳入同级纪检部门和人大监督。现行以块为主的地方环保管理体制，使一些地方政府重发展轻环保、干预环保监测监察执法，使环保责任难以落实；有法不依、执法不严、违法不究的现象大量存在。通过体制机制创新，解决现行环保管理体制存在的突出问题，促进环境保护责任目标的明确、分解和落实，推进生态文明建设，加快污染治理、生态修复，营造良好人居环境。垂直化环保管理体制有利于增强环境执法的统一性、权威性、有效性，能够对环境质量的提升产生直接作用。

2017 年 10 月，党的十九大全面阐述了加快生态文明体制改革、推进绿色发展、建设美丽中国的战略部署。党的十九大不仅对生态文明建设提出了一系列新思想、新目标、新要求和新部署，为建设美丽中国提供了根本遵循和行动指南，而且首次把美丽中国作为建设社会主义现代化强国的重要目标。

三、公众参与的出现与发展

公众参与是中国推进可持续发展的一个基本社会机制保障。环境信息公开、决策参与和权益救济是公众参与的基本原则和内容。自 20 世纪 90 年代以来，公众参与在中国环境运动中的发展体现在三个方面：①环保民间组织的涌现和行动；②执政管理者的改革；③普通民众在新媒体支持下的自发环境行动。在整个进程中，中国环境非政府组织（Non-Governmental Organizations，NGO）发挥了重要作用。

“公众参与原则”指的是公众应当有渠道获得环境信息、参与环境决策，自身权益的损害能够得到司法或行政救济。该原则的实现对于执政管理者的理念、公民意识和社会环境都有相应的要求。中国可持续发展领域 30 多年来的公众参与、政府的执政理念，基本上是通过政策法律制定和修改所体现的，而公众的意识提升和社会环境的变化，都集中在 30 多年来重大环境保护公众参与事件中。总的来说，这 30 多年中国可持续发展领域的公众参与经历了从无到有、从少到多的发展历程。

1．理想主义者的觉醒——第一批民间环保组织的涌现

可持续发展领域的公众参与需要形成合力，需要组织平台。1991 年，中国本土唯一民间自发的地方性环保组织是辽宁省黑嘴鸥保护协会。1994 年，梁从诫、杨东平、梁晓燕和王力雄作为发起人，在北京成立了“自然之友”。早期的“自然之友”汇聚了一大批有社会理想和人文社科背景的知识分子，如教师、作家和记者等，他们希望能够通过创建公众参与环境保护的平台，培育中国民间环保力量，从而推动环境保护产业发展。“自然之友”作为一个全国性自发成立的民间组织，在当时产生了重要的影响。

这一时期，全国范围内发生了藏羚羊保护和滇金丝猴保护两次重要的环境事件，展现了公众的影响力。两次保护行动的发起者实质上都是有一定社会理想的政府工作人员，但在后期的推动和发酵中，群众的支持变成了主要的推动力量，促使问题得到重视。

2．环境行政法治化——公众参与理念的引入和实践的局限

2004 年《全面推进依法行政实施纲要》出台，信息公开和公众参与正式确立为执政理念的重要组成。在此引导下，政府出台了环境影响评价公众参与的相关规定和《环境信息公开办法（试行）》，同时在多个地方开展了环保法庭的创新实践。

2002年，我国出台了《中华人民共和国环境影响评价法》。该法第一次明确将听取公众意见这一参与环节加入环境影响评价程序中。这样公众就有了参与环境影响评价决策的机会，使得公众、环保组织开始介入到环境的决策当中。

案例1 国家怒江计划搁置

2003年8月，国家发改委在北京主持召开《怒江中下游水电规划报告》审查会。会议通过了在中国仅存的两条原生态河之一——怒江中下游修建两库十三级水坝的方案。按方案，该工程规模是三峡电站的1.215倍，年发电量预计为1 029.6亿kW·h。但一位出席会议的环保总局官员，以该项目未经环境影响评价，不符合《中华人民共和国环境影响评价法》为由，坚决拒绝在报告上签字。此次会议后，2003年9月3日、10月20—21日，国家环保总局分别在北京和昆明召开两次专家座谈会，以云南本地专家为主的支持派和以北京专家为主的反对派进行了针锋相对的较量。双方僵持不下，民间环保组织的呼吁和舆论的支持，为这场博弈带来了转机。

以绿家园、自然之友、绿色流域等为代表的中国环保组织，面对怒江将要因水电开发而遭受破坏一事，进行了集中的争辩，包括2003年11月在“第三届中美环境论坛”上的呼吁，以及2003年11月在泰国“世界河流与人民反坝会议”上60多个国家非政府组织（NGO）以大会的名义联合为保护怒江签名并递交给联合国教科文组织等。

2004年，国务院总理温家宝批示：“对这类引起社会高度关注，且有环保方面不同意见的大型水电工程，应慎重研究，科学决策。”NGO这一系列活动，终于赢得了国家对怒江水电开发的搁置。

资料来源：怒江大坝突然搁置幕后的民间力量. 经济，2004，5.

怒江事件中，中国环境NGO第一次协同行动和集体亮相，得到了政府官员的呼应，实现了自己的诉求。但在这个阶段，这样的交流缺乏决策参与的制度支持，政府论证和舆论呼吁基本上在两条线进行。2005年，时任国家环保总局副局长潘岳表示，希望公众能够积极参与环境保护，并且要环境信息公开化、加强环境公益诉讼，政府环保部门还要加强环境决策民主化、强化与民间环保组织的关系。

2005年，北京圆明园建设方违规铺设防渗膜事件中，国家环保总局要求圆明园管理处委托环评单位编制环境影响评价报告书，并组织环评听证会，征求各方意见，最后要求圆明园东湖湖底防渗工程全面整改。这一事件是中国公众参与环境保护的新突破，是政府自上而下启动法定程序引导公众参与决策，通过规范化的讨论、参与形式，以及制度化的决策流程来完成。同时，会议还进行了网络在线直播，该项目的环境影响评价报告书在最终批准之前在互联网上全文公开，在一定程度上实现了行政决策的透明化。

3．环境司法救济两条线索的错位

环境保护公众参与，是一项对政府、民间组织和社会基础都有较高要求的事业。中国环境公益诉讼制度的核心是允许与案件没有直接利害关系的相关方对环境污染者和破坏者发起诉讼，起诉方就包括来自民间的环保组织。因此它成为了民间力量寄予厚望的司法保障下的公众参与途径。但民间组织提起的环境公益诉讼获得立案的基本是中华环保联合会发起和参与的，大部分民间自发的环保组织的参与有限，且环境公益诉讼进入立案程序比例很小。据中国环境统计年报显示，2005—2012 年，我国环境信访量年均约 77 万件，其中进入司法程序的不足 1%，绝大多数都是通过行政部门处理。这背后的原因，少不了“错配”因素——有环保法庭的地方，环境破坏事件较少；有环境破坏事件的地方，很多没有环保组织；有环保组织的地方，大多没有环保法庭。这个错配形成了环境公益诉讼领域的桎梏。

4．21 世纪的环保民间组织——新时代，新角色

在我国环保民间组织主要分为四种类型：一是政府部门作为发起人的环保民间组织；二是由民间自发形成的环保组织；三是在学校内部的一些环保社团以及一些学校的环保社会联合体，主要由学校内部学生发起；四是国际环保民间组织的驻华机构。随着生态环境形势的日益严峻和公众环保意识的增强，我国环保民间组织的数量总体呈现增长态势。民政部发布的数据显示，截至 2016 年年底，我国生态环境类民间组织共有 6 444 个。

对于环保民间组织而言，资金是运行的基础，但资金不足一直是我国环保民间组织普遍面临的问题，成为其发展的瓶颈与障碍。有数据显示，全国环保民间组织中有固定资金来源的不足三成。2004 年 6 月 5 日，阿拉善 SEE 生态协会成立，该协会是由中国近百名企业家发起成立的民间非营利环境保护组织，是中国首家以社会责任（Society）为己任，以企业家（Entrepreneur）为主体，以保护生态（Ecology）为目标的社会团体，致力于内蒙古阿拉善荒漠地区的生态改善，并推动中国企业家承担更多的环境责任和社会责任。该协会于 2008 年发起成立了 SEE 基金会，成为资助中国本土环境保护行动的重要力量。SEE 基金会以项目资助的形式，受理民间环保行动的资助申请并予以支持。SEE 基金会的成立标志着中国企业家环境意识的集体觉醒，同时也推动着中国民间环保行业的发展。近年来，先后又有一大批企业资助的环保民间组织计划出现，如：2016 年由一汽大众出资，专为资助民间组织开展环保公益项目的“迈向生态文明——向环保先锋致敬”环保公益资助计划；2017 年 4 月 8 日，阿里巴巴公益基金会资助设立了“XIN 伙伴计划”。这些计划的实施有助于环保组织突破发展“瓶颈”，更进一步在自己的专业领域有效推动中国的生态文明建设。

5．新媒体时代公众参与的新形式

2007 年，绿色选择联盟方兴未艾，尚未为人所知。当年公众最为关注的环保事件，实际上是在厦门发生的对二甲苯（PX）事件。在这个事件中，发挥主导作用的不是环保民间组织，而是由互联网、手机等现代化通信工具集中起来的普通公众，他们通过 QQ 等互联网通信软件进行了有力的呼吁和表达。厦门市政府召开了听证会，听取广大民众的意见，召开专题会议，最终决定迁建 PX 项目。该事件发展过程中，政府从不公开、不透明、不妥协的态度，到召开听证会听取民意，民众对项目了解由浅入深、勇于表达自己的意见、愿意在制度内对话，促进了环境保护公众参与的发展，使环境信息得以公开，民众参与决策，使环境权益避免了损害。

公众对环境议题的自由评论和自由发布并不直接等于环境保护公众参与，这种新的技术平台给线下的志愿者和身受多重限制的环保组织，提出了更高的要求。环境保护公众参与正在逐步发展为整个社会的协同行动。

在这次实践中，国际经验的引导、微博的支持发挥了重要的作用；公众受教育程度和公民意识的提高则是社会发展长期积累的成果；意见领袖的发声，代表了更多社会精英的公共事务参与意识和胆识；环保组织的监督实践，是组织机动性、创新性和专业性的展现；而政府部门对民意开放的态度和及时的反馈行动，最终使得这次公众参与获得了多方的共赢。民间组织行动、政府引导和公众行动这三条线基本上代表了中国社会整体推动公众参与的积极力量。

过去的 30 多年间，中国的经济发展已经为公众参与工作的开展提供了越来越多值得关注的环境议题，并号召了越来越多有行动影响力的公民；同时，互联网技术的进步，为这些公民发挥积极的影响提供了技术支持；专业环境机构成为在专业议题上的有益补充和引领。如今需要的，只是环境信息的进一步公开、参与途径的进一步拓宽和给予民间组织成长更宽松的环境。

可持续发展领域的公众参与在中国从无到有，从小到大。中国环境问题面临的现实挑战要求公众参与的强度、广度和深度远超过以往。中国公众面临着各种类型的环境危机和挑战，中国的公民社会经受着重重历练，逐渐成长和发育起来。各级政府也在每次参与中学习、积累，转变角色。可持续发展必须是所有利益相关方参与下的发展，必须是公众意见得到表达和珍视的发展，必须是决策透明、互相信任的发展。

思考题

1. 你认为你的家乡哪方面的环境问题最严重？
2. 你认为对健康影响最大的环境因素是什么？
3. 你所知的环境公害病有哪些？它们是怎么发生的？
4. 在环境保护方面你可以做什么？
5. 室内放置或使用竹炭、空气净化器、净水器，你认为有效还是无效？
6. “空气污染”比“水污染”更影响健康，你认为这个提法正确吗？

第二章　环境与健康

第一节　人与自然

人是自然的一部分，对自然有依赖属性。科学研究表明，人体血液中含有 60 多种化学元素，其中碳、氢、氧、氮、磷、钾、钠、钙、镁、硫、氯 11 种元素为人体内必需的宏量元素，约为人体总重量的 99.95%。另外有 50 多种元素为人体所需的微量元素。人体血液中化学元素的平均含量与地壳中岩石层的化学元素含量非常接近。人体通过新陈代谢不断地与自然环境进行物质交换。人类的生存发展离不开自然环境，大自然为人类提供充足的水源、肥沃的土壤、适宜的气候等人类生存不可或缺的客观物质条件。

生命和环境是一个有机的整体，通过自然的物质循环，保持着和谐和相互适应。一旦某些自然灾害或者人为活动使局部环境中的某些化学元素过量或不足，就会逐步反映到人体健康中，使人和其他生物出现各种各样的病变。

影响人类健康的环境因素大致可以分为三类：①化学因素：有毒气体、重金属、农药等；②物理因素：噪声和振动、放射性物质和射频辐射等；③生物性因素：细菌、病毒、寄生虫等。其中，化学因素对环境影响最大，当这些有害因素进入环境中，会对大气、水体和土壤造成污染，更会对人体产生危害。

人类与自然环境的关系随着人类社会的不断发展而变化，人类既依赖于自然而生存，又潜移默化地改变着自然环境。在人类社会不断发展的过程中，人类为了满足其自身不断增长的物质需求，对自然界不断索取，按照主观意志改造自然。一方面过度开发地球资源，另一方面向自然环境排放有毒物质，污染大气、水体以及土壤等环境，引发一系列环境问题，威胁人类自身的生存发展。我们必须理性地善待自然环境，维系人对自然环境的客观依赖和人与自然环境的物质交换。

人类与环境组成成分的相关性以及人与自然的相互依存的关系表明人与自然是不可分割的辩证统一体。

第二节　水环境与健康

水是生命之源、生产之要、生态之基，是一种有限的、无可替代的宝贵资源。随着全球经济社会的持续发展，全球人口不断增长，人们对水资源的过度利用以及水环境污染的日益严重，导致全球很多国家和地区都出现了水资源短缺的现象。据统计，全球每年的污水排放量达到了 4 000 多亿 t，约 5 万亿 t 的水被污染，导致全球有 1/5 的人口得不到安全的饮用水，数百万人因此死亡。当前，水污染已成为全世界关注的问题。根据《2020 全球癌症报告》：全球约 80%的疾病源于水污染，全球约 50%的癌症与饮用水不洁净有关。在我国，饮用水水源污染、季节性缺水以及水污染引起的地方性疾病在一些地区仍然存在。

一、水环境污染与健康

1．水污染与水产品

水污染对水产品的安全影响非常大，其中以重金属和持久性有机污染物对水产品的影响最为突出。这些物质可以在水产品中富集，进而通过食物链在人体中累积，最终对人体的健康产生危害。

水产品的这一问题同样存在于水产养殖业中。根据联合国粮农组织（FAO）统计，世界水产养殖量从 1970 年占渔业总产量的 3.9%增加到 2016 年的 47%，2030 年预计将比 2016 年增长 37%。水产养殖属于环境依赖型产业，水环境质量决定养殖产品的质量安全。此外，水产养殖自身也会产生污染，对周边水域环境和生态系统构成威胁，制约可持续发展。中国是世界渔业大国，随着经济的快速发展，养殖产业对产量和效益的追求增高，中国的水产养殖向着高密度、集约化、规模化方向发展，形成了高生物负载量和高投入量的养殖模式。在高投入、高产出的模式下，养殖密度超过了水体的环境容纳量。大量的剩余饵料、肥料和生物的代谢产物累积，使得水环境的自净能力下降，水体富营养化严重。水产养殖产生的污染主要来源于养殖过程中的投入品（水产苗种、渔用肥料、饲料、渔用药物和环境改良剂等）以及由此所产生的固态废弃物（残饵、动物粪便和排泄物、固态物质的溶出物）。

研究表明，在网箱、池塘等非开放式的养殖环境的底部沉积物中，碳、氮、磷的含量比周围水体的沉积物中的含量明显要高，并且其耗氧量也明显高于周围物质。在老化的池塘中，残饵、粪便、死亡生物尸体以及药物等有毒有害化学物质在底泥中的富集更为严重。大量残饵、肥料、生物排泄物等的沉降和堆积，造成水体中营养元素含量增加，藻类爆发性增长，藻毒素含量升高。水体和底质处于缺氧或无氧状态，厌氧细菌大量繁殖，分解水体及底质中的有机物质，产生大量有毒产物，如氨气、亚硝酸盐、硫化氢和有机酸等，这些物质在水中不断积累，对养殖的生物产生毒性。

2．污水灌溉和农作物

农业生产严重依靠灌溉，而我国是一个水资源十分短缺的国家。据统计，约占全国耕地面积 50%的灌溉面积上生产着全国 75%～80%的粮食。另外，我国各地的河流、湖泊等地表水受到污染，加重了水资源短缺，这使得清洁的灌溉用水显得极为珍贵。为了弥补用水的不足，利用污水灌溉的现象在我国较为普遍，尤其是在我国北方地区，污水曾是农业灌溉用水的一个主要来源。

污水中的污染物质可以通过土壤在农作物中富集。污水中含有铜、汞、铅、镉、镍等重金属，它们对农作物、土壤和地下水都存在潜在的威胁。中国受铜、汞、铅、镉、镍等重金属污染的耕地面积已经达到 2 000 多万 hm^2，接近总耕地面积的 1/5。

图 2-1　农业中的污水灌溉

污水灌溉除引起重金属的污染外，在某些污水灌溉区域还会引起有机污染物污染，这与污水的成分直接相关。如长期使用污水灌溉的土壤中碱解氮（也称水解性氮，包括铵态氮、硝态氮等无机态氮，以及易水解的氨基酸、酰铵等有机态氮）的含量明显增加，表层的土壤中含量达到了极高的水平，同时，土壤中速效磷的含量也迅速增加。

另外，污水灌溉还会引起土壤中微生物种群发生变化，增加土壤中温室气体的排放等效应。

二、饮用水质量与健康

1．水源污染

饮用水指的是感官指标、理化指标、微生物学指标均符合卫生标准的水，它既满足人体的基本生理需求，又能保证人体健康。自然界中的水一般都要经过处理才能满足公众饮用的标准。常规的自来水净化流程大体可以分为原水获取、混凝沉淀或澄清、过滤、消毒四个基本步骤。水处理的目的是除去水中的悬浮杂质、细菌、重金属、有机污染物等有害成分，使经过处理之后的水质能满足人类的生产和生活要求。

许多疾病的预防完全可以通过加强饮用水安全、改善环境卫生和个人卫生状态来达到。仅腹泻一个病症就占伤残调整寿命年（从发病到死亡所损失的全部健康寿命年）全球疾病负担的 3.6%，且每年导致 150 万人死亡。据估计，这一负担的 58%或每年 84.2 万例死亡归因于不安全的饮用水、环境卫生差和个人不良习惯。

目前我国水环境污染形势仍然比较严重，城市饮用水水源地不仅受到流域性的水污染影响，而且受到事故性污染的严重影响，供水问题频繁发生。2011 年 6 月 4 日 22 时 55 分左右，杭州建德市境内杭新景高速公路发生苯酚槽罐车泄漏事故，导致部分苯酚泄漏并随雨水流入新安江，造成部分水体受到污染（图 2-2）。事故发生后，杭州市民在超市疯狂抢购矿泉水。同时杭州、建德两级政府立即启动应急预案，环保、消防、交警、林水等部门第一时间赶赴现场进行处置；杭州市委、市政府紧急动员、多管齐下，及时果断采取有力措施，全力保障杭州市居民用水不受影响。

随着我国经济的快速发展，饮用水资源短缺，水污染事件频繁发生，饮用水安全面临严重的威胁。水环境的安全问题已经逐渐成为制约我国经济社会发展的重要因素，很多地区仍存在饮水困难的问题。保障饮用水安全是保障人类生命健康的必然要求。2010 年 4 月，环境保护部与国家发展改革委、住房和城乡建设部、水利部以及卫生部联合印发了《全国城市饮用水水源地环境保护规划（2008—2020 年）》，以进一步改善我国城市饮用水质量。通过法律手段对饮用水进行保护，符合国家和公众对饮用水安全的需要。

图 2-2　受到苯酚污染的水体

2．消毒副产物

饮用水消毒是 20 世纪最有效的公共健康措施之一，其目的在于杀灭水中的微生物病原体以防止介水传染病的传播和流行。目前，常用的饮用水消毒方法有氯化消毒、氯胺消毒、二氧化氯消毒、紫外线消毒和臭氧消毒。消毒剂除杀灭病原体外，还作为氧化剂进行饮用水的除味、除色，以及消除铁和锰，提高凝结、过滤效率，防止沉淀池和过滤器底部藻类的生长，防止饮用水分布系统中微生物再生长。

氯化消毒是应用最广的消毒方式。氯化消毒的消毒剂包括液氯和次氯酸钠。然而，氯化消毒副产物主要是三卤甲烷和卤代乙酸，以及其他一些氯化物，其中三卤甲烷（如氯仿）已被确认为致癌物。美国的饮用水安全法规规定一溴二氯甲烷、二氯乙酸、溴酸盐等列为可疑致癌物，其他的氯化物大部分具有一般毒性，对人体器官有刺激或麻醉作用。大量流行病学调查表明，长期饮用氯消毒的饮用水会增加消化和泌尿系统癌变风险。次氯酸钠虽降低了液氯消毒的危害和技术要求，但可能会引入无机副产物，如氯酸盐、亚氯酸盐、溴酸盐等。

20 世纪三四十年代，氯化消毒过程中产生的氯化物越来越受到关注，为了减少其消毒过程中的副产物，许多水厂开始由氯化消毒转向氯胺消毒。与氯相比，氯胺具有更好的穿透性、稳定性和持续性，能够更好地防止饮用水分布系统中微生物的生长。另外，氯胺消毒还可以改善水体的味觉和嗅觉。但是，氯胺的消毒能力较弱，常常作为次级消毒剂使用。氯胺与水中有机化合物的反应活性远低于自由氯，相同条件下产生的氯化物的量远低于氯化消毒产生的量。然而，最近的研究表明氯胺消毒可能产生某些具有更大危害的简单消毒副产物，如氯化氰、亚硝基二甲胺、卤代硝基甲烷。

二氧化氯消毒方法是一种高效、快速、持久、安全的饮用水消毒方法。二氧化氯具有强氧化性，是一种广谱型消毒剂，对一切介水传播的病原微生物均有很好的杀灭能力。二氧化氯在水中不与氨氮反应，杀菌效果优于氯，并且用量少、作用快，氧化消毒能力受水体的 pH 以及氨氮的影响小，适用范围较广，能明显改善水体的色度和口感。但是，二氧化氯消毒对技术要求较高，成本较大。二氧化氯消毒过程中几乎不产生有机卤化物，但产生的无机副产物二氧化氯离子、三氧化氯离子和三氧化溴离子在高剂量或高浓度时有潜在的毒性，其中二氧化氯离子会导致溶血性贫血症。

紫外线消毒是利用适当波长的紫外线破坏微生物机体细胞中的 DNA 或 RNA 的分子结构，造成生长性细胞死亡和（或）再生性细胞死亡，达到杀菌消毒的效果。通常紫外线消毒可用于氯气和次氯酸盐供应困难的地区和水处理后对氯化消毒副产物有严格限制的场合。紫外线消毒具有诸多优点，如不在水中引进杂质，水的物化性质基本不变，水的化学组成（如氯含量）和温度变化一般不会影响消毒效果，也不会增加水中的臭味，不产生三氯甲烷等消毒副产物，杀菌范围广而迅速，处理时间短，在一定的辐射强度下一般病原微生物仅需十几秒即可杀灭，能杀灭一些氯化消毒法无法灭活的病菌，还能在一定程度上控制一些较高等的水生生物（如藻类和红虫等），过度处理一般不会产生水质问题。但因为紫外线会被水中的许多物质吸收，如酚类、芳香化合物等有机物和某些生物、无机物等，所以水必须进行前处理；且紫外线没有持续消毒能力，可能存在微生物的光复活问题。我国的紫外线消毒一般用于少量水处理，在纯水制备系统应用较多。

作为氯化消毒的代替方法，臭氧消毒在饮用水消毒中的应用越来越广泛。臭氧灭菌是通过生物化学氧化反应实现的，臭氧几乎对所有细菌、病毒、真菌及原虫、卵囊具有明显的灭活效果。臭氧的灭菌效果比液氯和二氧化氯强，但臭氧极不稳定，需要现场制备，增大了消毒成本。臭氧作为消毒剂不会产生卤代消毒副产物，与氯化消毒相比，产生的氯化物也少很多，但是，含有溴离子的源水在臭氧氧化过程中形成溴酸盐副产物，当源水中有机物浓度较高时，产生一些含氧有机物，如醛、羧酸、酮、酚、溴酸盐，其中甲醛可引起人类的鼻咽癌、鼻腔癌和鼻窦癌，并可引发白血病。溴代乙酸比氯代乙酸具有更强的 DNA 损伤能力。另外，溴酸盐具有强致癌性。

第三节　大气环境与健康

大气是地球表面由各种气体、水汽和多种悬浮物及其他杂质组成的复杂流体系统，是生命活动长期参与的结果。大气的质量状况直接关系着人类以及各种生物的生存和发展。地球上的绝大多数生物每时每刻都需要呼吸空气。空气不仅为人类提供氧气，也为绿色植物光合作用提供了碳源。

大气污染可影响人体的正常生理机能（肺部的气体交换、血液中氧气的输送等）。一般认为由大气污染引起的呼吸系统疾病主要有上呼吸道炎症、支气管炎、哮喘、肺气肿、尘肺病等。其他与大气污染有关的疾病有高血压、动脉硬化、贫血、眼病和佝偻等。大气污染的慢性作用可影响人体的传染免疫过程，引起机体免疫损伤。此外还可能引发癌症，胎儿的流产、畸形，生物的遗传突变。而当气象条件恶化，大气中有害物质的浓度突然增加时，可造成急性中毒死亡事件，图 2-3 为严重大气污染的照片。

图 2-3　严重的大气污染

按照国际标准化组织（ISO）的定义："大气污染通常指人类活动或自然过程引起某些物质进入大气中，达到足够的浓度，维持足够的时间，并因此危害了人体的舒适、健康和福利或环境的现象。"大气污染物主要分为气态污染物和气溶胶状态污染物，其中气态污染物主要包括二氧化硫、氮氧化物、碳氢化物、卤化物等，气溶胶状态污染物包括粉尘、烟、飞灰、黑烟和雾等。它们的主要来源是燃料的燃烧和工业生产工程中废气的排放。

总悬浮颗粒物（TSP）是指悬浮在空气中，动力学当量直径小于等于 100 μm 的颗粒物。其中对人体产生影响的是可吸入颗粒物，其粒径小于 10 μm。一些粒径小于 5 μm 的颗粒能够进入呼吸道较深的位置，直接损伤肺泡，导致肺部炎症。在悬浮颗粒物与人体皮肤和眼睛直接接触过程中，会引起汗腺、毛囊的阻塞，导致皮肤炎症和结膜炎。

氮氧化物主要产生于人类生产生活中煤、石油等燃料的燃烧过程，包括内燃机的燃烧、汽车尾气的排放；还来自工厂生产过程中使用硝酸排放的尾气。氮氧化物对肺部的损害较大，对呼吸器官的刺激强烈。此外，氮氧化物中的一氧化氮能够引起大气的二次污染，部分氮氧化物在空气中与碳氢化合物相遇，在紫外线的照射下发生光化学反应，产生对人类有害的光化学烟雾，使人眼睛发红、咽喉肿痛、呼吸困难、头痛、头晕等。

一氧化碳大部分来源于含碳燃料和卷烟的不完全燃烧，还来源于工业生产过程，如炼钢、炼铁、炼焦等。一氧化碳气体无色、无味，能在大气环境中短暂停留。由于一氧化碳与血红蛋白的结合能力是氧与血红蛋白结合能力的 200～300 倍，所以，当一氧化碳进入血液系统后，会极大地阻碍机体对氧的输送，导致机体缺氧。当一氧化碳浓度达到一定范围时，会引起人体中毒，甚至死亡。

我国是一个发展中的国家，在工业化持续快速推进过程中，能源的消费量持续增长。以煤炭为主的能源消费结构导致大量的烟尘、二氧化硫、氮氧化物等污染物的排放，大气污染形势严峻。近年来，由于居民收入水平的提高和城市化进程的加快，城市机动车保有量和道路机动车流动量增加迅速，机动车尾气排放量增加，加剧了大气污染。

一、大气污染对健康的直接作用

1．大气污染对健康的急性毒性

大气污染物的急性毒性是指：大气污染物的浓度在短期内急剧增加，使周围人群吸入大量污染物质导致其健康遭到损害。急性毒性危害往往会有呼吸道和眼部刺激症状、咳嗽、胸痛、呼吸困难、咽喉痛、头疼、呕吐、心功能障碍、肺功能衰竭等表现，主要是由烟雾事件或生产事故引起的，如震惊世界的伦敦烟雾事件造成了近 4 000 人死亡。

大气污染物是由多种污染物组成的复杂混合物。1970 年，美国国家环境保护局将大气污染物中的颗粒物、一氧化碳、二氧化硫、氮氧化物、臭氧和铅 6 种污染物质定义为环境特征性污染物。其中颗粒物被公认为是对人体健康危害最大、代表性最强的大气污染物。流行病学资料研究表明，大气中的颗粒物质与人类疾病的发病率、死亡率关系密切，能够引起哮喘、呼吸系统炎症、肺功能下降，影响心血管系统、神经系统、免疫系统等，甚至引发癌症。

2．大气污染对健康的慢性毒性

大气污染主要通过呼吸道、消化道、黏膜、皮肤进入人体，长期的刺激作用使这些部位产生炎症，增强了人群对外来感染性疾病的易感性。在幼儿、老年人、患有心肺疾病的易感人群中，由于宿主的防御能力较弱，机体存在一定的本底水平，即处于预先致敏状态。当颗粒物进入呼吸系统时，刺激效应细胞再次分泌细胞因子，由于细胞因子之间可能存在协同作用，从而产生爆破式释放，引起机体更大的病理伤害。颗粒物质导致心血管疾病的风险显著上升。人们发现城市中大气气溶胶的水溶性提取物质能诱导人血液中白细胞活性氧的爆发，导致血液中免疫细胞的变化，同时通过促进凝血机制促使心血管疾病的发生。

案例 2　尘肺病产生的原因

尘肺病是指在生活或者职业工作中长期吸入生产性粉尘，并在肺内滞留而引起以肺部组织弥漫性纤维化为主的全身性疾病。在传统意义上，处于高浓度粉尘环境中的工作人员较易得尘肺病，且粉尘中游离二氧化硅含量越高，发病时间越短，病变越严重。

然而，从 2011 年年底开始，我国大部分地区出现了雾霾现象，且持续了数年。暴露在室外空气中的人类不得不吸入含有高浓度 $PM_{2.5}$ 的空气。当 $PM_{2.5}$ 进入人体的呼吸道后，由于其不易被人体的呼吸道阻挡，会直接进入肺泡和支气管，引发支气管炎症、呼吸道堵塞等疾病。其中，粉尘是一类形成 $PM_{2.5}$ 的非常重要的污染源，其化学成分与工业粉尘类似。当人体过量吸入含有高浓度粉尘的雾霾后，这些粉尘就会逐渐积累在人体的肺部，最终导致肺组织纤维化，使得肺部组织硬化、石化，导致人体呼吸极为困难，行动艰难，丧失劳动力，且极难治愈。

关于长期暴露在雾霾中是否会导致尘肺病的问题，起初学者们持有不同的意见。然而，在2015年的尘肺病问题公共政策研讨会中，部分学者肯定了大气污染是导致尘肺病的诱因这一结论。因此，从根本上改善大气环境质量，降低大气中的粉尘浓度，是减少人群患尘肺病的最重要的途径。

资料来源：[1] https：//baike.baidu.com/item/肺尘埃沉着病.
[2] 人大代表陈静瑜：严重雾霾也是尘肺病因之一，人民政协网. http：//www.rmzxb.com.cn/zt/2015qglh/mk/455235.shtml.

二、大气污染对人体健康的间接作用

1. 通过污染水体对人体健康的影响

大气中的污染物质主要通过沉降、转移扩散以及化学反应等方式进入水体，对水体造成污染。受到污染后的水体对水生生物产生危害，进而通过食物链等方式进入人体内，从而对人体健康产生危害。例如大气颗粒物中的重金属物质，通过沉积、随雨水飘落等方式进入水环境中，被水生生物吸收，再通过食物链最终在人体中富集，对人体健康产生影响。

2. 通过污染土壤对人体健康的影响

随着城镇化的不断发展，很多地区的农村和工业区毗邻，工业排放的挥发性有机物质以及一些重金属物质等通过迁移和沉降进入周边农田，被农作物吸收，最终对人体健康造成危害。

此外，农作物生长与外界进行物质交换的主要途径还包括叶子表面的气孔。当外界的条件适宜，叶子表面的气孔张开，大气中的污染物颗粒进入植物体内产生危害。叶尖以及枝条表面的皮孔等也可以成为污染物质进入植物的通道。这些进入植物内的污染物质的一部分通过食物链在人体内富集，对人体的生命健康造成影响。

三、著名大气污染事件

马斯河谷烟雾事件。1930年12月在比利时马斯河谷地区发生的烟雾事件是20世纪最早记录下的惨案，造成该地区上千人发生呼吸道疾病，主要症状有胸闷、咳嗽、流泪、恶心、呕吐、呼吸困难等，造成了63人死亡。马斯河谷地区是一个重要的工业区，建有炼油厂、金属冶炼厂、玻璃厂以及电厂、化肥厂和石灰窑厂等，其全部处于狭窄的盆地中。该地区污染物排放量大，整个工业区被大雾笼罩，当年12月气候反常，由于地理位置特殊，在河谷上空形成很强的逆温层。逆温层抑制了烟雾的扩散，使得空气中的有害烟尘积聚，造成大气污染。

洛杉矶光化学烟雾事件。1950 年前后，美国洛杉矶城市上空弥漫着浅蓝色的烟雾，空气中的颗粒物质和臭氧严重超标。这种烟雾使人眼睛发红、呼吸困难、胸闷、头晕、头疼，甚至导致远离城市的高山上松林枯死，柑橘减产。1943 年，洛杉矶就已拥有 250 万辆汽车，这些汽车每天燃烧掉 1 100 L 汽油，另外城市里还有一些炼油厂和供油站，汽车和工厂排放的废气中含有大量碳氢化合物和氮氧化物，这些污染物在阳光的作用下，特别是在 5—10 月的夏季和早秋季节强烈阳光作用下，易发生光化学反应，生成淡蓝色光化学烟雾。

伦敦烟雾事件。1952 年 12 月在伦敦发生了以煤烟为主的空气污染事件，导致伦敦上空形成了厚重的雾霾（图 2-4）。伦敦市处于河谷地带，又是高压中心，在逆温天气状况下，排放的煤烟粉尘在无风状态下积聚不散，烟和湿气在大气层中积聚，致使城市上空烟雾弥漫，能见度极低。由于污染物质在大气中不能扩散，许多人感到呼吸困难，眼睛刺痛，医院内患呼吸道疾病的人骤增，仅 5 天时间，死亡人数就达到 4 000 多人。

图 2-4　伦敦烟雾事件

第四节　土壤环境与健康

土壤是以母质为基础，在物理、化学和生物的长期共同作用下，不断演化而形成的土状物质，它由固相、液相和气相物质以及生物体四部分组成，各部分之间相互作用，形成一个复杂的体系。土壤圈处于大气圈、岩石圈、水圈和生物圈的交界面，是联系有机界和无机界各要素的中心。土壤能够为植物的生长繁殖提供重要支撑，同时提供水分、空气、肥料和热量等，是人类生产生活的物质来源。人类对土壤具有依赖性，土壤与人类的健康息息相关。

土壤污染是指人类活动产生的有毒有害物质积累到一定程度时，超过了土壤本身的自净能力，致使土壤的性质发生变化，对植物和人体造成影响与伤害。根据污染物的不同性质，土壤污染物分为无机污染物和有机污染物。其中无机污染物主要有铜、汞、铅、铬、锌等重金属物质，硒、砷等非金属物质以及酸、碱、氟、氯等无机化合物；有机污染物主要有有机农药、酚、苯并芘类、油类和有机洗涤剂类等。这些污染物质主要由污水、废气、农药、化肥和固体废物等带入土壤中并在其中聚积，是长期积累的结果。土壤污染物可以通过雨水淋溶转移至地下水或地表水中，造成水污染。同时污染物质被生长在土壤上的生物吸收富集，最终这些污染物质通过食物链富集进入人体，危害人体健康。严重的土壤污染影响植物的生长发育，甚至死亡。土壤本身具有减缓污染的自净能力，但由于土壤不易流动，自净能力十分微弱。

一、重金属污染与健康

土壤重金属污染是指由重金属或其化合物造成的土壤污染，其危害程度取决于重金属在土壤、生物体中存在的浓度和化学形态。

重金属镉是土壤中常见的污染物，镉能够取代骨中钙，使骨骼严重软化，骨头寸断，会引起胃肠功能失调，干扰人体和生物体内的锌酶系统，导致血压上升。日本著名的“痛痛病”，就和镉污染有着密切的关系。土壤中的镉进入稻米中，人吃了镉含量超标的大米，金属镉进入人体达到一定含量，便会引发“痛痛病”，其主要临床表现为骨痛、骨折，四肢弯曲变形，脊柱受压缩短变形。

2014 年 2 月 27 日，《南方日报》发表了一篇题为“湖南问题大米流入广东”的文章，报道了 2009 年湖南上万吨镉含量超标的稻米在广东的粮食市场上流通销售。同年 5 月，广州市食品药品监督局随机对 18 批次大米进行抽样检查，公布的结果显示 44.4%的大米及米制品抽检产品发现镉超标，其中涉及 6 个批次的超标大米来自湖南衡东县和攸县等地区。经相关部门对衡东等工业园区附近的粮食、土壤及河水的深入监测发现，重金属含量超标严重，其中污染严重的大米样本中镉含量超过国家安全标准规定近 21 倍（图 2-5）。

图 2-5　镉含量超标的大米

另外，土壤中还存在铬污染和铊污染。一定浓度的金属铬会影响人体内氧化还原过程和水解过程，六价铬有明显的致突变作用。一定浓度的金属铊能引起人体铊中毒，造成头痛、头晕、失眠多梦、记忆力减退、四肢无力、周围神经炎以及脱发等。

二、农药污染与健康

在合理范围内适当施用农药，可以使农作物增产，但过量或不恰当的使用，会造成土壤污染。农药中的有机磷、有机氯会造成人体急性或慢性中毒。急性中毒表现症状有恶心、呕吐、呼吸困难、瞳孔缩小、肌肉痉挛、神志不清等。慢性中毒主要症状有头痛、头晕、乏力、食欲不振、恶心、气短、胸闷等。此外，有机氯农药会对人体的内分泌系统、免疫功能、生殖机能等产生广泛影响，具有致突变、致畸和致癌作用（图 2-6）。

图 2-6　农药污染的危害

据美国《丹佛邮报》报道，在阿根廷，许多大豆种植园与居民区以及学校只有一步之遥，在居民区内随处可以见到装载着化学农药的拖拉机。在阿根廷查科省阿维亚特莱市很多小孩身上长满了痣毛，患有此种先天性疾病的孩子是其他地区的4倍，这种先天性生理缺陷与农药污染密切相关。

三、生物性污染与健康

1．引起肠道传染病和寄生虫病

人体排出的含有病原菌或寄生虫卵的粪便污染了土壤，再经过某种途径经口进入人体引起传染病（人—土壤—人）。许多肠道传染病菌在土壤中能存活相当长时间，抗力最小的霍乱弧菌可存活8～10天，伤寒杆菌、痢疾杆菌和肠道病毒等可存活数十天，寄生虫卵在土壤中存活时间更长。

2．引起钩端螺旋体病和炭疽病

钩端螺旋体病和炭疽病一般是由动物粪便污染土壤后传染给人而引起的（动物—土壤—人）。钩端螺旋体的带菌动物为牛、羊、猪、鼠等，病原体通过人的皮肤或黏膜进入体内。炭疽杆菌抗力最强，家畜感染此病并污染土壤后会在该地区相当长时期内传播此病。

3．引起破伤风和肉毒中毒症

天然土壤中常常存在破伤风杆菌、肉毒杆菌两种致病菌，人会因为接触土壤而感染（土壤—人）。这两种病菌抗力很大，在土壤中能长期存在。

四、土壤污染引发的二次污染与健康

1．通过污染地表水对人体健康的影响

土壤中的污染物可以随着天然降水和地表径流进入河流湖泊，致使地表水受到污染，受到污染的水体对水中生物产生危害，污染物质通过食物链等方式进入人体内富集，对人体健康造成伤害。

2．通过污染地下水对人体健康的影响

土壤污染是浅层地下水污染的一个重要因素，土壤中的一些污染物容易被淋溶或随渗水进入地下水，日积月累造成浅层地下水水质变差，最终导致地下水污染，进而影响人们饮用水的质量，危害人体健康。

案例3　常州外国语学校污染事件

常州外国语学校污染事件是典型的由土壤污染引发的社会公众事件。2015 年 9 月，常州外国语学校迁至位于新北区的新校区，新校区与常隆污染地块仅一路之隔。12 月，有家长在接送孩子时闻到学校周边有刺激性气味，后得知是常隆污染场地在进行土壤修复施工。该污染场地原址是几十年的农药厂、化工厂，家长们得知消息后一阵恐慌，纷纷质疑常州外国语学校选址不当。与此同时，常州外国语学校很多在校学生出现了不良反应和疾病。据统计，有 493 人出现皮炎、湿疹、支气管炎、血液指标异常、白细胞减少等异常症状，部分学生甚至患上了淋巴癌等严重的疾病。

2016 年 4 月 17 日，央视曝光了常州外国语学校新址污染事件，常州市政府于曝光次日开展了调查。通过采样调查，发现学校附近污染地块部分污染物超标近 10 万倍，且学校内污染物质与污染地块上的污染物质吻合。该结果表明，学校学生的患病是因为紧邻学校的化工厂正在进行土壤修复的施工工作，尤其是进行的大范围的土壤挖掘修复工作，导致吸附在土壤中的挥发性污染物被释放到大气中。气态的污染物进一步通过扩散、对流等方式影响常州外国语学校师生，造成了学生大面积患病，也就是所谓的“二次污染”的现象。

针对该起事件，常州市政府最终选择改变污染地块的用地性质，将该地块最终规划为生态公园的民生工程，政府将进行绿化和生态修复。同时，常州市已对相关失职领导和负责人进行了相应的处分。然而，该案例中暴露出来的土壤修复中产生的二次污染现象未得到足够的重视，以及相关负责人在事件发生的初期试图掩盖事件、降低影响的做法仍然值得深入反思。

资料来源：https：//baike.baidu.com/item/常州外国语学校污染事件.

3．通过大气污染对人体健康的影响

土壤中的污染物质在一定条件下可产生粉尘和有害气体进入大气，有些粉尘和颗粒物对人体有害，有的还是病原微生物的载体，它们由呼吸道和皮肤进入人体，危害人体健康。如目前全球各地的土壤都受到不同程度的持久性有机物的污染，它们具有长期残留性、生物蓄积性、半挥发性和高毒性的特点，能够在大气环境中长距离迁移并能沉积回到陆地，对人类健康和环境造成严重的危害。持久性有机污染物在环境中表现出“三致性”（致畸性、致癌性、致突变性），并且具有干扰内分泌的特性，其危害已得到公认。

第五节 生活环境与健康

我们所说的空气污染通常是指室外的空气污染。我国对空气污染的治理始于 20 世纪 70 年代，主要针对工业废气。实际上，室内空气污染严重程度并不亚于室外污染，因为人们较长时间处于封闭的环境中，且室内污染物不易扩散。据世界卫生组织统计，每年约有 380 万人因室内空气污染导致卒中、缺血性心脏病、慢性阻塞性肺病和肺癌等非传染性疾病而过早死亡。室内空气中的污染物主要来源有装修废气、燃料废气、烹饪油烟、植物花粉、家用电器散发废气和由室外进入的各种废气。如图 2-7 所示，吸烟、取暖、烹调等室内活动所排放的气体会影响室内环境、危害人体健康。

图 2-7 室内环境与健康

一、室内环境与健康

1．装修材料对健康的影响

室内装修使用的各种油漆、涂料、墙纸、板材、大理石和新家具等，都会散发多种气体，造成室内的空气污染，这些气体会引起失眠、头疼、过敏等反应，损害人体免疫系统。由装修引起的室内空气污染的常见污染物有苯、甲苯、二甲苯、甲醛和其他挥发性有机物等，其毒性已引起广泛关注。苯、甲苯和二甲苯作为有机溶剂或稀释剂存在于油漆和涂料中。甲醛是生产胶合剂的主要原料，是很好的防腐剂。木工板中普遍含有甲醛，甲醛超标会导致人体皮肤黏膜受刺激、中毒过敏等。挥发性较强的有机污染物易溶于油脂，很容易被肺吸收，多为有毒的有机气体。其中被列为致癌、致畸的化合物有氯乙烯、苯和多环芳烃等。另外，不合格的大理石和花岗岩中可能存在放射性污染物，危害人体健康。

案例 4　绍兴义峰山放射性石材事件

2018 年 8 月 18 日，一篇《失控的铀矿石：绍兴义峰山放射性石料流向民居　辐射超标》的文章在网络上引起了轩然大波。文章作者称，义峰山早在 1984 年就由浙江省第九地质大队进行了勘探，发现义峰山地面伽马异常点位 81 个，构成 2 个铀水异常带，但这些点位分布不均匀，连续性差，因此义峰山并没有具有工业意义的铀矿体。2005 年，为了满足城市化和基础设施建设对建筑石材的大量需求，绍兴市国土局委托机构对义峰山进行石料矿普查。调查结果显示，“区内岩石放射性伽马总照射量超过了限值标准，不宜作为工业建筑、民用建筑的主体材料和装修材料，但可作为围垦海涂之抛石和海堤、河堤堤坝的护坡砌石以及深基础骨料使用”，并最终通过了评审。由此，砂石矿企业得以合法进驻义峰山。然而，后来绍兴一家房地产上市公司拍下了义峰山石料矿的开采权，并进一步建成了商品混凝土生产厂，后转让给私人经营。由此，当初被限定只能用在围垦海涂等边缘区域的义峰山矿石，开始源源不断地作为商品化的建筑石材，流入新建的住宅小区。与此同时，文章作者还测量了用义峰山石材建造的房屋的局部，发现室内的辐射值为 0.25～0.35 μSv/h，即使按照每天接触 8 h 计算，辐射值也已经超过了国际辐射每年接触限制（1 mSv）。

这篇网上流传的文章引起了当地居民的极度恐慌，也引起了绍兴市政府的高度关注。绍兴市政府立即叫停了混凝土企业的销售和开采资格，并立即查清了这些混凝土流向的新建小区名称。经调查，这些可能存在辐射超标问题的混凝土已经流向了绍兴市共 33 个楼盘。通过对这些楼盘室内的放射强度进行委托测试，发现这些石材中“放射性水平均未见明显升高，与全国普查室内的水平基本一致”，才打消了群众的恐慌情绪。

绍兴义峰山放射性石材事件背后反映出来的是政府的监管失职及企业明显的违法行为。然而，这件事情的根本还是政府和企业在最开始的时候就忽视了放射性石材可能给人体健康带来的巨大的负面影响，需要引起政府、企业和居民等各方面的深入反思。

资料来源：[1] 失控的铀矿石：绍兴义峰山放射性石料流向居民　辐射超标，北青深一度. https：//baijiahao.baidu.com/s？id=1609034651974488806&wfr=spider&for=pc.
[2] 绍兴通报义峰山矿区事件：楼盘放射性未见明显升高，中国新闻网. https：//baijiahao.baidu.com/s？id=1609464215395372229&wfr=spider&for=pc.

2．家用电器对健康的影响

随着人们生活水平的不断提高，各类家用电器逐渐进入人们家中。然而，家电的使用不当也会造成无形的污染。通常家用电器由塑料、橡胶、纤维和金属材料组成。塑料添加剂（助剂）是塑料制品中不可缺少的重要原材料，主要类别有热和光稳定剂、抗氧化剂、抗静电添加剂、润滑剂、火焰阻滞剂，以及增塑剂和抗冲击改进剂等。在橡胶中添加的橡胶助剂和阻燃剂成分多为多溴联苯醚，多溴联苯醚具有持久性有机污染物的特性，由于其较高的脂溶性，当其扩散到环境中时，容易通过食物链传递并最终在人体中沉积，对人体产生致畸致癌作用。家用电器对人体产生的危害不仅来源于不合格的材料，使用过程中也会产生无形的危害，例如电视机和电脑荧光屏可产生含溴化三苯并呋喃的有毒气体，对人体有致癌作用；人们长时间处于空调房里，又因新鲜空气量不足，负离子减少，罹患“空调病”的概率会大大提升。

3．室内活动对健康的影响

人类日常生活中提供热量的各种燃料燃烧会产生大量废气。管道煤气、液化石油气和天然气燃烧后会产生一氧化碳、二氧化碳、二氧化硫、氮氧化物等气态污染物以及一些固态的颗粒物质。烹饪过程产生的油烟中含有300多种有害物质，最主要的硝基多环芳香精（DNP）是肺部致癌物质，室内产生的DNP浓度是室外新鲜空气的100倍以上。同时，燃料未充分燃烧及烹调过程产生的油烟会生成一氧化碳，厨房燃料燃烧过程中会导致氮氧化物剧增，产生大量的有害物质，更加剧了室内空气污染，人们吸入后会导致肺部病变，出现哮喘等肺部疾病。此外，烟草在燃烧的过程中会产生可吸入性颗粒物、一氧化碳、尼古丁、焦油等对人体有害的物质，在室内吸烟不仅危害吸烟者自身的健康，也会损害周围人群的健康。

人体自身的呼吸作用以及皮肤、汗腺对外的排泄作用等向外界排出大量空气污染物，例如硫化氢、氨类化合物、二氧化碳等。人体感染的各种致病微生物也会通过咳嗽、喷嚏等喷出。室内空气不流通，污染物浓度增大，不利于室内空气卫生，影响人体健康。

4．通风条件对健康的影响

现代人平均有超过80%的时间在室内，且65%的时间在家中度过。住宅的室内环境品质对人体健康至关重要。房间长期不通风，空气中的二氧化碳、颗粒物、细菌和有害气体会增多，氧气会减少，危害人体健康。首先，通风不畅会导致空气湿度过大，更容易滋生霉菌，由此导致人过敏或哮喘。其次，由木质家具、黏合剂和油漆释放的有害物质难以扩散，甲醛等污染物容易聚集。通风不好，呼吸疾病会高发，长期在密闭空调环境中工作的人常常会感到烦闷、乏力、嗜睡、肌肉酸痛，工作效率显著下降，患上“空调综合征”。住宅拥有良好的通风设施以及能将室内污染物排到室外是世界卫生组织定义的“健康住宅”标准之一。

5．采光条件对健康的影响

建筑自然光环境是室内物理环境的重要组成部分。研究表明，良好的自然采光能营造舒适宜人的室内环境，改善人体健康。这是因为太阳光中有波长较短的紫外线，能够透过普通玻璃进入室内起到灭菌作用，而灭菌率与进入室内的紫外线强度有关，且随日照时间的增加而增加。阳光不足则会导致房间阴暗潮湿，容易滋生各种病菌或霉变，损害人体健康。此外，在采光不好的环境中生活，人们的心情容易受影响，阴暗的环境容易使人感受到压抑，罹患精神疾病的概率会大大提升。影响房屋采光的因素有楼间距、朝向、高度和面宽与进深等。楼间距通常为楼高的 1.2 倍以上，房屋向南采光好，小高层选择楼层不能低于 3 层，塔楼则应选购 6 层以上的房子，在选择房子面宽与进深上，房子的开间越宽、进深越小采光越好。另外，一间房屋的有效日照时间不得低于 2 h，有效时间在 8：00—16：00。

二、车内环境与健康

车内空气污染是指汽车内部不通风、车体装饰等造成的空气质量较差的现象。车内空气污染源主要来自车体本身、装饰材料等。我国汽车需求庞大，这导致许多汽车下了生产线就直接进入市场，有害气体未完全释放，安装在车内的塑料件、地毯、车顶毡如果没有按照严格的环保要求加工，会释放甲醛、苯、二甲苯等有害气体，对人体健康产生影响。另外，汽车内空间狭小，密封性良好，空气流通性差，车内乘客交叉污染严重，使得车内空气污染比一般室内空气污染更为严重。

车内空气污染主要由车内和车外空气环境共同作用而成，详见图 2-8。

图 2-8 车内污染示意

1．车内装饰材料对环境的影响

车内污染物主要来自汽车使用的塑料、橡胶、皮革、油漆、织物、黏合剂等材料中所含有的挥发性有机物，主要包括卤代烃、甲苯、二甲苯、甲醛、丙酮等。这种由车内材料引起的污染在新车中尤为突出。澳大利亚联邦科学与医学科研部门测试发现，新车在出厂后车内有害气体的浓度很高，挥发时间持续在6个月以上。车内材料散发的物质可以使人出现头晕、头疼、乏力等症状。人们关注程度比较高的是甲醛和苯系物。甲醛具有强烈的刺激性气味，主要对神经系统和呼吸系统具有毒害作用。室内甲醛浓度达到0.1 mg/m^3时就会产生异味，达到0.5 mg/m^3时会引起眼睛刺痛流泪，达到0.6 mg/m^3时会引起咽喉疼痛，浓度再高可引起恶心、呕吐、咳嗽、胸闷、气喘甚至肺气肿，当达到30 mg/m^3时可导致死亡。苯系物是一类具有特殊芳香气味的液体，人在短时间内吸入浓度较高的甲苯、二甲苯时，可以引起中枢神经系统麻痹，轻者产生头晕、头痛、恶心等症状，严重的可引起昏迷甚至死亡。而长期接触一定量的甲苯、二甲苯，会引起慢性中毒，对神经系统造成损害。

2．车内空调系统对环境的影响

汽车在使用过程中，通过排气管、曲轴箱、燃油蒸发等途径排放污染物，这些污染物可以从汽车的通风系统进入车厢内。车内的空调蒸发器长时间不清洁，附着大量的污垢，在潮湿环境下会滋生大量微生物，对车内空气造成污染。另外，汽车通风系统处于进风状态时，车内和车外的空气污染状况有很高的相关性。

思考题

1. 我国是一个水资源十分短缺的国家，为了弥补用水的不足，利用污水灌溉农田在我国十分普遍，请简述其对人类健康带来的影响。

2. 列举影响饮用水质量的因素，以及饮用水的质量差会对人类的健康产生何种影响？

3. 什么是大气（土壤）污染？其主要污染物有哪些？并指出它们的来源。

4. 谈谈大气（土壤）污染对人体健康产生的影响。

5. 小空间污染越来越受到人们的重视，结合实际生活，谈谈室内、车内环境是如何影响人体健康的。

第三章　大气环境保护

第一节　大气与大气污染

一、大气层结构与组成

地球表面的外层是多种气体混合组成的空气，受到地球重力作用，围绕在地球表面并占有一定的空间，称为地球大气，简称大气（atmosphere）。大气层中的空气分布是不均匀的。大气层的空气密度随高度而减小，离地面越高空气越稀薄，海平面上的空气密度最大。

1．大气层结构

大气层的厚度大约为 1 000 km，但没有明显的界线。1962 年世界卫生组织根据大气温度随高度垂直变化的特征及运动状态、密度成分的变化等，将大气分为对流层、平流层、中间层、热层和外逸层。如图 3-1 所示。

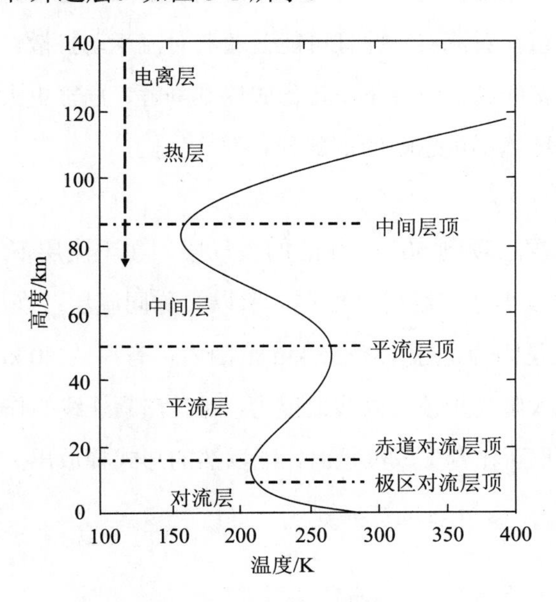

图 3-1　大气层结构示意

（1）对流层

对流层是紧贴地面的一层，它受地面的影响最大。因为地面附近的空气受热上升，而位于上面的冷空气下沉，发生对流运动，故得名对流层。对流层厚度平均约为 12 km（两极薄、赤道厚）。据观测，在低纬度地区其上界为 17～18 km；在中纬度地区为 10～12 km；在高纬度地区仅为 8～9 km。夏季的对流层厚度大于冬季。

对流层有以下几点主要特征：

①气温随高度的上升而降低。大约每升高 1 000 m，温度下降 5～6℃。对流层大气热量的直接来源主要是空气吸收地面的热辐射，靠近地面的空气受热后，热量再向高处传递。

②空气密度是所有分层中最大的。对流层集中了约 75%的大气质量和 90%以上的水汽。

③具有强烈的对流运动和湍流运动。对流层上部冷下部热，有利于空气的对流运动。低纬度地区受热多，对流旺盛，对流层所达高度就高；高纬度地区受热少，对流层高度就低。

④气象要素在水平方向上分布很不均匀。近地面的水汽和杂质通过对流运动向上空输送，在上升过程中随着气温的降低，容易成云致雨。云、雨、雪等天气现象都发生在这一层。

对流层与人类的关系最密切，其对人类的影响也最大。通常情况下，大气污染物排放到空气中后大多停留在对流层，并且可能会随着对流运动扩散，影响全球环境。或者在对流层相对较为丰富的粒子环境下，转化成更难降解、危害更大的污染物。所以，对对流层的研究是大气环境不可忽略的一部分。

（2）平流层

平流层是自对流层层顶到 50～55 km 的大气层。在平流层下层，即 35 km 以下，温度随高度降低变化较小，气温趋于稳定，所以又称同温层；在 35 km 以上，温度随高度升高而升高。这是因为，在 15～35 km 范围内，有厚约 20 km 的一层臭氧层。

因臭氧具有吸收太阳光短波紫外线的能力，同时在紫外线的作用下可被分解为原子氧和分子氧。当它们重新化合生成臭氧时，能以热的形式释放出大量的能量，使平流层的温度升高。

平流层能大量吸收紫外线，使地球生物免受紫外线的照射，同时又对地球起保温作用。近年来，氟氯烃等化学物质的排放，导致南北极上空出现臭氧层空洞的问题，影响了地球上环境和生态的稳定性。如果让这种现象持续下去，全世界人口都将暴露在紫外线直射之下，皮肤癌等疾病发生率将大幅升高。所以，保护臭氧层迫在眉睫。

平流层具有两个重要特征：大气很稳定，空气的垂直运动很微弱，多为平流运动；水汽和杂质含量低，大气透明度高。由于飞行气象条件好，飞机多在此层航行。

（3）中间层

中间层是从平流层层顶到 85 km 左右的大气层。中间层大气中几乎没有臭氧的存在，所以它无法截留来自太阳辐射的紫外线，是大气中最冷的部分，温度可降至−83～−113℃。这一层中水汽极少，由于下层气温比上层高，有利于空气的垂直对流运动，故又称为高空对流层或上对流层。

（4）热层

热层是从中间层顶到 800 km 高度的大气层。该层的下部基本上是由分子氮所组成，上部是由原子氧所组成。原子氧层可吸收太阳辐射出的紫外光，因而在这层中的气温随高度增加而迅速增加。层内温度很高，昼夜变化很大。由于太阳和宇宙射线的作用，该层大部分空气分子发生电离，使其具有较高密度的带电粒子，故又称为电离层。电离层能反射地面发射的电磁波，对地面的无线电通信起到十分重要的作用。

（5）外逸层

热层以上的大气层皆称为外逸层，又称为散逸层。由于空气受地心引力极小，气体及微粒可以从这层被碰撞出地球重力场而进入太空散逸，所以称为外逸层。它是大气的最高层，高度最高可达 3 000 km。实际上，地球大气与星际空间之间并没有明确的界线，该层的温度也是随着高度的上升而增加的。

2．大气组成

大气是由多种气体混合组成的，按其成分可以概括为三部分：干燥清洁的空气、水汽和气溶胶粒子。

干洁空气的主要成分是氮、氧、氩、二氧化碳气体，共占大气体积的 99.96%。其中氮气占大气质量的 78%，氧气占大气质量的 21%。干洁空气的平均相对分子质量为 28.966，在标准状况下（273.15 K，101 325 Pa），密度为 1.293 kg/m^3。在干洁空气中，臭氧可吸收太阳紫外线辐射而增温，改变大气温度的垂直分布，同时也使地球生物免受过多紫外线的照射。另外，干洁空气成分中的二氧化碳可以吸收地面受热后放出的长波辐射，对地球具有“温室效应”的作用，对地球的天气影响巨大。

水汽在大气中所占的比例很小，仅 0.1%～3%，却是大气中最活跃的成分。对大气中天气现象及气温有着重大影响，导致了各种复杂的天气现象（如云、雾、雨、雪等）。此外，水蒸气吸收太阳辐射的能力较弱，但吸收地面长波辐射的能力却较强，所以对地面的保温起着重要的作用。

气溶胶粒子是指悬浮在大气中的固体微粒和水汽凝结物。它可以成为水汽凝聚的内核，从而影响降水。也可以吸收、散射、反射地面和太阳的辐射，影响大气温度。在一定条件下，气溶胶粒子聚集在一起，也会影响大气可见度。

二、大气污染物的分类及其来源

1．大气污染

按照国际标准化组织（ISO）的定义，大气污染通常是指人类活动和自然过程引起某种物质进入大气中，达到足够的浓度，在足够的时间内，并因此而危害了人体的舒适、健康、福利或环境的现象。即是指进入大气层的某些特定物质浓度超过了环境所能容纳的限度，致使大气环境质量恶化，直接或者间接影响了人类的生活和生产活动，危害人体健康的大气状况。

根据大气污染所影响的范围将它分为四类：局部性污染、地区性污染、广域性污染和全球性污染。根据所用能源和污染物的化学反应特性，可将大气污染分为还原型（煤炭型）污染、氧化型（汽车尾气型）污染、石油型污染、混合型污染和特殊型污染。

2．大气污染物的分类

大气污染物是指由于人类活动或者自然过程排放的气体进入大气后，直接或者间接对人和环境产生有害影响的物质。

排入大气的污染物种类很多，按照不同的原则，可将其进行分类：

（1）按污染物的存在形态分类

按照污染物的存在形态可将大气污染物分为颗粒污染物和气态污染物

1）颗粒污染物。进入大气的固体粒子和液体粒子均属于颗粒污染物。通常对颗粒污染物可作如下细分：

①尘粒。一般是指粒径大于 75 μm 的颗粒物。这类颗粒物粒径较大，在气体分散介质中具有一定的沉降速度，因而易于沉降到地面。

②粉尘。是指在固体物料的输送、粉碎、分级、研磨、装卸等机械过程中产生的颗

粒物，或由岩石、土壤的风化等自然过程产生的颗粒物，悬浮于大气中，其粒径一般小于 75 μm。在这类颗粒物中，粒径大于 10 μm 且靠重力作用能在短时间内沉降到地面的，称为降尘；粒径小于 10 μm，不易沉降，能长期在大气中飘浮的，称为飘尘。

③烟尘。在燃料的燃烧、高温熔融和化学反应等过程中所形成的颗粒物，飘浮于大气中称为烟尘。烟尘的粒子粒径很小，一般均小于 1 μm。它既包括由升华、焙烧、氧化等过程所形成的烟气，也包括由燃料不完全燃烧所造成的黑烟以及由蒸汽凝结所形成的烟雾。

④雾尘。是小液体粒子悬浮于大气中的悬浮体的总称。这种小液体粒子一般是由蒸汽的凝结、液体的喷雾、雾化以及化学反应过程所形成的，其粒子粒径小于 100 μm。水雾、酸雾、碱雾、油雾等都属于雾尘。

在《环境空气质量标准》（GB 3095—2012）中，还根据粉尘颗粒的大小，将其分为总悬浮颗粒物、可吸入颗粒物和细颗粒物。

总悬浮颗粒物简称为 TSP（total suspended particulate），是指能悬浮在空气中，空气动力学当量直径≤100 μm 的颗粒物；可吸入颗粒物简称为 PM_{10}（particle matter），是指悬浮在空气中，空气动力学当量直径≤10 μm 的颗粒物；细颗粒物简称为 $PM_{2.5}$，是指悬浮在环境空气中，空气动力学当量直径≤2.5 μm 的颗粒物。空气动力学当量直径是指某一种类的粒子，不论其形状、大小和密度如何，如果它在空气中的沉降速度与一种密度为 1 的球型粒子的沉降速度一样时，则这种球型粒子的直径即为该种粒子的空气动力学当量直径。

2）气态污染物。以气态形式进入大气的污染物称为气态污染物。气态污染物也可细分为：

①含硫化合物。主要包括 SO_2、SO_3 和 H_2S 等，其中以 SO_2 的数量最大，危害也最大，是影响大气质量最主要的气态污染物。大气中 SO_2 主要来自化石燃料的燃烧，硫化物矿石的焙烧、冶炼等热过程。

②含氮化合物。主要是 NO、NO_2、NH_3 等。人类活动产生的 NO_x，主要来自各种炉窑、机动车和柴油机的排气，除此之外，来自硝酸生产、硝化、炸药生产及金属表面处理等过程，其中由燃料燃烧产生的 NO_x 约占 83%。

③碳的氧化物。主要是 CO 和 CO_2，主要来自燃料燃烧和汽车尾气的排放。

④卤素化合物。主要是含氯化合物及含氟化合物，如 HCl、HF、SiF_4 等，主要来源于钢铁工业、磷肥工业和氟塑料生产等过程。卤素化合物对大气的危害主要在平流层，

其光解产生的卤原子可以成百上千次地破坏平流层中的臭氧分子，使臭氧层变稀薄，由此紫外线就可以穿透平流层，危害地球上的生物。

⑤有机化合物。即通常所说的挥发性有机物（volatile organic compounds，VOCs），包括碳氢化合物（甲烷、非甲烷总烃和芳烃），也包括含有氧、氮、硫等杂原子的醇、酮、酯、胺等，一般是 C_1～C_{10} 化合物。VOCs 是光化学氧化剂臭氧和过氧乙酰硝酸酯（PAN）的前体物，也是温室效应的贡献者之一。VOCs 主要来自机动车和燃料燃烧排放及石油炼制和有机化工生产过程等。

（2）按与污染源的关系分类

按与污染源的关系，大气污染物可分为一次污染物与二次污染物

1）一次污染物。一次污染物是指直接从污染源排放的污染物质，如 SO_2、NO_2、CO、颗粒物等，它们又可分为反应物和非反应物。前者不稳定，在大气环境中常与其他物质发生化学反应，或者作为催化剂促进其他污染物之间的反应，后者则不发生反应或反应速度缓慢。

2）二次污染物。二次污染物是指由一次污染物在大气中互相作用经化学反应或光化学反应形成与一次污染物的物理、化学性质完全不同的新的大气污染物，其对人体和环境的危害比一次污染物严重得多。最常见的二次污染物有硫酸及硫酸盐气溶胶、硝酸及硝酸盐气溶胶、臭氧、光化学氧化剂以及许多不同寿命的活性中间物（又称自由基），如 HO_2·、HO·等。

气态污染物从污染源排入大气，可以直接对大气造成污染，同时还可以经过反应形成二次污染物。主要气态污染物和由其所生成的二次污染物种类见表 3-1。

表 3-1　主要气态污染物和由其所生成的二次污染物

污染物	一次污染物	二次污染物	污染物	一次污染物	二次污染物
含硫化合物	SO_2、H_2S	SO_3、H_2SO_4、MSO_4	碳氢化合物	C_mH_n	醛、酮、过氧乙酰基硝酸酯
碳的氧化物	CO、CO_2	无	卤素化合物	HF、HCl	—
含氮化合物	NO、NH_3	NO_2、HNO_3、MNO_3^*、O_3	—	—	—

注：M 代表金属离子。

案例 5　大气的臭氧污染加剧

提到大气中的臭氧，人们普遍会首先联想到臭氧层，其具有挡住紫外线、保护地球生物免受远紫外辐射伤害的作用。然而，当对流层中的臭氧浓度超过一定限值后，就将造成灰霾和光化学烟雾等污染，严重影响正常生产与生活。但是，国内对大气中的臭氧所带来的影响研究相对较晚。2012 年，我国新修订的《环境空气质量标准》发布实施，自此全国地级以上城市才相继开展大气中臭氧浓度的监测，特别是京津冀、长三角和珠三角地区臭氧污染问题突出且集中。以 2015 年为例，全国臭氧超标的地级市中有 75.9%位于这 3 个区域，表明臭氧污染在大型的城市群中尤为明显。

自然环境中的臭氧可以通过闪电等途径生成。不过，目前大气中的臭氧更多地来源于人为环境。在大城市，道路上密密麻麻的汽车排放了大量的汽车尾气，其中含有挥发性有机物（VOCs）、氮氧化物等多种污染物。其中，VOCs 是光化学反应的前体物，在有太阳光照射时，VOCs 会与空气中的氮氧化物及其他悬浮化学物质发生一系列化学反应，主要生成臭氧、过氧硝基酞、醛类等物质，形成光化学烟雾和 $PM_{2.5}$ 等有害的物质。因此，可以认为大气中的臭氧是二次污染物。当人体吸入高浓度的臭氧时，由于臭氧具有强氧化性，可以直接氧化细胞组分，产生自由基，导致组织损伤。人短期暴露于高浓度的臭氧中，可出现呼吸道症状，如肺功能改变、气道反应增高，以及呼吸道炎症等反应。

为了降低大气中的臭氧浓度，必须控制 VOCs 及氮氧化物的排放，即控制机动车尾气、工业生产、煤燃烧等多种源头的污染物排放，只有做到区域性的大气联防联控，降低大气中产生臭氧的源物质浓度，才能最终降低大气中的臭氧浓度。

资料来源：[1] 余益军，孟晓艳，王振，等. 京津冀地区城市臭氧污染趋势及原因探讨[J]. 环境科学，2020，41（1）.
[2] 孟晓艳，宫正宇，张霞，等. 全国及重点区域臭氧污染现状[J]. 中国环境监测，2017，33（4）.

3．大气污染物的来源

一般大气污染可以分为自然源及人为源两大类。

自然源是指自然原因向环境释放污染物的地点或地区，如火山喷发、森林火灾、飓风、海啸、土壤和岩石的风化及生物腐烂等自然现象。其污染多为暂时的、局部的。人为源是指人类生活和生产活动形成的污染源。人为因素是造成大气污染的主要原因，其延续时间长、范围广、影响大。

人为源有许多分类方法，主要有以下几种：

1）按污染源存在形式分为固定源和移动源。固定源是指排放污染物的装置所处位置固定，如火力发电厂、工业企业等。移动源则指排放污染物的装置所处位置是移动的，如汽车和船舶等。

2）按污染物的排放形式分为点源、线源和面源。点源是指集中在一点或在可当作一点的小范围内排放污染物，如烟囱和排气筒（要求高度≥15 m）。线源是指沿着一条线排放污染物，如高速公路汽车尾气。面源则是指在一个大范围内排放污染物，如生产车间、农业污染源等。

3）按污染物排放空间分为高架源和地面源。高架源是指在距地面一定高度上排放污染物，如发电厂烟囱和城市高架路。地面源则是指在地面上排放污染物。

4）按污染物排放的时间分为连续源和间断源。连续源是指连续排放污染物的源，如火力发电厂烟囱。间断源是指间歇性排放污染物的源，如某些间歇生产过程（微生物发酵）的排气。

5）按污染物发生类型分为工业污染源、农业污染源、生活污染源和交通污染源。工业污染源主要包括工业用燃料燃烧排放的废气及工业生产过程的排气等。农业污染源主要包括农药施用过程的废气和废弃生物质燃烧的废气。生活污染源主要包括居民厨房油烟废气与取暖燃煤废气，以及城市垃圾填埋或焚烧过程排出的废气。交通污染源主要是汽车尾气。

三、大气污染的危害

世界卫生组织和联合国环境规划署曾发表过一份报告指出："空气污染已成为全世界城市居民生活中一个无法逃避的现实。"工业文明和城市发展在为人类创造巨大财富的同时，也把数十亿吨的废气和废物排入大气中，人类赖以生存的大气圈成了空中垃圾库和毒气库。因此，大气中的有害气体和污染物达到一定浓度时，就会给人类和环境带来巨大灾难。

1．对人体和健康的伤害

大气污染物主要通过三条途径危害人体：一是通过人体皮肤黏膜接触；二是食用含有大气污染物的食物和水；三是吸入污染的空气，图 3-2 给出了大气污染物侵入人体的途径。

表 3-2 概括了几种主要大气污染物对人体的危害。

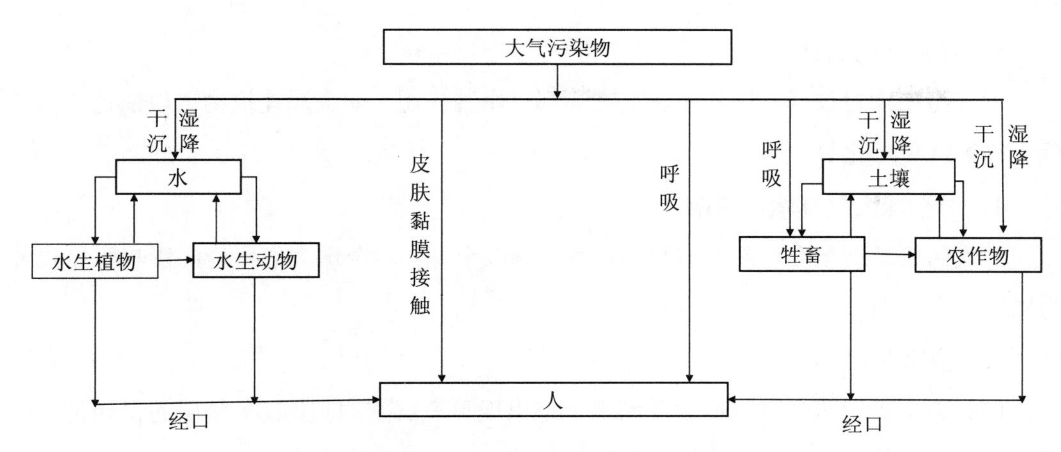

图 3-2　大气污染物侵入人体的途径

表 3-2　几种主要大气污染物对人体的危害

名称	对人体的影响
SO_2	视程减少，流泪，眼睛有炎症。闻到有异味，胸闷，呼吸道有炎症，呼吸困难，肺水肿，迅速窒息死亡
H_2S	恶臭难闻，恶心、呕吐，影响人体呼吸、血液循环、内分泌、消化和神经等系统，昏迷，中毒死亡
NO_x	闻到有异味，支气管炎、气管炎，肺水肿、肺气肿，呼吸困难
粉尘	伤害眼睛，视程减少，慢性气管炎、幼儿气喘病和尘肺，死亡率增加，能见度降低，交通事故增多
光化学烟雾	眼睛红痛，视力减弱，头疼、胸痛、全身疼痛，麻痹，肺水肿，严重的在 1 h 内死亡
碳氢化合物	皮肤和肝脏损害，致癌，死亡
CO	头晕、头疼，贫血、心肌损伤，中枢神经麻痹、呼吸困难，严重的在 1 h 内死亡
F_2 和 HF	强烈刺激眼睛、鼻腔和呼吸道，引起气管炎，肺水肿、氟骨症和斑釉齿
Cl_2 和 HCl	刺激眼睛、上呼吸道，严重时引起中毒性肺水肿
铅	神经衰弱，腹部不适，便秘、贫血，记忆力低下
生物性物质	通过空气传播，会在个别人身上引起过敏反应，可能诱发鼻炎、气喘、过敏性肺部病变

2．对动植物生存的危害

大气污染主要通过三条途径危害动植物的生存和发育：一是使动植物中毒或枯萎死亡；二是减缓动植物的正常发育；三是降低动植物对病虫害的抗御能力。植物在生长期中长期接触污染的大气，损伤了叶面，减弱了光合作用；伤害了内部结构，使植物枯萎，直至死亡。各种有害气体中，SO_2、Cl_2 和 HF 等对动植物的危害最大。大气污染对动物的损害，主要是呼吸道感染和食用了被大气污染的食物。其中，以砷、氟、铅、钼等的危害最大。大气污染使动物体质变弱，以致死亡。大气污染还通过酸雨形式杀死土壤微生物，使土壤酸化，降低土壤肥力，危害了农作物和森林。

3．对物体的腐蚀

大气污染物对仪器、设备和建筑物等都有腐蚀作用。如金属建筑物出现的锈斑、古代文物的严重风化等。

4．对全球大气环境的影响

大气污染发展至今已超越国界，其危害遍及全球。对全球大气环境的影响明显表现为以下几个方面：

（1）臭氧层破坏

1984 年，英国科学家首次发现南极上空出现臭氧层空洞。大气臭氧层的损耗是当前世界上又一个普遍关注的全球性大气环境问题，它同样直接关系到生物圈的安危和人类的生存。由于臭氧层中臭氧的减少，照射到地面的太阳紫外线增强，其中波长为 240～329 nm 的紫外线对生物细胞具有很强的杀伤作用，对生物圈中的生态系统和各种生物，包括人类，都会产生不利的影响。2012 年年末，南极臭氧层空洞历史性地降至 1989 年来最小面积。尽管南极洲上空的臭氧层空洞正在逐渐减小，但是截至 2014 年 10 月，其大小仍与北美洲相当。

臭氧层空洞的原因是人类活动大量生产和使用氟利昂，并使之进入大气层，大气环流携带着人类活动所排放的氟利昂，随赤道附近的热空气上升，流向两极。由于氟利昂是一种含氯的有机化合物，当它受到短波紫外线的照射，会发生一系列的化学反应，反应过程中消耗掉一部分臭氧（图 3-3）。消耗臭氧层物质的主要组成成分为广泛用于冰箱和空调制冷、泡沫塑料发泡、电子器件清洗的氯氟烷烃（CF_xCl_{4-x}，又称 Freon），以及用于特殊场合灭火的溴氟烷烃（CF_xBr_{4-x}，又称 Halons）等化学物质。

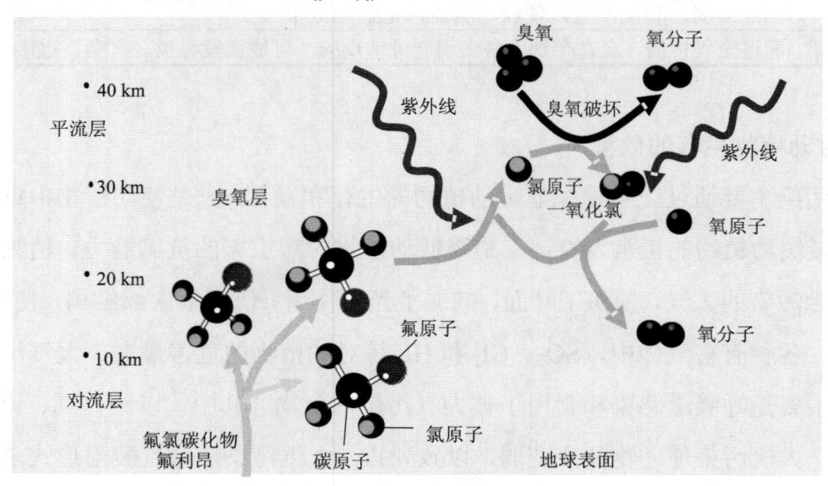

图 3-3　氟利昂消耗臭氧示意图

消耗臭氧层的物质，在大气的对流层中是非常稳定的，可以停留很长时间，如 CF_2Cl_2 在对流层中寿命长达 120 年左右。因此，这类物质可以扩散到大气的各个部位，但是到了平流层后，就会在太阳的紫外线照射下发生光化学反应，释放出活性很强的 Cl·或 Br·，参与导致臭氧损耗的一系列化学反应。反应过程中释放的 Cl·可以在平流层中存在好几年，因此一个 Cl·能够消耗 10 万个 O_3。一般情况下 CFCs 放出一个氯离子，但是剩下的基团可以通过与氧气等的后续反应，使 CFCs 中的全部氯都以破坏臭氧层的活动形态放出。

（2）酸雨

酸雨又称为酸性沉降，是指 pH 值低于 5.6 的大气降水，可分为"湿沉降"与"干沉降"两大类。前者是指通过雨、雪、雾、雹等降水形式将大气中的气状或粒状酸性污染物去除的过程，后者则是指大气中的气溶胶或酸性物质通过重力作用直接沉降到地表的过程。由于空气中本身含有 CO_2，而 CO_2 溶于水后使水变成弱酸性，因此大气降水通常情况下就具有一定的酸性。但正常降水的 pH 值不会低于 5.6，因为 CO_2 饱和溶液的 pH 值为 5.6。酸雨是一种复杂的大气化学和大气物理现象。酸雨中含有多种无机酸和有机酸，绝大部分是硫酸和硝酸。工业生产、民用生活燃烧煤炭排放出来的 SO_2，燃烧石油以及汽车尾气排放出来的 NO_x，经过"云成雨过程"，即水汽凝结在硫酸根、硝酸根等凝结核上，发生液相氧化反应，形成硫酸雨滴和硝酸雨滴；又经过"云下冲刷过程"，即含酸雨滴在下降过程中不断合并、吸附、冲刷其他含酸雨滴和含酸气体，形成较大雨滴，最后降落在地面上，形成了酸雨。

酸雨中的阴离子主要是硝酸根离子和硫酸根离子，根据两者在酸雨样品中的浓度可以判定酸雨的主要影响因素是 SO_2 还是 NO_x。前者主要来自于矿物燃料（如煤）的燃烧，后者主要来自汽车尾气的排放等。通过硫酸根和硝酸根离子的浓度比值将酸雨的类型分为三类：硫酸型或燃煤型（硫酸根/硝酸根＞3）、硝酸型或燃油型（硫酸根/硝酸根≤0.5）和混合型（0.5＜硫酸根/硝酸根≤3）。

酸雨降到地面后，导致水质恶化，各种水生动物和植物都会受到死亡的威胁。植物叶片和根部吸收了大量酸性物质后枯萎死亡。酸雨进入土壤后，使土壤肥力减弱。人类长期生活在酸雨中，饮用酸性的水质，将会造成心血管病、肾病和癌症等一系列的疾病。据估计，酸雨每年要夺走 7 500～12 000 人的生命。

（3）全球气候变暖

我们居住的地球周围，包裹着一层厚厚的大气，形成了一座无形的“玻璃房”，在地球上产生了类似玻璃暖房的效应即“温室效应”。大气中的CO_2和其他微量气体如CH_4、N_2O等，能使太阳短波辐射几乎无衰减地到达地面，地表受热后向外放出的大量长波热辐射却被这类气体吸收，从而引起全球气温升高的现象，称为温室效应。

本来，这种“温室效应”是正常的，能维持实际地表温度15℃，使一切生命得以繁衍。但是，进入工业革命以来，人类大量燃烧煤、石油和天然气等燃料，使大气中CO_2的含量骤增，“玻璃房”吸收的太阳能量也随之增加。大气的温室效应也随之增强，已引起全球气候变暖，导致了干旱、热浪、热带风暴和海平面上升等一系列严重的自然灾害，对人类造成了巨大的威胁。

大气中重要的温室气体主要包括CO_2、O_3、N_2O、CH_4、氯氟碳化物类（CFCs，HFCs，HCFCs）、氟碳化物（PFCs）及六氟化硫（SF_6）等。其中，后三类气体造成温室效应的能力最强，但对全球升温的贡献百分比来说，CO_2由于含量最多，所占的比例也最大，约为25%。

近30年来，由于煤、石油和天然气等化石燃料的燃烧，每年大约释放50亿t CO_2。此外，大气中CO_2的增加还有一个主要原因，就是原始森林树木被大量砍伐当作燃料焚烧。每平方米的森林可以吸收1.5 kg左右的CO_2，进而降低温室效应。而砍伐树木则把原本是大气CO_2的吸收“库”破坏性地变成了大气CO_2的排放“源”。据世界粮农组织估计，每年约有12亿m^3的树木被砍伐焚烧，这些树木燃烧产生大量的CO_2，每年可使大气CO_2浓度至少升高0.4×10^{-6}。大气中CH_4含量的增加也十分迅速，主要是由于全球范围水稻种植面积的不断扩大，以及畜牧养殖业快速发展。人和草食动物的粪便、沼泽湿洼地、淹水稻田、化石燃料燃烧等都是大气CH_4的重要来源。此外，人类在开采天然气和煤炭时，也会向大气中排放CH_4。大气中N_2O的增加主要是农田化学氮肥的投入和动物排泄物数量的增加导致，也与化石燃料燃烧和生物质焚烧的增加有关系。大气中的N_2O不仅能够加剧温室效应，还可以破坏臭氧层，使到达地球表面的太阳紫外线强度增加，对皮肤造成伤害。

世界气象组织（WMO）于2019年11月发布的《温室气体公报》显示，大气中的温室气体浓度在2018年再度创下新高纪录，且增加速度超过过去10年的平均增长速度，增速没有任何减缓的迹象。CO_2作为温室气体的主要成分，全球平均浓度从2017年的405.5×10^{-6}上升到了2018年的407.8×10^{-6}，这一增幅与2016—2017年的增幅类似，略高于过去 10 年的平均增幅。除 CO_2 之外，温室气体 CH_4 和 N_2O 的浓度也创下新高。专家预测，如果当前的气候政策保持不变，到 2030 年，全球温室气体排放量将继续攀升，超出此前各国在《巴黎协定》中定下的峰值。

（4）雾和霾

2006 年，雾霾首次出现在我国的媒体报道中。2013 年 1 月雾霾笼罩北京并在全国各地蔓延，人们对雾霾的关注程度不断加强。2014 年，雾霾继续席卷全国各地，晒蓝天更是成为全国网民"炫耀"的一种流行方式，特别是 2014 年《环境保护法》的修订以及同年 11 月在北京召开的亚太经济合作组织（APEC）会议，使得"APEC 蓝"这一新兴词语迅速走红，雾霾问题再次出现在人们视野中。虽然雾和霾这两个字经常一起出现，但它们却是截然不同的两种现象。简单地说，雾是一种自然现象，而霾却是一种污染现象。

雾是由大量悬浮在近地面空气中的微小水滴或冰晶组成的气溶胶系统，是近地面层空气中水汽凝结（或凝华）的产物。雾的存在会降低空气透明度，降低能见度。如果目标物的水平能见度降低到 1 000 m 以内，就将出现在近地面空气中悬浮的水汽凝结（或凝华）物的天气现象称为雾（fog）；而将目标物的水平能见度在 1 000～10 000 m 的这种现象称为轻雾或霭（mist）。雾和云一样，与晴空区之间有明显的边界，雾滴浓度分布不均匀，而且雾滴的尺度比较大，肉眼可以看到空中飘浮的雾滴。

霾也称灰霾。空气中的灰尘、硫酸、硝酸、有机碳氢化合物等粒子也能使大气浑浊、视野模糊，并导致能见度降低。如果水平能见度小于 10 000 m 时，将这种非水成物组成的气溶胶系统造成的视程障碍称为霾（haze）或灰霾（dust-haze）。

霾和雾都会对人们的视程产生影响，给生活带来不便，而且它们核心物质都是灰尘颗粒，大多由灰尘和汽车尾气中的污染物组成。同时二者也存在很大的区别，如表 3-3 所示。

表 3-3　雾和霾的区别

种类	水分含量	能见度	厚度	颜色	边界
雾	≥90%	<1 km	只有几十至 200 m	乳白色、青白色或纯白色	很清晰，过了"雾区"就是晴空万里
霾	<80%	1～10 km	1～3 km	黄色、橙灰色	霾与周围环境边界不明显

霾的出现，是空气污染、气象条件、地理因素等共同作用的结果，不同地方的霾形

成条件有很大的差异。霾的成因一般有以下几点：①气压低，空气不流动是主要因素。由于空气的不流动，使空气中的微小颗粒聚集，飘浮在空气中。空气中细小颗粒的大量聚集使霾的形成有了基础条件。②地面灰尘大，空气湿度低（多发生在秋冬季节），地面的人和车流使灰尘搅动起来。③汽车尾气、工业生产过程是主要的污染物排放源。④取暖排放的 CO_2、碳氢化合物等污染物也能形成霾。北方冬季取暖导致北方城市一般为霾多发区。

据研究表明，霾的主要危害可归纳为以下三类：

1）危害人体健康。霾中细小粉粒状的飘浮颗粒物直径一般在 0.01 μm 以下，可直接通过呼吸系统进入支气管，甚至肺部。所以，霾天气影响最大的就是人的呼吸系统，造成的疾病主要为呼吸道疾病、脑血管疾病、鼻腔炎症等。同时，灰霾天气时，气压降低、空气中可吸入颗粒物骤增、空气流动性差，有害细菌和病毒向周围扩散的速度变慢，导致空气中病毒浓度增高，疾病传播的风险很高。最后，颗粒物与气态污染物的联合作用，还会使空气污染的危害进一步加剧，使得呼吸道疾病患者增多、心肺病死亡人数日增。

2）产生并扩散二次污染物。近期的研究表明，霾中的细小颗粒物也是人类活动所释放的污染物的主要载体，携带大量的重金属和有机污染物。这会导致本来不易于扩散的污染物通过霾天气对环境造成进一步的污染。或者导致本不会接触的不同种的污染物发生联合作用，产生有毒性且污染程度更高的二次污染物，影响大气环境。

3）降低大气能见度。霾中的细粒子污染不但对人体健康造成了严重影响，同时对大气能见度也有重要影响。细粒子的增加会造成大气能见度的大幅降低。而空气质量差，能见度低，则容易引起交通阻塞，发生交通事故。

四、环境空气质量标准及环境空气质量指数

1.《环境空气质量标准》

《环境空气质量标准》首次发布于 1982 年，分别在 1996 年、2000 年和 2012 年进行了 3 次修订。该标准调整了环境空气功能区分类，将原有的三类区（特定工业区）并入二类区。一类区为自然保护区、风景名胜区和其他需要特殊保护的区域；二类区为居住区、商业交通居民混合区、文化区、工业区和农村地区。一类区和二类区分别执行一级标准和二级标准。

《环境空气质量标准》（GB 3095－2012）监测项目分为基本项目和其他项目两大类。基本项目中增加了 $PM_{2.5}$，这是因为近年来灰霾天气增加，监测发现相当多的城市 $PM_{2.5}$

和臭氧污染严重，表明我国城市空气污染已从传统的煤烟型污染转化为复合型污染。因此将 $PM_{2.5}$ 等指标列为基本监测项目。此外，标准还调整了污染物监测限值，缩小了 PM_{10} 等污染物的浓度限值，严格了监测数据统计的有效性规定，更新了 SO_2、O_3 等污染物的分析方法等。

一、二类环境空气功能区污染物浓度限值见表 3-4 和表 3-5。

表 3-4　环境空气污染物基本项目浓度限值

序号	污染物项目	平均时间	浓度限值		单位
			一级	二级	
1	二氧化硫（SO_2）	年平均	20	60	μg/m³
		24 h 平均	50	150	
		1 h 平均	150	500	
2	二氧化氮（NO_2）	年平均	40	40	
		24 h 平均	80	80	
		1 h 平均	200	200	
3	一氧化碳（CO）	24 h 平均	4	4	mg/m³
		1 h 平均	10	10	
4	臭氧（O_3）	日最大 8 h 平均	100	160	μg/m³
		1 h 平均	160	200	
5	颗粒物（PM_{10}）	年平均	40	70	
		24 h 平均	50	150	
6	颗粒物（$PM_{2.5}$）	年平均	15	35	
		24 h 平均	35	75	

表 3-5　环境空气污染物其他项目浓度限值

序号	污染物项目	平均时间	浓度限值		单位
			一级	二级	
1	总悬浮颗粒物（TSP）	年平均	80	200	μg/m³
		24 h 平均	120	300	
2	氮氧化物（NO_x）	年平均	50	50	
		24 h 平均	100	100	
		1 h 平均	250	250	
3	铅（Pb）	年平均	0.5	0.5	
		季平均	1	1	
4	苯并[*a*]芘（BaP）	年平均	0.001	0.001	
		24 h 平均	0.002 5	0.002 5	

2．环境空气质量指数

空气质量指数（air quality index，AQI）是定量描述空气质量状况的无量纲化指数。2012 年我国发布了《环境空气质量指数（AQI）技术规定（试行）》，配合《环境空气质量标准》（GB 3095—2012）同步实施。

空气质量分指数（individual air quality index，IAQI）是单项污染物的空气质量指数，对应的污染物项目浓度限值详见表 3-6。它的计算公式为

$$\mathrm{IAQI}_P=\frac{\mathrm{IAQI}_{\mathrm{Hi}}-\mathrm{IAQI}_{\mathrm{L0}}}{\mathrm{BP}_{\mathrm{Hi}}-\mathrm{BP}_{\mathrm{L0}}}(C_P-\mathrm{BP}_{\mathrm{L0}})+\mathrm{IAQI}_{\mathrm{L0}} \tag{3-1}$$

式中：IAQI_P——污染物项目 P 的空气质量分指数；

C_P——污染物项目 P 的质量浓度；

$\mathrm{BP}_{\mathrm{Hi}}$——表 3-6 中与 C_P 相近的污染物浓度限值的高位值；

$\mathrm{BP}_{\mathrm{L0}}$——表 3-6 中与 C_P 相近的污染物浓度限值的低位值；

$\mathrm{IAQI}_{\mathrm{Hi}}$——表 3-6 中与 $\mathrm{BP}_{\mathrm{Hi}}$ 对应的空气质量分指数；

$\mathrm{IAQI}_{\mathrm{L0}}$——表 3-6 中与 $\mathrm{BP}_{\mathrm{L0}}$ 对应的空气质量分指数。

表 3-6 空气质量分指数及对应的污染物项目浓度限值

空气质量分指数（IAQI）	污染物项目浓度限值									
	SO_2		NO_2		O_3		CO		PM_{10}	$PM_{2.5}$
	（μg/m³）(1)						（mg/m³）(1)		（μg/m³）	
	24 h 平均	1 h 平均	24 h 平均	1 h 平均	1 h 平均	8 h 滑动平均	24 h 平均	1 h 平均	24 h 平均	24 h 平均
0	0	0	0	0	0	0	0	0	0	0
50	50	150	40	100	160	100	2	5	50	35
100	150	500	80	200	200	160	4	10	150	75
150	475	650	180	700	300	215	14	35	250	115
200	800	800	280	1 200	400	265	24	60	350	150
300	1 600	(2)	565	2 340	800	800	36	90	420	250
400	2 100	(2)	750	3 090	1 000	(3)	48	120	500	350
500	2 620	(2)	940	3 840	1 200	(3)	60	150	600	500
说明：	(1) 二氧化硫（SO_2）、二氧化氮（NO_2）和一氧化碳（CO）的 1 h 平均浓度限值仅用于实时报，在日报中需使用相应污染物的 24 h 平均浓度限值。 (2) 二氧化硫（SO_2）1 h 平均浓度值高于 800 μg/m³ 的，不再进行其空气质量分指数计算，二氧化硫（SO_2）空气质量分指数按 24 h 平均浓度计算的分指数报告。 (3) 臭氧（O_3）8 h 滑动平均浓度值高于 800 μg/m³ 的，不再进行其空气质量分指数计算，臭氧（O_3）空气质量分指数按 1 h 平均浓度计算的分指数报告。									

当计算好单项污染物的 IAQI 后，总的空气质量指数按式（3-2）计算：

$$AQI = \max\{IAQI_1, IAQI_2, IAQI_3, \cdots, IAQI_n\} \quad (3\text{-}2)$$

式中：AQI——空气质量指数；

n——污染物项目。

根据 AQI 值的大小，给出空气质量指数为一级、二级、三级、四级或者五级，并做出相应的描述（表 3-7）。

表 3-7　空气质量指数及相关信息

空气质量指数	空气质量指数级别	空气质量指数级别及表示颜色		对健康影响情况	建议采取的措施
0～50	一级	优	绿色	空气质量令人满意，基本无空气污染	各类人群可正常活动
50～100	二级	良	黄色	空气质量可接受，但某些污染物可能对极少数敏感人群健康有较弱影响	极少数敏感人群应减少户外活动
101～150	三级	轻度污染	橙色	易感人群症状有轻度加剧，健康人群出现刺激症状	儿童、老年人及心脏病、呼吸系统疾病患者应减少长时间、高强度的户外锻炼
151～200	四级	中度污染	红色	易感人群症状进一步加剧，可能对健康人群心脏、呼吸系统有影响	儿童、老年人及心脏病、呼吸系统疾病患者避免长时间、高强度的户外锻炼，一般人群适量减少户外运动
201～300	五级	重度污染	紫色	心脏病和肺病患者症状显著加剧，运动耐受力降低，健康人群普遍出现症状	儿童、老年人及心脏病、肺病患者应停留在室内，停止户外运动，一般人群减少户外运动
＞300	六级	严重污染	褐红色	健康人群运动耐受力降低，有明显强烈症状，提前出现某些疾病	儿童、老年人和病人应当留在室内，避免体力消耗，一般人群应避免户外活动

当 AQI 大于 50 时，IAQI 最大的污染物为首要污染物。若 IAQI 最大的污染物为两项或两项以上时，并列为首要污染物。IAQI 大于 100 的污染物为超标污染物。

第二节　大气污染物的扩散

大气污染物的扩散是指大气中各种迁移转化过程造成大气污染物在空间和时间上的再分布。大气污染物的扩散主要受气象条件（如风向、风速、气流温度分布、大气稳定度等）和地形条件（地势高低、地表覆盖物等）的影响。

一、气象因素

1．风的影响

空气的水平运动称为风。风是影响大气污染物扩散、稀释的重要的因素，风速的大小决定着污染物的扩散速率，而风向则决定着污染物的落地范围。

排入大气中的污染物，会沿着下风向输送、扩散和稀释。风速越大，污染物被输送的距离越远，其浓度就越低。污染物向下风向扩散，某一风向频率越大，其下风向受污染的概率越高；反之概率越低。

通常情况下，风速越大，越有利于空气污染物的稀释扩散。但在北方的冬春干燥季节，地面沙尘较多，如果风速过大，反而会卷起地面的尘粒，形成大风扬沙，严重降低空气质量。另外，风还具有“下洗作用”，可以把高烟囱连续排放的烟气向下压到离烟囱不远的地面附近，会让周围的居民闻到呛人的烟味。

在粗糙不平的城市表面，空气运动和地面及建筑物之间产生摩擦，以及行驶车辆对空气的搅拌，都会产生不规则的空气运动，这种不规则的空气运动叫“湍流”。即使风速不大，湍流也可以沿着风向使污染物在空气中迅速扩散。大气湍流对大气中污染物的扩散起着重要作用，湍流扩散是空气污染局地扩散的主要过程，是污染物浓度降低的主要原因。大气湍流的主要效果是混合，它使污染物在随风飘移过程中不断向四周扩散，不断将周围清洁空气卷入烟气中，同时将烟气带到周围空气中，使得污染物浓度不断降低。

2．温度的影响

温度也是决定烟气抬升的一个重要因素，它的垂直分布决定了大气层结的垂直稳定度，直接影响了湍流活动的强弱，与空气污染有密切的联系，决定着大气污染物的散布情况。

大气温度层结有四种类型：

①正常分布的不稳定层结（即递减层结），气温随高度增加而递减，这种情况一般出现在晴朗的白天和风不太大时，有利于大气污染物的扩散。

②中性层结，气温直减率接近于 1 K/100 m。

③等温层结，气温不随高度而变化，这种情况出现于多云天或阴天，不利于大气污染物的扩散。

④逆温层结，气温随高度的增加而增加，这种现象一般出现在少云、无风的夜间。逆温层是非常稳定的气层，阻碍烟流向上和向下扩散，只在水平方向有扩散，处于逆温

层中的气态污染物、气溶胶粒子（烟、尘、雾）等均不能穿过逆温层，而只能在其下方积聚或扩散，在空气中形成一个扇形的污染带，一旦逆温层消退，还会有短时间的熏烟污染。

烟云的形状如图 3-4 所示，它们的特点与发生条件等之间的关系如表 3-8 所示。

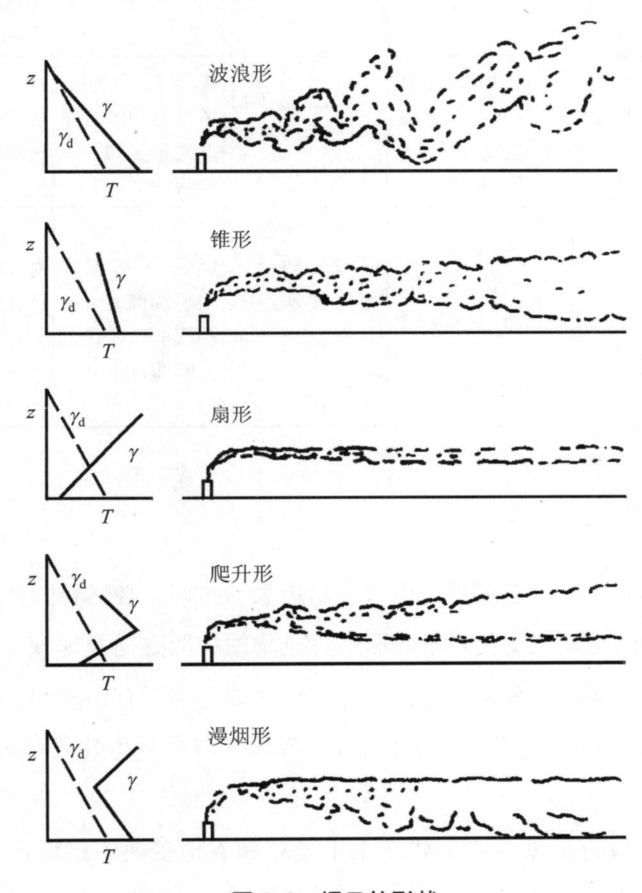

图 3-4　烟云的形状

表 3-8　不同扩散形状烟云的特点及发生情况

烟形	特点	大气状况	发生条件	与风湍流关系	地面污染状况
波浪形	烟云上下摆动幅度大，扩散速度快	大气处于不稳定状态	多发生在晴朗的白天	对流强烈，微风	污染物扩散快，地面最大浓度落地点距排放口近且浓度大
锥形	烟云较波浪形规则，外形似一个椭圆锥，扩散较弱	大气状况处于中性或弱稳定状态	多发生在多云的白天或冬季的夜晚	对流较弱，高空风较大	污染物扩散较慢，地面落地浓度低于波浪形，但污染距离长

烟形	特点	大气状况	发生条件	与风湍流关系	地面污染状况
扇形	垂直方向上烟云扩散很小，沿水平方向缓慢扩散，烟云从烟源处呈扇形展开	出现逆温天气，大气处于稳定状态	出现于晴朗天气的夜间或清晨	微风，几乎无湍流	对地面污染较轻，但传送较远。若遇山峰、高层建筑物的阻挡，则可出现下沉现象，造成严重污染
爬升形（屋脊形）	烟云扩散呈明显屋脊轮廓，下部边缘清晰，上部呈湍流扩散	排烟口上方大气处于不稳定状态，下方则稳定	一般出现在日落前后，持续时间较短	排烟口上方有风，有湍流；下方几乎无风、无湍流	这种烟形对地面不会造成很大的污染
漫烟形（熏烟形）	与屋脊形相反，上部边缘清晰，下侧出现湍流扩散	排烟口上方大气处于稳定状态；排烟口下方处于不稳定状态	日出后地面低层空气被日照加热使逆温从下而上逐渐破坏，而上方仍存在逆温	烟云下部存在明显湍流，上部湍流弱，风在烟云间流动	对排出口下风向的附近地面会造成强烈的污染，很多烟雾事件就是在这种情况下形成的

二、地形影响

不同的地面具有不同的粗糙度，当气流沿地表流过时，必然要同各种地形地物发生摩擦，使风向风速同时发生变化，从而影响污染物的扩散方向及速度。影响程度与地形地物的形状、高低、体积等有密切的关系，主要的地形因素有山地和谷地、城市热岛以及海洋和陆地。由于地形不同，分别会形成山谷风、城市热岛效应和海陆风。

1．山谷风

山谷风在山区最为常见，它主要是由于山坡和谷地受热不均而产生的。在白天，太阳先照射到山坡上，使山坡上大气温度比谷地上同等高度的大气温度高，形成了由谷地吹向山坡的风，称为谷风。在高空形成了由山坡吹向山谷的反谷风。它们同山坡上升气流和谷地下降气流一起形成了山谷风局地环流。在夜间，山坡和山顶比谷地冷却得快，使山坡和山顶的冷空气顺山坡下滑到谷底，形成了山风。在高空形成了自山谷向山顶吹的反山风。它们同山坡下降气流和谷地上升气流一起构成了山谷风局地环流（图 3-5）。

山风和谷风的方向是相反的，但比较稳定。在山风与谷风的转换期，风的方向不稳定，山风和谷风均有机会出现，时而山风，时而谷风。这时若有大量污染物排入山谷中，由于风向的摆动，污染物不易扩散，在山谷中停留时间很长，可能造成严重的大气污染。

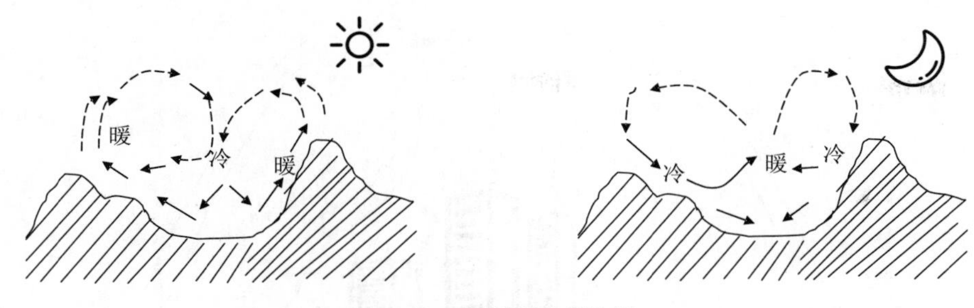

图 3-5　山谷风形成示意

山谷风可以把清新的空气输送到城区和工厂区，把烟尘和飘浮在空气中的化学物质带走，有利于改善和保护环境。正是由于 24 h 内山风和谷风的转化，工厂的建设和布局要考虑有规律性的风向变化问题。

2．城市热岛效应

城市热岛环流是由城市和乡村的温度差而引起的局地风。产生温度差异的主要原因是：

1）城市人口密集、工业集中、交通运输以及居民生活都需要燃烧各种燃料，需要向外排放大量的热量。

2）城市的覆盖物（如建筑、水泥路面等）热容量大，白天吸收太阳辐射，夜间放热缓慢，使低层空气变暖。城市内有大量的人工构筑物，如混凝土、柏油路面，各种建筑墙面，改变了下垫面的热力属性（反射率小，热量传导较快）。这些人工构筑物吸热快而比热容小，在相同的太阳辐射条件下，它们比自然下垫面（绿地、水面等）升温快，吸收热量多，散失热量较慢，因而其表面温度明显高于自然下垫面。

3）城市上空笼罩着一层烟雾和气态污染物，能够有效减弱地面辐射。城市中的机动车、工业生产以及居民生活，产生了大量的氮氧化物、二氧化碳和粉尘等排放物。这些大气污染物浓度大，气溶胶微粒多，会吸收下垫面热辐射，在一定程度上起到了保温作用，产生温室效应，从而引起大气进一步升温。

上述因素使城市市区热量净收入比周围乡村多，故平均气温比周围乡村高（特别是夜间），气压比乡村低，所以，可以形成一种从周围农村吹向城市市区的特殊的局地风，称为城市热岛效应（图 3-6）。据统计，城市和乡村年平均温差一般为 0.4～1.5℃，有时可达 6～8℃，其差值与城市的大小、性质、当地气候条件及纬度有关。

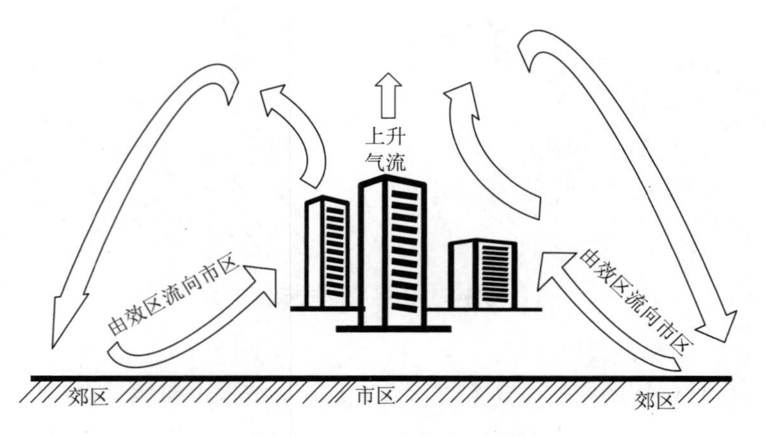

图 3-6 城市热岛效应示意

这种风在市区汇合就会产生上升气流。因此，若城市周围有较多产生大气污染物的工厂，就会使污染物在夜间向市中心输送，造成市区严重空气污染，特别是在夜间城市上空有逆温层存在时，这种污染现象更加严重。

3．海陆风

海陆风发生在海陆交界地带，是由陆地和海洋热力性质的差异而引起的。白天，由于太阳辐射，陆地升温比海洋快，在海陆大气之间产生了温度差、气压差，使低空大气由海洋流向陆地，形成海风，高空大气从陆地流向海洋，形成反海风，它们同陆地上的上升气流和海洋上的下降气流一起形成了海陆风局地环流（甲）。夜晚，由于有效辐射发生了变化，陆地比海洋降温快，在海陆之间产生了与白天相反的温度差、气压差，使低空大气从陆地流向海洋，形成陆风，高空大气从海洋流向陆地，形成反陆风，它们同陆地下降气流和海面上升气流一起构成了海陆风局地环流（乙）（图 3-7）。

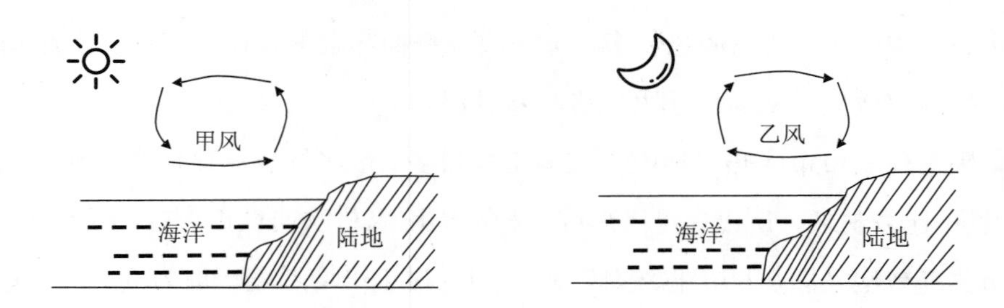

图 3-7 海陆风形成示意

在湖泊、江河的水陆交界地带也会产生水陆风局地环流，称为水陆风。但水陆风的活动范围和强度要比海陆风要小。

由上可知，建在海边排放大气污染物的工厂，必须考虑海陆风的影响，因为有可能出现在夜间随陆风吹到海面上的污染物，在白天又随海风吹回来，或者进入海陆风局地环流中，使污染物不能充分地扩散稀释而造成严重的污染。

第三节　大气污染控制技术

空气是人类生存的基本物质条件之一，洁净的空气是人类生存的第一要素。然而，人类活动导致了空气质量恶化，严重影响了人们的生存环境和人体健康，大气污染控制技术应运而生。主要分为除尘技术、硫氧化物治理技术、氮氧化物治理技术、挥发性有机污染物治理技术、烟气治理技术等。室内环境是人们居住及生活的主要场所，室内空气质量的好坏优劣，对人体健康的影响越来越大。

一、工业废气治理

1．颗粒物的去除

从气体中去除或捕集固态或液态微粒的设备称为除尘装置或除尘器。按照分离捕集粉尘颗粒的主要机制，目前的除尘器主要分为机械除尘器、电除尘器、袋式除尘器、湿式除尘器等。

（1）机械除尘器

机械除尘器是指利用重力、惯性力和离心力等的作用使颗粒物与气流分离的装置，主要分为重力沉降室、惯性除尘器和旋风除尘器等（表 3-9）。

表 3-9　机械除尘器的典型装置

机械除尘器	原理	特　点
重力沉降室	含尘气流进入重力沉降室后，扩大了流动截面积而使气体流速大大降低，使较重颗粒在重力作用下缓慢向灰斗沉降，使颗粒物从气体中分离出来	结构简单，投资少，压力损失小，维修管理容易，但体积大，效率低，因此只作为高效除尘的预处理装置，去除较大和较重的颗粒物
惯性除尘器	利用粉尘和气体在运动过程中具有不同惯性，使含尘气流冲击在挡板上，气流方向发生急剧转变，借助尘粒本身的惯性力作用，使其与气流分离	用于净化密度和粒径较大的金属粉尘或矿物粉尘时，具有较高的除尘效率。对黏结性和纤维性粉尘，则易堵塞而不宜采用，净化效率不高

机械除尘器	原理	特 点
旋风除尘器	含尘气流进入除尘器后，沿外壁由上向下做旋转运动。当旋转气流的大部分到达锥体底部后，转而向上沿轴心旋转，最后经排出管排出。气流做旋转运动时，尘粒在离心力作用下逐步移向外壁，到达外壁的尘粒在气流和重力共同作用下沿壁面落入灰斗	结构简单、应用广泛、种类繁多

（2）电除尘器

电除尘器是指含尘气体在通过高压电场进行电离的过程中使尘粒带电、并在电场力的作用下使尘粒沉积在集尘极上、将尘粒从含尘气体中分离出来的一种除尘设备。电除尘器具有分离粒子能耗小、气流阻力小的特点。在含尘气流通过高压电场时粒子所受到的静电力相对较大，因此除尘效率较高，即使是亚微米级粒子也能有效地去除。另外，电除尘器还具有处理高温烟气、捕集腐蚀性强的物质、能对不同粒径烟尘进行分类富集等优点。其缺点是一次性投资高、占地面积较大、应用范围受粉尘比电阻限制，对制造和安装质量技术要求高等。

（3）袋式除尘器

袋式除尘器是指利用多孔过滤介质分离捕集气体中粉尘，并采用滤纸或玻璃纤维等填充层做滤料的空气过滤器，主要用于通风及空气调节方面的气体净化。含尘气流从下部孔进入圆筒形滤袋内，在通过滤料的孔隙时，粉尘被捕集在滤料上，透过滤料的清洁气体由排出口排出。沉积在滤料上的粉尘，可在机械振动的作用下从滤料表面脱落，落入灰斗中。袋式除尘器的除尘效率一般可达99%以上，由于其效率高、性能稳定可靠、操作简单，得到广泛应用。

（4）湿式除尘器

湿式除尘器利用液体（通常是水）形成液网、液膜或液滴，与尘粒发生惯性碰撞、黏附、扩散漂移和凝聚等作用，从废气中捕集分离尘粒并吸收气态污染物。湿式除尘器具有结构简单、造价低、占地面积小、操作和维修方便，以及净化效率高等优点，能够处理高温、高湿的气流，将着火、爆炸的可能性减至最低。但是，湿式除尘器具有易腐蚀管道，会产生大量污水和污泥的缺点，同时，还存在不利于副产品的回收、安装在室外的设备需要考虑设备防冻等问题。

2．气态污染物的去除

工农业生产、交通运输和人类生活中所排放的有害气态物种类繁多，依据这些物质不同的物理和化学性质，需采用不同的技术方法进行治理。目前主要是对硫氧化物、氮氧化物、工业挥发性有机物及汽车尾气等进行治理。

（1）硫氧化物治理技术

大气中含硫的污染物以 SO_2 为主。由 SO_2 等酸性气体引起的酸雨已经成为全球性环境问题。据统计，全世界每年排入大气中的 SO_2 在 1.5 亿 t 以上。因此，控制 SO_2 的排放已经成为世界各国的共同行动。SO_2 的控制方法主要有采用低硫燃料和清洁替代能源、燃料脱硫、燃烧过程中脱硫和末端尾气脱硫等。

重金属冶炼厂、硫酸厂等工业尾气中 SO_2 的浓度通常为 2%～40%，属于高浓度，一般采用接触法回收烟气中的 SO_2 制硫酸。

对于含有低浓度 SO_2 的废气，当前应用的烟气脱硫方法，可按脱硫剂是液态还是固态分为湿法和干法两种。干法脱硫是使用粉状、粒状吸收剂，吸附剂或催化剂去除废气中的 SO_2。干法脱硫包括活性炭法、氧化法、炉内喷钙法、电子束法、非平衡等离子体法，以及金属氧化物吸收法等。湿法脱硫是采用液体吸收剂，如水或碱溶液洗涤含 SO_2 的烟气，通过吸收去除其中的 SO_2。湿法脱硫包括氨法、石灰石/石灰法、双碱法、氧化镁法、柠檬酸盐法、钠碱法、海水法等。

（2）氮氧化物治理技术

氮氧化物种类很多，但造成大气污染的主要是 NO 和 NO_2，常以 NO_x 来表示大气中的这两种成分，总称为氮氧化物。

固定源排放的氮氧化物治理方法主要有三种：富氧燃烧、燃料脱氮和尾气脱硝。富氧燃烧方法是通过改进燃烧方式来降低氮氧化物的排放，属一级污染预防措施。燃料脱氮方法简便易行且有效，但缺点是控制燃烧过程技术的热效率往往非常低，不完全燃烧会导致损失增加，设备规模也随之增大，而且氮氧化物的减少率却有限。尾气脱硝方法是目前最重要的氮氧化物治理方法。它是指把已生成的 NO_x 还原为 N_2，从而脱除烟气中的 NO_x。按治理工艺可分为湿法脱硝和干法脱硝。主要包括酸吸收法、碱吸收法、选择性催化还原法（脱硝剂主要为液氨）、选择性非催化还原法（脱硝剂主要为液氨、尿素）、吸附法、离子体活化法等。

（3）工业 VOCs 治理技术

随着人们对大气污染物认识的提高，在经历了对颗粒物、SO_2 和 NO_x 等大气污染物控制后，目前，已经把 VOCs 的污染控制提升到了一个突出的位置。由于 VOCs 的危害性，西方发达国家很早就颁布法令对 VOCs 的排放进行了控制。

近年来，人们通过对 VOCs 控制的研究，开发了一系列成熟而有效的方法。根据处理

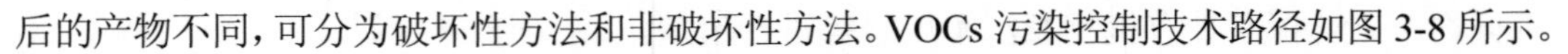
后的产物不同，可分为破坏性方法和非破坏性方法。VOCs 污染控制技术路径如图 3-8 所示。

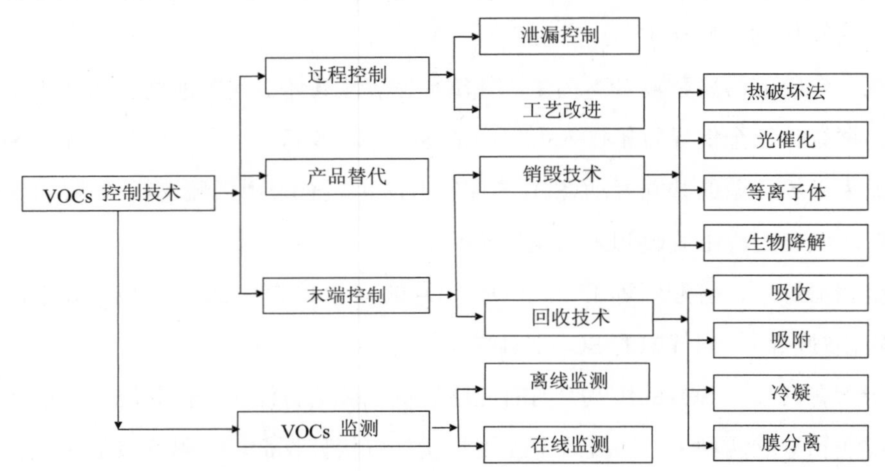

图 3-8 VOCs 污染控制技术路径

案例 6 工业排放 VOCs 的综合治理技术

大气中 VOCs 来源广泛，主要来源包括化石燃料燃烧、溶剂使用、工业过程（如石油化工、炼钢炼焦）和汽车尾气排放等。不同的排放源排放的 VOCs 的特征及组分都不尽相同，因此需要采用不同的处理技术。这里以炼化污水处理厂 VOCs 废气处理为例。

炼化污水中含有高浓度的 VOCs，在污水处理过程中部分 VOCs 会通过挥发作用进入大气，造成大气污染。目前较为成熟的污水处理厂废气处理技术为“脱硫及总烃浓度均化-催化氧化”和“洗涤-吸附”。例如，中国石油天然气股份有限公司在河北省某炼化企业的污水处理厂建有 1 套处理能力为 5 000 m^3/h 的“脱硫及总烃浓度均化-催化氧化”装置，用于处理隔油池、气浮池、均质调节池、污泥池等产生的废气和 1 套处理能力为 23 000 m^3/h 的“洗涤-吸附”装置，用于处理曝气池产生的废气。曝气池废气通过“洗涤”，脱除污泥飞沫和部分恶臭物质，再通过“吸附”脱除 VOCs 等污染物，饱和吸附剂通过催化氧化反应器排出的热气进行再生，约 3 个月再生一次，再生气返回催化氧化处理。通过这两种技术联合处理，废气中 VOCs 各项指标均符合相关标准。

曝气池废气洗涤塔入口臭气浓度一般大于 4 000。经过“洗涤-吸附”处理，臭气浓度小于 20。吸附罐入口非甲烷总烃的质量浓度在 50～200 mg/m^3。吸附初期，吸附管出口非甲烷总烃的质量浓度小于 10 mg/m^3，2 个月后增加到 20～40 mg/m^3，当达到 50 mg/m^3 时即进行吸附剂再生。

资料来源：刘忠生，廖昌建，王宽岭，等. 炼化行业 VOCs 废气治理典型技术与工程实例[J]. 炼油技术与工程，2017，47（12）.

二、汽车尾气控制技术

随着汽车工业的高速发展，汽车排放的尾气已经成为大气污染物的主要组成部分。汽车尾气中主要有害成分为氮氧化物、一氧化碳、硫氧化物、碳氢化合物等气体和重金属铅、炭黑、焦油等颗粒物。近年来，尾气中这些污染物已经严重影响了人们的生活环境和身体健康，汽车尾气污染的控制已经刻不容缓。

1．提高燃料质量

油品质量是影响汽车尾气排放的重要因素，提高石油品质可以有效减少硫氧化物的产生量；采用非石油提炼的液化天然气代替汽油，或者采用由甲醛树丁醚作渗合剂的无铅汽油代替含铅汽油，可以有效减少一氧化碳、氮氧化物、碳氢化合物和铅尘的排放；开发用小麦、玉米等原料生产的变性燃料乙醇与汽油以一定比例混合的汽车燃料来代替纯汽油，可使一氧化碳和碳氢化合物排放量降低；在汽油中掺入15%以下的甲醇燃料，或者采用含 10%水分的水-汽油燃料，也可以在一定程度上减少一氧化碳、氮氧化物、碳氢化合物和铅尘的污染。

2．提高发动机燃烧效率（机内净化）

机内净化是指通过改善发动机燃烧效率，防止或减少污染物在燃烧过程中的产生量，是汽车尾气控制技术的主要方法。机内净化技术包括以下几种：燃烧系统优化（燃烧室形状优化、改善汽缸内气流运动等）、废气再循环控制系统（EGR）、稀薄燃烧技术、改善汽车动力装置系统和燃油供给系统等。

3．尾气处理（机外净化）

机外净化技术就是在汽车的排气系统中安装各种净化装置，对汽车产生的尾气进行净化，以减少污染物的排放。这是目前广泛采用的在用车和新车的尾气净化技术，主要是采用物理或化学的方法、颗粒过滤器等减少排气中的污染物。单独使用物理方法很难达到净化目的，因此，一般都是和化学方法相结合，其中物理方法主要是优化净化装置的结构、增加表面积、增加耐热稳定性等，化学方法主要是催化法和贮存法。贮存法是通过化学手段把有害物质保存起来。催化法是采用催化转化器将污染物转化为水、二氧化碳、氮气等无害物质。

三、室内空气污染防治

我国现行室内空气质量的标准——《室内空气质量标准》（GB/T 18883—2002）（以

下简称《标准》）是针对室内空气质量与人体健康之间关系而制定的。2020 年 1 月 16 日，《民用建筑工程室内环境污染控制标准》（GB 50325—2020）（以下简称《控制标准》）经住房和城乡建设部批准发布，于 2020 年 8 月 1 日起实施，《控制标准》）在工程建筑方面对最易引起污染的氡、甲醛、氨、苯、甲苯、二甲苯、TVOC 7 种室内空气污染物规定了最低限值。《标准》和《控制标准》的制定，都强调了室内污染物的存在及其危害性，室内空气污染治理刻不容缓。

室内空气污染具有以下三方面特征：

①累积性。是指室内装修材料、家具、打印机等释放出的化学物质在封闭空间内逐渐积累，使浓度逐渐增大，从而导致对人体造成伤害。

②长期性。是指即使浓度很低的污染物，长期存在于室内，也会对人体健康产生不利影响。

③多样性。是指室内空气污染分为污染物种类和来源的多样性，包括细菌等生物性污染物，甲醛、氨、苯、一氧化碳、氮氧化物等化学性污染物，以及氡等放射性污染物。

目前，我国室内空气污染的主要原因是室内装修装饰材料质量不佳、装修过度等。面对目前室内空气污染现状，我们可以采取以下措施：

1．选择环保的装修材料

1）墙面的装修应该尽量避免使用大面积的木质材料，可以将原来的墙面抹平之后刷上水性涂料，可以选择能够吸附甲醛、苯等有害物质的微米级多孔材料——硅藻泥墙面作为装饰材料，或者可以选择新型环保 PVC 墙纸，也可以使用麻、棉、丝绸等天然织物制作的墙纸。

2）地面材料应选择经过检验合格且不含放射性元素的板材。在选择地材时，可以采用无污染的地砖、天然石材等，也可以采用可生物降解、能循环利用的软木地板，其柔软而富有弹性，且有较好的吸声效果，可减轻室内的噪声污染。避免使用通常含有过量的甲醛、硝基等的假冒伪劣、质量差的复合地板。

3）居室的顶部装饰，可以将原天花板抹平后刷水性涂料或贴环保型墙纸。若局部或整体吊顶，可采用轻钢龙骨纸面石膏板、硅钙板、埃特板等材料替代木龙骨夹板。

4）了解环保质量认证体系和环保标识制度，采用粘贴了环保标签的产品，方便检测机构的监督检查。

2．避免过度装修

随着经济的高速发展，人民生活水平提高，越来越多的人追求高品质生活，对居室、办公室等封闭空间进行过度装修，而室内通风换气不足使得室内污染物不断累积，从而导致室内空气污染严重。因此，可采取以下措施改善室内空气质量：对室内装饰装修的过程进行控制；对室内空气质量进行预评价；装修前进行设计，按照简约的原则进行装修等。

3．使用空气净化器

近年来，室内空气污染问题日益突出。科研人员将工业除尘技术应用到民用室内空气中尘埃的净化，取得了良好效果，主要有静电式室内空气净化器和空气过滤器。对于有害气体的空气净化器，主要有物理吸附式净化器和化学反应式净化器，各类净化器原理见表 3-10。

表 3-10　各类空气净化器的原理

空气净化器	原　理
静电式室内空气净化器	含尘空气通过电场，使粉尘带上负电荷，在电场力的作用下，被吸附到阳极上而与空气分离
空气过滤器	含尘空气通过过滤滤料时，粉尘与滤孔四周的物质碰撞，或扩散到四周壁上被孔壁吸附，使空气得以净化
物理吸附式净化器	利用多孔、比表面积大的活性炭，氧化铝和分子筛等作为吸附剂，依靠范德华力的作用将空气中的甲醛、氨气、苯、一氧化碳、VOCs 等物质固定在吸附剂上
化学反应式净化器	以活性炭、氧化铝和分子筛作为载体，经过一定工艺处理、成型，制成复合净化材料，对多种臭气起到催化分解、中和及吸附作用

4．安装新风系统

现在许多高层建筑物都会安装新风系统（图 3-9）。新风系统是采用高风压、大流量风机，在密闭的室内一侧用专用设备向室内送新风，再从另一侧由专用设备向室外排出，在室内形成新流动风场，从而满足室内新风换气的需要。在送风的同时对进入室内的空气进行过滤、灭毒、杀菌、增氧、预热（冬天）。

新风主机可安装在厨房、卫生间等处的吊顶内，少许管道与之相连通往室外，主机强制将室内最污浊的空气排到室外，产生的压差使新风经过过滤从最需要补充新鲜空气的卧室、客厅等处导入，在户内形成对流，达到很好的通风换气效果。如有条件新风主机可安装在室外，这样能隔音降噪，且便于更换过滤模板。

新风系统每时每刻都能够向室内提供新鲜空气，满足人体的健康需求；有效驱除油烟异味、二氧化碳、香烟味、细菌、病毒等各种有害物质；将室内潮湿污浊空气排出，根除异味，防止发霉和滋生细菌，有利于延长建筑及家具的使用寿命；避免开窗带来大量的灰尘，有效过滤室外空气，保证进入室内的空气洁净。

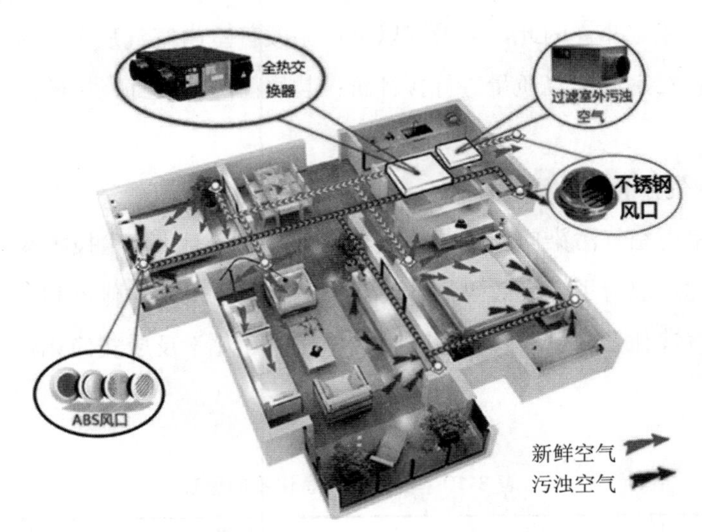

图 3-9 室内新风系统空气流动示意

第四节 大气污染综合防治

一、大气污染防治相关法律法规

1.《中华人民共和国大气污染防治法》

《中华人民共和国大气污染防治法》(以下简称《大气污染防治法》)于 1987 年制定，1995 年、2000 年、2015 年和 2018 年经历 4 次修订。现行的《大气污染防治法》于 2018 年 10 月 26 日审议通过。该法律对大气污染防治标准和限期达标规划、大气污染防治的监督管理、大气污染防治措施、重点区域大气污染联合防治、重污染天气应对等内容做出规定。

1）以改善大气环境质量为目标，强化地方政府责任，加强考核和监督。规定了地方政府对辖区大气环境质量负责、生态环境部对省级政府实行考核、未达标城市政府应当编制限期达标规划、上级生态环境部门对未完成任务的下级政府负责人实行约谈和区域限批等一系列制度措施。地方各级人民政府应当对本行政区域的大气环境质量负责，制定规划，采取措施，控制或者逐步削减大气污染物的排放量，使大气环境质量达到规定标准并逐步改善。

2）坚持源头治理，推动转变经济发展方式，优化产业结构和布局，调整能源结构，提高相关产品质量标准。一是明确了坚持源头治理，规划先行，转变经济发展方式，优化产业结构和布局，调整能源结构。二是明确了制定燃煤、石焦油、生物质燃料、涂料等含挥发性有机物的产品、烟花爆竹及过滤等产品的质量标准。三是规定了国务院有关部门和地方各级人民政府应当采取措施，调整能源结构，推广清洁能源的生产和使用。

3）从实际出发，根据我国经济社会发展的实际情况，制定大气污染防治标准，完善相关制度。新增“大气污染防治标准和限期达标规划”章节，规范大气污染质量标准、污染物排放标准制定行为，以及标准运用和落实。

4）坚持问题导向，抓住主要矛盾，着力解决燃煤、机动车船等大气污染问题。实现从单一污染物控制向多污染协同控制，从末端治理向全过程控制、精细化管理的转变，对加强燃煤、工业、机动车船、扬尘、农业等大气污染的综合防治做出具体规定。目前我们国家主要能源仍是煤炭，而且短期内这个能源结构难以改变，为了减少燃煤大气污染，所以此次新修订的《大气污染防治法》优化了煤炭的使用方式，提高燃煤的洗选比例，推广煤炭清洁高效利用。

5）加强重点区域大气污染联合防治，完善重污染天气应对措施。一是推行区域大气污染联合防治，要求对颗粒物、二氧化硫、氮氧化物、挥发性有机物、氨等大气污染物和温室气体实施协同控制。二是增设专章规定了重污染天气应对。明确建立重污染天气监测预警体系，制定重污染天气应急预案，并发布重污染天气预报等。国务院环境保护主管部门应当加强指导、督促。

6）加大对大气环境违法行为的处罚力度。一是除倡导性的规定外，有违法行为就有处罚。对于违法行为，新法将重典治乱，加强震慑，加大处罚，让违法者付出沉重代价，对污染企业产生巨大的震慑作用。二是提高罚款上限，如超标、超总量指标排放大气污染物者，责令改正或限制生产、停产整治，并处 10 万元以上 100 万元以下的罚款，情节严重的，报经有批准权的人民政府批准，责令停业、关闭。同时，取消了现行法律中对造成大气污染事故企业事业单位罚款“最高不超过 50 万元”的封顶限额。三是规定了按日计罚。《环境保护法》规定的基础上，细化并增加了按日计罚的行为。四是丰富了处罚种类。如行政处罚中有责令停业、关闭，责令停产整治，责令停工整治、没收，取消检验资格，治安处罚等。

7）坚持立法为民，积极回应社会关切。一是删去了修订草案中关于机动车限行的规定。二是完善环境信息公开制度，引导公众有序参与监督。秉承《环境保护法》强化信息公开和公众参与的立法思路，增加信息公开的内容，《大气污染防治法》要求信息公开的表述有 11 处。

2．《大气污染防治行动计划》

2013 年，国务院印发了《大气污染防治行动计划》（国发〔2013〕37 号），简称“气十条”。具体目标为到 2017 年，全国地级及以上城市可吸入颗粒物浓度比 2012 年下降 10%以上，优良天数逐年提高；京津冀、长三角、珠三角等区域细颗粒物浓度分别下降 25%、20%、15%左右，其中北京市细颗粒物年均质量浓度控制在 60 μg/m^3 左右。

“气十条”的具体措施是：①减少污染物排放。全面整治燃煤小锅炉，加快重点行业脱硫脱硝除尘改造。整治城市扬尘。提升燃油品质，限期淘汰黄标车。②严控高耗能、高污染行业新增产能，提前一年完成钢铁、水泥、电解铝、平板玻璃等重点行业“十二五”落后产能淘汰任务。③大力推行清洁生产，重点行业主要大气污染物排放强度到 2017 年年底下降 30%以上。大力发展公共交通。④加快调整能源结构，加大天然气、煤制甲烷等清洁能源供应。⑤强化节能环保指标约束，对未通过能评、环评的项目，不得批准开工建设，不得提供土地，不得提供贷款支持，不得供电供水。⑥推行激励与约束并举的节能减排新机制，加大排污费征收力度。加大对大气污染防治的信贷支持。加强国际合作，大力培育环保、新能源产业。⑦用法律、标准“倒逼”产业转型升级。制定、修订重点行业排放标准，建议修订《大气污染防治法》等法律。强制公开重污染行业企业环境信息。公布重点城市空气质量排名。加大违法行为处罚力度。⑧建立环渤海包括京津冀、长三角、珠三角等区域联防联控机制，加强人口密集地区和重点大城市 $PM_{2.5}$ 治理，构建对各省（区、市）的大气环境整治目标责任考核体系。⑨将重污染天气纳入地方政府突发事件应急管理，根据污染等级及时采取重污染企业限产限排、机动车限行等措施。⑩树立全社会“同呼吸、共奋斗”的行为准则，地方政府对当地空气质量负总责，落实企业治污主体责任，国务院有关部门协调联动，倡导节约、绿色消费方式和生活方式，动员全民参与环境保护和监督。

3．《打赢蓝天保卫战三年行动计划》

2018 年 6 月，国务院印发了《打赢蓝天保卫战三年行动计划》（以下简称《行动计划》），明确了大气污染防治工作的总体思路、基本目标、主要任务和保障措施，提出了打赢蓝天保卫战的时间表和路线图。

《行动计划》指出，要以习近平新时代中国特色社会主义思想为指导，认真落实党中央、国务院决策部署和全国生态环境保护大会要求，坚持新发展理念，坚持全民共治、源头防治、标本兼治，以京津冀及周边地区、长三角地区、汾渭平原等区域为重点，持续开展大气污染防治行动，综合运用经济、法律、技术和必要的行政手段，统筹兼顾、系统谋划、精准施策，坚决打赢蓝天保卫战，实现环境效益、经济效益和社会效益多赢。

《行动计划》指出，经过 3 年努力，大幅减少主要大气污染物排放总量，协同减少温室气体排放，进一步明显降低细颗粒物（$PM_{2.5}$）浓度，明显减少重污染天数，明显改善环境空气质量，明显增强人民的蓝天幸福感。到 2020 年，二氧化硫、氮氧化物排放总量分别比 2015 年下降 15%以上；$PM_{2.5}$ 未达标地级及以上城市浓度比 2015 年下降 18%以上，地级及以上城市空气质量优良天数比率达到 80%，重度及以上污染天数比率比 2015 年下降 25%以上。

《行动计划》提出六方面任务措施，并明确量化指标和完成时限。一是调整优化产业结构，推进产业绿色发展。优化产业布局，严控“两高”行业产能，强化“散乱污”企业综合整治，深化工业污染治理，大力培育绿色环保产业。二是加快调整能源结构，构建清洁低碳高效能源体系。有效推进北方地区清洁取暖，重点区域继续实施煤炭消费总量控制，开展燃煤锅炉综合整治，提高能源利用效率，加快发展清洁能源和新能源。三是积极调整运输结构，发展绿色交通体系。大幅提升铁路货运比例，加快车船结构升级，加快油品质量升级，强化移动源污染防治。四是优化调整用地结构，推进面源污染治理。实施防风固沙绿化工程，推进露天矿山综合整治，加强扬尘综合治理，加强秸秆综合利用和氨排放控制。五是实施重大专项行动，大幅降低污染物排放。开展重点区域秋冬季攻坚行动，打好柴油货车污染治理攻坚战，开展工业炉窑治理专项行动，实施挥发性有机物专项整治。六是强化区域联防联控，有效应对重污染天气。建立完善区域大气污染防治协作机制，加强重污染天气应急联动，夯实应急减排措施。

《行动计划》要求，加快完善相关政策，为大气污染治理提供有力保障。完善法律法规标准体系，拓宽投融资渠道，加大经济政策支持力度。完善环境监测监控网络，强化科技基础支撑，加大环境执法力度，深入开展环境保护督察。加强组织领导，明确落实各方责任，严格考核问责，加强环境信息公开，构建全民行动格局。

二、重要大气污染物排放标准解读

1．《大气污染物综合排放标准》

现行的《大气污染物综合排放标准》（GB 16297—1996）是 1996 年制定的，至今未做修订。它规定了 33 种大气污染物的排放限值，同时规定了标准执行中的各种要求。33 种大气污染物包括《环境空气质量标准》中的 10 种污染物（SO_2、TSP、PM_{10}、NO_x、

NO_2、CO、O_3、铅、苯并[a]芘、氟化物）和其他 23 种生产生活中常见的污染物（如苯、甲苯、二甲苯等 VOCs）。

《大气污染物综合排放标准》是依据《环境空气质量标准》（GB 3095—1996）（已作废）制定的，因此仍采用三类地区三级标准。一类区为自然保护区、风景名胜和其他需要特别保护的区域；二类区为居住区、商业交通居民混合区、文化区、一般工业区和农村地区；三类区为特定工业区。一类区执行一级标准，二类区执行二级标准，三类区执行三级标准。

该污染物排放标准分别对通过排气筒排放和无组织排放的污染物浓度限值做了规定。不同高度排气筒排放的污染物必须同时满足最高允许排放浓度和最高允许排放速率（监测时间为 1 h）的要求，超过其中任何一项均为超标排放。无组织排放是指大气污染物不通过排气筒，或者排气筒低于 15 m 的无规则排放，在设置无组织排放的监控点上必须满足相应的监控浓度限值。

2．《恶臭污染物排放标准》

为了防治恶臭污染物对大气的污染，1993 年国家制定了《恶臭污染物排放标准》（GB 14554—1993）。该标准分年限规定了 8 种恶臭污染物的一次最大排放限值、复合恶臭物质的臭气浓度限值及无组织排放源的厂界浓度限值。这 8 种恶臭污染物包括氨、三甲胺、硫化氢、甲硫醇、甲硫醚、二甲二硫醚、二硫化碳和苯乙烯。臭气浓度是指恶臭气体（包括异味）用无臭空气进行稀释，稀释到刚好无臭时所需的稀释倍数。它是一个无量纲的监测指标，由专业的嗅辨员采用“三点比较式臭袋法”测定。

该排放标准也是执行三类地区三级标准。它与《大气污染物综合排放标准》不同的是，通过排气筒排放的污染物只有排放速率控制值，没有浓度限值。泄漏和无组织排放的恶臭污染物，在边界上规定监测点的一次最大监测值（包括臭气浓度）都必须低于或等于恶臭污染物厂界标准值。

思考题

1. 你觉得下列哪些措施对清洁空气更有效果？

①控制机动车污染排放；②关停污染企业；③增加城市绿地；④削减燃煤量、使用清洁能源替代品。

2. 如何看待十面“霾”伏？

3. 如何有效防止灰霾对人类生活与健康的影响？

4. “室内空气质量”和“室外空气质量”，你更关心哪一项？并说明原因。

5. “我们同处一个世界，但绝不想要同一片雾霾”，如何通过全球合作，防治大气污染？

6. 试论臭氧的“功”与“过”？

7. 试论“温室效应”的利弊。

8. 你的家乡天是蓝的吗？你的家乡有大气污染问题吗？主要是什么原因造成的？

第四章　水环境保护

第一节　水环境概述

一、天然水体

水体，水的集合体，是地表水圈的重要组成部分，是以相对稳定的陆地为边界的天然水域，是包括海洋、湖泊、水库、冰川、沼泽以及地下水等地表与地下水体的总称。在环境科学领域中，水体不仅包括水，而且包括水中悬浮物、溶解物质、底泥以及水中生物等。

从自然地理的角度来看，水体是指地表被水覆盖的自然综合体。水体可按类型分区，也可按区域分区。按类型分区时可以分为海洋水体和陆地水体；海洋水体面积约有 3.62 亿 km^2，大约占地球表面积的 71%。海洋中含有 13.5 亿 km^3 的水，约占地球总水量的 97.5%。陆地水体又可分成地表水体和地下水体。地表水包括海洋、湖泊、江河、水库、沼泽、冰地和冰川等。地下水分为潜水和承压水。若按区域划分水体，则指某一具体被水覆盖的地段，如太湖、洞庭湖、鄱阳湖是三个不同的水体，但按陆地水体类型划分，它们都属于湖泊；又如长江、黄河、珠江，它们都是河流，而按区域划分，则分属三条水系。

我国的海洋水体有渤海、黄海、南海和东海；河流主要有长江、黄河、珠江、松花江、淮河、辽河和钱塘江等；湖泊主要有太湖、滇池、巢湖、洞庭湖、鄱阳湖等；水库主要有潘家口水库、三峡水库、石门水库、丹江口水库、洪泽湖、千岛湖等。

二、地表水功能区划

为了防治环境污染，保护地表水质，改善环境质量，维护良好的生态系统，促进环境信息化建设，依据地表水水域环境功能和保护目标，我国将地表水按功能高低划分为五类：

1）Ⅰ类。源头水、国家自然保护区。

2）Ⅱ类。集中式生活饮用水地表水源地一级保护区、珍稀水生生物栖息地、鱼虾类产卵场、仔稚幼鱼的索饵场等。

3）Ⅲ类。集中式生活饮用水地表水源地二级保护区、鱼虾类越冬场、洄游通道、水产养殖类区等渔业水域及游泳场。

4）Ⅳ类。一般工业用水区及人体非直接接触的娱乐用水区。

5）Ⅴ类。农业用水区及一般景观要求水域。

我国各省（区、市）根据《中华人民共和国水法》和《中华人民共和国水污染防治法》的要求，制定各个地方水功能区划和水环境功能区划。例如，浙江省出台了《浙江省水功能区、水环境功能区划分方案》，对全省八大水系水功能区和水环境功能区进行了细致的划分。

浙江省水功能区分为保护区、保留区、缓冲区、饮用水水源区、工业用水区、农业用水区、渔业用水区、景观娱乐用水区、过渡区 9 种类型。水环境保护区分为自然保护区、饮用水水源保护区、渔业用水区、工业用水区、农业用水区、景观娱乐用水区和多功能区 7 种类型。根据浙江省水功能区、水环境功能区划方案，按水系河流分类，水环境功能区划成果见表 4-1。

表 4-1　浙江省水环境功能区划成果

分类	水系	自然保护区	饮用水水源保护区	渔业用水区	工业用水区	景观娱乐用水区	多功能区	合计
八大水系	钱塘江	6	114	26	4	16	202	368
	苕溪	2	34	1	0	1	60	98
	瓯江	10	36	3	2	2	69	122
	运河	0	30	8	18	17	110	183
	椒江	5	50	7	12	3	38	115
	甬江	2	71	6	14	1	61	155
	飞云江	2	10	0	2	0	13	27
	鳌江	1	8	2	2	2	8	23
	合计	28	353	53	54	42	561	1 091

分类	水系	自然保护区	饮用水水源保护区	渔业用水区	工业用水区	景观娱乐用水区	多功能区	合计
其他	出省小河流	1	3	0	0	0	11	15
	海岛水系	0	15	0	0	2	10	27
	合计	1	18	0	0	2	21	42
总计		29	371	53	54	44	582	1 133

功能区的目标水质拟定，是在划定功能区后，根据其水质现状、排污状况、功能区水质类别要求，以及当地经济社会发展状况等条件，确定在规划水平年要达到的目标水质。浙江省水功能区、水环境功能区目标水质汇总见表 4-2。

表 4-2 浙江省水功能区、水环境功能区目标水质汇总

分类	水系	Ⅰ	Ⅱ	Ⅲ	Ⅳ	合计
八大水系	钱塘江	6	146	212	4	368
	苕溪	2	37	59	0	98
	瓯江	10	76	34	2	122
	运河	0	8	143	32	183
	椒江	5	62	36	12	115
	甬江	3	64	75	13	155
	飞云江	2	16	7	2	27
	鳌江	1	9	11	2	23
	合计	29	418	577	67	1 091
其他	出省小河流	1	8	6	0	15
	海岛水系	0	14	11	2	27
	合计	1	22	17	2	42
总计		30	440	594	69	1 133

三、水资源及其利用现状

1．水资源及其分布

水资源通常是指易于供人们直接用于生产和生活的地表水和地下水。

地球上水的总储存量约为 14 亿 km^3，其中海水约占 97.5%，不能直接为人类所开发利用。淡水的总量仅为 0.35 亿 km^3，且这些不足地球水量 3%的淡水中，近 77%是以冰川和积雪的形式存在于高山和极地上，很难被人类所利用；22.4%的地下水和土壤水中 2/3 深埋于地下深处；而直接能取用的江河、湖泊淡水仅占淡水总量的 0.27%。可见，供人类直接利用的淡水资源十分有限。

随着经济的快速发展和人口的增加，世界用水量也在逐年增加。水资源是工农业生产中不可替代的重要资源，正面临着严重的危机。有人担忧，随着水资源的日益减少和水污染的加重，“人类剩下的最后一滴水将是自己的眼泪”。据 2016 年的一篇报道，目前全球人均供水量比 1970 年减少了 1/3，这是因为在这期间地球上又增加了 18 亿人口。联合国预计，到 2025 年，世界将近一半的人口会生活在缺水的地区。水危机已经严重制约了人类的可持续发展。

2．水循环

地球表面的水在太阳辐射能和地心引力的相互作用下，不断地蒸发和蒸腾到大气中，且在空气中形成云，在大气环流的作用下传播到不同的地域，再以降水或降雪等形式回到海洋或陆地的表面。这些降水，一部分渗入地下，成为土壤水或地下水；另一部分形成地表径流汇入江、河、湖、海，再经蒸发进入大气圈；还有一部分直接蒸发或经植物吸收而蒸腾进入大气（图 4-1）。通过水循环水资源得到不断地更新利用。

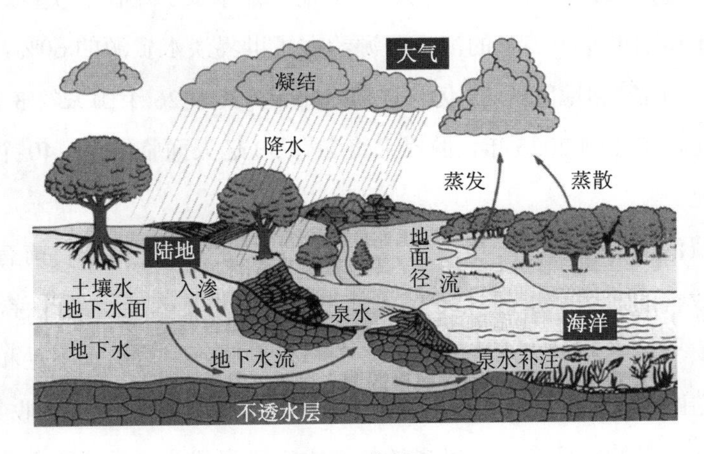

图 4-1　水循环

3．水资源的重要作用

（1）水是生命之源

生命的形成离不开水，水是构成人体的基本成分，又是新陈代谢的主要介质。生物体内含水量占体重的 60%～80%，甚至 90%以上。因此，一切生命都离不开水。

（2）调节地球气候

水是大气的重要成分。虽然大气中仅含全球水量百万分之一的水，但大气和水之间的循环相互作用，确定了地球水循环运动，形成了支持生物的气候。大气中的水有助于调节全球能量平衡，水循环起着不同地区之间的能量传输作用。

（3）水具有物质运输功能

水可以输送多种材料和营养物质。水输送物质的形式有两种：溶解的矿物质和整体物质。大气中存在的各种颗粒物质可以沉降到水体，然后由水输送。从这一方面可知，水可以把环境污染物输送到更远、更广泛的区域。

（4）水的生态保障作用

一定的水量能维持生态系统的平衡。同时，由于水具有较大的比热容，可调节气温、湿度，从而能防止生态环境的恶化。

4．水资源的利用现状

（1）世界水资源利用状况

地球上的水，尽管总量巨大，但是能直接被人类生产和生活利用的却少之又少。首先，海水又咸又苦，无法饮用，无法浇地，也难以用于工业。全球的淡水资源不仅短缺而且分布极不平衡。按地区分布，巴西、俄罗斯、加拿大、中国、美国、印度尼西亚、印度、哥伦比亚和刚果 9 个国家的淡水资源约占了世界淡水资源的 60%。约占世界人口总数 40%的 80 个国家和地区约 15 亿人口淡水不足，其中 26 个国家约 3 亿人极度缺水。更让人担心的是，预计到 2025 年，世界上将会有 30 亿人面临缺水，40 个国家和地区的淡水将严重不足。

人类对水资源的需求来自于饮用水、卫生和工农业生产。全球目前有 8 亿余人仍在使用未经净化改善的饮用水水源，26 亿人使用的卫生设施未能得到改善，有 30 亿～40 亿人家中没有安全可靠的自来水。每年约有 350 万人的死因与供水不足和卫生状况不佳有关，这种情况主要发生在发展中国家。全球有超过 80%的废水未得到收集或处理利用，城市居住区是水污染的主要来源。世界性的淡水污染已成为一项重大公害。目前，世界上已有 40%的河流发生不同程度的污染，且有上升的趋势。

通常人们将全球陆地入海径流总量作为理论上的水资源总量，全球水资源总量为 4.7 万 km^3，水资源数量在全球分布又是不均匀的，各国水资源丰缺程度差异较大。人类在早期对水资源的开发利用，主要是在农业、航运、水产养殖等方面，而用于工业和城市生活的水量一直很少。直到 21 世纪初，工业和城市生活用水仍只占总用水量的 12%左右。

随着人类文明进程的发展，人类对水资源的需求量越来越大，联合国“世界水资源评估计划”（WWAP）中指出，以目前的用水比率推算，全球在 15 年后将缺少 40%用水。随着中产阶级收入的大幅增加，相应的生活水平也随之提升，导致用水量大幅增长。报告提到，全球人口增长与都市化程度增加也是造成缺水的元凶之一，用水需求的增长速度通常是人口增长速度的 2 倍。都市人口增多也使得用水紧张，到 2050 年预估全球人口有 69%住在都市区，远高于目前的 50%。

（2）我国水资源利用状况

中国水资源总量少于巴西、俄罗斯、加拿大、美国和印度尼西亚，居世界第 6 位。若按人均水资源占有量来衡量，仅占世界平均水平的 1/4，排在第 110 名之后。缺水状况在中国普遍存在，而且有不断加剧的趋势。全国在约 670 个城市中，一半以上存在不同程度的缺水现象，其中严重缺水的有 110 多个。

中国水资源总量虽然较多，但人均量并不丰富。水资源的特点是地区分布不均，水土资源组合不平衡；连丰连枯年份比较突出；河流的泥沙淤积严重。这些特点都造成了中国容易发生水旱灾害，水的供需产生矛盾，这也决定了中国对水资源的开发利用、江河整治的任务十分艰巨。

中国江河众多，全国大小河流总长达 42 万 km。流域面积在 100 km^2 以上的河流就有 5 万多条，1 000 km^2 以上的有 1 500 多条。地表水年均径流总量约为 2.8 万亿 m^3，相当于全球陆地径流总量的 5.5%，居世界第 5 位，低于巴西、加拿大和美国等国。我国七大江河水资源情况如表 4-3 所示。

表 4-3　我国七大江河水资源情况

项目	松花江	辽河	海河	黄河	淮河	长江	珠江
流域面积/万 km^2	55.7	22.9	26.4	75.2	26.9	180.9	44.4
河长/km	2 308	1 390	1 090	5 456	1 000	6 300	2 214
年均降水深/mm	527	473	559	475	889	1 070	1 469
年均径流量/亿 m^3	762	148	228	658	622	9 513	3 338

四、水资源的保护对策

水是生命之源，人类的生产生活都离不开水。水是社会的基础资源，具有功能的不可替代性和多样性。我国黄河的频繁断流、长江冰川面积的逐渐缩小、大量的水土流失等，都给我们留下沉重的思考。我国人均水量少，只有世界平均水量的 1/4，水资源供需矛盾突出。如果不采取有力措施，中国有可能在未来出现严重的水危机。水资源问题已成为中国实现可持续发展战略过程中必须认真解决的重大问题。充分认识我国水资源利用的现状，洞察我国水资源利用现状的主要原因，提出解决困扰中国社会经济发展的水资源问题及对策意义重大。

1．调节水源流量，增加可靠供水

（1）建造水库

建造水库调节流量，可以将丰水期多余水量储存在库内，补充枯水期的流量不足。这样不仅可以提高水源供水能力，还可以防洪、发电、发展水产等。目前，在各国的江河上建造库容超过 1 亿 m^3 的水库共有 1 350 个，总蓄水量达到 4 100 km^3。

（2）跨区域调水

通过水利措施，引水资源较为丰富地区的水到水资源匮乏地区。我国近年来相继完成的引黄济青、引滦入津和引滦入唐等工程都是从丰水流域向缺水流域引水的大工程。我国政府采用“南水北调”的工程措施，调用南方丰富的水资源来缓解北方的水资源危机。

（3）地下蓄水

目前，已有 20 多个国家在积极筹划人工补充地下水。在美国，加利福尼亚等地方水利机构每年将 25 亿 m^3 左右的水储存在地下。在荷兰，实现人工补给地下水后，解决了枯水季节的供水问题，每年增加含水层储量为 200 万～300 万 m^3。

（4）海水淡化

海水淡化是实现水资源利用的开源技术，也是目前各国竞相开发的朝阳产业。发展海水淡化产业，向海洋要淡水是世界各国的共同趋势。目前，沙特阿拉伯、伊朗等国海水淡化设备能力占世界 60%，在阿拉伯海建造了世界上最大的淡化海水管道引水工程。

2．加强水资源的法制建设，强化水资源保护

加强水资源的法制建设需要做好两方面的工作：首先是要建立健全保护水资源的法律法规。目前我国已有的《中华人民共和国水污染防治法》《城市节约用水管理规定》《中华人民共和国水法》《中华人民共和国环境保护法》《中华人民共和国水土保持法》和有关防治水污染技术政策的法律、法规虽已体系化，但却未达到协调化和完善化，而且规定过于原则，可操作性不够，缺乏相应的配套法规。其次是要加强执法。加强执法管理一是要做到执法要严、违法必究，对违法的责任人除警告、经济制裁外，还应追究其刑事责任；二是要对有影响的违法案件公开处理、严厉打击；三是要开展多种形式的执法监督。

3．实施节约用水，提高用水效率

提高用水效率就是提高单位水资源所获得的效益。我国的水资源开发利用率较高，但是水资源利用效率比较低下，导致宝贵的水资源浪费十分严重。如我国农业长期以来采用粗放型灌溉方式，水的有效利用率仅在40%左右；工业和城市用水浪费现象也很严重，除北京、天津、大连、青岛等城市水重复利用率可达70%以外，大批城市水资源的重复利用率仅在30%～50%，有的城市更低，而发达国家已达到75%以上。

节水是很多国家特别是水资源紧缺国家提高用水效率的一项战略性措施。工农业生产用水和城市生活用水、生态用水等各个领域都推广了一大批先进适用的节水技术，取得了显著成效。

案例7　以色列节水技术

以色列是一个地处于中东沙漠边缘的国家，是一个水资源极度匮乏的国家，人均水资源仅270 m^3，是世界水平的3%，也仅有中国人均水资源的1/8。然而，以色列却通过国家强大的节水技术，发展成为全球科技农业的强国，在成功把沙漠变成绿洲的过程中，也生产大量的农产品并出口全球。以色列强大的节水技术体现在如下几个方面：

（1）专业的输水系统。以色列研发了适合各种地形、气候、作物的节水设备，大田滴管供水量可控制在1～20 L/h，水的利用率最高可达95%。同时，采用压力补偿技术，确保在不同的地形条件下，滴头仍然可以保持一致的出水量。大规模地使用地下埋管技术，在地下50 cm处侧向水平埋管，可保持滴管寿命在10年以上，省时省力。农业灌溉系统同时搭配智能监测与控制系统，实现节水农业的自动化与精准化。

（2）大力推广海水淡化技术。从1999年开始，以色列的相关企业在政府的支持下开始采用海水淡化技术得到饮用水。通过20多年的快速发展，目前以色列已经有31家海水淡化工厂，2020年以色列的海水淡化供应能力达到每年7.5亿 m^3。目前，这个国家70%的饮用水都是来自海水淡化，未来以色列的海水淡化将100%替代当下的水库资源。同时，以色列通过改进海水淡化技术，大大降低了海水淡化的成本，最低淡化成本仅为0.54元/m^3，如此低廉的成本使得海水淡化技术可以应用到农业和生活用水的各个方面。

（3）高效的污水处理技术。以色列拥有全球最大的污水处理工厂，该工厂承担了特拉维夫地区200万人口的生活和工业污水处理，日污水处理量可达30多万t。以色列通过"生物处理+沙子自然过滤"的技术，成功提升了废水的质量，目前污水回收率可达75%，远远高于其他发展中国家10%的污水回收率。

（4）先进而独特的节水文化和节水政策。在以色列，人们在用完水后不会很快地把水倒掉，而是进行循环使用，例如，剩下的饮用水用来洗车，浇花，或者存储起来等着废水回收和再利用。同时，政府营造了全民节水的氛围，政府大力宣传“水贵如油”等相关理念，提醒人们善待水源。在管理层面，以色列的水务委员会是一个专门负责制定节水政策，规划供水配额的机构。该机构每年会将 70%的用水配额交给农业生产者，再根据当年的降水总量进行剩余配额的调整，以实现农民的用水保障。

资料来源：[1] 震惊！以色列农业节水技术竟如此厉害. 搜狐网. https：//www.sohu.com/a/218930918_100006091.

[2] 以色列污水处理与回收产业介绍及合作建议. 中华人民共和国商务部. http：//il.mofcom.gov.cn/article/c/201208/20120808292336.shtml.

4．调整缺水地区的工业布局和产业结构

在缺水严重的地区，要尽可能少上或不上用水量大、污染严重的新的工业企业和服务业；对原有的产业结构进行相应调整，淘汰耗水过多的企业，扶持符合当地水资源政策的企业。

5．减少对水资源的污染

在经济发展过程中，彻底消除污染是不可能做到的，因此，要确定一个最优污染水平，即能使社会纯收益最大化的污染水平。在确定了这个最优污染水平之后，减少对水资源的污染应从以下两个方面出发。

（1）建立健全排污许可证制度

国家应通过对排污许可证适用的范围、总量控制指标、违反排污许可制度应承担的法律责任、排污许可证内容的修改、限制条件的增加和撤销、颁发许可证的程序以及许可证的有偿转让等内容从法律、法规上加以明确规定，以建立健全排污许可证制度，使之有效地发挥减少污染、防治并举的作用。

（2）健全总量控制与减排制度

总量控制制度是指国家生态环境管理部门依据所勘定的区域环境容量，决定区域中的污染物质排放总量，根据排放总量削减计划，向区域内的企业分配污染物排放总量额度的一项法律制度。“总量控制”是相对于“浓度控制”而言的。浓度控制是指以控制污染源排放口排出污染物的浓度为核心的环境管理方法体系。但仅仅规定排出浓度是不够的，有些不良企业为达到浓度排放标准，向污水中注入自来水进行稀释再排放，甚至直接抽取临近水源里的水进行稀释，大大增加了排入环境水体污染物的量。因此，实行总量控制是十分必要的。

在实施水污染防治总量控制时，应考虑各地区纳污水体的特征，弄清污染物在环境中的扩散、迁移、转移规律及污染物的净化规律，计算出水环境容量，并综合分析该区域内的污染源，通过建立一定的数学模型，计算出每个污染源的污染分担率和相应的污染物允许排放总量，求得最优方案，使每个污染源排放量小于允许排放量。实际上，环境容量计算过程较复杂，通常依据一定的标准并选择某一年份作为基准年，以此年各污染源的排放为基准将污染控制标准分配到各地。此时应制定并完善相应的减排制度，削减污染物的排放量，以进一步改善水体的质量。

第二节　水环境污染

一、水体污染与自净

水体污染指水体因某种物质的介入，超过了水体的自净能力，导致其物理、化学、生物等方面特征的改变，从而影响水的利用价值，危害人体健康，破坏生态环境，造成水质恶化的现象。污水中的有机物被微生物分解会消耗水中的氧，水中溶解氧耗尽后，有机物进行厌氧分解，产生硫化氢、硫醇等难闻气体，使水质进一步恶化。

水环境与其他自然环境一样对污染物质有一定的承受能力，即所谓的环境容量。在一定的环境容量范围内，经过水体的物理、化学与生物的作用，可降解水中污染物，经过一段时间后，水体一般能恢复到受污染前的状态。污染物在微生物的作用下进行分解，从而使水体恢复清洁，这一过程称为水体的自净过程。水体自净主要通过三方面作用来实现。

（1）物理作用

物理作用包括可沉性固体逐渐下沉，悬浮物、胶体和溶解性污染物稀释混合，浓度逐渐降低。其中稀释作用是一项重要的物理净化过程。

（2）化学作用

化学作用是通过氧化、还原、酸碱反应、分解、化合、吸附和凝聚等作用使污染物质的存在形态发生变化而降低其浓度。

（3）生物作用

各种生物（藻类、微生物等）的活动特别是微生物对水中有机物的氧化分解作用使污染物降解。它在水体自净中起非常重要的作用。

水体中污染物的沉淀、稀释、混合等物理过程，氧化还原、分解化合、吸附凝聚等化学和物理化学过程以及生物化学过程等，往往是同时发生、相互影响，并相互交织进行。一般来说，物理和生物化学过程在水体自净中占主要地位。

二、水体富营养化

水体富营养化是氮、磷等植物营养物的排入引起水体中藻类大量繁殖的现象。在湖泊、水库、河口和港湾等水流相对较缓的区域，最容易发生水体富营养化现象。在湖泊、水库等淡水区域水体富营养化主要表现为绿藻和蓝藻的大量生长，称水华现象；在河口、海湾等区域的水体富营养化会导致红藻等藻类的大量繁殖，称赤潮现象。图 4-2 为昆明滇池发生的水华现象。

图 4-2　昆明滇池绿藻大量生长

在地表淡水系统中，磷酸盐通常是植物生长的限制因素，而在海水系统中往往是氨氮和硝酸盐限制植物的生长以及总的生产量。导致富营养化的物质，往往是这些水系统中含量有限的营养物质。例如，在正常的淡水系统中磷含量通常是有限的，因此增加磷酸盐会导致植物的过度生长，而在海水系统中磷是不缺的，而氮含量却是有限的，因而含氮污染物输入就会消除这一限制因素，从而出现植物的过度生长。

生活污水和化肥、食品等工业废水以及农田排水都含有大量的氮、磷及其他无机盐类。天然水体接纳这些废水后，水中营养物质增多，促使自养型生物旺盛生长，特别是蓝藻和红藻的个体数量迅速增加，而其他藻类的种类则逐渐减少。水体中的藻类一般以硅藻和绿藻为主，蓝藻的大量出现是水体富营养化的征兆，随着富营养化的发展，最后变为以蓝藻为主。藻类繁殖迅速，生长周期短。藻类及其他浮游生物死亡后被需氧微生物分解，不断消耗水中的溶解氧，或被厌氧微生物分解，不断产生硫化氢等气体，以此使水质恶化，造成鱼类和其他水生生物大量死亡。藻类及其他浮游生物残体在腐烂过程中，又把大量的氮、磷等营养物质释放至水中，供新的一代藻类等生物利用。

富营养化会影响水体的水质，会造成水的透明度降低，使得阳光难以穿透水层，从而影响水中植物的光合作用，可能造成溶解氧的过饱和状态。溶解氧的过饱和以及水中溶解氧低，都对水生动物有害，造成鱼类大量死亡。同时，水体富营养化，使水体表面生长着以蓝藻、绿藻为优势种的大量水藻，形成一层“绿色浮渣”，致使底层堆积的有机物质在厌氧条件下分解产生的有害气体和一些浮游生物产生的生物毒素也会伤害鱼类。富营养化水中含有硝酸盐和亚硝酸盐，人畜长期饮用这些物质含量超过一定标准的水，也会中毒致病。

水体富营养化的防治是水环境保护的重要内容，受到国内外的重视，水体富营养化主要防治方法有：对废水作深度处理，控制氮、磷的排放；禁用含磷洗涤剂；严禁打捞藻类；人工曝气；疏浚底泥；引水（不含营养物）稀释；使用化学药剂或引入病毒系藻类等。

三、水质指标

水质是指水与其中杂质所共同表现出来的物理、化学、生物方面的综合性质。

水质指标是指水中所含杂质的种类、成分和数量，用来衡量水质的好坏或水质被污染的程度。水质指标可以分为三类：

1．物理指标

物理指标包括温度、色度、臭味、浑浊度、透明度、总固体、悬浮性固体、溶解固体、电导率等。

2．化学指标

1）pH 值反映水体的酸碱性质。《污水综合排放标准》（GB 8978—1996）中规定排放废水的 pH 值应为 6～9。

2）化学需氧量（chemical oxygen demand，COD）是指水样在一定条件下，以氧化 1 L 水样中还原性物质所消耗的氧化剂的量为指标，折算成每升水样全部被氧化后需要氧的质量，单位为 mg/L。它反映了水中受还原性物质污染的程度。该指标也作为有机物相对含量的综合指标之一。一般测量水样化学需氧量所用的氧化剂为重铬酸钾或高锰酸钾，使用不同的氧化剂得出的数值也不同，因此，标注水样化学需氧量值时需要说明检测方法。如氧化剂为重铬酸钾用 COD 表示、为高锰酸钾时则用 COD_{Mn} 表示。

3）生化需氧量（biochemical oxygen demand，BOD）是指在一定期间内，微生物分解一定体积水中某些可被氧化的物质，特别是有机物质，所消耗溶解氧的质量。它是反映水中有机污染物含量的一个综合指标。生物氧化的时间一般为 5 天，故称为五日生化需氧量（BOD_5）。生化需氧量的测定条件与有机物进入天然水体后被微生物氧化分解的情况相似，因此能够直接反映水中能被微生物氧化分解的有机物量，较准确地体现有机物对水质的影响。

4）溶解氧（dissolved oxygen，DO）是指溶解在水中氧气的浓度。溶解氧值是研究水自净能力的一种依据。水里的溶解氧被消耗，要恢复到初始状态，所需时间短，说明该水体的自净能力强，或者说明水体污染不严重。否则说明水体污染严重，自净能力弱，甚至失去自净能力。

5）总需氧量（total oxygen demand，TOD）是指水中能被氧化的物质，主要是有机物质在燃烧中变成稳定的氧化物时所需要的氧量。TOD 能反映几乎全部有机物质经燃烧后变成 CO_2、H_2O、NO、SO_2 所需要的氧量。它比 BOD、COD 和高锰酸盐指数更接近于理论需氧量值。但它们之间也没有固定的相关性。

6）总有机碳（total organic carbon，TOC）是指水体中溶解性和悬浮性有机物含碳的总量，是评价水体需氧有机物的一个综合指标。

3．生物指标

生物学水质指标包括细菌总数、总大肠菌群数、各种病原细菌等。

大肠菌群数是每升水样中含有大肠菌群的数目，作为卫生指标，可用来判断水体是否受到粪便污染，判断水体是否存在病原体。

四、地表水质量标准

为贯彻《中华人民共和国环境保护法》和《中华人民共和国水污染防治法》，防治水污染，保护地表水水质，保障人体健康，维护良好的生态系统，我国制定了《地表水环境质量标准》。《地表水环境质量标准》在 1983 年首次发布，1988 年第一次修订，1999 年第二次修订，2002 年第三次修订。

《地表水环境质量标准》（GB 3838—2020）将标准项目分为：地表水环境质量标准基本项目，集中式生活饮用水地表水源地补充项目和集中式生活饮用水地表水源地特定项目。它们的标准限值见表 4-4。

表 4-4 地表水环境质量标准部分基本项目标准限值

序号	项目		Ⅰ类	Ⅱ类	Ⅲ类	Ⅳ类	Ⅴ类
1	水温/℃		人为造成的环境水温变化应限制在：周平均最大温升≤1，周平均最大温降≤2				
2	pH 值（量纲一）		6～9				
3	溶解氧/（mg/L）	≥	饱和率 90%（或 7.5）	6	5	3	2
4	高锰酸盐指数/（mg/L）	≤	2	4	6	10	15
5	化学需氧量（COD）/（mg/L）	≤	15	15	20	30	40
6	五日生化需氧量（BOD_5）/（mg/L）	≤	3	3	4	6	10
7	氨氮（NH_3-N）/（mg/L）	≤	0.15	0.5	1.0	1.5	2.0
8	总磷（以 P 计）/（mg/L）	≤	0.02（湖、库 0.01）	0.1（湖、库 0.025）	0.2（湖、库 0.05）	0.3（湖、库 0.1）	0.4（湖、库 0.2）
9	总氮（湖、库，以 N 计）/（mg/L）	≤	0.2	0.5	1.0	1.5	2.0
10	汞/（mg/L）	≤	0.000 05	0.000 05	0.000 1	0.001	0.001
11	镉/（mg/L）	≤	0.001	0.005	0.005	0.005	0.01
12	铬（六价）/（mg/L）	≤	0.01	0.05	0.05	0.05	0.1
13	铅/（mg/L）	≤	0.01	0.01	0.05	0.05	0.1
14	粪大肠菌群/（个/L）	≤	200	2 000	10 000	20 000	40 000

五、水体中污染物的种类与来源

1．水体中污染物的种类

凡使水体的水质、生物质、底泥质量恶化的各种物质均称为水体污染物。水体污染物按形态大体可分为悬浮固体污染物、溶解性污染物和油类污染物，按性质可分为无机有害物、无机有毒物、耗氧有机物、有机有毒物、病原微生物和放射性污染物，如表 4-5 所示。

表 4-5 水体中的污染物分类

污染物种类	主要污染物
无机有害物	水溶性无机酸、碱、盐中无毒物质，如氯化物、硫酸盐等，包括无机植物营养物，如铵盐、磷酸盐等
无机有毒物	重金属元素（铅、汞、砷等）及无机有毒化学物质（氟化物、氰化物等）
耗氧有机物	碳水化合物、蛋白质、油脂、氨基酸等

污染物种类	主要污染物
有机有毒物	酚类、有机磷农药、有机氯农药、多环芳烃苯等
病原微生物	病菌、病毒、寄生虫等
放射性污染物	铀-235、锶-90、铯-137 等

2．水体中污染物的来源

水体中的污染物主要随各种废水排放和自然降水等途径进入水体。

1）生活污水。人们生活过程中产生的污水，是水体的主要污染源之一。生活污水是来源于生活的一种水污染，其组成主要是粪便和洗涤污水。城市每人每日排出的生活污水量为 150～200 L，排放量与生活水平有密切关系。生活污水中含有大量有机物，如纤维素、淀粉、糖类和脂肪蛋白质等；常含有病原菌、病毒和寄生虫卵，以及无机盐类的氯化物、硫酸盐、磷酸盐、碳酸氢盐和钠、钾、钙、镁等。总的特点是含高浓度的氮、硫和磷，在厌氧细菌作用下容易产生恶臭。

2）工业废水。包括生产废水、生产污水及冷却水，是指在工业生产过程中产生的废水和废液，其中含有随水流失的工业生产用料、中间产物、副产品以及生产过程中产生的污染物。在工业生产中，热交换、产品输送、产品清洗、选矿、除渣、生产反应等过程均会产生大量废水。工业废水种类繁多，成分复杂，来源广泛，产生工业废水的主要企业包括食品加工、冶金、造纸、炼焦煤气、金属酸洗、化学肥料、纺织印染、染料、制革、农药等。

3）农业污水。指农作物栽培、牲畜饲养、农产品加工等过程中排出的、影响人体健康和环境质量的污水或液态物质。其来源主要有农田径流、农产品加工污水、饲养场污水等。

4）城市垃圾和工业废渣渗滤液。垃圾和废渣倒入水中，或堆积、填埋，经降水淋溶或地下水浸渍作用，使垃圾和废渣中的有毒、有害成分进入水中。

5）交通运输废水。主要是在船舶运输过程中产生的含油废水，也包括因车船交通事故而排放的废水。

6）自然降水。大气中含有很多种类的污染物，可以直接降落或溶于雨雪后降落进入水体。

六、水污染的类型及危害

不同种类的污染物进入水体后会引起不同的污染现象，其危害也不尽相同，大致可分为物理性污染、化学性污染和生物性污染等，见表 4-6。

表 4-6 水污染类型及成因

<table>
<tr><th>水污染类型</th><th colspan="2">主要污染物</th><th>成因</th></tr>
<tr><td rowspan="2">物理性污染</td><td colspan="2">热</td><td>热电站、核电站、冶金和石油化工等企业的排水</td></tr>
<tr><td colspan="2">放射性</td><td>核生产废物、核试验沉降物、核医疗研究单位的排水</td></tr>
<tr><td rowspan="8">化学性污染</td><td rowspan="5">无机物</td><td>重金属</td><td>矿物开采、冶金、电镀、仪表、电解以及化工等企业的排水</td></tr>
<tr><td>砷</td><td>含砷矿物的处理、制药、农药和化肥等企业的排水</td></tr>
<tr><td>氰化物</td><td>电镀、冶金、煤气洗涤、塑料、化学纤维等企业的排水</td></tr>
<tr><td>氮和磷</td><td>农田排水，生活污水，石油化工、造纸、电镀等企业的排水</td></tr>
<tr><td>酸碱和盐</td><td>矿山排水、酸雨、石油化工、化肥、造纸、电镀等企业的排水</td></tr>
<tr><td rowspan="3">有机物</td><td>酚类化合物</td><td>炼油、焦化、煤气、树脂等化工厂的排水</td></tr>
<tr><td>苯类化合物</td><td>石油化工、焦化、农药、塑料、染料等企业的排水</td></tr>
<tr><td>油类</td><td>采油、炼油、船舶以及机械、化工等企业的排水</td></tr>
<tr><td rowspan="2">生物性污染</td><td colspan="2">病原体</td><td>粪便、医疗废水、屠宰、畜牧、生物制药等企业的排水</td></tr>
<tr><td colspan="2">毒素</td><td>制药、酿造、制革等企业的排水</td></tr>
</table>

1．物理性污染

（1）热污染

因能源消费而引起环境增温效应的污染叫热污染。水体热污染主要来源于工矿企业向江河排放的冷却水。其中以电力工业为主，其次是冶金、化工、石油、机械等工业，如一般以煤为燃料的大电站通常只有 40%的热能转变为电能，剩余的热能则随冷却水带走进入水体或大气。

热污染致使水体水温升高，增加水体中化学反应速率，会使水体中有毒物质对生物的毒性提高，如当水温从 8℃升高到 18℃时，氰化钾对鱼类的毒性提高 1 倍；水温升高会降低水生生物的繁殖率，此外水温升高可使一些藻类繁殖加快，加速水体富营养化的过程，使水体中溶解氧下降，破坏水体的生态和影响水体的使用价值。

（2）放射性污染

水中所含有的放射性核素构成一种特殊的污染，它们总称放射性污染。核武器试验是全球放射性污染的主要来源，原子能工业特别是原子能电力工业的发展致使水体的放射性物质含量日益增高，铀矿开采、提炼、转化、浓缩过程均产生放射性废水和废物。

污染水体最危险的放射性物质有锶-90、铯-137 等，这些物质半衰期长，化学性能与人体组织的主要元素钙和钾相似，经水和食物进入人体后，能在一定部位积累，从而增加人体的放射线辐射，严重时可引起遗传变异或癌症。

案例 8 福岛核泄漏事故

福岛核泄漏事故是典型的水体核污染事故。2011 年 3 月，里氏 9.0 级地震导致日本福岛县两座核电站反应堆发生故障，其中第一核电站中一座反应堆震后发生异常导致核蒸汽泄漏，于 3 月 12 日发生小规模爆炸。在这之后，在 3 月 14 日、15 日分别又发生了两次爆炸，炸毁了反应堆厂房。同时，反应堆内的核燃料发生熔毁，大量的核物质通过大气和地下水泄漏到自然界中，给生态系统和人类安全带来了严重的威胁。

福岛核泄漏事故造成反应堆的损坏，产生了大量的放射性废水。为了防止反应堆建筑中放射性废水的流出，日本抢险人员用水泥将这条 20 多 cm 长的裂缝封死，但放射性污水仍然汩汩流出。技术人员怀疑，堵漏水泥可能被源源不断的污水“冲走”了。根据检测结果，从裂缝中排出的污水 1 h 的放射量就相当于福岛核电站工人年度可允许辐射量的 4 倍。

福岛核电站事件已经过去 10 年了，其中积存的放射性污水也越来越多。据最新消息，日本政府已确定将福岛核电站积存的放射性污水降低放射性物质浓度后排入海洋的方针。这一设想不仅引发周边国家的担忧，而且导致全球忧虑，特别是周边的邻国，如韩国、中国等。由于国际社会的强烈反对和警告，日本政府不得不一再延迟排放放射性污水的时间，但这个核污染危机迟早要解决，也必须解决。有专家表明，日本可以借鉴“切尔诺贝利”事件的后续处理方法，制造“新安全围堵体”，将放射性物质进行长期的封存，但这些废水处置的决定权仍掌握在日本政府手中。

截至目前，由于福岛核电站放射性物质泄漏认定的工伤已经达到 269 起，认定的理由包括辐射致癌和过劳死，作业人员身处严峻环境的现状凸显。其中，已经导致 3 人在作业中死亡，且有员工患白血病等疾病被证实和核泄漏相关。因此，如何妥善处置损毁的福岛核电站，保护附近居民和作业人员的安全，成为摆在日本政府面前的一道难题。

资料来源：https：//baike.baidu.com/item/福岛核泄漏事故.

2．化学性污染

化学性污染是指水中元素及其化合物数量异常的一种水污染现象。人类不断地向水中排放废弃物和污水，使污染水体的化学物质越来越多。据估计，水中化学物质种类达 100 多万种。因此，化学污染物是当今世界性水污染中最大的一类污染物。水中化学污染物可分为无机物和有机物两大类，每一类又可分为若干小类。

（1）酸碱污染物

我们把水中酸碱浓度异常的一种水污染现象称作酸碱水污染。天然水的 pH 值一般为 6～9，当 pH 值小于 6 或大于 9 时，表明水体受到酸类或碱类污染。

水体中的酸主要来自矿山排水和工业废水，其他如金属加工、酸洗、黏胶纤维、染料及酸法造纸等工业排放的酸性废水。水体中的碱主要来源于碱法造纸、化学纤维、制碱、制革及炼油等工业废水。

酸碱污染水体，使水体的 pH 值发生变化，腐蚀船舶和水下建筑，破坏自然缓冲作用，消灭或抑制微生物生长，妨碍水体自净。如长期遭受酸碱污染，水质逐渐恶化、周围土壤酸化，危害渔业生产。酸碱污染不仅能改变水体的 pH 值，而且可大大增加水中的一般无机盐类和水的硬度。水中无机盐的存在能增加水的渗透压，对淡水生物和植物生长不利。水体的硬度增加，使工业用水的水处理费用提高。

（2）无机有毒污染物

有毒污染物主要是重金属等有潜在长期不良影响的物质及氰化物等。

重金属污染是指《污水综合排放标准》（GB 8978）规定的第一类污染物中的汞、烷基汞、总镉、总铬、六价铬、总砷、总铅、总镍及第二类污染中的铜、锌、锰等金属的污染。重金属在自然界分布很广泛，在自然环境的各部分均存在本底含量，正常的天然水中重金属含量均很低。化石燃料的燃烧、采矿和冶炼是向环境释放重金属的最主要污染源。

重金属污染物在水体中可以氢氧化物、硫化物、硅酸盐、配位化合物或离子状态存在，其毒性以离子态最为严重；重金属不能被生物降解，有时还可转化为高毒的物质，如无机汞转化为甲基汞；且大多数重金属离子能被富集于生物体内，通过食物链危害人类。

水体中氰化物主要来源于电镀废水、焦炉和高炉的煤气洗涤冷却水、化工厂的含氰废水及金、银选矿废水等。氰化物是剧毒物质，急性中毒会抑制细胞呼吸，造成人体组织严重缺氧。它对许多生物有害，能毒死水中微生物，妨碍水体自净。

（3）有机无毒污染物

生活污水、牲畜污水和屠宰、肉类加工、罐头等食品工业及制革、造纸等工业废水中所含碳水化合物、蛋白质、脂肪等有机物可在微生物的作用下进行分解，在分解过程中，需要消耗氧气，称为有机无毒污染物，也称需氧有机物。

如果这类有机物排入水体过多，将会大量消耗水体中的溶解氧，造成水体缺氧，从而影响水中鱼类和其他水生生物的生长。水中溶解氧耗尽后，有机物将进行厌氧分解而产生大量硫化氢、氨、硫醇等难闻物质，使水质变黑发臭，使水质进一步恶化。有机无毒污染物是目前水体中量最大、最常见和影响面最广的一种污染物质。

（4）有机有毒污染物

水体中有机有毒污染物的种类很多，大多属于人工合成的有机物质，如农药（DDT、六六六等有机氯农药）、醛、酮、酚以及多氯联苯、多环芳烃、芳香族氨基化合物等，这类物质主要来源于石油化学工业的合成生产过程及有关的产品使用过程中排放出的废水。

这类污染物大多比较稳定，不易被微生物降解，所以又称为难降解有机污染物。如有机农药在环境中的半衰期为十几年到几十年，它们可以危害人体健康，有些还具有致癌、致畸、致突变作用。水生生物对有机氯农药有很强的富集能力，在水生生物体内的有机氯农药含量可比水中含量高几千到几百万倍，通过食物链进入人体，达到一定浓度后就会对人体产生毒害作用。

（5）石油类污染物

近年来，石油及石油类制品对水体的污染比较突出，在石油开采、运输、炼制和使用过程中，排出的废油和含油废水使水体遭受污染。石油化工、机械制造行业排放的废水也含有各种油类。

石油进入海洋后不仅影响海洋生物的生长，降低海滨环境的使用价值，破坏海岸设施，还可能影响局部地区的水文气象条件和降低海洋的自净能力。

3．生物性污染

各种病菌、病毒等致病微生物、寄生虫等都属于生物性污染物，它们主要来自生活污水、医院污水、制革、屠宰及畜牧污水等。

生物性污染物的特点是数量大、分布广、存活时间长、繁殖速度快、易产生抗药性。一般的污水处理不能彻底消灭微生物，这类微生物进入人体后，一旦条件适合，就会引起疾病。常见的病菌有大肠杆菌、绿脓杆菌等；病毒有肝炎病毒、感冒病毒等；寄生虫有血吸虫、蛔虫等。对于人类，上述病原微生物引起传染病的发病率和死亡率都很高。

第三节　水环境保护技术

一、废水处理概述

废水处理就是把有害物质从废水中分离出来予以利用或进行无害化处理，或者在废水中使有害物质转化为无害物，从而使废水得到净化。

现代的废水处理技术，大致可以分为物理法、化学法、物理化学法、生物法等。在实际的应用中，一般将两种或两种以上的处理方法结合起来处理某种特定的废水，使其达到排放标准。废水处理方法的选择必须根据废水的水质、数量和排放的标准等具体情况来考虑。

按照处理程度，废水处理方法可分为三级。一级处理主要解决悬浮固体、胶体、悬浮油类等污染物的分离，多采用物理法。一级处理的处理程度低，一般达不到规定的废水排放要求，尚需进行二级处理，可以说一级处理是二级处理的预处理阶段。

二级处理主要解决可分解或氧化的呈胶状或溶解状的有机污染物的去除问题，多采用较为经济的生物化学处理法，它往往是废水处理的主体部分。经过二级处理之后，一般均可达到废水排放标准，但可能会残存有微生物以及不能降解的有机物和氮、磷等无机盐类，它们数量不多，对水体的危害不大。

三级处理又称深度处理，是将二级处理未能去除的部分污染物进一步净化处理，以达到回用的目的。三级处理是近 20 年来逐渐发展起来的深度处理方法，主要用以处理难以分解的有机物和溶液中的无机物等污染物，使处理后的水质达到工业用水和生活用水的标准。三级处理方法多属于化学和物理化学法，处理效果好但处理费用较高。

二、物理处理法

通过物理作用，分离、回收污水中不溶解的呈悬浮状的污染物质（包括油膜和油珠），在处理过程中不改变其化学性质。物理法操作简单、经济，常采用的有重力分离法、过滤法、气浮法和离心分离法等。

1．重力分离（即沉淀）法

利用污水中呈悬浮状的污染物和水密度的不同，借重力沉降（或上浮）作用，使水中悬浮物分离出来。沉淀（或上浮）处理设备有沉砂池、沉淀池和隔油池。

在污水处理与利用方法中，沉淀与上浮法常常作为其他处理方法的预处理工艺。如用生物处理法处理污水时，一般需事先经过预沉池去除大部分悬浮物质以减少生化处理构筑物的处理负荷，而经生物处理后的出水仍要经过二次沉淀池的处理，进行泥水分离保证出水水质。

2．过滤法

利用过滤介质截流污水中的悬浮物。过滤介质有钢条、筛网、砂布、塑料、微孔管等，常用的过滤设备有格栅、栅网、微滤机、砂滤机、真空滤机、压滤机等。

3．气浮法

将空气通入污水中，并以微小气泡形式从水中析出成为载体，污水中相对密度接近于水的微小颗粒状的污染物质（如乳化油）会黏附在气泡上，并随气泡上升至水面，从而使污染物得以从污水中分离出来。根据空气通入方式不同，气浮处理方法有加压溶气气浮法、叶轮气浮法和射流气浮法等。为了提高气浮效果，有时需向污水中投加混凝剂。

4．离心分离法

离心分离是指利用废水高速旋转所产生的离心力将废水中的悬浮颗粒分离出来。用于废水处理中的离心分离设备有离心机、水力旋流器及旋流池等。该法主要用于分离含比重较大的固体颗粒的废水，如轧钢废水等。

三、化学处理法

向污水中投加某种化学物质，利用化学反应来分离、回收污水中的某些污染物质，或使其转化为无害的物质。常用的方法有化学沉淀法、混凝法、中和法、氧化还原（包括电解）法等。

1．化学沉淀法

向污水中投加某种化学物质，使它与污水中的溶解性物质发生互换反应，生成难溶于水的沉淀物，以降低污水中溶解物质的方法。这种处理法常用于含重金属、氰化物等工业生产污水的处理。按使用沉淀剂的不同，化学沉淀法可分为石灰法（又称氢氧化物沉淀法）、硫化物法和钡盐法。

2．混凝法

水中投加混凝剂，可使污水中的胶体颗粒失去稳定性，凝聚成大颗粒而下沉。通过混凝法可去除污水中细分散固体颗粒、乳状油及胶体物质等。该法可用于降低污水的浊度和色度，去除多种高分子物质、有机物、某种重金属毒物（汞、镉、铅）和放射性物质等，也可以去除能够导致富营养化物质，如磷等可溶性无机物，此外还能够改善污泥的脱水性能。

因此混凝法在工业污水处理中使用得非常广泛，既可作为独立处理工艺，又可与其他处理法配合使用，作为预处理、中间处理或最终处理。目前常采用的混凝剂有硫酸铝、碱式氯化铝、铁盐（主要指硫酸亚铁、三氯化铁及硫酸铁）等。

3．中和法

用于处理酸性废水和碱性废水。向酸性废水中投加碱性物质，如石灰、氢氧化钠、石灰石等，使废水变为中性。对碱性废水可用酸性物质进行中和。

4．氧化还原法

向废水中加入氧化、还原剂，将废水中的有毒有色污染物转变为低毒无色物质的过程。

氧化法主要用于去除废水中的CN^-、S^{2-}及造成色度、臭、味、BOD及COD等超标的有机物，也可氧化某些金属离子，如Fe^{2+}，以利于后续的操作。氧化法还可用于消灭导致生物污染的致病微生物。在废水处理中常用的氧化剂有空气、氧气、臭氧、氯、次氯酸钠、漂白粉、过氧化氢等。

氧化还原方法在污水处理中的应用实例有：空气氧化法处理含硫污水、碱性氯化法处理含氰污水。另外，臭氧氧化法在进行污水的除臭、脱色、杀菌及除酚、氰、铁、锰，降低污水的BOD与COD等均有显著效果。

四、物理化学处理法

利用萃取、吸附、离子交换、膜分离技术、气提等操作过程，处理或回收利用工业废水的方法可称为物理化学法。工业废水在应用物理化学法进行处理或回收利用之前，一般均需先经过预处理，尽量去除废水中的悬浮物、油类、有害气体等杂质，或调整废水的pH值，以便提高回收效率及减少损耗。

1．萃取（液-液）法

萃取法是将不溶于水的溶剂投入污水之中，使污水中的溶质溶于溶剂中，然后利用溶剂与水的密度差，将溶剂分离出来。再利用溶剂与溶质的沸点差，将溶质蒸馏回收，溶剂可循环使用。常采用的萃取设备有脉冲筛板塔、离心萃取机等。

2．吸附法

吸附法是利用多孔性的固体物质，使污水中的一种或多种物质被吸附在固体表面而去除的方法。常用的吸附剂有活性炭。此法可用于吸附污水中的酚、汞、铬、氰等有毒物质，且还有除色、脱臭等作用。吸附法目前多用于污水的深度处理。吸附操作可分为静态和动态两种。静态吸附，在污水不流动的条件下进行的操作。动态吸附则是在污水流动条件下进行的吸附操作。污水处理中多采用动态吸附操作，常用的吸附设备有固定床、移动床和流动床三种方式。

3．离子交换法

离子交换法就是利用离子交换树脂可与水中离子进行交换的功能，去除废水中的金属或有机物离子。离子交换反应一般是可逆的，在一定条件下被交换的离子可以解吸（逆交换），使离子交换剂恢复到原来的状态，即离子交换剂通过交换和再生可反复使用。同时，离子交换反应是定量进行的，所以离子交换剂的交换容量（单位质量的离子交换剂所能交换的离子的当量数或摩尔数）是有限的。

4．膜分离法

膜分离法是利用特殊的膜来分离去除或回收水中的污染物，通常有电渗析法、反渗透法和超滤法等。电渗析膜中离子膜只允许阳离子或阴离子通过；反渗透膜和超滤膜在外加压力作用下只允许水分子通过。

五、生物处理法

生物处理法就是利用微生物新陈代谢功能，使污水中呈溶解和胶体状态的有机污染物被降解并转化为无害的物质，使污水得以净化。生物处理法可以根据参与作用的微生物种类和供氧情况分为好氧生物处理和厌氧生物处理。另外，人工湿地处理法也属于生物处理法的范畴。

1．好氧生物处理法

在有氧的条件下，借助好氧微生物（主要是好氧菌）的作用来进行处理的方法称为好氧生物处理法。依据好氧微生物在处理系统中所呈现的状态不同，又可分为活性污泥法和生物膜法两大类。

（1）活性污泥法

该法是将空气连续鼓入曝气池中，经过一段时间，水中即形成繁殖有巨量好氧性微生物的絮凝体——活性污泥，它能够吸附水中的有机物，生活在活性污泥上的微生物以有机物为食料，获得能量并不断生长繁殖。从曝气池流出含有大量活性污泥的污水，进入沉淀池经沉淀分离后，澄清的水被排放，沉淀分离出的污泥作为种泥，部分回流进入曝气池，剩余部分从沉淀池排放。活性污泥法有多种池型及运行方式，常用的有传统推流式活性污泥法、完全混合活性污泥法、吸附-再生活性污泥法等。废水在曝气池内停留时间一般为 4～6 h，能去除废水中 90%左右的有机物（BOD_5）。

（2）生物膜法

使污水连续流经固体填料（碎石、煤渣或塑料填料），在填料上大量繁殖生长微生物形成污泥状的生物膜。生物膜上的微生物能够起到与活性污泥同样的净化作用，吸附和降解水中的有机污染物，从填料上脱落下来的衰老生物膜随处理后的污水流入沉淀池，经沉淀泥水分离，污水得以净化而排放。

2．厌氧生物处理法

在无氧的条件下，利用厌氧微生物的作用分解污水中的有机物，达到净化水的目的称为厌氧生物处理法。厌氧生物处理主要用于处理浓度较高的有机废水，为进一步好氧生物处理打下基础。

普遍用于生活废水处理的化粪池就是典型的厌氧生物处理设施。我国农村广泛采用的沼气池也是利用了厌氧生物处理的原理，以粪便、秸秆等为原料生产沼气。

3．人工湿地处理法

人工湿地处理法是用人工方式将污水有控制地投配到种有水生植物的土地上，按不同方式控制有效停留时间并使其沿着一定的方向流动，在物理、化学、生物共同作用下，通过过滤、吸附、沉淀、离子交换、植物吸收和微生物分解等来实现水质净化。

人工湿地主要用于小城镇、村镇的污水处理。它是工程筑造的湿地，筑有围堤，为保证污水有良好的水力流态和较大体积的利用率，往往需要采用适宜的形状和尺寸及进水、出水和布水系统。人工湿地种植的芦苇等沼生植物，它主要通过土壤、微生物、植物所组成的系统对废水完成一系列净化过程，既达到废水处理的目的，又可利用废水中的营养物质和水应用于农业，运行简单，处理效果良好，不仅能去除 COD、BOD 等有机物，而且能除磷脱氮和去除重金属等。人工湿地不仅可应用于污水处理厂的二级出水的深度处理，在炼钢、电镀、制革等行业的废水尾水深度处理领域也有应用。

案例 9　人工湿地在坪山河水质净化中的工程应用

坪山河为珠江水系东江的三级支流，承担着惠州、深圳以及香港供水的重要任务，因此其水质备受关注。2016 年坪山河深惠交接的上洋断面水质监测为劣Ⅴ类，水质持续恶化，为此，广东省开展了坪山河水环境综合整治工程。在该工程中，布置于沿河两岸的人工湿地发挥了重要的作用。

在该工程中，水源水为上洋污水厂尾水，经泵房提升至人工湿地处理后水质指标需要达到《地表水环境质量标准》（GB 3838—2002）中Ⅳ类水标准并回补至坪山河。工程施工结束后，坪山河两岸共布置 9 处人工湿地，每处人工湿地的面积在 1 100～1 500 m^2，湿地的总有效面积为 23.65 hm^2。参考本地区的应用及小试结果，该工程中采用粗砂、沸石和蚝壳混合填料替代传统的人工湿地填料，其混合比例为 2∶1∶1。湿地中填料高度为 1.5 m，填料分层布置，自上而下分别为表面砂层、混合填料层和级配碎石层。人工湿地中的植物选择适合深圳坪山流域气候的水生植物，如风车草、菖蒲、再力花、纸莎草、美人蕉、黄花鸢尾、蜘蛛兰等，并采用多种植物混植，根据环境条件和植物群落特征，按一定比例在时间和空间尺度进行合理布局，发挥各自优点，提高系统的净化能力和景观效果。在湿地运行方式方面，采用间歇进水下向流的模式运行，从而可以强化氧向填料床的转移，提高湿地的溶解氧含量，强化有机物的降解和氨氮的硝化过程。

坪山河水质净化工程于 2016 年 12 月开始运行，截至 2019 年 5 月已有 7 处人工湿地投入运行。通过对水质指标的测定，发现出水水质均达到《地表水环境质量标准》（GB 3838—2002）中Ⅳ类水标准，取得了预期的效果。该湿地的运行成本主要包含电费及人工费，年运行成本约为 930.5 万元，折合单位水量运行成本为 0.21 元/m^3。

资料来源：高祯，宋嘉美，潘彩萍. 人工湿地在深圳坪山河综合整治工程中的应用[J]. 中国给水排水，2020，36（2）.

六、污染水体的修复

1．污染水体的特征

当前，水体污染已经成为了热点问题，最常见的水体污染是有机污染、重金属污染、富营养污染以及这些污染共存的复合性污染。工业污染为主的河流，其特征大都属于有机污染和重金属污染，表现为水体中 COD、BOD 浓度增高，重金属超标等。以生活污染为主的城市内河，以及藻类非正常生长的湖泊，水体流动性差，其特征多属于水体的富营养化，表现为水中溶解氧含量低，氮、磷元素超标。

2．物理修复技术

物理修复技术是指运用物理手段处理被污染的水体从而去除水中的污染物，包括底泥疏浚、人工充氧、生态补水等。

污染底泥是水体污染的潜在污染源，在水体环境发生变化时，底泥中的营养盐会重新释放到水体。底泥疏浚是指对整条或局部沉积严重的河段或湖泊进行疏浚、清淤，恢复水体的正常功能。我国的许多湖泊及中小河流，如上海的苏州河、南京的秦淮河、云南的滇池及长江三角洲的太湖等，都使用过该技术。虽然控制外源污染是关键，但底泥疏浚也是非常重要的修复技术。实际上，为保证水体质量稳定，所有的地表水体都应该定期进行清淤。

人工充氧是指通过人工曝气，给水体增氧的方法。原上海市徐汇区环境保护局曾对上澳塘潘家桥河段应用曝气系统进行了人工充氧试验。经过一个月的曝气，河流水质得到很大改善，在试验基础上，徐汇区环境保护局又在徐汇区东上澳塘实施了河道曝气复氧工程。人工充氧法通常与生物修复配合使用，也适合小微（景观）水体污染的修复。

生态补水是指通过采取工程或非工程的措施，向因最小生态需水量无法满足而受损的生态系统调水，补充其生态系统用水量，遏制生态系统结构的破坏和功能的丧失，逐步恢复生态系统自我调节的基本功能，或者实现新的生态平衡的活动。河流、湖泊等均为生态系统，生态补水可适用于河流、湖泊等的水体污染修复。杭州西湖的水就应用了生态补水技术。从 2003 年开始启动了取水于钱塘江的西湖引水工程，引钱塘江水源经处理后配送至西湖，换出来的水流入京杭运河。按其进水流量，西湖的水大约一个月更新一次。生态补水法尤其适合于污染源（特别是面源）难以完全截流、流动性差的城市内河（或湖）污染的修复。

3．化学修复技术

化学修复技术是指通过化学手段处理被污染水体达到去除水中污染物的一种方法。如治理湖泊酸化可以投加生石灰，除磷可投加铁盐，抑制藻类大量繁殖可以投加杀藻剂等。目前该方法主要用于酸化湖泊的治理。美国就曾经在纽约的阿弟伦迪克山、新英格兰、大湖边境和阿帕拉契湖泊中，实施了 100 项添加石灰的项目。

4．生物修复技术

生物修复技术是指利用特定的生物（主要是微生物）对水体中的污染物吸收、转化或降解，从而减缓或最终消除水体污染，恢复水体生态功能的生物措施。生物修复技术从生物的选择和培养应用上来分，主要包括直接投加微生物技术、培养微生物技术和高等生物修复技术。

直接投加微生物技术：该技术是通过向水体中引入菌种来实现的，适用于当水体中污染物的降解菌很少甚至没有、在现场富集培养降解菌存在一定难度时的情况。重庆桃花溪曾经使用CBS微生物菌剂技术净化河水，结果显示：BOD_5去除率为83.1%～86.6%，总氮去除率为 53.0%～68.2%，总磷去除率为 74.3%～80.9%，净化效果较好。“云南滇池西坝河水体修复示范工程”也运用了此项技术。

培养微生物技术：该技术是一种污染水体的微生物强化修复技术，它通过向水体中投加一些物质来优化水环境本身具有降解污染物能力的微生物（土著微生物）的生存环境，使得土著微生物对污染物的降解能力充分发挥，从而达到水体修复的目的。1989年的阿拉斯加湾石油污染使数千千米海岸线布满了石油，在之后的水污染修复工程中就大规模使用了培养微生物技术，通过向水体中投加肥料，发现海滩的异氧菌和石油烃降解菌的数量增加了1～2个数量级，石油类污染物的降解速度提高了2～3倍，多环芳烃的浓度明显下降，整个修复过程加快了近2个月的时间。

高等生物修复技术：水生植物对污染水体具有一定的净化能力，在污染水体中种植对污染物吸收能力强且耐受性好的植物，能够对水体中的污染物进行吸附、吸收、富集和降解等，从而将水体中的污染物去除或固定，达到水体修复的目的。常用于水体修复的植物有水葫芦、芦苇、香蒲、水芹、浮萍、菱和菖蒲等。

第四节　水污染综合防治

一、水污染防治的根本原则

水污染防治的根本原则是将“防”“治”“管”三者结合起来，形成一个高效的综合防治体系。

1）“防”是指对污染源的控制，通过有效控制使污染源排放的污染物量减少到最小。对工业污染源最有效的控制方法是推行清洁生产。清洁生产是指原料与能源利用率最高、废物产生量和排放量最低、对环境危害最小的生产方式与过程。它着眼于在工业生产全过程中减少污染物产生量，并要求污染物最大限度地资源化。清洁生产采用的主要技术路线有改革原料选择及产品设计，以无毒无害的原料和产品代替有毒有害的原料和产品；改革生产工艺，减少对原料、水及能源的消耗；采用循环用水系统，减少废水排放量；回收利用废水中的有用成分，使废水浓度降低等。

2）“治”是水污染防治中不可缺少的一环。通过各种预防措施，污染源可以得到一定程度的控制，但要实现“零排放”是很困难的，或者几乎是不可能的，如生活污水的排放就不可避免。因此，必须对废水进行妥善处理，确保其在排入水体前达到国家或地方规定的排放标准。

3）“管”是指对污染源、水体及处理设施的管理。“管”在水污染防治中也占据十分重要的地位。科学的管理包括对污染源、废水处理厂及水体卫生特征的日常监测和管理；建立统一的管理机构，颁布有关法规，并按照经济规律办事；制订工业废水排入城市下水道及城市废水、工业废水排入纳污水体的排放标准；在国家标准范围内，不同地区，应根据当地情况使标准不断完善。对于“管”，除应注意科学性外，在当前中国的现实状况下，更应做到“有法可依、有法必依、违法必究”，加大执法力度。

二、水污染防治相关法律法规

1.《中华人民共和国水污染防治法》

《中华人民共和国水污染防治法》（以下简称《水污染防治法》）于1984年制定，1996年、2008年和2017年经历3次修改。现阶段实行的《水污染防治法》于2017年6月27日修改通过，于2018年1月1日起实施。该法律对水污染防治标准和规划、水污染防治的监督管理、水污染防治措施及工业水、城镇水、农业和农村水、船舶水防治等内容做了规定。新修订的《水污染防治法》进一步明确和强化了以下几个方面：

（1）加大政府责任：地方政府要对水环境承担实实在在的责任

《水污染防治法》有关加大政府责任的新规定主要包括：政府应当将水环境保护工作纳入政府最重要的规划——国民经济和社会发展规划，而这个规划是有项目和资金作保证的；县级以上地方政府要对本行政区域的水环境质量负责；国家实行水环境保护目标责任制和考核评价制度，将水环境保护目标完成情况作为对地方人民政府及其负责人考核评价的内容。这些规定意味着今后各级政府，特别是县级以上地方政府，要对本行政区域的水环境质量承担实实在在的责任。

（2）明确违法界限：超标即违法，不得超总量

《水污染防治法》第九条规定：“排放水污染物，不得超过国家或者地方规定的水污染物排放标准和重点水污染物排放总量控制指标。”本条规定明确了违法行为的界限，

是对 1996 年修正的《水污染防治法》的重大突破。1984 年通过的《水污染防治法》以及 1996 年修正的《水污染防治法》，仅仅把超标准排放水污染物作为征收超标排污费的一个界限，这是根据当时的历史条件做出的规定。鉴于我国水污染形势依然严峻，同时也考虑到我国企业达标排放能力日益增强，国家决定收紧环境政策，明确将企业超标排污作为构成违法行为的界限。

（3）重点水污染物排放总量控制制度得到进一步强化

《水污染防治法》第十五条规定："防治水污染应当按流域或者按区域进行统一规划。"第十八条规定："国家对重点水污染物排放实施总量控制制度。同时规定，对超过重点水污染物排放总量控制指标的地区，有关人民政府环境保护主管部门应当暂停审批新增重点水污染物排放总量的建设项目的环境影响评价文件。"第十九条规定："国务院环境保护主管部门对未按照要求完成重点水污染物排放总量控制指标的省、自治区、直辖市予以公布。省、自治区、直辖市人民政府环境保护主管部门对未按照要求完成重点水污染物排放总量控制指标的市、县予以公布。县级以上人民政府环境保护主管部门对违反本法规定、严重污染水环境的企业予以公布。"以上 3 条规定是总量控制制度的核心条款。污染物排放总量控制制度是防治水污染物的有力武器，是实行排污许可证的基础。只有坚定不移地实施排污总量控制制度，才能切实把水污染物的排放量削减下来。

（4）全面推行排污许可证制度，规范企业排污行为

《水污染防治法》在排污许可证制度和规范排污行为方面也有不少创新。一是对于排污许可证制度，修订后的《水污染防治法》第二十条规定："直接或者间接向水体排放工业废水和医疗污水以及其他按照规定应当取得排污许可证方可排放的废水、污水的企业、事业单位，应当取得排污许可证。"二是城镇污水集中处理设施的运营单位也应当取得排污许可证。三是禁止企业、事业单位无排污许可证或者违反排污许可证的规定向水体排放法律规定的废水、污水。此外，关于规范排污行为，《水污染防治法》第二十二条规定："向水体排放污染物的企业、事业单位和个体工商户，应当按照法律、行政法规和国务院环境保护主管部门的规定设置排污口；在江河、湖泊设置排污口的，还应当遵守国务院水行政主管部门的规定。禁止私设暗管或者采取其他规避监管的方式排放水污染物。"排污许可证制度是落实水污染物排放总量控制制度、加强环境监管的重要手段。规范排污口的设置，有利于加强对重点排污单位和有关主体排放水污染物的监测，有利于及时制止和惩处违法排污行为。

（5）完善水环境监测网络，建立水环境信息统一发布制度

《水污染防治法》第二十三条规定："重点排污单位应当安装水污染物排放自动监测设备，与环境保护主管部门的监控设备联网，并保证监测设备正常运行。排放工业废水的企业，应当对其所排放的工业废水进行监测，并保存原始监测记录。"第二十五条规定："国家建立水环境质量监测和水污染物排放监测制度。国务院环境保护主管部门负责制定水环境监测规范，统一发布国家水环境状况信息，会同国务院水行政等部门组织监测网络。"水环境监测是严格执法的基础，没有完善的水环境监测网络，就不可能贯彻落实好《水污染防治法》。建立水环境监测制度的前提，就是对单位的排污行为进行连续自动在线监测，并要与当地环保部门的监控设备联网。在这个基础上，完善水环境质量监测网络，规范水环境监测制度，建立统一的水环境状况的信息发布制度。

（6）完善饮用水水源保护区管理制度

为确保城乡居民饮用水安全，修订后的《水污染防治法》在立法宗旨中明确增加了"保障饮用水安全"的规定，增设了"饮用水水源和其他特殊水体保护"内容，进一步完善饮用水水源保护区的管理制度。一是完善饮用水水源保护区分级管理制度。规定国家建立饮用水水源保护区制度，并将其划分为一级和二级保护区，必要时可在饮用水水源保护区外围划定一定的区域作为准保护区。二是对饮用水水源保护区实行严格管理。规定禁止在饮用水水源保护区内设置排污口。禁止在饮用水水源一级保护区内新建、改建、扩建与供水设施和保护水源无关的建设项目；禁止在饮用水水源二级保护区内新建、改建、扩建排放污染物的建设项目；已建成的，要责令拆除或者关闭。三是在准保护区内实行积极的保护措施。规定县级以上地方政府应当根据保护饮用水水源的实际需要，在准保护区内采取工程措施或者建造湿地、水源涵养林等生态保护措施，防止水污染物直接排入饮用水水体。四是明确了饮用水水源保护区划定机关和争议解决机制。对城乡居民的饮用水安全进行特殊保护，体现了以人为本的理念。

（7）强化城镇污水防治

《水污染防治法》第四十条规定："城镇污水应当集中处理。县级以上地方人民政府应当通过财政预算和其他渠道筹集资金，统筹安排建设城镇污水集中处理设施及配套管网，提高本行政区域城镇污水的收集率和处理率。"第四十五条规定："向城镇污水集中处理设施排放水污染物，应当符合国家或者地方规定的水污染物排放标准。城镇污水集中处理设施的运营单位，应当对城镇污水集中处理设施的出水水质负责。环境保护主管部门应当对城镇污水集中处理设施的出水水质和水量进行监督检查。"强化城镇污染防

治，必将大大推动城镇水污染的防治工作。

（8）关注农业和农村水污染防治

《水污染防治法》对农业和农村水污染防治给予了高度关注，增加了一些防治农业和农村水污染的规定。第四十九条规定："国家支持畜禽养殖场、养殖小区建设畜禽粪便、废水的综合利用或者无害化处理设施。畜禽养殖场、养殖小区应当保证其畜禽粪便、废水的综合利用或者无害化处理设施正常运转，保证污水达标排放，防止污染水环境。"第五十条规定："从事水产养殖应当保护水域生态环境，科学确定养殖密度，合理投饵和使用药物，防止污染水环境。"第六十三条规定："国务院和省、自治区、直辖市人民政府根据水环境保护的需要，可以规定在饮用水水源保护区内，采取禁止或者限制使用含磷洗涤剂、化肥、农药以及限制种植、养殖等措施。" 加强对农业和农村水污染防治，对于全面建设社会主义新农村、保护广大农民的身体健康、实施可持续发展战略，具有深远的影响。

2．《水污染防治行动计划》

2015 年，国务院印发了《关于印发水污染防治行动计划的通知》（国发〔2015〕17 号），简称"水十条"。行动计划提出，到 2020 年，长江、黄河、珠江、松花江、淮河、海河、辽河等七大重点流域水质优良（达到或优于III类）比例总体达到 70%以上，地级及以上城市建成区黑臭水体均控制在 10%以内。到 2030 年，全国七大重点流域水质优良比例总体达到 75%以上，城市建成区黑臭水体总体得到消除，城市集中式饮用水水源水质达到或优于III类比例总体为 95%左右。

为实现上述目标，行动计划确定了 10 个方面的措施：一是全面控制污染物排放。针对工业、城镇生活、农业农村和船舶港口等污染来源，提出了相应的减排措施。二是推动经济结构转型升级。加快淘汰落后产能，合理确定产业发展布局、结构和规模，以工业水、再生水和海水利用等推动循环发展。三是着力节约保护水资源。实施最严格水资源管理制度，控制用水总量，提高用水效率，加强水量调度，保证重要河流生态流量。四是强化科技支撑。推广示范先进适用技术，加强基础研究和前瞻技术研发，规范环保产业市场，加快发展环保服务业。五是充分发挥市场机制作用。加快水价改革，完善收费政策，健全税收政策，促进多元投资，建立有利于水环境治理的激励机制。六是严格环境执法监管。严惩各类环境违法行为和违规建设项目，加强行政执法与刑事司法衔接，健全水环境监测网络。七是切实加强水环境管理。强化环境治理目标管理，深化污染物总量控制制度，严格控制各类环境风险，全面推行排污许可。八是全力保障水生态环境安全。保障饮用水水源安全，科学防治地下水污染，深化重点流域水污染防治，加强良好水体和海洋环境保护。整治城市黑臭水体，直辖市、省会城市、计划单列市建成区于2017年年底前基本消除黑臭水体。九是明确和落实各方责任。强化地方政府水环境保护责任，落实排污单位主体责任，国家分流域、分区域、分海域逐年考核计划实施情况，督促各方履责到位。十是强化公众参与和社会监督。国家定期公布水质最差、最好的10个城市名单和各省（区、市）水环境状况。加强社会监督，构建全民行动格局。

三、水污染防治的主要对策

随着工农业生产的发展，工业废水的排放量在不断增加。与此同时，随着人民生活水平的提高，生活污水量也在不断增加。在没有排污设施的地方，污水不经处理就直接排入天然水体，对自然环境造成极大的破坏。水源遭到污染，不光给水净化造成困难，增加水的成本，还危害人的身体健康，造成生态的破坏，影响工农业产品的产量和质量。为了保护水资源，改善水资源质量，必须对水体污染加以妥善控制与治理。

1．减少废水和污染物排放量

1）改革生产工艺，实行清洁生产，减少甚至不排废水，或者降低有毒废水的毒性。如采用无水印染工艺，即干法印染工艺代替有水印染工艺，消除印染废水的排放；采用无氰电镀工艺，在工艺中用非氰化物代替氰化物，可使废水中不含有毒的氰化物；在造纸行业，西方发达国家采用了无污染的氧蒸煮法，即用氧气、碳酸钠蒸煮木片，其所产生的废液仅为硫酸盐的1/10，无色无臭且能够循环使用。

2）提高废水回用率。尽量采用重复用水及循环用水系统，使废水排放减至最少或将生产废水经适当处理后循环利用。如电镀废水采用闭路循环，高炉煤气洗涤废水经沉淀、冷却后再用于洗涤。

3）控制废水中污染物浓度，回收有用产品。尽量使流失在废水中的原料和产品与水分离，就地回收，这样既可减少生产成本，又可降低废水浓度。如造纸厂的用水量很大，排放的污水中含有大量的有机物和某些化学品，会对环境造成严重的污染，但如将纸浆废液、氯化钠等加以回收利用，可大大减轻对环境的影响。

2．全面规划，合理布局，进行区域性综合治理

在制定区域规划、城市建设规划、工业区规划时都要考虑水体污染问题，对可能出现的水体污染，要采取预防措施；对水体污染源进行全面规划和综合治理；杜绝工业废水和城市污水任意排放，规定排放标准；同行业废水应集中处理，以减少污染源的数量，便于管理；有计划治理已被污染的水体。

3．加强监测管理，制定法律和控制标准

设立国家、地方分级环境保护管理机构，执行有关环保法律和控制标准，协调和监督各部门和工厂保护环境，保护水源；颁布有关法规，制定保护水体，控制和管理水体污染源的具体条例。

4．加强农业农村污染治理

所有规模化畜禽养殖场都要建设污水处理设施，废水达标排放，粪便要实行资源化利用，对农田土壤实行“两减三保”，即减化肥、减农药，保产量、保质量、保环境。为了改善农村环境污染现状，要大力发展生态农业、绿色农业，并引导农民形成“绿色”的生活和生产方式。使农村经济发展和环境保护相协调，搞好社会主义新农村建设。

5．推动“海绵城市”建设

海绵城市，是新一代城市雨洪管理概念，是指城市在适应环境变化和应对雨水带来的自然灾害等方面具有良好的“弹性”，也可称为“水弹性城市”。国际通用术语为“低影响开发雨水系统构建”。下雨时吸水、蓄水、渗水、净水，需要时将蓄存的水“释放”并加以利用。“海绵城市”也是现在提倡的“五水共治”中“防洪水”内容的体现。2017年3月5日中华人民共和国第十二届全国人民代表大会第五次会议上，李克强总理在政府工作报告中提到：统筹城市地上地下建设，再开工建设城市地下综合管廊2 000 km以上，启动消除城区重点易涝区段三年行动，推进海绵城市建设，使城市既有“面子”，更有“里子”。

四、重要废水排放标准解读

1．《污水综合排放标准》

该标准按照污水排放去向，分年限规定了69种水污染物最高允许排放浓度及部分行业最高允许排水量。适用于现有单位水污染物的排放管理，以及建设项目的环境影响评价、建设项目环境保护设施设计、竣工验收及其投产后的排放管理。

《污水综合排放标准》（GB 8978—1996）将排放的污染物按其性质及控制方式分为两类。第一类污染物，不分行业和污水排放方式，也不分受纳水体的功能类别，一律在车间或车间处理设施排放口采样，其最高允许排放浓度必须达到表4-7的要求。第二类污染物，在排污单位排放口采样，其最高允许排放浓度必须达到表4-8的要求。

表 4-7　第一类污染物最高允许排放最高浓度

序号	污染物	最高允许排放浓度	序号	污染物	最高允许排放浓度
1	总汞/（mg/L）	0.05	8	总镍/（mg/L）	1.0
2	烷基汞汞/（mg/L）	不得检出	9	苯并[*a*]芘/（mg/L）	0.000 03
3	总镉汞/（mg/L）	0.1	10	总铍/（mg/L）	0.005
4	总铬汞/（mg/L）	1.5	11	总银/（mg/L）	0.5
5	六价铬汞/（mg/L）	0.5	12	总α放射性/（Bq/L）	1
6	总砷汞/（mg/L）	0.5	13	总β放射性/（Bq/L）	10
7	总铅汞/（mg/L）	1.0			

表 4-8　第二类污染物（部分）最高允许排放最高浓度（1997 年 12 月 31 日之前建设的单位）

序号	污染物	适用范围	一级标准	二级标准	三级标准
1	pH（量纲一）	一切排污单位	6～9	6～9	6～9
2	色度/稀释倍数	一切排污单位	50	80	—
		采矿、选矿、选煤工业	70	300	—
		脉金选矿	70	400	—
3	悬浮物（SS）/（mg/L）	边远地区砂金选矿	70	800	—
		城镇二级污水处理厂	20	30	—
		其他排污单位	70	150	400
		甘蔗制糖、苎麻脱胶、湿法纤维板、染料、洗毛工业	20	60	600
4	五日生化需氧量（BOD_5）/（mg/L）	甜菜制糖、酒精、味精、皮革、化纤浆粕工业	20	100	600
		城镇二级污水处理厂	20	30	—
		其他排污单位	20	30	300
		甜菜制糖、合成脂肪酸、湿法纤维板、染料、洗毛、有机磷农药工业	100	200	1 000
5	化学需氧量（COD）/（mg/L）	味精、酒精、医药原料药、生物制药、苎麻脱胶、皮革、化纤浆粕工业	100	300	1 000
		石油化工工业（包括石油炼制）	60	120	—
		城镇二级污水处理厂	60	120	500
		其他排污单位	100	150	500

2.《城镇污水处理厂污染物排放标准》

2002年以前对城市污水处理厂的管理执行《污水综合排放标准》（GB 8978—1996）。由于该标准的多数指标都是针对工业废水的，而当时城市污水处理厂的建设尚处于起步阶段，处理技术还在发展阶段，因此对城市污水的针对性不强，为此，国家环境保护总局 2001 年发布了《城镇污水处理厂污染物排放标准》（GB 18918—2002），并于 2003 年 7 月 1 日起正式实施。

根据污染物的来源及性质，将污染物控制项目分为基本控制项目和选择控制项目两类。基本控制项目主要包括影响水环境和城镇污水处理厂一般处理工艺可以去除的常规污染物，以及部分一类污染物；选择控制项目包括对环境有较长期影响或毒性较大的污染物。基本控制项目必须执行。同时，根据城镇污水处理厂排入地表水域环境功能和保护目标，以及污水处理厂的处理工艺，将基本控制项目的常规污染物浓度限值分为一级标准、二级标准、三级标准。一级标准分为 A 标准和 B 标准，见表 4-9。

表 4-9　基本控制项目最高允许排放浓度（日均值）

<table>
<tr><th rowspan="2">序号</th><th rowspan="2" colspan="2">基本控制项目</th><th colspan="2">一级标准</th><th rowspan="2">二级标准</th><th rowspan="2">三级标准</th></tr>
<tr><th>A 标准</th><th>B 标准</th></tr>
<tr><td>1</td><td colspan="2">化学需氧量（COD）/（mg/L）</td><td>50</td><td>60</td><td>100</td><td>120①</td></tr>
<tr><td>2</td><td colspan="2">生化需氧量（BOD_5）/（mg/L）</td><td>10</td><td>20</td><td>30</td><td>60</td></tr>
<tr><td>3</td><td colspan="2">悬浮物（SS）/（mg/L）</td><td>10</td><td>20</td><td>30</td><td>50</td></tr>
<tr><td>4</td><td colspan="2">动植物油/（mg/L）</td><td>1</td><td>3</td><td>5</td><td>20</td></tr>
<tr><td>5</td><td colspan="2">石油类/（mg/L）</td><td>1</td><td>3</td><td>5</td><td>15</td></tr>
<tr><td>6</td><td colspan="2">阴离子表面活性剂/（mg/L）</td><td>0.5</td><td>1</td><td>2</td><td>5</td></tr>
<tr><td>7</td><td colspan="2">总氮（以 N 计）/（mg/L）</td><td>15</td><td>20</td><td>—</td><td>—</td></tr>
<tr><td>8</td><td colspan="2">氨氮（以 N 计）②/（mg/L）</td><td>5（8）</td><td>8（15）</td><td>25（30）</td><td>—</td></tr>
<tr><td rowspan="2">9</td><td rowspan="2">总磷（以 P 计）/（mg/L）</td><td>2005 年 12 月 31 日前建设的</td><td>1</td><td>1.5</td><td>3</td><td>5</td></tr>
<tr><td>2006 年 1 月 1 日起建设的</td><td>0.5</td><td>1</td><td>3</td><td>5</td></tr>
<tr><td>10</td><td colspan="2">色度/稀释倍数</td><td>30</td><td>30</td><td>40</td><td>50</td></tr>
<tr><td>11</td><td colspan="2">pH（量纲一）</td><td colspan="4">6～9</td></tr>
<tr><td>12</td><td colspan="2">粪大肠菌群数/（个/L）</td><td>104</td><td>104</td><td>104</td><td>—</td></tr>
</table>

注：①下列情况下按去除率指标执行：当进水 COD 大于 350 mg/L 时，去除率应大于 60%；BOD 大于 160 mg/L 时，去除率应大于 50%。②括号外数值为水温＞12℃时的控制指标，括号内数值为水温≤12℃时的控制指标。

第五节　海洋环境保护

一、海洋环境与资源

1．海洋环境

据统计，海洋的面积约占地球总面积的 71%，随着科学技术的进步，人类从海洋中获得越来越多的资源，海洋已经成为人类生存环境中不可缺少的一部分。

海洋环境在《中华人民共和国海洋环境保护法》中的定义为：是人类赖以生存和发展的自然环境的一个重要组成部分，包括海洋水体、海底和海水表层上方的大气空间，以及同海洋密切相关并受到海洋影响的沿岸区域和河口区域。也就是说，海洋环境不仅包括海洋水体环境、海底环境以及海洋上方的大气环境，还包括生存在各个环境中的生物体，即生物环境。

海洋环境的变化与陆地环境的变化是息息相关的，海洋环境会对陆地上许多的变化过程产生巨大的影响。自然界中的水循环和二氧化碳的流动都离不开海洋的调节，海洋中的植物可以通过光合作用合成有机物，同时释放大量的氧气进入大气环境中。在太阳光的作用下，海洋的水分被蒸发进入大气，这些水分又经过降雨过程落入陆地或者是重新进入海洋，这一循环使得大气中的水分每 10～15 天便获得更新。此外，海洋上空的气流也会调节陆地上的气候，人类的生存环境与海洋有着不可分割的关系，海洋环境的质量事关海洋是否能给人类提供一个良好的生存环境。

2．海洋资源

在海洋环境中孕育着许多的海洋资源，目前人类开发利用的海洋资源有海洋生物资源、海洋化学资源、海洋矿产资源、海洋运输资源和海洋旅游资源等。

（1）海洋生物资源

到目前为止，地球上已经被描述和命名的生物多达 200 万种，其中 80%栖息于海洋中。现代海洋中生活着 30 多个门，20 多万种生物，其中海洋植物约 10 万种，海洋动物约 16 万种。

海洋生物资源对人类的巨大作用包括提供大量的食物以及作为工业部门的原料。科学家们预计世界海洋生物每年可为人类提供 10 亿 t 的水产品，目前每年的海洋鱼产量为 1 亿 t 左右，海洋生物资源的开发和利用还有很大的空间和潜力。藻朊酸盐是一种从褐藻中提取的物质，广泛应用于生产纸张、纺织、轻工、食品、医药和金属加工等。海洋中的鱼类更是重要的工业原料，鱼鳞可以制成鱼鳞胶，用于电影胶卷的生产；鱼皮可以制胶，作为木材加工的黏合剂；一些鱼皮可以鞣制成皮革；鲨鱼、鳕鱼等的肝脏中还可以提取出鱼肝油。

（2）海洋化学资源

海洋化学资源包括从海水中提取的淡水和各种化学元素。

在全球的水资源中，海水约占总水量的97%，利用海水淡化技术可以为沿海地区提供数量可观且稳定的淡水，是解决水资源短缺的有效途径。海水中含有数目繁多，数量巨大的矿物质，其中氯、钠、硫、镁、钙、钾、碳、溴、锶、硼、氟和硅的含量最丰富。食盐也是目前人类大规模从海水中开发利用的资源之一，海水中的食盐可满足人类长期的需求，目前，镁、溴、碘等元素也得到大量的开发。此外，海水中一些像黄金等稀有金属的数量也相当惊人，如果能够进行开发利用，经济价值巨大。

（3）海洋矿产资源

海洋矿产资源又叫作海底矿产资源，主要是指海底石油、天然气和海滨、浅海中的砂矿资源。海洋中几乎拥有陆地上所有的资源，还有一些陆地上所没有的资源。目前，人类发现的海洋矿产资源有石油、天然气、煤铁等固体矿产，海滨矿砂、多金属结核、热液矿藏以及可燃冰等。

据估计，世界石油极限储量1万亿t，可采储量3 000亿t，其中海底石油1 350亿t；世界天然气储量255亿～280亿m^3，海洋储量占140亿m^3。此外，世界海洋3 500～6 000 m深的洋底储藏的多金属结核约有3万亿t，其中锰的产量可供全世界用1.8万年，镍可用2.5万年。据科学家估计，地球海底天然可燃冰的蕴藏量约为500万亿m^3，相当于全球传统化石能源（煤、石油、天然气、油页岩等）储量的2倍以上，其储量可供人类使用1 000年。

（4）海洋运输资源

当下国际物流中最主要的运输方式就是海洋运输。目前，国际贸易总运量中的2/3以上，中国进出口货运总量约90%都是利用海洋进行运输。充分利用海洋运输资源，开辟与世界各国之间的定期或不定期海上航线，这在对外经济贸易中具有举足轻重的地位，大力发展海洋运输事业，增加海洋运输投入，是发展对外贸易经济的有效途径。

（5）海洋旅游资源

海洋旅游资源是指因海洋自然和人类的海洋活动构成的旅游资源，一般分为海洋自然旅游资源和海洋人文旅游资源两类。我国拥有丰富的海洋旅游资源，具有“滩、海、景、特、稀、古”六大特色。除此之外，我国还有许多优秀的海洋旅游文化产品，如“海上丝绸之路”旅游文化产品、郑和遗迹旅游文化产品等。

案例 10 “可燃冰”开采技术

天然气水合物是天然气与水在高压低温条件下形成的类冰状物质，因其外观像冰，遇火即燃，因此被称为“可燃冰”。天然气水合物常见于深海沉积物或陆上永久冻土中，由于其具有分布浅、总量巨大、能量密度高的特点，受到世界各国政府和科学界的密切关注。由于世界各国对能源矿产的需求量不断激增，急需新型能源来补充常规石油天然气等化石能源的供给。在此背景下，天然气水合物商业化开发的必要性得到了广泛的认同。近 20 年来，加拿大、美国、日本和中国等先后开展了 10 余次水合物试采，场址从最初的陆域冻土区逐渐转向陆架边缘海，天然气日产量、累计产量和连续产气时间也逐步提升。2020 年中国地质调查局在南海神狐海域实施了最新一轮水合物试开采，成功地在 1 225 m 水深处连续开采 1 个月，并创造了产气总量 86.14 万 m^3 以及日均产气量 2.87 万 m^3 两项新的世界纪录，实现了科学性试采向试验性试采的重大跨越。

目前，常见的天然气水合物的开采方法包括降压法、加热法、抑制剂注入法等。虽然这些方法的使用手段不同，但都是以天然气的相平衡为切入点，通过改变水合物的热力学或动力学条件来破坏其内部分子间的作用力，从而使天然气分子从中逃离，达到分解产气的目的。其中，降压法通常是指采用人工举升技术，将天然气水合物从海洋深处通过抽提井向上抽提，在向上抽提的过程中水压逐渐减小，最终导致其从固态可燃冰变成气相甲烷和液相水。该技术在产气能力和降级成本上都比其他几种技术更有优势，因此应用的范围也最为广泛。日本和中国相继开展了 4 次海域天然气水合物开采，都是以储层降压为核心进行的方案设计。然而，在这 4 次开采的过程中研究人员也发现产气掺水规律及储层变化特征仍旧不是十分清晰，这暴露出天然气水合物开采的现场监测技术仍需提高，也说明水合物基础理论和室内物理模拟、数值模拟研究正处于探索阶段，还不能完全满足工程设计的需求。

热激发技术是通过热液注入、微波和电磁波加热、自生热注剂、还低地热和太阳能等多种方式对可燃冰进行加热，从而使其中的甲烷气化的技术。然而该技术在目前仍处于技术研发阶段，尚未有实际工程应用。抑制剂注入是通过外源加入化合物，破坏水合物稳定性，从而分离甲烷的一种方法，常见的抑制剂包括有机醇类、无机盐类和二氧化碳。其中，有机醇类和无机盐类在提取甲烷的过程中自身也是一个严重的污染源。二氧化碳作为抑制剂可以解决水合物采空储存的回填支护问题，又可以封存二氧化碳这种温室气体，但二氧化碳和甲烷的置换效率有待提高。

综上所述，对天然气水合物的不同的开采技术都有其局限性，单一的开采手段很难满足海域水合物商业化的开采要求，未来需要围绕如何以多手段联用为核心进行天然气的产能提升。

资料来源：陈强，胡高伟，李彦龙，等. 海域天然气水合物资源开采新技术展望[J]. 海洋地质前沿，2020，36（9）.

二、中国近岸海域环境状况

1．我国海洋环境现状

（1）海洋环境总体状况

国家海洋局发布的《2018 年中国海洋生态环境状况公报》的结果显示，2018 年中国海洋生态环境状况整体稳中向好。海水环境质量总体有所改善，入海河流水质虽较上年同期有所提升，但不容乐观，近岸局部海域污染依然严重。其中符合第一类海水水质标准的海域面积占管辖海域的 96.3%，近岸海域优良水质点位比例为 74.6%，同比上升 6.7 个百分点。污染海域主要分布在辽东湾、渤海湾、莱州湾、江苏沿岸、长江口、杭州湾、浙江沿岸等近岸海域，超标要素主要为无机氮和活性磷酸盐。

（2）各海区海水质量

从海洋环境公报中可知，我国海洋的总体环境良好，但近海部分区域的污染问题依然严重。各海区的海水环境质量见表 4-10。

表 4-10　2018 年我国管辖海域未达到一类海水水质标准的各类海域面积　单位：km^2

海区	二类水质海域面积	三类水质海域面积	四类水质海域面积	劣于四类水质海域面积	合计
渤海	10 830	4 470	2 930	3 330	21 560
黄海	10 350	6 890	6 870	1 980	26 090
东海	11 390	6 480	4 380	22 110	44 360
南海	5 500	4 480	1 950	5 850	17 780
全海域	38 070	22 320	16 130	33 270	109 790

由上可知，渤海劣四类水质海域面积为 3 330 km^2，较上年同期减少 380 km^2；黄海劣四类水质海域面积为 1 980 km^2，较上年同期增加 740 km^2；东海劣四类水质海域面积

为 22 110 km^2，较上年同期减少 100 km^2；南海劣四类水质海域面积为 5 850 km^2，较上年同期减少 710 km^2；主要污染要素为无机氮、活性磷酸盐和石油类。面积大于 100 km^2 的 44 个海湾中，16 个海湾四季均出现劣四类水质。

（3）海水中主要污染物分布

海水中的主要污染物有无机氮、活性磷酸盐以及石油类污染物。其中无机氮主要分布在辽东湾、渤海湾、莱州湾、江苏沿岸、长江口、杭州湾、浙江沿岸、珠江口等近岸区域。活性磷酸盐主要分布在渤海湾、江苏沿岸、长江口、杭州湾、浙江沿岸、珠江口等近岸海域，石油类污染物则主要分布在珠江口邻近海域、雷州半岛等近岸区域。

（4）赤潮和绿潮

赤潮是在特定的环境条件下，海水中某些浮游植物、原生动物或细菌爆发性增殖或高度聚集而引起水体变色的一种有害生态现象。绿潮是在特定的环境条件下，海水中某些大型绿藻（如浒苔）爆发性增殖或高度聚集而引起水体变色的一种有害生态现象，也被视作和赤潮一样的海洋灾害，它们是我国海洋环境中存在的一类环境问题，我国的海域范围内发生频率较为频繁。

如表 4-11 所示，2018 年我国管辖海域共发现赤潮 36 次，累计面积约 1 406 km^2。东海发现赤潮次数最多，为 23 次，且累计面积最大，为 1 107 km^2。赤潮高发期主要集中在 8 月。与上年相比，赤潮发现次数减少 32 次，累计面积减少 2 273 km^2；与近 5 年平均值相比，赤潮发现次数减少 17 次，累计面积减少 3 127 km^2。2014—2018 年我国海域发现的赤潮次数及赤潮累计面积见图 4-3。

表 4-11　2018 年全国各海区赤潮情况

海区	渤海	黄海	东海	南海	合计
赤潮发现次数	5	1	23	7	36
赤潮累计面积/km^2	62	35	1 107	202	1 406

2018 年 4—8 月，黄海南部海域发生浒苔绿潮。4 月 25 日，在江苏南通海域发现零星浒苔；5 月 26 日，在山东半岛沿岸海域发现浒苔绿潮；6 月 29 日，浒苔绿潮规模达到最大，最大分布面积为 38 046 km^2，最大覆盖面积为 193 km^2；7 月下旬，浒苔绿潮进入消亡期；8 月中旬，浒苔绿潮基本死亡。

2018 年，黄海浒苔绿潮具有持续时间长、分布面积和覆盖面积较小的特点，与近 5 年平均值相比，最大分布面积减少 16%，最大覆盖面积减少 55%，见表 4-12 和图 4-4。

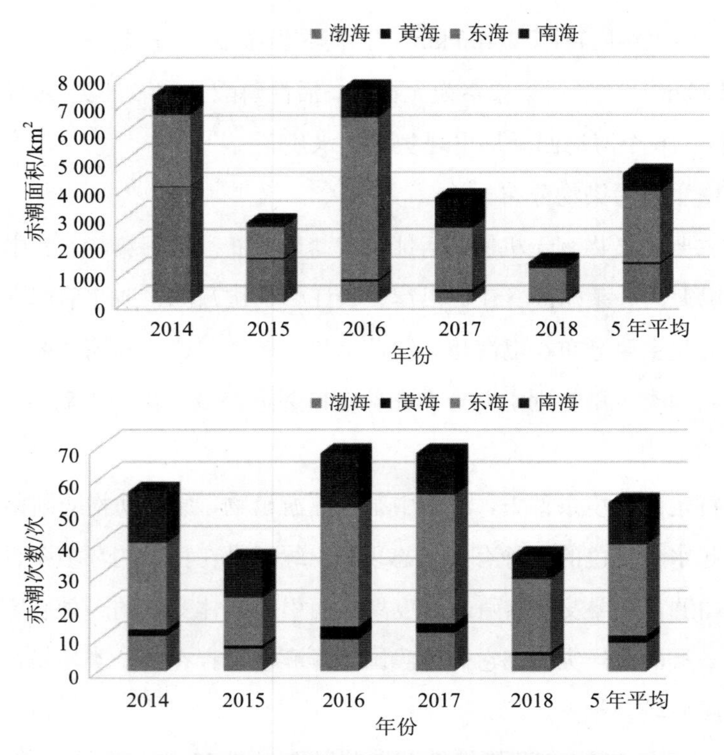

图 4-3 2014—2018 年我国海域发现的赤潮次数及赤潮累计面积

表 4-12 2014—2018 年黄海浒苔绿潮规模

	2014 年	2015 年	2016 年	2017 年	2018 年	5 年平均
最大分布面积/km²	50 000	52 700	57 500	29 522	38 046	45 553
最大覆盖面积/km²	540	594	554	281	193	432

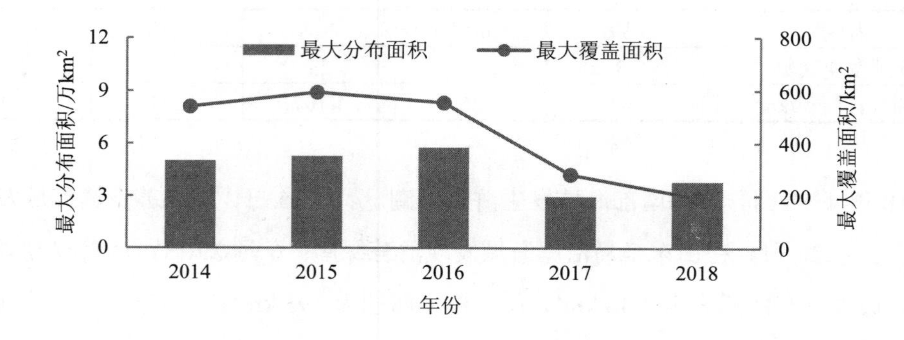

图 4-4 2014—2018 年我国黄海海域浒苔绿潮最大分布面积和最大覆盖面积

2．海洋环境污染原因

近年来，人类在海洋中的活动越来越频繁，海洋环境的污染程度也不断加深，近岸海域的污染尤为严重。造成海洋环境污染的原因主要有船舶造成的污染、海洋石油的开采、城市及工业废水的排入以及海洋养殖和河流污染物入海等。总之，现代海洋环境的污染与人类活动的影响有着密不可分的联系。

（1）船舶造成的污染

船舶对海洋环境的破坏主要表现为：①船舶污水排放。船舶在航行的过程中，一般会向海洋中排放含油的机舱污水，仅这一项估计每年的排放量可达百万吨以上。②船舶事故溢油。船舶事故溢油主要是指船舶发生海洋事故，使船舶自身携带的燃油进入海洋，造成海洋油污染。2002 年 11 月 13 日晚，载有 7.7 万 t 燃料油的希腊油轮“威望”号，在西班牙西北部距海岸 9 km 的海域遭遇风暴，油轮船体断为两截沉没。船体出现一个大裂口，燃料油外泄，海面出现一大片污染带。据悉，泄漏的 2.5 万 t 燃油在海面形成 38 cm 厚的油膜，破船内还有 5 万 t 燃油沉入海底。

（2）海洋石油的开采

在开采海洋石油的过程中，海上钻井平台在运作过程中会排放一些生活或者是生产过程中的废水。此外，由于操作和管理的不当，容易发生原油泄漏事故，对海洋环境造成严重污染。墨西哥湾原油泄漏事件曾在世界范围内引起强烈反响。2010 年 4 月 20 日，英国石油公司在美国墨西哥湾租用的钻井平台“深水地平线”发生爆炸，平台下方的油井每天泄漏大约 5 000 桶原油，墨西哥湾沿岸生态环境遭遇“灭顶之灾”。相关专家指出，污染可能导致墨西哥湾沿岸 1 000 英里①长的湿地和海滩被毁、渔业受损、脆弱的物种灭绝。

（3）城市污水和工业废水的排放

大量未经处理的城市污水和工业废水直接或间接排入海洋。陆源污染物质种类最广、数量最多，对海洋环境的影响最大。陆源污染物对封闭和半封闭海区的影响尤为严重。陆源污染物可以通过临海企事业单位的直接入海排污管道或沟渠、入海河流等途径进入海洋。沿海农田施用化学农药，在岸滩弃置、堆放垃圾和废弃物，也可以对环境造成污染损害。经过监测发现，入海排污口邻近海域环境质量状况总体较差，90%以上无法满足所在海域海洋功能区的环境保护要求。

---

① 1 英里=1.609 344 km。

（4）海洋养殖

海洋养殖造成污染的来源主要有两部分：一是养殖生物自身的分泌物、排泄物以及投喂过剩的饵料；二是水产养殖过程中常用的化学药剂。研究结果表明，在海洋养殖中投喂的饲料大约只有80%被食用，剩余的20%将成为海洋废物。在多余的饵料和粪便中含有的氮、磷等营养物质以及有机物和悬浮颗粒物都有可能导致海水富营养化。在养殖过程中使用的抗生素、消毒剂和治疗剂等化学药剂会残留在海水中，可能造成环境长期或短期的退化。

（5）河流污染物入海

根据《2018 年中国海洋环境状况公报》，对 453 个日排放污水量大于 100 t 的直排海污染源实施了监测，污水排放总量为 866 424 万 t。如表 4-13、图 4-5 所示，不同类型污染源中，综合排污口排放污水量最大，其次为工业污染源，生活污染源排放量最小。各项主要污染物中，综合排污口排放量均最大。

表 4-13　2018 年各类直排海污染源污水及主要污染物排放总量

污染源类别	排口数/个	污水量/万 t	化学需氧量/t	石油类/t	氨氮/t	总氮/t	总磷/t	六价铬/kg	铅/kg	汞/kg	镉/kg
工业	188	387 643	32 078	92.7	915	5 984	124	435.42	2 095.45	19.15	18.00
生活	63	83 461	15 318	69.5	921	6 657	207	482.89	1 382.08	42.50	128.38
综合	202	395 140	100 229	295.4	4 381	38 232	949	3 053.74	4 760.35	215.29	260.49
合计	453	866 424	147 625	457.6	6 217	50 873	1 280	3 972.05	8 237.88	276.94	406.87

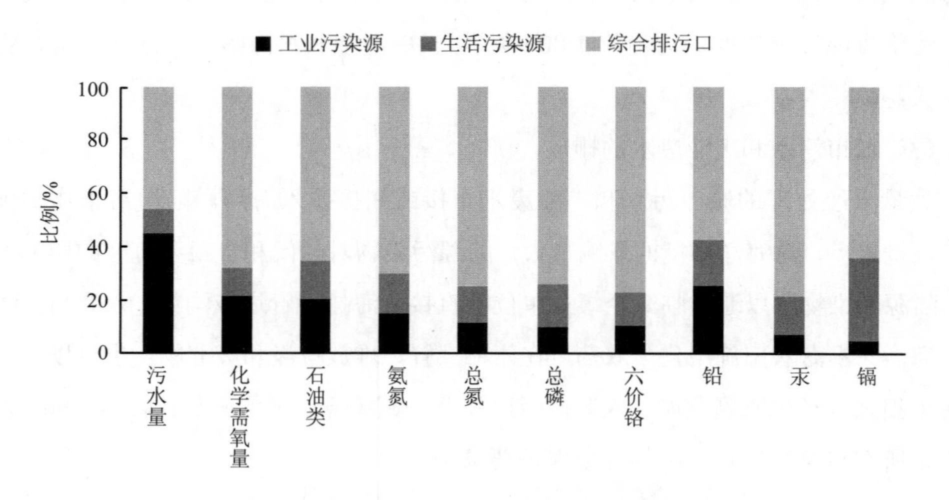

图 4-5　2018 年不同类型直排海污染源主要污染物排放比例

3．海洋环境污染物种类

污染海洋的物质众多，从形态上分为废水、废渣和废气 3 种。根据污染物的性质和毒性，以及对海洋环境造成危害的方式，大致可以把污染物分为以下几类：

（1）有机物质和营养盐

海洋中有机物质和营养盐的来源主要有生活污水（如排泄物、食品残渣、洗涤剂）、农业化肥的使用、畜禽养殖、海水养殖以及工业废水（如食品工业、酿造工业、化肥工业、造纸工业）等。

（2）石油

海洋中石油的来源比较广泛，包括海洋石油开发（如油船、机舱污水、船舶事故溢油、钻井平台事故溢油）、大气输入（石油作业中蒸发损失、机动车排污）、污水排海和河流携油入海以及城市含油污泥排海。目前，每年排入海洋的石油污染物约 1 000 万 t，一些突发性事故单次的排油量可达 10 万 t 以上，对海洋环境的影响巨大。

（3）有毒有机物

海洋中有机化合物的来源主要来自化工、石油化工、农药、医药等行业。按物理化学性质可分成卤代烃、多环芳烃类、酚类、除草剂类、有机磷农药类、多氯联苯类、邻苯二酸酯类等；按来源可分为石油和煤源类、城市废弃物和合成有机物。在众多的有机化合物中，目前最引人关注为有机磷农药和多氯联苯类。

案例 11　海洋中的微塑料

众所周知，盐吃多了会增加患上高血压、冠心病、中风、肾脏病的概率。然而，我们每天吃的盐里面，竟然还含有塑料颗粒，被称为“微塑料”。

“微塑料”指自然界中的微小塑料颗粒，一般定义为 5 mm 以下，可能小到几微米甚至更小。这些颗粒都是来源于人类的活动，最主要的是丢弃到自然界的塑料。这些塑料会慢慢降解，从大块塑料慢慢降解成小块，最后成为“微塑料”。微塑料完全是人类的产物。一般来说，生活中已经广泛存在的各式各样的塑料，如聚乙烯、聚苯乙烯等，这些化合物暴露在自然环境中被风吹日晒，虽不能被完全降解，但也在逐渐变小，最终变成了粒径更小的微塑料。另外，我们使用的化妆品或者清洗用品中有大量的磨砂颗粒，这些颗粒的体积小，漂浮在水面上，城市的污水处理厂根本没法处理它们，于是它们最终离开了污水处理厂。我国生态环境部发布的《2018 年中国海洋生态环境状况公报》显示，渤海、黄海和南海的监测区域表层水体微塑料平均密度为 0.42 个/m^3。

悉尼大学的相关研究人员发现，在人口稠密的海岸上有更多的微塑料，并且认定了一种重要源头——家用洗衣机排出的废水。他们认为，每洗一件衣服，就会冲洗掉 1 900 多根纤维，这些纤维看上去和在沿海发现的微塑料残片一模一样。因此，衣物纤维是微塑料产生的一个重要原因。而在微塑料从陆地向海洋迁移的路径中，地表径流、大气沉降等因素起了重要的作用。

海洋微塑料对海洋生物具有潜在的巨大危害。海洋微塑料由于其粒径小、性质相对稳定的特点，可被浮游动物、贝类、鱼类、海鸟和哺乳动物等海洋生物摄食并随食物链迁移。当动物体内的微塑料达到一定含量后，会损害动物的消化道或刺激胃肠组织产生饱胀感而停止进食，其所携带的有毒有害物质也会对海洋生物产生不利影响。因此，海洋微塑料对海洋生态系统具有潜在的巨大危害。目前，由于微塑料迁移性强、性质稳定、海洋污染范围广等原因，人类尚无法对海洋微塑料进行有效的处理以降低其浓度，需要全世界通力合作，开发出高效降解水体微塑料的方法。

资料来源：[1] https：//baike.baidu.com/item/微塑料/16530826？fr=aladdin.

[2] 海洋 $PM_{2.5}$ 威力惊人，可直接穿刺细胞和生物器官，搜狐网. https：//www.sohu.com/a/205496490_524206.

（4）重金属

对海洋污染比较明显的重金属有汞、铜、锌、钴、镉、铬等。人类活动每年排入海洋的汞多达万吨，而全世界每年的汞生产量仅为 9 000 t 左右，这是因为煤、石油燃烧时，释放含有微量汞的废气进入大气环境，最终进入海洋，由此途径进入海洋的汞每年可达 4 000 t 左右。另外，镉的排放量远大于汞，达到每年 1.5 万 t，其对海洋的破坏远大于汞。

（5）放射性核素

放射性核素主要来自核试验、原子能工业、核武器以及核动力舰船。据估计，目前进入海洋的放射性物质总量为 2～6 亿居里①，这个量的绝对值相当大，但由于海水体积庞大，这些物质的分布十分不均匀。海洋生物会在体表吸附或是摄食积累放射性物质，对自身造成伤害。人类也会通过食物链富集放射性元素，危害人体健康。

4．海洋环境污染的危害

（1）局部海域水体富营养化

海洋环境污染会导致水体富营养化，为赤潮生物的快速生长繁殖提供充足的物质基础，进而引发赤潮。赤潮对海洋渔业和水产资源造成很大破坏：能够破坏渔场的饵料，

① 1 居里=3.7×10^{10} Bq。

造成渔业减产；赤潮生物的异常爆发性增殖，可以引起鱼、虾、贝等经济生物窒息而死；赤潮后期，引起赤潮发生的生物大量死亡，微生物分解可降低水中溶解氧，使海洋生物缺氧或中毒死亡。

（2）通过食物链，危害人体健康

海洋环境中的污染物会通过食物链迁移、转化、富集进入人体，直接危害人体健康。重金属易在底质中蓄积，不易被降解，往往会在生物体内富集，对人体健康构成潜在的威胁。研究表明，沿海渔民头发中汞、砷、镉、铅等元素的含量均高于相应地区的农民，其中以汞最为显著。

（3）海洋生物多样性减少

海洋污染使得对毒物敏感的物种引发疾病、免疫系统损害、繁殖率下降以及畸变直至死亡。污染还使得水体富营养化，引发赤潮，赤潮发生时，引起大量鱼类和无脊椎动物死亡，严重污染的海域甚至会导致物种绝迹。生物在污染严重的海域中展开非正常状态下的生存竞争，致使生物多样性急剧下降。

（4）破坏旅游区环境质量

海洋污染会破坏旅游区的秀丽风光，使得海洋以及海岸、沙滩等旅游胜地失去往日的风采，影响旅游区的环境质量，从而使其失去应有的价值，导致海洋旅游和服务业损失惨重。

综合以上内容可以看出，海洋环境污染的特点是污染源广、污染种类多、持续性强、扩散范围广，对海洋环境、海洋生物资源、海洋渔业和滨海旅游景观等危害深远，控制复杂，清理难度大。

三、海洋环境保护对策

1．近岸海域环境功能区划

近岸海域环境功能区，是指为适应近岸海域环境保护工作的需要，依据近岸海域的自然属性和社会属性以及海洋自然资源开发利用现状，结合当地行政区国民经济、社会发展计划与规划，按照一定的程序对近岸海域根据不同的使用功能和保护目标而划定的海洋区域。近岸海域环境功能区分为四类：

第一类近岸海域环境功能区包括海洋渔业水域、海上自然保护区、珍稀濒危海洋生物保护区等。

第二类近岸海域环境功能区包括水产养殖区、海水浴场、人体直接接触海水的海上运动或娱乐区、与人类食用直接有关的工业用水区等。

第三类近岸海域环境功能区包括一般工业用水区、海滨风景旅游区等。

第四类近岸海域环境功能区包括海洋港口水域、海洋开发作业区等。

按照海域的不同使用功能和保护目标，海水水质分为四类，各类海水水质标准见表4-14。

表 4-14　海水水质标准（部分）

序号	项目		第一类	第二类	第三类	第四类
1	漂浮物质		海面不得出现油膜、浮沫和其他漂浮物质	海面无明显油膜、浮沫和其他漂浮物质		
2	色、臭、味		海水不得有异色、异臭、异味	海水不得有令人厌恶和感到不快的色、臭、味		
3	悬浮物质		人为增加的量≤10	人为增加的量≤10	人为增加的量≤100	人为增加的量≤150
4	大肠菌群/（个/L）	≤	10 000 供人生食的贝类增养殖水质≤700	—		
5	粪大肠菌群/（个/L）	≤	2 000 供人生食的贝类增养殖水质≤140	—		
6	病原体		供人生食的贝类养殖水质不得含有病原体			
7	水温/℃		人为造成的海水升温夏季不超过当时当地 1℃，其他季节不超过 2℃	人为造成的海水升温不超过当时当地 4℃		
8	pH		7.8～8.5 同时不超出该海域正常变动范围的0.2 pH 单位	6.8～8.8 同时不超出该海域正常变动范围的 0.5 pH 单位		
9	溶解氧	＞	6	5	4	3
10	化学需氧量（COD）	≤	2	3	4	5
11	生化需氧量（BOD_5）	≤	1	3	4	5
12	无机氮（以 N 计）	≤	0.20	0.30	0.40	0.50
13	非离子氨（以 N 计）	≤	0.020			

2．健全海洋环境法治

一要加强立法。虽然我国已形成较完备的海洋环境管理法律体系，相继颁布了《中华人民共和国海洋环境保护法》《中华人民共和国海洋倾废管理条例》《中华人民共和国海洋石油勘探开发环境保护管理条例》等相关法律法规，但现行的法律法规还存在许多不足与缺陷。要针对现行法律法规存在的缺陷，制定统一的国家海洋法律法规及政策，还要对不同海洋区域的具体环境问题制定相适应的法规，特别是要建立与完善海洋区域环境管理法律体系。

二要严于执法。要求司法机关及工作人员严格按法律的规定执法，坚决维护法律权威和尊严。还要深入宣传教育，提高公众的环保意识和法治观念，积极鼓励公众投入到海洋环境保护事业中。

3．强化海洋环境质量监管

海洋环境监测，是评价海洋环境状况的前提，是开展海洋环境保护和管理的基础，也是科学开发利用海洋资源的依据。我国海洋环境监督管理主要包括两个方面，一是对经济活动和生活活动引起的海洋污染的监督；二是对沿海地区及海上的开发建设对海洋生态环境造成的不良影响和破坏的监督。海洋环境监督管理的重点有以下几个方面：

1）沿海工业布局监督。

2）新污染源的控制与监督，对沿海地区及海上的开发建设项目（工业、交通、资源开发）实施环境影响评价、“三同时”制度及清洁生产技术推行状况进行监督。

3）控制老污染源监督，首先监督污染源达标排放，并要求结合技术改造，选择无废、少废的工艺及设备，达到海洋环境功能区污染总量控制的要求。

4）对危险废物及有毒化学品处理、使用、运输进行严格监督。

5）对海洋生物多样性保护进行监督。

6）对海洋资源开发利用与保护进行监督。

7）对海洋自然保护区的建设与管理进行监督。

4．设置海洋自然保护区

加强海洋自然保护区建设是保护海洋生物多样性和防止海洋生态环境全面恶化的最有效途径之一。通过控制干扰和物理破坏活动，可以有效维持生态系统的生产力，保护重要的生态过程。设立海洋保护区的其中一个目的是保护遗传资源，只有既保护生态过程，又保护遗传资源，才能实现海洋物种和生态系统的持续利用。

中国海域跨温带、亚热带和热带等 3 个温度带，具有闻名于世的海洋珍稀动物。现有海洋自然保护区数量和面积不能满足保护生物多样性的要求。因此，应该进一步加大海洋自然保护区和特别保护区建设力度，将更多海洋典型生态区域纳入保护区管理范围，同时还要加强对现有海洋生态系统的保护与管理。

5．海洋环境保护的主要法规和国际公约

《中华人民共和国宪法》《中华人民共和国环境保护法》中均有关于海洋环境资源的相关法律规范。具体来讲，我国现行海洋环境资源法体系可分为以下三个部分：

（1）国家海洋环境保护法规

国家海洋环境保护法律：如《中华人民共和国海洋环境保护法》《中华人民共和国渔业法》《防止船舶污染海域管理条例》《防治海岸工程建设项目污染损害海洋环境管理条例》等。

国家海洋环境保护规章：国务院各部委制定的有关海洋环境资源行政规章、标准和规程，如《海洋石油勘探开发环境保护管理条例实施办法》《海军防止军港水域污染管理规定》《海洋倾倒区监测技术规程》《海洋生态环境监测技术规程》等。

（2）地方海洋环境保护法规

地方海洋环境保护法律，如《江苏省海岸带管理条例》《深圳经济特区海域污染防治条例》《广东省渔港管理条例》等。

地方海洋环境保护规章，如《河北省近岸海域环境保护暂行办法》《大连市防止拆船污染环境的规定》等。

（3）国际海洋环境资源条约

为了加强对海洋环境资源的保护，我国已经参加了多项海洋环境保护的条约，如《联合国海洋法公约》《国际油污损害民事责任公约》《国际捕鲸公约》《大陆架公约》《南极条约》《生物多样性公约》等。

思考题

1. 随着农村经济的发展，农民生活水平逐步提高，农村基础设施和居住环境也发生了巨大的变化，与此同时农村污水排放量不断增加。据此，请说出农村生活污水的特性及危害，并提出可行性的处理方法。

2. 城市生活污水的处理一直是城市环保的一大重点,请列出城市生活污水的处理技术并进行比较。

3. 众所周知，工业废水成分复杂，种类多，对环境危害大，工业废水的处理比生活污水更为重要,工业废水的危害有哪些?举出一种常见的工业废水,并写出其防治措施。

4. 污染水体的控制和修复技术有哪些?

5. 什么是水体自净作用，其按净化机制可分为哪几类?

6. 海洋环境的定义是什么，你认为当前世界海洋环境的现状是怎样的?

7. 海洋污染的含义是什么，目前我国海洋环境存在哪些问题?

8. 什么是赤潮，赤潮的诱发因素是什么，赤潮又会带来什么危害?

9. 我国海洋资源丰富，在开采海洋资源时要采取什么保护措施?

10. 什么是海洋环境保护，海洋环境保护需要遵循什么基本原则?

11. 试述海洋资源开采与海洋环境保护之间的关系。

第五章　固体废物的处理及资源化

第一节　固体废物的分类及危害

一、固体废物的概念

根据《中华人民共和国固体废物污染环境防治法》，固体废物是指在生产、生活和其他活动中产生的丧失原有利用价值或者虽未丧失利用价值但被抛弃或者放弃的固态、半固态和置于容器中的气态的物品、物质以及法律、行政法规规定纳入固体废物管理的物品、物质。

固体废物常常被称作“在错误的时间放在错误地点的原料”。废物仅仅相对于某一过程或某一方面没有使用价值，而并非在一切过程或一切方面都没有使用价值。某一过程的废物，往往可以是另一过程的原料。且随着科学技术的飞速发展，昨天的废物可能成为明天的资源。例如，虾、蟹壳可提取甲壳素（重要原料）以及粉煤灰可以用来制砖等。

图 5-1　粉煤灰砖块

相对于其他形式的环境问题，固体废物污染环境问题具有其独特之处，可概括为“四最”：

①最难处置的环境问题。固体废物为“三废”中最难处置的一种，因为它含有的成分相当复杂，其物理性状（体积、流动性、均匀性、粉碎程度、水分、热值等）也千变万化。

②最具综合性的环境问题。固体废物的污染，同时伴随大气污染、水污染及其他问题，例如，对固体废物进行最简单符合环境要求处理的垃圾卫生填埋场，就必须面对垃圾渗滤液对地下水的污染问题。

③最晚受到重视的环境问题。在固、液、气三种形态的污染中，固体废物的污染问题是最后引起人们注意的，也是最少得到人们重视的污染问题。

④最贴近生活的环境问题，如城市生活垃圾，时刻贴近人们的日常生活，是与人们生活息息相关的环境问题。

二、固体废物的分类

固体废物分类方法很多，通常可按危害程度、来源等来区分。

1．按危害程度分类

可分为危险废物、一般废物、放射性固体废物。

（1）危险废物

危险废物是指列入《国家危险废物名录》或者根据国家规定的危险废物鉴别标准和方法认定的具有危险特性的固体废物，如来自医院的医疗废物、来自医药和化工企业的精馏釜残、含有重金属的电镀废水处理污泥、生活垃圾焚烧飞灰和废弃药品等。危险废物的危险特性包括腐蚀性（corrosivity，C）、毒性（toxicity，T）、易燃性（ignitability，I）、反应性（reactivity，R）和感染性（infectivity，In）。

（2）一般废物

一般废物是指未被列入国家危险废物名录或未被其他法律、法规、标准等要求管制的废弃物，如生活垃圾、煤渣和建筑垃圾等。

（3）放射性固体废物

由于放射性废物在管理方法和处置技术等方面与其他废物有着明显的差异，许多国家都不将其包含在危险废物范围内。《中华人民共和国固体废物污染环境防治法》中也未涉及放射性废物的污染控制问题。国家《放射性废物分类》中规定，放射性废物为含有放射性核素或者被放射性核素污染，其活度浓度大于国家确定的解控水平、预期不再使用的废弃物。例如，核燃料生产、加工、同位素应用、核电站、核研究机构、医疗单位、放射性废物处理设施产生的废物，又如，尾矿、污染的废旧设备、仪器、防护用品、废树脂、水处理污泥及蒸发残渣等。

2．按来源分类

可分为工业固体废物、生活垃圾、矿业固体废物、农业固体废物、建筑垃圾等。

（1）工业固体废物

工业固体废物是指在工业生产活动中产生的固体废物，例如，化工医药生产过程中产生的废催化剂、废活性炭和精馏釜残；金属加工过程产生的金属碎屑和废切削液；家具加工过程中产生的碎木屑和边角料等。

（2）生活垃圾

生活垃圾是指在日常生活中或者为日常生活提供服务的活动中产生的固体废物以及法律、行政法规规定视为生活垃圾的固体废物。城市是生活垃圾最为集中的地方。

（3）矿业固体废物

矿业固体废物是指各类矿山在开采过程中所产生的剥离物和废石，以及在选矿过程中所废弃的尾矿，如煤矸石等。

（4）农业固体废物

农业固体废物是指作物种植业、动物养殖业和农副产品（含食品）加工业中产生的固体废物，如秸秆、畜禽粪便等。

（5）建筑垃圾

建筑垃圾是指建筑施工单位或个人对各类建筑物进行建设、拆迁、修缮或装饰房屋过程中所产生的余泥、余渣、泥浆及其他废弃物。

三、固体废物的危害

1．污染大气

固体废物对大气的污染表现为三个方面：①废物的细粒被风吹起，增加了大气中的粉尘含量，加重了大气的尘污染。粉煤灰、尾矿堆场遇 4 级以上风力，灰尘飞扬高度达 20～50 m。②堆放的固体废物中的有害成分由于挥发及化学反应等，产生有毒气体，导致大气的污染。③固体废物处置过程中产生的废气，如垃圾焚烧和填埋过程排放的废气，也会导致大气污染。

2．污染水体

固体废物对水体的污染表现为两个方面：①生活垃圾或工业废物违规倾倒在江、河、湖、海边而污染水体。②露天堆放的废物被地表径流携带进入水体，或是飘入空中的细小颗粒，通过降雨的冲洗而落入地表水系，如锦州某铁合金厂堆存的铬渣，使近 20 km^2 范围内的水体遭受六价铬污染，致使 7 个自然村屯 1 800 眼水井的水不能饮用。湖南某矿务局的含砷废渣由于长期露天堆存，其浸出液污染了民用水井，造成 308 人急性中毒、6 人死亡的严重事故。

3．侵占土地，污染土壤

固体废物对土壤的污染表现为两个方面：①固体废物的堆放要占用大量土地，一般来说，堆存 1 万 t 废物就要占地一亩，目前我国固体废物占地面积已经超过 100 万亩。②各种废物露天堆存，经雨淋、日晒，有害成分向地下渗透，污染土壤，受污染的土壤面积往往大于堆放面积的 1～2 倍。固体废物露天堆存，其含有的有毒有害成分也会渗入到土壤之中，使土壤碱化、酸化、毒化，破坏土壤中微生物的生存条件，影响动植物生长发育。

4．影响环境卫生，广泛传染疾病

城市生活垃圾或建筑垃圾若不及时清运或随意堆放，不仅影响市容，而且污染城市的环境。垃圾粪便长期弃往郊外，不进行无害化处理就简单地用作堆肥，会使土壤碱度提高，土质受到破坏；粪便还能传播大量的病菌，引起疾病。另外，城市下水道中的污泥也含有几百种病菌和病毒，也会给人类造成长期威胁。

第二节　固体废物的管理

一、固体废物管理的技术政策

《中国 21 世纪议程》中指出：“中国解决固体废物问题的总目标是完善固体废物法规体系和管理制度；实施废物最小量化；为废物最小量化、资源化和无害化提供技术支持，分别建成废物最小量化、资源化和无害化示范工程。”

《中华人民共和国固体废物污染环境防治法》确定了我国固体废物处理的“三化”基本原则，即减量化、资源化、无害化。

1．减量化

减量化是指通过采用必要的措施减少固体废物的产生量和排放量，包括源头和终端两个层面的减量化，最好的方法是控制源头的减量化，即“发生源减量化”。通常是通过改变产品设计，或者改变社会消费结构和废物发生机制，来减少固体废物的产生量。“减量化”不仅要减少废物的数量和体积，还要减少其种类、降低有害成分的浓度，减轻或清除其危险特性等。固体废物减量化一般可以通过新产品开发、生产工艺的改进、生产原材料的优化以及生活消费观念的改变来实现。如开发原材料消耗少、包装材料省的新产品；提高产品质量，延长产品寿命，尽可能减少产品废弃的概率和更换次数；开发可多次重复使用的制品，使制成品循环使用以取代只能使用一次的制成品，如包装食品的容器和瓶类。

2．资源化

所谓资源化，是指采取管理和工艺措施从固体废物中回收物质和能量，加速物质和能量循环，创造经济价值的广泛的技术和方法。资源化主要包括物质回收、物质转换和能量转换 3 个方面。

1）物质回收。固体废物中含有多种物质，从固体废物中回收有用的物资和能源的潜力极大，例如，城市生活垃圾中含有大量可回收利用的纸类、塑料、金属、玻璃等，工业固体废物中含有可回收的黑色金属、有色金属和稀有金属等。

2）物质转换。利用废物制取新形态的物质，例如，利用电力工业中的粉煤灰生产建筑材料、利用废橡胶生产铺路材料、利用矿渣生产砖瓦和其他建筑材料、通过堆肥化处理把城市垃圾转化成有机肥料等。

3）能量转换。即从废物处理中回收能量，其方式有直接和间接两种。前者如将可燃性垃圾直接作燃料，回收蒸汽和热水，或用垃圾厌氧填埋后产生的沼气，作为能源向居民和企业供热或发电；后者如利用有机废物生产固态、液体或气态燃料等，例如，利用废橡胶和废塑料生产燃料油或燃料气。

生活垃圾资源化途径如图 5-2 所示。

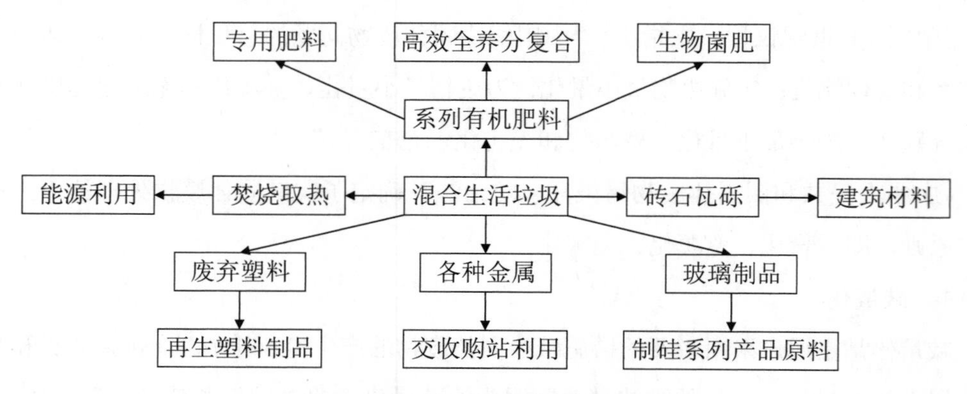

图 5-2 生活垃圾资源化途径示意图

3．无害化

无害化是指对已产生又无法或暂时尚不能综合利用的固体废物，经过物理、化学或生物方法，进行对环境无害或低危害的安全处理，达到废物的消毒、解毒或稳定化，使固体废物达到既不损害人体健康，也不对周围环境造成污染的目的。常用的方法如垃圾的焚烧、卫生填埋、堆肥、发酵及有害废物的热处理和解毒处理等。垃圾高温焚烧就是使固体废物得到无害化处理的一种很好的手段，因为在焚烧温度下，病原菌、细菌等均能被杀死，从而使废物消毒、解毒。

二、固体废物的管理制度

固体废物的管理是运用环境管理的理论和方法，通过法律、经济、教育等手段，对固体废物的产生、收集、运输、贮存、处理、利用和处置各个环节实行控制管理。我国的管理体系是：以环境保护主管部门为主，结合有关的工业主管部门以及城市建设主管部门，共同对固体废物进行全过程的管理。我国固体废物的管理制度主要包括：

1．分类管理制度

固体废物具有量多面广、成分复杂的特点，需对城市生活垃圾、工业固体废物和危险废物分别管理。《中华人民共和国固体废物污染环境防治法》第八十一条规定："收集、贮存危险废物，应当按照危险废物特性分类进行。禁止混合收集、贮存、运输、处置性质不相容而未经安全性处置的危险废物。禁止将危险废物混入非危险废物中贮存。"

2．工业固体废物申报登记制度

产生工业固体废物的单位应当向所在地生态环境主管部门提供工业固体废物的种类、数量、流向、贮存、利用、处置等有关资料，以及减少工业固体废物产生、促进综合利用的具体措施，并执行排污许可管理制度的相关规定。

3．危险废物名录鉴别和标识制度

《国家危险废物名录》（2021 年版）将危险废物分为 46 大类，明确废物类别、行业来源、废物代码和危险特性。对未列入名录的，通过危险废物鉴别方法和鉴别标准进行识别。在危险废物的容器和包装物以及收集、贮存、运输、处置危险废物的设施、场所，必须设置危险废物识别标志。

4．危险废物贮存限期制度

贮存危险废物必须采取符合国家环境保护标准的防护措施并且不得超过一年；确需延长期限的，必须报经原批准经营许可证的生态环境主管部门批准；法律、行政法规另有规定的除外。

5．转移管理制度

转移固体废物出省、自治区、直辖市行政区域贮存、处置的，应当向固体废物移出地的省、自治区、直辖市人民政府生态环境主管部门提出申请。移出地的省、自治区、直辖市人民政府生态环境主管部门经接受地的省、自治区、直辖市人民政府生态环境主管部门同意后，应当及时在规定期限内批准转移该固体废物出省、自治区、直辖市行政区域。未经批准的，不得转移。

转移固体废物出省、自治区、直辖市行政区域利用的，应当报固体废物移出地的省、自治区、直辖市人民政府生态环境主管部门备案。移出地的省、自治区、直辖市人民政府生态环境主管部门应当将备案信息通报接受地的省、自治区、直辖市人民政府生态环境主管部门。

6．经营许可证制度

从事收集、贮存、利用、处置危险废物经营活动的单位，应当按照国家有关规定申请取得许可证。许可证的具体管理办法由国务院制定。禁止无许可证或者未按照许可证规定从事危险废物收集、贮存、利用、处置的经营活动。禁止将危险废物提供或者委托给无许可证的单位或者其他生产经营者从事收集、贮存、利用、处置活动。

7．危险废物行政代执行制度

产生危险废物的单位，必须按照国家有关规定处置；危险废物产生者未按照规定处置其产生的危险废物被责令改正后拒不改正的，由生态环境主管部门组织代为处置。处置费用由危险废物产生者承担，拒不承担代为处置费用的，处代为处置费用 1 倍以上 3 倍以下的罚款。

第三节　固体废物的处理技术

一、焚烧法

焚烧法是处理固体废物的重要手段，是实现固体废物无害化、减量化、资源化有效的方法之一。例如，生活垃圾可以通过焚烧达到减量和回收热量的目的，医院临床废物通过焚烧可以破坏其组成结构或杀灭病原菌，达到解毒、除害的目的。

固体废物的焚烧过程通常要考虑热能的回收和废气处理，图 5-3 是固体废物焚烧的典型工艺流程示意图。

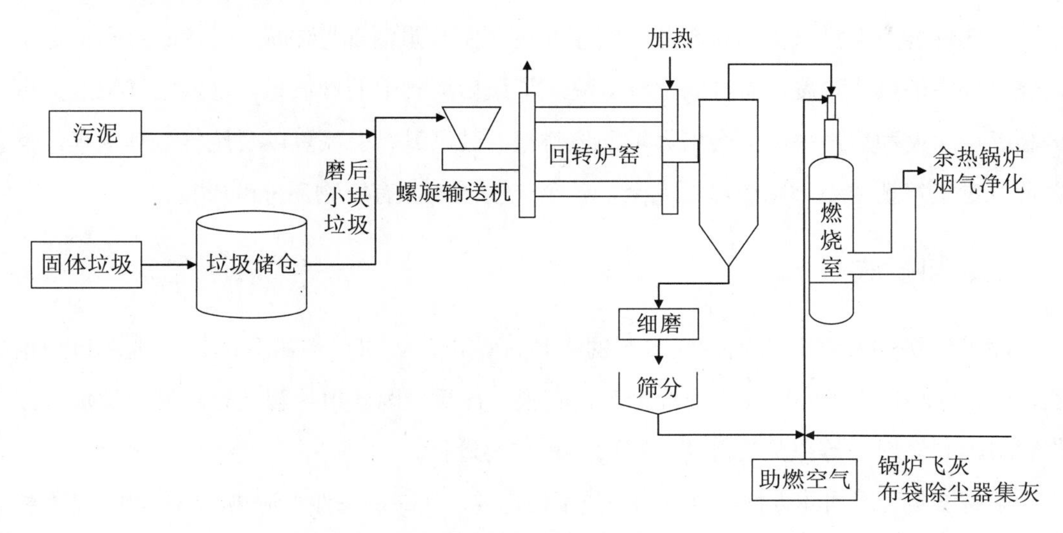

图 5-3 固体废物焚烧的典型工艺流程示意图

将固体废物焚烧处置，焚烧炉是核心设备。焚烧炉按炉型分类可分为固定炉排炉、机械炉排炉、流化床焚烧炉和回转窑炉等，影响焚烧炉性能的因素包括温度、停留时间、烟气湍流度和过剩空气量。

1．温度

焚烧温度是指废物中的有害成分在高温下氧化、分解、直至破坏达到的温度。一般来说提高焚烧温度有利于废物有害物质的破坏并可抑制黑烟的产生，但温度过高不仅加大燃料耗量，还增加了烟气中氮氧化物的含量。因此，在保证销毁率的前提下采用适当的温度较为合理。

2．停留时间

停留时间是指废物中有害成分在焚烧条件下发生氧化、分解，最后完成无害化物质所需的时间。停留时间的长短直接影响焚烧的销毁率，也决定炉膛的具体尺寸。影响停留时间的因素很多，如焚烧温度、空气过剩系数和空气在炉内同废物的混合程度等。

3．烟气湍流度

为使废物及燃烧产物全部分解，必须加强空气与废物、空气与烟气的充分接触混合，扩大接触面积，使有害物在高温下短时间内氧化分解。焚烧炉有独特的供风系统，且有足够的风压以加强系统与废物和烟气的混合程度。

4．过剩空气量

物料燃烧所需空气量是由理论空气量和过剩空气量两部分组成。两者的总和决定了焚烧过程中的氧气浓度，而过剩空气量决定了最后烟气中的含氧量。过剩空气量过大可提高燃烧速度和烧净率，但会增大辅助燃料量、鼓风量、引风量以及尾气处理规模。反之，过量空气量太小，则燃烧不完全，甚至产生黑烟，有害物质分解不彻底。

二、热解法

随着经济的发展和人民生活水平的提高，城市垃圾中可燃组分的比例也在日趋增长，纸张、塑料、橡胶以及合成纤维等占有很大比重。因此用热解法处理城市垃圾以回收燃料油、燃料气等也是资源化利用的一种重要途径。

热解法是利用固体废物中有机物的热不稳定性，在缺氧条件下加热固体废物，使有机物产生热裂解，经冷凝形成各种新的气体、液体和固体，从而提取炭黑、燃料油和燃料气。

热解法和焚烧法是两个完全不同的过程。首先，焚烧是一个放热过程，而热解需要吸收大量热量。其次，焚烧的主要产物是二氧化碳和水，而热解的产物主要是可燃的低分子化合物，气态的有氢气、甲烷、一氧化碳；液态的有甲醇、丙酮、醋酸、乙醛等有机物及焦油、溶剂油等；固态的主要是焦炭或炭黑。另外，焚烧产生的热量大的可以用于发电，小的可供加热水或产生蒸汽，适于就近利用。而热解的产物是燃料油及燃料气，便于贮藏和远距离输送。根据以上分析，高温热解具有以下 3 个特点：

1）热解法所产生的是裂解气与裂解焦，裂解气中的可燃气体可作为燃料，其运行成本大大低于常规焚烧法。另外，热解法所需的空气系数较小，产生的烟气量大大减少，因此总体费用比常规焚烧法低。

2）传统的焚烧处理法，由于是富氧燃烧，很容易产生二噁英。热解法是在缺氧和除去氯化氢等酸性气体条件下进行的，大大抑制了二噁英的生成，所以热解法比传统焚烧法产生的二噁英量要少得多。

3）该法适用范围广，对生活、医疗废物不需要预处理，不需要分类，直接投入炉内进行处理即可。

三、固化法

固化法是指通过物理-化学方法将有害固体废物固定或包容在惰性固化基材中的一种无害化处理过程。

固化方法是较为理想的有害废物无害化或少害化处理方法。一些环境专家认为，安全土地填埋场最好是接受经过固化处理的有害废物（危险废物），那样可以大大减少浸出液对环境的污染。我国法律规定危险废物必须经过固化或稳定化处理后方可安全填埋。以下是4种常见的固化技术：

1．水泥固化技术

水泥固化是一种以水泥为固化基材的固化方法。水泥是一种无机胶结材料，水化反应后生成凝胶而形成坚硬的固化体，使危险废物被包封在固化体中不能泄出和溶出。

水泥固化法由于水泥原料便宜易得，固化工艺和设备简单，形成的固化体坚硬，因此成为最常用的固化技术之一。水泥固化技术最适用于无机类型的废物，尤其是对含高毒重金属废物的处理特别有效，且最经济。

水泥固化也有其缺陷，如水泥固化产品的体积一般是所处理危险废物原体积的1.5～2.0倍，即水泥固化的增容比较大，如固化体最终采取填埋法处置，则所占土地面积将会增加；其次，水泥固化体抗酸性能较差，在酸性环境中，固化的重金属离子易溶出；此外，水泥固化体中存在较多的孔隙，固化体中污染物的浸出率比较高，需做涂覆处理或需要加入添加剂。

2．沥青固化技术

沥青是一种热塑性的固化基材。该法是用熔融状态下的沥青在高温下与危险废物混合，以达到对其稳定化的目的，在冷却后，废物就为固化的沥青物质所包容。沥青固化法开始用于处理放射性废物，而后发展到处理工业上含有重金属的污泥。由于沥青具有化学惰性，不溶于水，具有一定的可塑性和弹性，对于废物具有典型的包容效果。此法要求将废物脱水后，在高温下与沥青混合、冷却、固化。此种方法只适用于某些危险废物的处理，若废弃物中含有能与沥青等产生化学反应的强氧化物质时（如次氯酸钠、高氯化物等），则不能用沥青作为固化剂。

该方法的主要缺点是在高温下进行操作，能源耗费较大，操作过程中会产生大量的挥发性物质，其中有些是有害的物质，从而带来二次污染。此外，若废物中含有影响稳定剂的热塑性物质或溶剂，可能会影响固化效果。

3．自胶结固化技术

自胶结固化技术是利用废物自身的胶结特性来达到固化目的的技术。该技术主要是用于处理含有大量硫酸钙或亚硫酸钙的泥渣。将泥渣在一定的条件下进行煅烧，使其部分脱水至产生有胶结作用的硫酸钙和亚硫酸钙的半水化物，然后与特制的添加剂和填料混合成稀浆，经凝结硬化形成自胶结固化体。

自胶结固化法工艺简单，不需要加入大量添加剂，所采用的填料一般为工业废料粉煤灰，可以达到以废治废的目的，且凝结硬化时间较短，对需固化的泥渣不需要完全脱水。其主要缺点是应用面较窄，此法只适用于含有大量硫酸钙和亚硫酸钙的废物，对操作技术和设备要求较高，煅烧泥渣需消耗一定的能量。

4．玻璃固化技术

玻璃固化是利用制造陶瓷或玻璃的成熟技术，将废物与玻璃原料混合，加热至900～1 200℃后，再冷却形成类似玻璃的固化体。这种凝固作用所产生的固化体性质极为稳定，可以很安全地抛弃并填埋于土地中，不会有污染现象产生。此法适用于具有非常危险性的化学废料及强放射性物质的处置，但处理成本较高。

四、填埋法

固体废物填埋方法主要包括卫生土地填埋和安全土地填埋。

卫生填埋是通过采取防渗、铺平、压实、覆盖，对城市生活垃圾进行处理和对气体、渗滤液、蝇虫等进行治理的垃圾处理方法。

安全填埋是针对处理有毒有害废物的填埋技术。它是对卫生填埋方法的改进，对场地的建造技术要求更为严格。它与针对城市废物的卫生土地填埋的主要区别在于：选址的标高应位于重现期不小于100年一遇的洪水位之上；防渗结构底部应与地下水有记录以来的最高水位保持 3 m 以上的距离；场址天然基础层的饱和渗透系数不应大于 10^{-5} cm/s，且其厚度不应小于 2 m；要采取适当的措施控制和引出地表水，要配备渗滤液收集、处理及监测系统等，配备气体收集、处理及监测系统等。

安全填埋场是处置有毒有害废物的一类土地填埋场，为防止有毒有害物质的释出，减少对环境的污染，土地填埋场的设计、建造及操作必须符合有关技术规范。在实际中，对有毒有害废物应首先经过稳定化处理后再填埋。除特殊情况外，土地填埋场地不应处置易燃性废物、反应性废物、挥发性废物和大多数液体、半固体和污泥，也不应处置互不相容的废物，以免混合以后发生爆炸，产生或释出有毒、有害气体或烟雾。

安全土地填埋由于其工艺较简单，成本较低，适于处置多种类型的废物而为世界各国所采用。安全土地填埋的主要问题是浸出液的收集控制问题。此外，由于各项法律的颁布和污染控制标准的更加严格，致使处置费用不断增加。因此，对安全土地填埋处置方法尚需进一步研究与改进。

五、生物法

生物法处理就是以固体废物中的可降解有机物或其他组分为对象，利用生物对其作用，转化为稳定产物、能源和其他有用物质的一种处理技术。生物法既能实现减量化、资源化、无害化，又能解决环境污染问题。

目前，生物法用于处理固体废物比较成熟的方法有生物浸出、废物堆肥化和沼气发酵等。例如，堆肥法就是在人工控制的条件下，利用自然界中广泛的细菌、放线菌、真菌等微生物的新陈代谢作用，在中高温、好氧条件下，把固体废物中的可降解有机物转化为稳定腐殖质的过程。某些危险废物也可通过生物降解来解除毒性，解除毒性后的废物可以被土壤和水体所接受。

第四节　典型固体废物的处置与资源化利用

一、生活垃圾的处置与资源化利用

随着经济的发展和人民生活水平的不断提高，城市生活垃圾产生量也不断增加。1987 年全国城市生活垃圾清运量为 5 398 万 t，而据统计，2017 年我国 202 个大、中城市生活垃圾产生量达到了 2.02 亿 t，并以每年 8%～10%的增长率在不断增加。专家预计，2030 年我国城市垃圾量将达到 4.09 亿 t，2050 年达到 5.28 亿 t。急剧增加的城市废物的排放已成为制约经济发展的重要因素，对人类生存的自然环境也产生了影响，垃圾问题的解决已迫在眉睫。

综观世界各国处置生活垃圾的方法，主要是填埋、焚烧、热解和堆肥。从国外的情况看，有以下趋势：①工业发达国家由于能源、土地资源日益紧张，焚烧处理比例逐渐增多；②填埋法作为垃圾的最终处置手段一直占有较大比例；③农业型的发展中国家以堆肥为主；④其他一些新技术，如热解法、填海、堆山造景等技术，正不断取得进展。

1．分类收集

分类收集是指根据废物的种类和组成分别进行收集的方式，这种方法可以提高回收物料的纯度和数量，减少需处理的垃圾量，因而有利于废物的进一步处理和综合利用，并能够较大幅度地降低废物的运输及处理费用，还可以减少需要后续处理处置的废物量，从而降低整个管理的费用和处理处置成本。

城市生活垃圾的分类收集是一项系统工程，是从垃圾产生的源头按照垃圾的不同性质、不同处置方式的要求，将垃圾分类后收集、储存及运输。分类收集是城市生活垃圾处理体系中的一个关键环节，是城市生活垃圾处理发展过程中的一个重要步骤。通过分类收集，可有效地实现废弃物的重新利用和最大限度的废品回收，为卫生填埋、堆肥、焚烧发电、资源综合利用等先进的垃圾处理方式的应用奠定基础，为垃圾处理实现减量化、资源化、无害化目标创造良好条件。目前西方发达国家普遍采用垃圾分类收集的方法，例如，1993 年德国的垃圾分类收集量已占垃圾总量的 75%；法国从 2004 年起全部实施垃圾分类收集。我国垃圾的分类收集刚刚起步，2017 年 3 月，国务院办公厅发布了《生活垃圾分类制度实施方案》，到 2020 年年底，基本建立垃圾分类相关法律法规和标准体系，形成可复制、可推广的生活垃圾分类模式，在实施生活垃圾强制分类的城市，生活垃圾回收利用率达到 35%以上。2019 年 3 月 1 日，上海市第十五届人民代表大会第二次会议通过了“史上最严”垃圾分类《上海市生活垃圾管理条例》，并于 2019 年 7 月 1 日正式实施，之后，北京、上海、太原、长春、杭州、宁波、广州、宜春、银川等全国 46 个重点城市先后推行了垃圾分类。

案例 12　上海市生活垃圾管理条例

2016 年，习近平总书记明确要求“北京、上海等城市要向国际水平看齐，率先建立生活垃圾强制分类制度，为全国作出表率”。2017 年，总书记在考察上海期间，又强调“垃圾分类工作就是新时尚，上海要抓实办好”。因此，为深入贯彻落实习总书记视察上海重要讲话和普遍推行垃圾分类制度的重要指示精神，加快建成以法治为基础的上海垃圾分类管理体系，上海市先后制定了生活垃圾全程体系建设方案和三年行动计划，围绕“有害垃圾、可回收物、湿垃圾、干垃圾”四分类，初步形成了“党建引领、规划先行、政府推动、市场运作、社会参与”的生活垃圾分类工作新格局。在 2019 年 1 月 31 日，上海市第十五届二次人民代表大会高票通过了《上海市生活垃圾管理条例》，并于当年 7 月 1 日正式施行。

本条例适用于上海市行政区域内生活垃圾的源头减量、投放、收集、运输、处置、资源化利用及其监督管理等活动，遵循政府推动、全民参与、市场运作、城乡统筹、系统推进、循序渐进的原则，以实现生活垃圾减量化、资源化、无害化为目标，建立健全生活垃圾分类投放、分类收集、分类运输、分类处置的全程分类体系，积极推进生活垃圾源头减量和资源循环利用。

上海市生活垃圾的具体分类标准，可以根据经济社会发展水平、生活垃圾特性和处置利用需要予以调整，目前主要分为以下四类：①可回收物，是指废纸张、废塑料、废玻璃制品、废金属、废织物等适宜回收、可循环利用的生活废弃物；②有害垃圾，是指废电池、废灯管、废药品、废油漆及其容器等对人体健康或者自然环境造成直接或者潜在危害的生活废弃物；③湿垃圾，即易腐垃圾，是指食材废料、剩菜剩饭、过期食品、瓜皮果核、花卉绿植、中药药渣等易腐的生物质生活废弃物；④干垃圾，即其他垃圾，是指除可回收物、有害垃圾、湿垃圾以外的其他生活废弃物。

资料来源：https：//baike.baidu.com/item/上海市生活垃圾管理条例.

城市生活垃圾的组分非常复杂，包括有机物、塑料、纸类（纸、硬纸板及纸箱）、包装物、纺织物、玻璃、铁金属、非铁金属、木块、矿物组分、特殊垃圾等。其中特殊垃圾主要是有毒、有害性垃圾，如灯泡、电池、药品瓶、非空的化妆品瓶、盒等。这给如何分类带来了一定困难。分得过粗，不能很好地起到分类的效果，还需要很多后续分类；分得过细，单位和居民的工作量太大。

日本的生活垃圾处理和循环利用体系经历了一个逐渐完善的过程，目前已经走在了世界的前列。

日本将生活垃圾称为“废弃物”，废弃物分成一般废弃物、产业废弃物和有毒有害废弃物三大类，生活垃圾属于一般废弃物。目前，日本的生活垃圾主要分为可燃垃圾、不可燃垃圾、粗大垃圾和资源垃圾。具体的分类体系如下：

1）可燃垃圾包括厨余垃圾、报纸、纸箱、纸盒、杂志、旧布料、包装容器等。垃圾丢弃方法：放入指定的垃圾袋丢弃。

2）不可燃垃圾包括金属、玻璃、破碎的家电制品、陶瓷器、塑料等。垃圾丢弃方法：放入透明或半透明的塑料袋丢弃。

3）粗大垃圾包括白色家电类（电视机、空调机、冰箱/柜、洗衣机）、金属类、家具类、自行车、陶瓷器类、不规则形状的罐类、被褥、草席等。垃圾丢弃方法：首先，测量垃圾的大小。最长的部分的长度为 50 cm 以上的物品被认定为大型垃圾，2 m 以上以及 70 kg 以上的物品不收集，需要预约大型垃圾受理中心处理。其次，按照长度交完粗大垃圾处理费用之后丢弃。

4）资源垃圾包括饮料瓶、茶色瓶、无色透明瓶、可以直接再利用的瓶类。垃圾丢弃方法：容器清空后冲洗，然后放入透明或半透明的塑料袋丢弃。

我国对于生活垃圾的分类不同城市的标准不同，但大多按照“四分法”分类，即可回收物、餐厨垃圾、有害垃圾和其他垃圾。

1）可回收物，包括生活垃圾中未污染的适宜回收和资源利用的垃圾，如纸类、塑料、玻璃和金属等。

2）餐厨垃圾，包括生活垃圾中的餐饮垃圾、厨余垃圾和集贸市场有机垃圾等易腐性垃圾，如食品交易、制作过程中废弃的食品、蔬菜、瓜果皮核等。

3）有害垃圾，包括生活垃圾中对人体健康或者自然环境造成直接或者潜在危害的物质，如废充电电池、废扣式电池、废灯管、弃置药品、废杀虫剂、废油漆、废日用化学品、废水银产品、废旧电器以及电子产品等。

4）其他垃圾，包括除可回收物、有害垃圾和餐厨垃圾之外的其他城市生活垃圾，如大件垃圾以及其他混杂、污染、难分类的塑料类、玻璃类、纸类、布类、木类、金属类、渣土类等生活垃圾。大件垃圾，是指体积大、整体性强，或者需要拆分再处理的废弃物品，包括家具和家电等。

案例13　餐厨垃圾资源化

中国人餐桌浪费惊人，每天产生巨量的餐厨垃圾。清华大学环境系固体废物污染控制及资源化研究所的统计数据表明，中国城市每年产生餐厨垃圾不低于6 000万t。过去很长一段时间，我国对餐厨垃圾没有专门的管理规定，很多餐厨垃圾或被用作饲料，或被不法商贩回收提炼油脂，或与普通生活垃圾一起倒掉。专家认为，营养丰富的餐厨垃圾是宝贵的可再生资源，具有废物与资源的双重特性，可以说是“放错了地方的资源”。但由于尚未引起重视，处置方法不当，它已成为影响食品安全和生态安全的潜在危险源。

为响应国家号召，加快建设资源节约型和环境友好型社会，保障公众食品安全和身体健康，提高城市生态文明建设水平，2011年5月财政部与国家发改委印发了《循环经济发展专项资金支持餐厨废弃物资源化利用和无害化处理试点城市建设实施方案》。国家发改委、财政部、住建部等已在2011年7月、2012年10月、2013年7月、2014年7月、2015年5月，先后公示了5批、累计100个餐厨垃圾处理试点城市（区），覆盖了32个省级行政区。截至2015年年底，全国共有9个省和直辖市（北京、上海、重庆、河北、江苏、福建、山东、甘肃）、101个地级城市和6个县级市已经颁布施行相关的餐厨废弃物管理办法或发布了征求意见稿，其中，已经颁布施行餐厨废弃物管理办法或发布了征求意见稿的省、直辖市全国占比达29%、地级市占比达到30%。试点城市签订承诺书后，中央财政按补助资金的50%拨付启动资金，5年内城市新增餐厨废弃物处理总量超过设定目标90%的，由地方政府提出考核和余款拨付申请，国家发改委、财政部、住建部组织考核，考核重点是“方案实施情况是否达到预期效果，城市绝大部分餐厨废弃物是否得到有效回收、利用和处理，餐厨废弃物回收、资源化利用和无害化处理能力建设是否发挥应有的作用，其中资源化利用和无害化能力建设主要考核新增餐厨废弃物资源化利用和无害化处理总量是否达到预期目标”。我国餐厨垃圾处理属于环保行业中的新兴业务领域，仍处于部分城市试点阶段，目前国内餐厨垃圾处理试点百城验收近半，但行业的发展仍是依靠国家政策层面上的补贴。按照《“十三五”全国城镇生活垃圾无害化处理设施建设规划》，到2020年年底，30%的城镇餐厨垃圾经分类收运后实现无害化处理和资源化利用。

资料来源：靳秋颖，王伯铎. 关于以餐厨垃圾资源化处理促进循环经济发展的探讨[J]. 中国人口·资源与环境，2012，22（S1）.

2．卫生填埋

卫生填埋法是将城市垃圾倾倒在选定的合适场所，用土层将垃圾覆盖到一定厚度，经压实后再铺一层松土，在回填完毕的场地上，可种上树木进行绿化。通常将垃圾铺撒成40～75 cm厚的薄层，然后压实以减少体积，之后用一层15～30 cm厚的土壤覆盖并压实，压实的垃圾和土壤覆盖层共同构成一个单元。具有同样高度的一系列相互衔接的单元构成一个升层，一个或多个升层组成完整的填埋场。

现代化的卫生填埋除了要对填埋的底层做防渗处理、对渗出液进行收集和处理、对臭味和病原菌的消除、对地下水定期监测外，还可对垃圾厌氧发酵产生的沼气进行控制和能源化利用（如发电）。

填埋场地的选择，既要满足保护环境的要求，又要经济可行，主要需考虑以下几个方面：

（1）确定场地面积

从处置场所投入的设施、人员管理、沿途修路等成本考虑，填埋场地要有足够的面积，一般考虑满足10～20年服务期内垃圾的填埋量。

（2）运输距离

运输距离对于该填埋场地的整体运行有着重要意义，太远会增加运输成本和运输难度，太近则又会影响城镇居民的生活环境，同时还应考虑道路能否在各种气候条件下进行运输。

（3）土壤与地形条件

填埋场底层土壤应有较好的抗渗能力，填埋场应能提供足够的土壤，用作填埋场的层间覆土。填埋场地的地形地貌也很关键，因为它决定了地表水以及地下水的流向和流速，影响着填埋作业方式和设备配置，还影响了填埋场地内渗滤液的导流系统和防渗层。

（4）气象条件

气象条件影响进出填埋场的道路状况、风的强度和风向、降水量和降雨强度等。为防止垃圾中的轻质废物如纸屑等的飞扬，场地应避免设置在风口，场地还需设置防风屏障。理想的情况下应把填埋场设置在城市夏季主导风向的下风向。

（5）地质和水文地质条件

水文地质条件如地表水及地下水的流向和流速、地下水埋深及补给情况、地下水质、降水量、蒸发量等均影响填埋场的渗滤液的产生和导流。对于填埋场的选址，含水层的渗透性是一个重要因素。含水层的渗透性大小直接影响填埋场的场地条件，场址原则上应选在渗透性弱的松散岩层或坚硬岩层的基础之上。天然地层的渗透系数最好能达到 10^{-8} cm/s 以下，并且有一定厚度。场地基础应位于地下水（潜水）最高丰水位标高至少 1.5 m 以上，并在地下水主要补给区、强径流带之外。

（6）环境条件

填埋场填埋过程往往有臭味、飞扬物、噪声等，对周边的环境有一定的影响。因此，选择填埋场时要远离居民区，也不应选在城市工农业发展规划区、农业保护区、自然保护区、风景名胜区、文物（考古）保护区、生活饮用水水源保护区、供水远景规划区、矿产资源储备区、军事要地、国家保密地区和其他需要特别保护的区域内。

（7）场地的最终利用

根据填埋场地的规划要求决定最终封场方案。一般可用作建设公园、绿地、高尔夫球场、休闲用地等。

填埋法的主要优点是处理能力大、投资少、工艺简单、能处置多种类型的固体废物。但垃圾填埋存在占地多、资源浪费、防渗不当渗出液易造成二次污染等问题。尽管如此，世界各国垃圾处理应用填埋方法仍占有较大的比例。

3．焚烧

焚烧是一种处理固体废物无害化、减量化、资源化的重要途径。自 20 世纪以来不少国家均用焚烧法处理各类垃圾。焚烧法是使垃圾中的可燃成分在高温（800～1 000℃）条件下经过燃烧反应，使可燃成分充分氧化，最终成为无害稳定的灰渣。

垃圾焚烧法可使垃圾体积减小 90%～95%，并能回收热量用来产生蒸汽和发电，在当前世界能源日趋紧张的情况下，不少国家将利用垃圾焚烧发电作为开发新能源的一种途径。

垃圾焚烧要求垃圾中的可燃成分总热值高，否则，需要消耗辅助燃料才能维持燃烧。发达国家的生活垃圾中可燃成分总热值较大，而我国城市垃圾中可燃成分较低，平均低位热值只有 2 510 kJ/kg，低于国家规定的入炉垃圾最低热值标准 4 184 kJ/kg，达不到维持燃烧所必需的热值，还需要添加辅助燃料。但随着我国经济发展和居民生活水平不断提高，我国生活垃圾的低位热值也在逐步增加。

垃圾焚烧的另一个主要问题是垃圾焚烧过程排放的废气，包括含硫、含氯、含粉尘和含重金属废气，以及二噁英所造成的“二次污染”。为了减少“二次污染”，需增加昂贵的废气净化装置，加上焚烧炉本身一次性投资高，运行费用大，这些均造成了焚烧法投资大、技术复杂的缺点。

典型垃圾焚烧的流程如图 5-4 所示。

4．堆肥

堆肥处理是指在人工控制条件下，生活垃圾中可生物降解的部分在微生物作用下转化为稳定的腐殖质的过程。

生活垃圾经过堆肥处理可制得有机肥，也称“腐殖土”，可作为肥料施于农田。堆肥法包括好氧堆肥法和厌氧堆肥法，利用堆肥技术处理城市生活垃圾，不仅能有效地解决城市生活垃圾的出路、解决环境污染和垃圾无害化问题，也为农业生产提供了适用的腐殖土。因此，利用堆肥技术处理城市生活垃圾也受到了世界各国的重视。

二、农业废弃物的资源化利用

农业废弃物包括养殖废弃物（如畜禽粪便）和种植废弃物（如秸秆、瓜藤和菜叶等）。

这里以秸秆为例说明资源化的利用途径。一直以来，秸秆作为农村的主要燃料和养殖业的原料得到充分的资源化利用。但随着新农村的建设，农村居民燃料普遍被石油液化气和天然气所替代。同时，随着养殖的集约化，秸秆成了名副其实的农业废弃物。近年来，秸秆随地焚烧的事件时有发生，这不仅浪费了资源，还污染了环境。

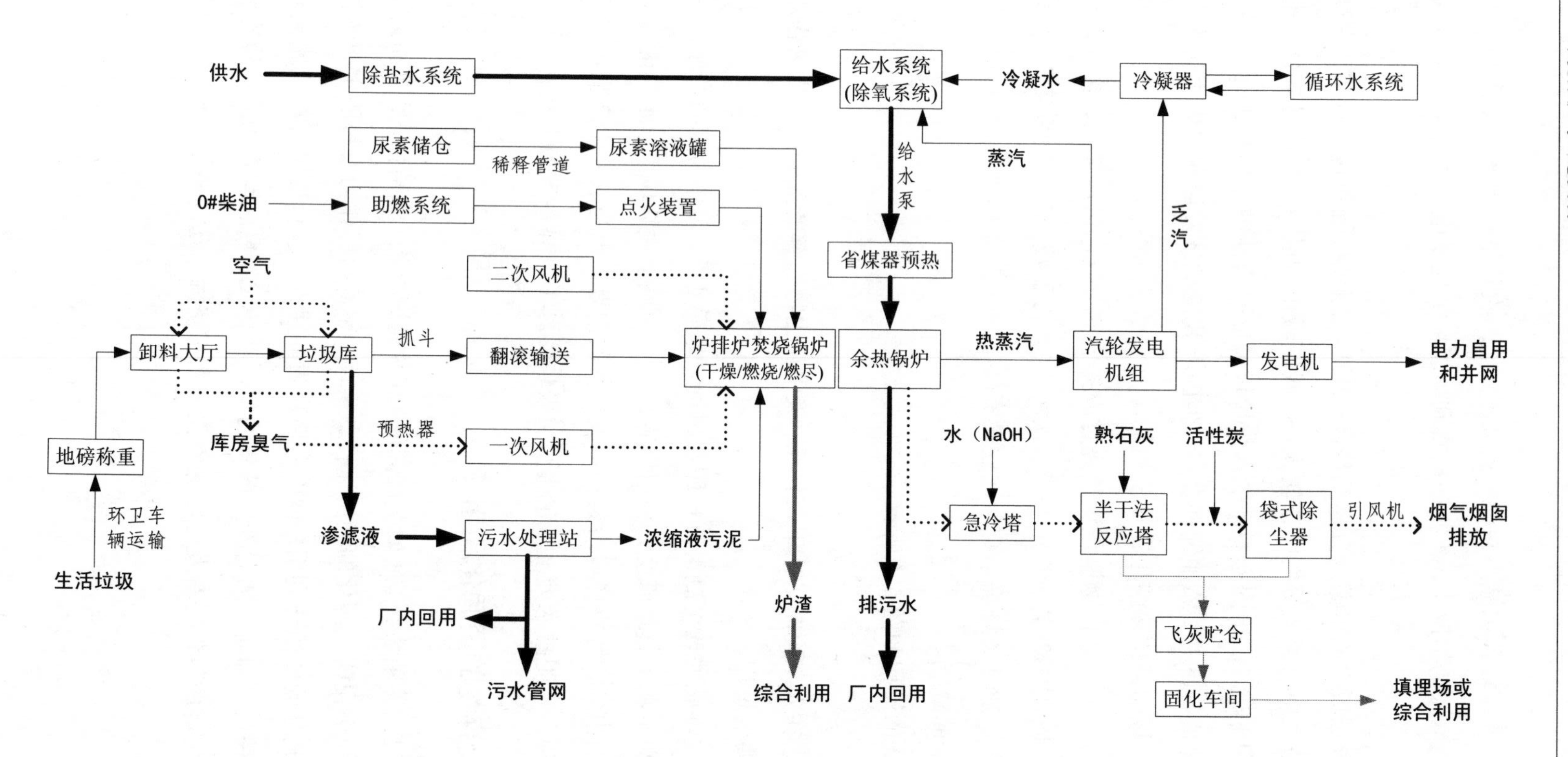

图 5-4 生活垃圾焚烧工艺流程示意

秸秆的资源化利用技术可包括以下几方面：

1）秸秆还田利用技术。农作物秸秆不仅富含碳，还含有氮、磷、钾和钙、镁、硫等多种养分，是农业生产重要的肥源之一。

2）农业秸秆养畜技术。包括：①秸秆氨化技术。在密闭条件下，在稻、麦、玉米等农作物秸秆中加入一定比例的液氨或者尿素进行处理，使纤维素及半纤维素部分分解、细胞膨胀、结构疏松，提高秸秆营养价值，使之柔软蓬松，脆性增强，气味变香。②秸秆青贮技术。将新鲜的秸秆切短或铡碎填入密闭的青贮窖或青贮塔内，利用厌氧微生物发酵作用，使其长期保存营养成分，饲料在口味、营养及生物化学功能上独具特色。

3）农业秸秆堆肥技术。将农作物秸秆等植物残体在好氧条件下堆腐成有机肥料，也是农村中常见的秸秆利用方式。

4）秸秆栽培食用菌加工技术。秸秆富含食用菌所必需的碳源、氮源、矿物质、维生素等营养物质，是成本低廉的食用菌培养基质。

5）秸秆制能源技术。包括：①固化成型燃料技术。将秸秆粉碎成松散细碎料，挤压成质地致密、形状规则的成型燃料。②生物质气化技术。在一定的热力学条件下，将组成生物质的碳氢化合物转化为含一氧化碳和氢气等可燃气体的过程。③秸秆沼气发酵技术。即通过作物秸秆适配人畜粪在厌氧条件下发酵产生出含甲烷为主要成分的可燃气体，其过程如图 5-5 所示。

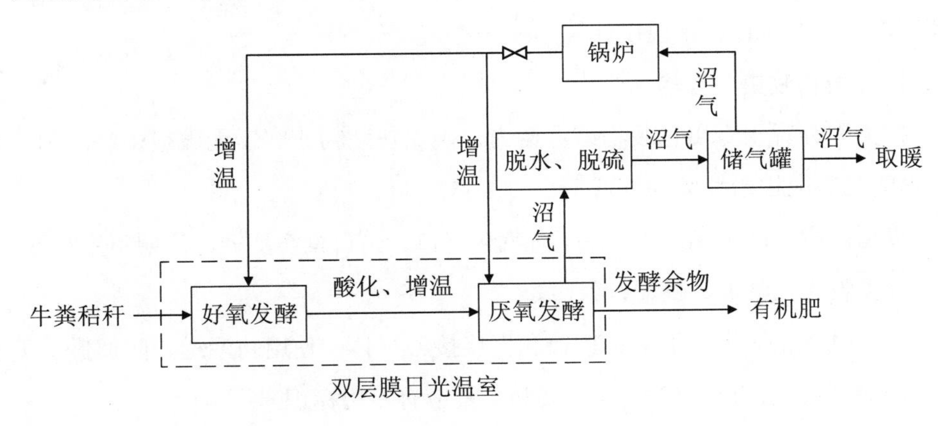

图 5-5　秸秆沼气发酵技术流程

6）秸秆制轻型建材技术。秸秆和木材的化学组成较为相似，农作物秸秆经过碾磨处理后与树脂混合物在金属模中加压成型处理，可作为人造板原料生产建筑用板材。

7）秸秆皮壳制淀粉技术。秸秆皮壳经过一定的化学方法处理可以提取淀粉。

8）秸秆编织加工技术。秸秆可用来编织各式各样的编织品，如草帘、草包、草毡用作保温材料和防汛器材，还可编给草帽、草垫等工艺品和日用品。

9）秸秆造纸新技术。植物纤维是制浆造纸工业的基本原料，我国每年用于造纸的农作物秸秆将近 1 500 万 t，是世界上最大的草浆生产国，世界上非木材纸浆的 75%以上产自中国。

三、医疗废物的处置

1．医疗废物的分类

1）感染性废物：指携带病原微生物具有引发感染性疾病传播危险的医疗废物，包括被病人血（体）液、排泄物污染的物品，传染病病人产生的垃圾等。

2）病理性废物：指在诊疗过程中产生的人体废弃物和医学试验动物尸体，包括手术中产生的废弃人体组织、病理切片等。

3）损伤性废物：指能够刺伤或割伤人体的废弃的医用锐器，包括医用针、解剖刀、手术刀、玻璃试管等。

4）药物性废物：指过期、变质或被污染的废弃药品，包括废弃的一般性药品，废弃的细胞毒性药物和遗传毒性药物等。

5）化学性废物：指具有毒性、腐蚀性、易燃易爆性的废弃化学物品，如废弃的试剂、消毒剂、汞血压计、汞温度计等。

2．医疗废物收集与运输

1）按类别分置于专用包装物或容器内，确保包装物或容器无破损、渗漏和其他缺陷，破损的包装应按治疗废物处理。

2）废物盛放不能过满，大于 3/4 时就应封口，封口紧实严密，注明科室和数量。

3）分类收集，禁混、禁漏、禁污。

4）运送时防止流失、泄漏、扩散和直接接触身体；使用防渗透、防遗撒、无锐利边角、易装卸和清洁的专用工具，包装和工具应有专用标识。

5）建立医疗废物暂存处，设备不得露天存放，并设专人负责管理。

6）做好登记，内容包括来源、种类、重量和数量、交接时间、最终去向及经办人签名等，资料保存 3 年。

7）对垃圾暂存处、设施及时进行清洁和消毒处理，禁止转让买卖医疗废物。

8）医疗垃圾存放时间不得超过 2 d，每日对运送工具进行清洁消毒。

3．医疗废物的处置

主要有焚烧法、蒸煮法、干热灭菌法、化学处理法、微波处理法、电子加速器等方法。

（1）焚烧法

焚烧处理技术主要优点是体积和重量显著减少，废物毁形明显；适用于所有类型医疗废物及大规模应用；运行稳定，消毒灭菌及污染物去除效果好；潜在热能可回收利用；技术比较成熟。缺点主要表现在成本高，空气污染严重，易产生二噁英、多环芳烃、多氯联苯等剧毒物及 HCl、HF 和 SO_2 等有害气体，需要配置完善的尾气净化系统；底渣和飞灰具有危害性。

（2）蒸煮法

压力蒸汽灭菌技术主要优点是投资低、操作费用低，易于检测，残留物危险性较低，消毒效果好，适宜的处理范围较广等优点。主要缺点是体积和外观基本没有改变；可能有空气污染物排放，易产生臭气，不能处理甲醛、苯酚及汞等物质。

（3）化学消毒法

化学消毒法主要优点是工艺设备和操作简单方便、除臭效果好、消毒过程迅速、一次性投资少、运行费用低。缺点是干式废物对破碎系统要求较高，对操作过程的 pH 值监测要求很高。湿式废物处理过程会有废液和废气生成，大多数消毒液对人体有害。

（4）电磁波灭菌处理法

电磁波灭菌处理法主要优点体现在体积显著减少，垃圾毁形效果好；系统完全封闭，环境污染很小；完全自动化，易于操作。缺点是建设和运行成本不低；处理后减重效果不好，会有臭味，不适合血液和危险化学物质的处理。

（5）等离子体处理技术

等离子体处理技术主要优点是低渗出、高减容、高强度，处置效率高，可处理任何形式医疗废物，无有害物质排放，潜在热能可回收利用。缺点是建设和运行成本很高，系统的稳定性易受影响，可靠性有待验证与提高。

（6）干热灭菌法

干热灭菌主要优点是杀菌效果可靠，建设和运行成本低，处理后的垃圾可进行填埋处理或综合利用，处理过程不采用消毒剂。缺点是需进行破碎化等预处理，热传导速度慢；可能有空气污染物排放，易产生臭气。

（7）高温热解法

高温热解法主要优点是处理彻底，运行成本大大低于常规焚烧法，产生的烟气量明显减少，总体费用比常规焚烧法小；产生有害物质少，降低了二噁英的生成不需要预处理，不需要分类，直接投入炉内进行处理即可，因此对处理的废物无明显选择性。

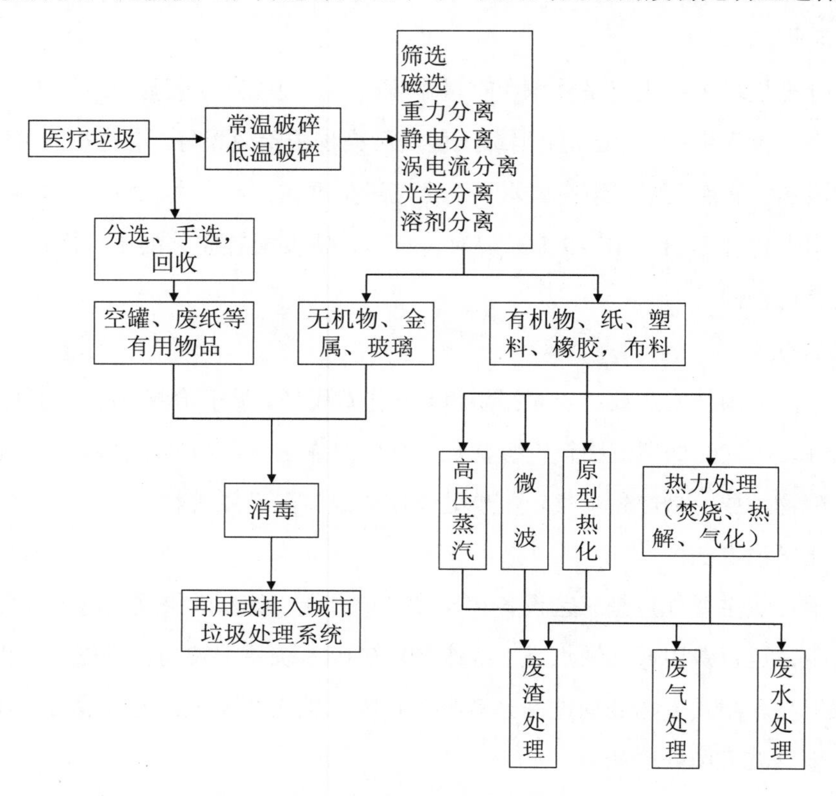

图 5-6 医疗废物主要处理工艺流程

四、电子废弃物的资源化与处理

电子废弃物俗称“电子垃圾”，洗衣机、电视机等家用电器和手机、计算机等通信电子产品的淘汰品是较为常见的电子垃圾。随着大数据、云平台、“互联网＋”信息时代的到来，信息化产品全球用户数量不断增加，由此导致了大量电脑、手机、印刷电路板等电子废弃物的产生。电子废弃物被称为“城市矿山”，其中有很高的金属回收价值，常见的有铜、铝、铅、锌，贵金属元素如金、银，铂族及稀土元素如钐、铕、钇等。同时，电子废弃物中还含有工程塑料和玻璃纤维。电子废弃物能否实现资源化利用对生存环境的保护、社会的可持续发展具有重要意义。

应用最多的资源化技术为机械处理技术、生物冶金技术、湿法冶金技术、低温碱性熔炼技术及火法冶金技术等。

1．机械处理技术

机械处理技术是根据电子废弃物组成成分在物理性能上的差异进行分选的手段，工艺流程为拆卸、破碎和分选 3 个过程，机械处理技术处理电子废弃物的基本流程见图 5-7。

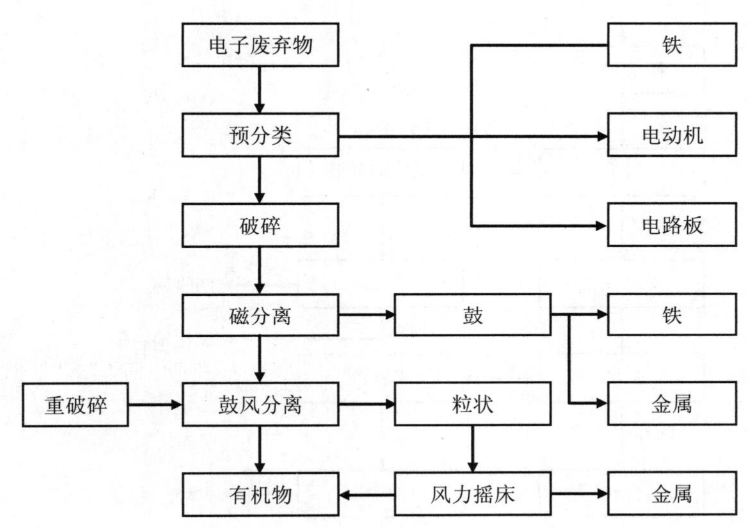

图 5-7 机械处理技术处理电子废弃物的基本流程

常用的破碎设备有 4 种，分别为锤碎机、锤磨机、切碎机和旋转破碎机。分选设备根据作用特性的差异，主要有涡流分选机、静电分选机、风力分选机、旋风分离器和风力摇床 5 种。涡流分选机和静电分选机主要用来分选非铁金属和塑料，风力分选机和旋风分离器主要用来分选塑料和金属。

2．生物冶金技术

生物冶金技术处理电子废弃物，一般是利用微生物的存在，通过微生物的催化氧化作用，电子废弃物中有价金属以离子形式溶解到浸出液中并最终回收，或溶解并去除电子废弃物中有害元素的方法。生物冶金是微生物（主要为细菌）作用与湿法冶金技术相结合的一种新工艺。

生物冶金技术包括细菌浸出法（也叫生物浸出法）和生物氧化法。生物浸出法是利用某些微生物的代谢作用把金属从固体矿物中提取到溶液中；生物氧化则是由微生物引起的氧化过程，在这个过程中，有价金属留在固相中并富集，浸出液可排放。

3．湿法冶金技术

湿法冶金技术流程一般为首先将经过预处理的电子废弃物放置在酸性或碱性溶液介质中反应，反应后的溶液经分离和深度净化除杂，再利用溶剂进行萃取、吸附或离子交换等，并通过浓缩回收金属，最后以电积、化学还原或结晶的方式回收金属。其具体流程如图 5-8 所示。

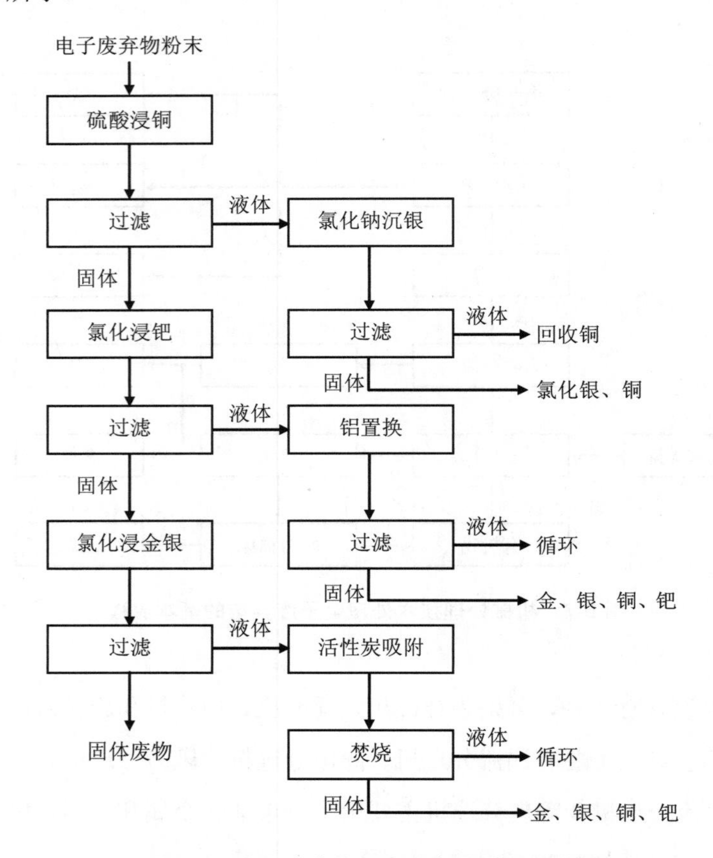

图 5-8　电子废弃物湿法冶金技术工艺流程

4．低温碱性熔炼技术

低温碱性熔炼技术是指以碱性熔盐为介质，在远低于传统火法冶金冶炼温度下（一般不超过 900℃）熔炼金属资源，得到相应的金属单质或可溶盐的过程，根据反应的不同分为还原和氧化熔炼。还原熔炼可用于铅酸蓄电池及硫化物、氧化物、硫酸盐型原料的处理。如处理含铅电子废弃物时，以 PbS 或其他硫化物为还原剂，将含铅电子废弃物中的 PbO、PbO_2、$PbSO_4$ 等还原成金属铅，在 600～700℃熔炼得到再生铅。

氧化熔炼主要用于处理废弃电路板等单质、合金、氧化物型原料，氧化熔炼处理电子废弃物反应温度一般低于500℃，在氧化环境下，电子废弃物中两性金属（铅、锡、锌、铝等）与熔盐接触中反应生成可熔钠盐，铜及贵金属因不与碱反应而以固态渣形式存在。最后通过水浸得以将两性金属和铜及贵金属有效分离。浸出液中有价金属通过化学沉淀进行回收，铜及贵金属富集的固态渣则通过酸法工艺回收。

5．火法冶金技术

火法冶金技术是应用最广泛的电子废弃物处理方法。传统工艺是利用焚烧、热解、熔炼等高温的手段去除电子废弃物中塑料及其他有机物，从而达到金属富集的目的。所有形式的电子废弃物都可通过该方法进行处理。该方法对于电子废弃物的物理规格要求不高，同时对于金属的回收效果较好。电子废弃物（印刷电路板）上黏结剂和其他有机物等经焚烧会产生大量有害气体，其中最需要关注的是二噁英；同时废旧印刷电路板中的陶瓷及玻璃成分使熔炼炉的炉渣量增加，炉渣的排放增加了二次固体废物产生，同时渣中残存的一些有用金属也被废弃，由此造成金属的流失。

五、废旧汽车的拆解与利用

随着人类社会的不断发展与进步，汽车的应用和普及极大地推动了社会经济的发展，使人们的生活水平不断提高，从根本上改变了人们的生活方式、思想观念，成为人们生活中不可缺少的一部分，然而由此引发的废旧汽车回收与利用问题也日益严重。

1．废旧汽车现状及危害

根据国家统计局统计，截至2019年年末，全国民用汽车保有量达到了26 150万辆，预计到2020年我国汽车保有量将达到2.80亿辆，将超越美国成为全球最大市场。随着汽车销售数量的增长，汽车报废数量相应也在快速增长，给社会带来诸多问题。废旧汽车如果得不到合理的处理，将会给未来带来极其严重的社会、经济、环境等问题。首先，废旧汽车重新回流进入社会危害极大。由于废旧车辆本身已不符合道路行驶条件，被再次改装后进入路面行驶，其车本身性能大变，安全系数大大降低。其次，废旧汽车对环境污染极大。汽车废旧后被非正确处理过程中，所产生的废气、废油、废电瓶以及废旧零部件对环境的污染十分严重。超期使用的废旧汽车，在使用过程中，功能下降，安全隐患增加。

2．废旧汽车的拆解工艺

废旧汽车的处理工艺流程包括预处理、拆解、分类。预处理是对有害于环境的材料和零部件进行无害化和安全化处理。经过预处理后废旧汽车需要进行拆解并对可回收部分进行分类。拆解的方式根据拆解零件分解程度分为非破坏性拆解（将零部件完好拆离)、准破坏性拆解(对连接件进行破坏拆解)和破坏性拆解(没有限制条件任意分解)。典型的废旧汽车拆解工艺流程如图 5-9 所示。

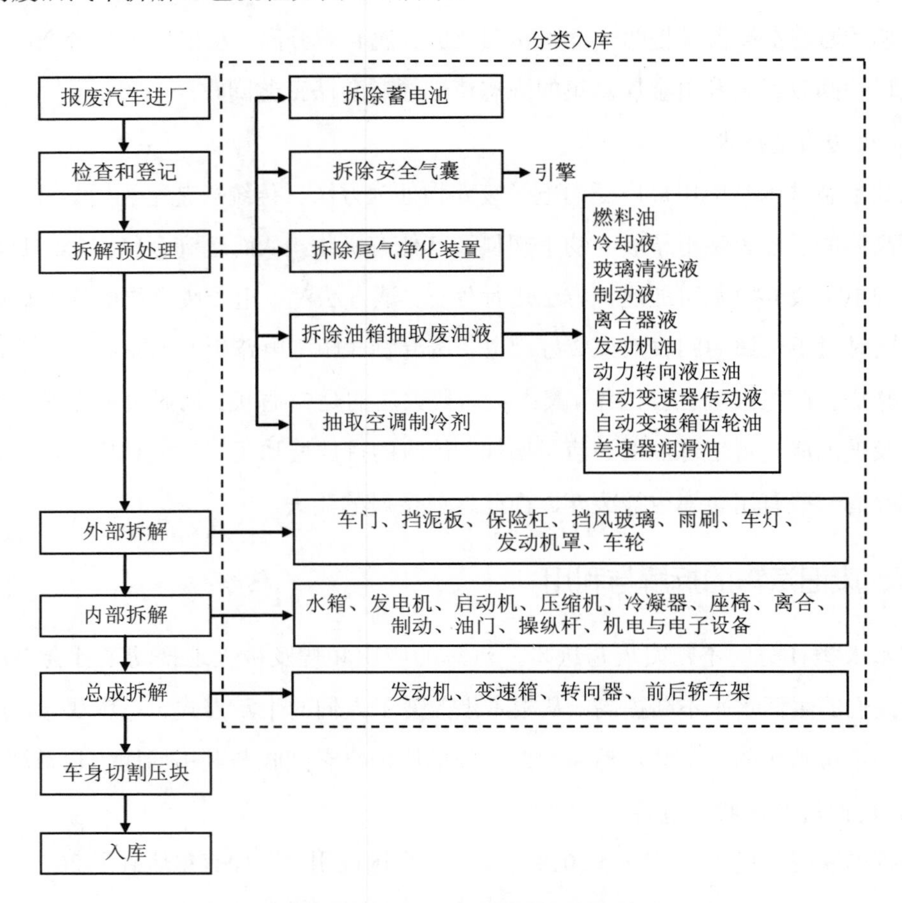

图 5-9 废旧汽车拆解工艺流程

3．国外废旧汽车回收利用现状

在国外，废旧汽车的拆解与利用能为其创造不菲的经济价值。例如，美国的汽车平均使用寿命约为 13 年，报废汽车不能被随便遗弃，必须送到专门的报废汽车回收利用企业进行处理。由于美国对每辆报废车给予 4 000 美元左右的高补贴，美国人一般不会把报废汽车卖到黑市。美国报废汽车回收利用采用机械化操作，废旧汽车回收在美国已成为一项年获利达数十亿美元的产业。

德国在废旧汽车回收利用方面取得了很好的成绩，可回收利用的汽车零件达到了 75%，对废旧汽车的发动机、电池、玻璃、安全带、保险杠、车门以及汽油、润滑剂、冷却剂等进行分门别类的处理。2000 年，德国所有汽车 85%的零件已回收利用，在 2015

年，每辆汽车中当作垃圾扔掉的部分仅占汽车重量的 5%。

日本在 2005 年开始施行《汽车回收利用法》，按照“谁使用、谁负责”的原则，消费者在购买新车时就要交纳汽车回收处理费，用于补贴回收废旧汽车；对汽车制造企业要求在设计制造汽车时要尽可能多地采用可回收利用的材质和结构。

4．国内废旧汽车回收利用现状

目前我国拆解与利用废旧汽车主要存在如下问题：

1）行业监管不力，报废汽车回收率低。我国每年汽车的报废量很大，但许多报废汽车没有按规定强制报废，真正由报废汽车资质企业回收拆解的数量远低于注销车辆，回收率仅在 30%左右。

2）我国目前有报废汽车回收拆解资质认证的企业较少，且拆解效率不高，行业内也缺乏骨干企业和具备一定规模优势的破碎中心。

3）缺乏统一的汽车零部件报废产业标准和检测标准，大部分企业主要凭经验判断。废旧汽车零部件再利用率不高。

4）拆解技术落后，环境污染严重。大多数相关企业专用设备缺乏，机械化程度低，无法做到精细拆解。对于废铅酸蓄电池、废油、废液等在拆解过程中操作不规范，易造成环境二次污染。

因此，加强废旧汽车的回收与利用已经是迫在眉睫的问题。推进废旧汽车零部件的循环利用，废旧汽车金属及非金属材料的回收再利用，不仅能够缓解我国资源匮乏问题，还能节能减排，这对于发展循环经济、建立节约型社会意义十分重大。

据估算每万辆废旧汽车的拆解，可回收：①旧轮胎 1 500 t；②钢 6 500 t、废铝 500 t、废铜 350 t；③类塑料 800 t；④类拆解纤维 300 t。

思考题

1. 生活垃圾进入垃圾填埋场或垃圾焚烧厂处理，你认为哪个更合理？

2. 列举并比较美国、德国、新加坡、日本等发达国家的垃圾分类状况和措施，在此基础上，请对我国现行的垃圾分类制度提出你的看法和见解。

3. 比较各种固化方法特点，并说明它们的应用范围。

4. 简述现阶段常用的几种固体废物处理技术以及相应的技术特点及原理。

5. 请列举几种典型固体废物并简述相应的处理技术。

第六章　土壤环境保护

第一节　土壤污染概述

一、土壤环境

土壤环境是岩石经过物理、化学、生物侵蚀和风化的作用，以及地貌、气候等因素长期作用形成的。土壤环境的形成取决于母岩的自然环境。由于风化的岩石受到各类化合物的淋滤作用，同时在生物的作用下，产生积累或溶解于土壤水中，形成含有多种植被营养元素的土壤环境。

土壤环境是地球陆地表面具有肥力、能生长植物和微生物的疏松表层环境。土壤是由固体、液体、气体三相共同组成的多相体系。固相包括矿物质（原生矿物、次生矿物）、动植物残体腐烂分解产生的有机质和微生物，占土壤总质量的90%～95%；液相包括水分及其水溶物，称为土壤溶液。

各地的自然因素和人为因素不同，形成各种不同类型的土壤环境。中国土壤环境存在的问题主要有农田土壤肥力减退、土壤严重流失、草原土壤沙化、局部地区土壤环境被污染破坏等。随着我国经济社会的快速发展，工业化和城市化进程不断加剧，我国面临的土壤污染形势也越来越严峻。因此，从当前的土壤环境面临的问题出发，探讨土壤污染的防治迫在眉睫。

二、土壤污染的概念

土壤污染是指人类活动产生的环境污染物进入土壤并积累到一定程度，引起土壤环境质量恶化的现象。土壤污染的实质是通过各种途径进入土壤的污染物，其数量超过了土壤的自净能力，速度超过了土壤自净的速度，引起土壤组成、结构、功能的变化。土壤质量下降，破坏了自然动态平衡，微生物活动受到抑制，有害物质或其分解产物在土壤中逐渐积累，影响到作物的生长发育，引起产量和质量的下降。土壤污染也包括由土壤污染物质的迁移转化引起的大气或水体污染，并通过食物链，最终影响人类的健康。

土壤是否受到污染，不但要看污染物含量是否增加，还要看其后果，即加入土壤的物质给土壤生态系统造成了危害，才能称为污染。因此，判断土壤是否污染时，不仅要考虑土壤的背景值，还要考虑植物中有害物质的含量、生物反应和对人体健康的影响。有时污染物超过背景值，但并未影响植物正常生长，也未在植物体内进行积累；有时土壤污染物虽然超过背景值不多，但由于某些植物对某些污染物的吸收富集能力特别强，反而使植物中的污染物达到了污染程度。尽管如此，以土壤背景值作为土壤污染起始值的指标或土壤开始发生污染的信号，仍然不失为一种简单易行、有效的判断方法。

三、土壤污染的类型

1．根据污染物的来源分类

（1）水污染型

主要是通过污水灌溉，将未经处理或未达到排放标准的工业废水、城市生活污水和受污染的地表水用来灌溉农田，其后果是将污水中的有毒有害物质带至农田，进而污染土壤。这种污染类型属于封闭式局限性污染。

（2）大气污染型

大气污染物主要是通过空气的干湿沉降过程来污染土壤的。各种工业企业生产活动排放的 SO_2、NO_x 等有害气体在大气中能够相互发生化学反应而形成酸雨，通过自然降水的形式进入土壤，引起土壤酸化现象。生产磷肥的工厂、有色金属冶炼厂等工业企业生产活动排放的重金属、粉尘、烟尘等粒子在地球重力的作用下，以空气降尘的形式进入土壤，造成了土壤污染。

（3）固体废物污染型

各种工业企业生产活动产生的废弃物、城市生活垃圾等固体废物在堆积、掩埋和处置的过程中，不仅会直接占用大量的地表土地，而且通过大气迁移、扩散、降水、地表径流等方式又会污染周围地区的土壤，造成土壤的点源型污染。例如，农用塑料薄膜作为大棚、地膜覆盖物被广泛使用，若管理使用不当，就会产生不易挥发、分解的“白色污染”，长期滞留在土壤中造成污染。

（4）农业污染型

农业生产中对化肥、农药的过量或不合理施用会造成土壤的污染。例如，长期大量施用的氮肥，会破坏土壤自身的物质结构，造成土壤板结硬化，使土壤的生物学性质恶化，进而引起农作物产量的降低和质量的下降。农药虽然具有杀灭虫害的作用，但是任何一种农药中都含有大量的有毒有害物质，长期使用或使用不当也都会引起土壤的污染。而且，农作物从土壤中吸收农药，在根、茎、果子、种子等部位积累，通过食物链危害人体健康。此外，农药也会使有益于农业的微生物、昆虫、鸟类受到伤害，破坏生态系统。

2．根据污染物种类分类

（1）重金属污染型

土壤污染中的重金属污染不同于有机污染，它不能被生物所降解，只有通过生物的吸收才能得以从土壤中去除。残留在土壤中的重金属元素可通过渗漏进入地下水，或者是通过不同途径进入食物链，在食物链不同营养级中累积放大。这些重金属元素不但对土壤环境本身和农产品质量产生威胁，当土壤中的这些重金属被植物吸收后，通过食物链还可危害人体的健康。

通过土壤影响人体健康的重金属很多，主要有汞、镉、铅、砷、铬等生物毒性显著的元素以及锌、铜、镍等有毒性的元素。其中铜和矾具有抗生殖作用，铅和汞能影响胚胎正常发育，铅对儿童有很强的神经毒性，铅、砷污染是致癌的主要原因，镉会影响人体内酶的正常活动，并可造成贫血、高血压、骨痛病等疾病。重金属污染一般发生在工厂周围，例如，在生产过磷酸钙工厂的周围，土壤中砷和氟的含量显著增高；铅、锌冶炼厂周围的土壤一般会受到铅、锌、镉等的污染。重金属污染在土壤中移动性很小，不易随水淋滤，难被微生物降解。

（2）残留农药污染型

喷施于作物体上的农药，除部分被植物吸收或逸入大气外，约有一半散落于农田，这一部分农药与直接施用于田间的农药构成农田土壤中农药的基本来源。农作物从土壤中吸收农药，在根、茎、叶、果实和种子中积累，作为食物危害人体的健康。这种危害是多方面的，主要有以下几个方面：①对人体神经的影响；②致癌作用；③对肝脏的影响；④诱发突变；⑤慢性中毒等。

（3）病原体污染型

土壤中含有一定量的病原体，例如，肠道致病菌、肠道寄生虫、钩端螺旋体、破伤风杆菌、霉菌和病毒等，这些病原体主要来自医院污水、未经处理的粪便、垃圾、生活污水、饲养场和屠宰场等。病原体可以在土壤中生存较长时间，例如，结核杆菌能生存一年左右，蛔虫卵能生存 315～420 天，痢疾杆菌能生存 22～142 天。其中危害最大的是传染病医院未经消毒处理的污水和污物。

被病原体污染的土壤能传播许多传染病。这些病原体如果随着带菌者的粪便及其衣物、器皿的洗涤水进入土壤，再通过雨水的冲刷和渗透，又被带进地面水或地下水中，就有可能引起这些疾病的暴发与流行。此外，还有些人畜共患的传染病或与禽有关的疾病，也能通过土壤在禽间或人禽间传染，如禽流感。被有机废弃物污染的土壤，是蚊蝇孳生和鼠类繁殖的场所，而蚊蝇和鼠类又是许多传染病传播的媒介。因此，被病原体或有机废弃物污染的土壤是非常危险和可怕的。

（4）放射性污染型

放射性核素可通过多种途径污染土壤，例如，放射性废水排放到地面上，放射性固体废物埋藏在地下，核企业发生放射性排放事故等，都会造成局部地区土壤的严重污染。大气中的放射性物质沉降或雨水冲刷，施用含有铀、镭等放射性核素的磷肥和用放射性污染的河水灌溉农田也会造成土壤的放射性污染。

由核裂变产生的两个重要的长半衰期放射性元素是 ^{90}锶（半衰期为 28 年）和 ^{137}铯（半衰期为 30 年）。这两种元素是对人体危害较大的长寿命放射性核素。因长寿命放射性核素的衰变周期长，进入人体后会通过放射性裂变产生α、β、γ射线，将对机体产生持续的照射，使机体的一些组织细胞遭受破坏或变异。此过程将持续至放射性核素蜕变成稳定性核素或全部被排出体外为止。

四、土壤污染的特点

土壤自身构成物质的特殊性，决定了土壤污染相对于大气污染、水污染等其他环境污染具有独特的性质。

1．土壤污染具有隐蔽性和滞后性

土壤污染是由于污染物在土壤中长期积累而形成的，具有隐蔽性和滞后性的特点。一般情况下，需要通过对土壤进行植物产品质量分析检测、植物生态效应监测、植物产品产量监测以及环境效应监测等技术手段才能发现土壤受污染的状况和污染程度。有时，人或动物需要长期摄入由污染土壤生产的植物产品，通过检查其健康状况，才能反映出土壤污染的严重后果。因此，土壤污染从产生污染到发现问题通常会滞后较长的时间，例如，发生在日本的“痛痛病”事件在经历了数十年后才被人们所认识。

2．土壤污染具有累积性和地域性

污染物在土壤中的迁移能力比在大气和水体中都要弱，这使得污染物难以扩散和稀释。因此各种污染物容易在土壤中不断积累而超标。同时，污染物的聚集也使土壤污染具有很强的地域性。

3．土壤污染具有不可逆转性和长期性

污染物进入土壤后，由于流动性差，大部分污染物不容易在土壤中迁移和被稀释，从而导致土壤中的污染物不断积累。同时，污染物的增多会使复杂的土壤组成物质发生一系列转化作用，其中许多污染物的转化作用是一个不可逆转的过程。由于土壤是一个络合—螯合体系，土壤中几乎所有的金属离子都有形成络合物和螯合物的能力，形成的络合物和螯合物可以几十年甚至几个世纪存在于土壤中，在常态下很难分解和转化。土壤一旦受到污染就很难恢复。因此，土壤污染的治理就是一个长期的过程。

4．土壤污染具有难以治理的特性

土壤污染物的来源具有多样性，病原体、重金属、有机物、放射性元素等都会造成土壤的污染，甚至有的土壤受到多种污染物的混合污染。这些在土壤中积累下来难以降解的污染物很难靠简单的稀释作用和土壤的自净化作用来消除。这就使得土壤污染一旦发生，仅依靠切断污染源的方法很难达到治理效果，更多的时候就需要依靠换土、淋洗土壤等高成本的技术方法才能治理污染。因此，土壤污染在治理过程中就具有了治理成本较高、治理周期较长的特性。

案例 14　拉夫运河事件及治理

拉夫运河位于纽约州，靠近尼亚加拉大瀑布，是一个世纪前为修建水电站挖成的一条运河，20 世纪 40 年代干涸被废弃。1942 年，美国一家电化学公司购买了这条大约 1 000 m 长的废弃运河，当作垃圾仓库来倾倒大量工业废弃物，并持续了 11 年。1953 年，这条充满各种有毒废弃物的运河被公司填埋覆盖好后转赠给当地的教育机构。此后，纽约市政府在这片土地上陆续开发了房地产，盖起了大量的住宅和一所学校。从 1977 年开始，这里的居民不断发生各种怪病，孕妇流产、儿童夭折、婴儿畸形、癫痫、直肠出血等病症也频频发生。1987 年，这里的地面开始渗出含有多种有毒物质的黑色液体。这件事激起当地居民的愤慨，当时的美国总统卡特宣布封闭当地住宅，关闭学校，并将居民撤离。事出之后，当地居民纷纷起诉，但因当时尚无相应的法律规定，该公司又在多年前就已将运河转让，诉讼失败。直到 20 世纪 80 年代，环境对策补偿责任法在美国议院通过后，这一事件才被盖棺定论，以前的电化学公司和纽约政府被认定为加害方，共赔偿受害居民经济损失和健康损失费达 30 亿美元。

拉夫运河填埋场污染清除（应急响应）始于 1978 年 4 月，仅清理出含废弃化学品大桶，但未清挖填埋场内污染的淤泥和土壤，而是采用风险管控措施，即在地下水流上游方向开挖截污沟（1.2 m 宽，6.0 m 深）并铺设瓦质排污管道系统，在填埋场上方覆盖黏土和高密度聚乙烯膜等材质的阻隔层，同时采用抽出处理方法修复污染地下水，旨在通过抽出污染地下水把填埋场内污染物全部淋洗出来。但自 1979 年 12 月开始抽出处理的污染地下水，直到现在都没停止。抽出处理污染地下水水量多年平均值是 1.36 万 t/a。另有 153 个监测井（含 21 个钻至基岩监测井），以定期观测水位水质及其地下水流场变化。据 ROD（rate of descent）记录，填埋场栅栏外围已经达标，但填埋场内部监测井污染物浓度几乎没有变化，特别是 NPAL（nonaqueous phase liquids）指标，换言之，抽出处理几十年仍未达到预期修复目标。

资料来源：https：//baike.baidu.com/item/拉夫运河事件.

五、土壤污染的危害

近年来，伴随我国工业化的快速发展，土壤遭到越来越严重的污染，同时对环境和人体健康也产生了巨大的危害。

1．影响农产品的产量

由于土壤污染，农作物可能会通过根部吸收污染物，并且富集在茎、叶、果等部位，影响作物生长，造成减产，给农业生产带来巨大的经济损失。以土壤重金属污染为例，全国每年粮食减产 1 000 多万 t，另外被重金属污染的粮食也多达 1 200 万 t，合计经济损失达 200 亿元。

2．导致农作物质量不断下降

我国大多数城市近郊土壤都受到了不同程度的污染，有许多地方粮食、蔬菜、水果等食物中镉、铬、砷、铅等重金属含量超标或接近临界值，降低了农产品的卫生品质。有些地区由于污水灌溉已经使得蔬菜的味道变差，容易腐烂，甚至出现难闻的异味；农产品的储藏品质和加工品质也不能满足深加工的要求。

3．对人体健康产生危害

植物吸收土壤中的污染物，并通过食物链富集到动物和人体中，长期食用受污染的农产品会引发癌症等疾病，危害人畜健康。人类吃了含有残留农药、重金属等污染物的各种食品后，这些有毒有害物质在人体内不易分解，经过长期积累会引起内脏机能受损，使肌体的正常生理功能发生失调，造成慢性中毒，影响身体健康。特别是杀虫剂会引起致癌、致畸、致突变的“三致”问题，令人十分担忧。例如，日本发生的“镉大米”事件，就是由于农民长期使用铅锌冶炼厂的含镉废水灌溉农田，导致土壤和稻米中的镉含量增加。当人们长期食用这种稻米，使得镉在人体内蓄积，从而引起全身性神经痛、关节痛、骨折，以致死亡。

4．对人居环境安全产生危害

住宅、商业、工业等建设用地土壤污染还可能通过呼吸吸入、皮肤接触等方式危害人体健康。污染场地未经治理直接开发建设，会给有关人群造成长期的危害。污染场地土壤经治理后才能进行开发建设，但是在治理过程中，农药等有机物散发的气味也会对人类的居住环境造成相当大的危害。

5．引起其他环境问题

土壤受到污染后，含重金属较高的表土容易在水力的作用下进入水体中，导致地表水和地下水的污染；也容易在风力的作用下进入大气中，造成大气污染；也会影响植物、土壤动物和微生物的生长和繁衍，危及正常的土壤生态环境和生态服务功能，不利于土壤养分转化和肥力保持，影响土壤的正常功能。

六、我国土壤污染现状

联合国 2015 年发布的《世界土壤资源状况》指出，土壤面临严重威胁。由于土壤侵蚀每年导致 250 亿～400 亿 t 表土流失，导致作物产量、土壤的碳储存和碳循环能力、养分和水分明显减少，侵蚀造成谷物年产量损失约 760 万 t。如果不采取行动减少侵蚀，预计到 2050 年谷物总损失量将超过 2.53 亿 t，相当于减少了 150 万 km^2 的作物生产面积，或印度的几乎全部耕地。另外，土壤中盐分的积累会导致作物减产，甚至颗粒无收，人为因素引起的盐渍化影响了全球大约 76 万 km^2 的土地等。

2008 年在北京召开的第一次全国土壤污染防治工作会议上指出，当前我国土壤污染防治面临的形势十分严峻，部分地区土壤污染严重，土壤污染类型多样，呈现新老污染物并存、无机有机复合污染的局面。土壤污染途径多，原因复杂，控制难度大，由土壤污染引发的农产品安全和人体健康事件时有发生，成为影响农业生产、群众健康和社会稳定的重要因素。

根据环境保护部和国土资源部于 2014 年发布的《全国土壤污染状况调查公报》来看，全国土壤环境状况总体不容乐观，部分地区土壤污染较重，耕地土壤环境质量堪忧，工矿业废弃地土壤环境问题突出。

从污染分布情况来看，南方土壤污染重于北方；长江三角洲、珠江三角洲、东北老工业基地等部分区域土壤问题较为突出；西南、中南地区土壤重金属超标范围较大；镉、汞、砷、铅 4 种无机污染物含量分布呈现从西北到东南、从东北到西南方向逐渐升高的态势。

1．污染物超标状况

无机污染物超标情况详见表 6-1，有机污染物超标情况详见表 6-2。

表 6-1　我国土壤无机污染物超标情况

污染物类型	点位超标率/%	不同程度污染点位比例/%			
		轻微	轻度	中度	重度
镉	7.0	5.2	0.8	0.5	0.5
汞	1.6	1.2	0.2	0.1	0.1
砷	2.7	2.0	0.4	0.2	0.1
铜	2.1	1.6	0.3	0.15	0.05
铅	1.5	1.1	0.2	0.1	0.1
铬	1.1	0.9	0.15	0.04	0.01
锌	0.9	0.75	0.08	0.05	0.02
镍	4.8	3.9	0.5	0.3	0.1

表 6-2　我国土壤有机污染物超标情况

污染物类型	点位超标率/%	不同程度污染点位比例/%			
		轻微	轻度	中度	重度
六六六	0.5	0.3	0.1	0.06	0.04
滴滴涕	1.9	1.1	0.3	0.25	0.25
多环芳烃	1.4	0.2	0.2	0.2	0.2

2．不同土地利用类型土壤的环境质量状况

耕地的土壤点位超标率为 19.4%，主要污染物为镉、镍、铜、砷、汞、铅、滴滴涕和多环芳烃；林地的土壤点位超标率为 10.0%，主要污染物为砷、镉、六六六和滴滴涕；草地土壤点位超标率为 10.4%，主要污染物为镍、镉和砷；未利用地的土壤点位超标率为 11.4%，主要污染物为镍和镉。

3．典型地块及周边土壤污染状况

重污染企业用地及周边土壤点位超标率为 36.3%，主要涉及黑色金属、有色金属、皮革制品、造纸、石油煤炭、化工医药等行业；工业废弃地的土壤点位超标率为 34.9%，污染物以锌、汞、铅、铬、砷和多环芳烃为主；工业园区超标点位为 29.4%，其中，金属冶炼类工业园区及周边土壤主要污染物为镉、铅、铜、砷和锌，化工类园区及周边土壤主要污染物为多环芳烃；固体废物处理处置场地的土壤超标点位占 21.3%，以无机污染为主，垃圾焚烧和填埋场有机污染严重；采油区的土壤污染物以石油烃和多环芳烃为主；采矿区和污水灌溉区的土壤污染物主要为镉、铅、砷；干线公路两侧主要土壤污染物为铅、锌、砷和多环芳烃，一般集中在公路两侧 150 m 范围内。

目前，我国土壤污染问题日趋严重的形势主要表现在三个方面：

1）土壤污染的程度不断加剧，未得到有效控制。粮食重金属污染频现，耕地重金属污染面积占 16%，全国每年因重金属污染的粮食高达 1 200 万 t，造成的直接经济损失超过 200 亿元。这些将直接影响土壤结构和生态系统的功能，对生态安全造成巨大威胁。在土壤污染防治方面，土壤污染调查的深度还不够，全国范围内土壤污染的面积、分布和污染程度还不明确，使得具体污染防治措施的实施缺乏针对性。由于土壤污染防治的复杂性，土壤科学研究难以深入进行，影响了土壤的恢复和治理进程。另外，相当一部分公民对土壤污染危害的严重性缺乏足够的认识，环境保护意识薄弱，没有土壤污染防治的危机感和紧迫感。

2）土壤污染类型呈现多样性和复合性。目前我国土壤污染种类繁多，土壤中除重金属、农药等传统污染物外，又加入了抗生素、病原菌、持久性有机物、放射性等新的污染物。20 世纪 80 年代以前，我国土壤污染以重金属污染为主。近年来，我国全国范围内土壤污染呈现出新老污染物并存、有机无机复合污染的局面。污染物种类的增多，给土壤污染防治带来新的困难，使我国土壤污染防治工作面临紧迫性和艰巨性双重难题。

3）土壤污染负荷加剧。由于重金属和难以降解的有机物在土壤中能长期积累，致使很多地区的土壤污染负荷不断增大。目前，根据我国各地对土壤状况的监测显示，我国大部分地区土壤污染中重金属均有超标现象，各类蔬菜中砷酸盐含量超标现象更为严重。

第二节　土壤污染综合防治

1.《土壤污染防治行动计划》

为了切实加强土壤污染防治，逐步改善土壤环境质量，国务院于 2016 年 5 月 28 日发布了《土壤污染防治行动计划》（以下简称“土十条”），自 2016 年 5 月 28 日起实施。“土十条”主要内容如下：

1）开展土壤污染调查，掌握土壤环境质量状况。深入开展土壤环境质量调查，并建立每 10 年开展一次的土壤环境质量状况定期调查制度；建设土壤环境质量监测网络，2020 年年底前实现土壤环境质量监测点位所有县、市、区全覆盖；提升土壤环境信息化管理水平。

2）推进土壤污染防治立法，建立健全法规标准体系。2020 年，土壤污染防治法律法规体系基本建立；系统构建标准体系；全面强化监管执法，重点监测土壤中镉、汞、砷、铅、铬等重金属和多环芳烃、石油烃等有机污染物，重点监管有色金属矿采选、有色金属冶炼、石油开采等行业。

3）实施农用地分类管理，保障农业生产环境安全。按污染程度将农用地土壤环境划为三个类别：切实加大保护力度；着力推进安全利用；全面落实严格管控；加强林地草地园地土壤环境管理。

4）实施建设用地准入管理，防范人居环境风险。明确管理要求，2016 年年底前发布建设用地土壤环境调查评估技术规定；分用途明确管理措施，逐步建立污染地块名录及其开发利用的负面清单；落实监管责任；严格用地准入。

5）强化未污染土壤保护，严控新增土壤污染。结合推进新型城镇化、产业结构调整和化解过剩产能等，有序搬迁或依法关闭对土壤造成严重污染的现有企业。

6）加强污染源监管，做好土壤污染预防工作。严控工矿污染，控制农业污染，减少生活污染。

7）开展污染治理与修复，改善区域土壤环境质量。明确治理与修复主体，制定治理与修复规划，有序开展治理与修复，监督目标任务落实，2017 年年底前，出台土壤污染治理与修复成效评估办法。

8）加大科技研发力度，推动环境保护产业发展。加强土壤污染防治研究，加大适用技术推广力度，推动治理与修复产业发展。

9）发挥政府主导作用，构建土壤环境治理体系。2016 年年底前，在浙江省台州市、湖北省黄石市、湖南省常德市、广东省韶关市、广西壮族自治区河池市和贵州省铜仁市启动土壤污染综合防治先行区建设。

10）加强目标考核，严格责任追究。2016 年年底前，国务院与各省（区、市）人民政府签订土壤污染防治目标责任书，分解落实目标任务。

2．土壤污染风险管控标准

为贯彻和落实《中华人民共和国环境保护法》和《土壤污染防治行动计划》，保护土壤环境质量，管控土壤污染风险，开展农用地分类管理和建设用地准入管理提供技术支撑，保障农产品质量和人居环境安全。2018 年 6 月，生态环境部与国家市场监督管理总局联合发布了《土壤环境质量　农用地土壤污染风险管控标准（试行）》（GB 15618—2018）和《土壤环境质量　建设用地土壤污染风险管控标准（试行）》（GB 6600—2018）。

《土壤环境质量　建设用地土壤污染风险管控标准（试行）》规定了保护人体健康的建设用地土壤污染风险筛选值和管制值，以及监测、实施与监督要求。建设用地标准将污染物清单区分为基本项目（必测项目）和其他项目（选测项目）。其中基本项目包括重金属、挥发性有机物和半挥发性有机物等共 45 项，其他项目包括重金属和无机物类、挥发性有机物、半挥发性有机物、有机农药类，及多氯联苯、多溴联苯和二噁英类共 40 项。

《土壤环境质量　农用地土壤污染风险管控标准（试行）》规定了农用地土壤中镉、汞、砷、铅、铬、铜、镍、锌等基本项目，以及六六六、滴滴涕、苯并[*a*]芘等其他项目的风险筛选值；规定了农用地土壤中镉、汞、砷、铅、铬的风险管制值及监测、实施与监督要求。

3．《中华人民共和国土壤污染防治法》

为了应对日益严峻的土壤污染形势，结束土壤污染防治无法可依的局面，也为了完善健全环境保护法律体系，贯彻落实党中央“用严格的法律制度保护生态环境”的指导思想。2015 年 3 月，环境保护部开始起草《中华人民共和国土壤污染防治法》，制定《土壤污染行动计划》。历经 3 年，2018 年 8 月 31 日，第十三届全国人大常委会第五次会议全票通过了《中华人民共和国土壤污染防治法》（以下简称《土壤污染防治法》），主要内容包括以下几个部分：

1）落实土壤污染防治的政府责任。土壤污染防治需要各级政府按照中央统一部署，不断加大依法推进工作的力度。《土壤污染防治法》规定各级人民政府应当加强对土壤污染防治工作的指导、协调，督促各有关部门依法履行土壤污染防治管理职责，规定地方人民政府应当对本行政区域内土壤污染防治和安全利用负责，将土壤污染防治目标、任务完成情况，纳入生态文明建设目标评价考核体系以及环境保护目标责任制度和考核评价制度，作为考核人民政府主要负责人、直接负责的主管人员工作业绩的内容，并作为任职、奖惩的依据。确立了生态环境主管部门对土壤污染防治工作实施统一监督管理，农业农村、自然资源、住房和城乡建设、林业草原等其他主管部门在各自职责范围内对土壤污染防治工作实施监督管理的部门管理体制。

2）建立土壤污染责任人制度。“污染者担责”是污染防治法律的主要原则。《土壤污染防治法》首先规定了一切单位和个人都有防止土壤污染的义务，应当对可能污染土壤的行为采取有效预防措施，防止或者减少对土壤的污染，并对所造成的土壤污染依法承担责任。鉴于土壤污染防治的特殊性，《土壤污染防治法》特别规定了土地使用权人有保护土壤的义务，应当对可能污染土壤的行为采取有效预防措施，防止或者减少对土壤的污染。《土壤污染防治法》针对农用地确立了以政府责任为主的制度设计，对建设用地确立了按土壤污染责任人、土地使用权人、政府这一顺序承担防治责任的制度框架。

3）建立土壤污染防治主要管理制度。一是标准制度。《土壤污染防治法》明确要求建立和完善国家土壤污染防治标准体系，根据土壤污染的特殊性还要求制定土壤污染风险管控的国家标准，支持对土壤环境背景值和环境基准的研究。二是调查和监测制度。规定每 10 年组织一次土壤环境状况普查。为了弥补普查时间跨度较大的不足，还规定了国务院有关部门、地方人民政府可以择期开展部分地区土壤污染状况调查，以及国家实行土壤污染状况监测制度，建立土壤污染状况监测网络，统一规划国家土壤污染状况监测站（点）的设置。三是规划制度。规定在制定和修改土地利用规划和城乡规划时，应当充分考虑土壤污染防治要求，合理确定土地用途，规定将国家和地方的土壤污染防治工作纳入环境保护规划，有的地方还需制定专项规划。

4）建立土壤有毒有害物质的防控制度。为了从源头上预防土壤污染的产生，《土壤污染防治法》建立了土壤有毒有害物质的防控制度，规定国家应当根据可能影响公众健康和造成生态环境危害的程度，对有毒有害物质进行筛查评估，公布重点控制的土壤有毒有害物质名录，此名录应当作为制定土壤污染防治相关标准和国家鼓励的有毒有害原料（产品）替代品目录的依据。同时，根据土壤有毒有害物质名录和其他有关情况确定并发布土壤污染重点监管行业名录和土壤污染重点监管企业名单，并对重点监管行业制定相应的管理办法，对重点监管企业提出了防控要求。

5）建立土壤污染的风险管控和修复制度。《土壤污染防治法》根据不同类型土地的特点，分设专章规定了农用地和建设用地的土壤污染风险管控和修复，设置了不同的制度和措施。一是对农用地土壤建立了分类管理制度。规定按照污染程度和相关标准，将农用地划分为优先保护类、安全利用类和严格管控类。规定优先保护未污染的耕地、林地、园地、草地和饮用水水源地，将符合条件的优先保护的耕地划为永久基本农田，实行严格保护；安全利用类耕地集中地区应当采取制定安全利用方案，进行农艺调控、替代种植，开展协同监测，加强技术指导和培训等风险管控措施；严格管控类农用地应当采取划定特定农产品禁止生产区、调整种植结构、轮作休耕、退耕还林还草、退耕还湿、禁牧休牧等措施。二是对建设用地土壤建立了土壤污染风险管控和修复名录制度，确定国家和省级土壤污染风险管控和修复名录，列入名录的污染地块进行用途限制，规定了需要进行的风险管控和修复措施，以及修复的实施程序和修复过程中的污染防治要求。

6）建立土壤污染防治基金制度。为了通过多种渠道、多种方式解决土壤污染资金问题。减轻政府责任，同时体现“污染者担责”的原则，国家建立土壤污染防治基金制度，设立中央和省级土壤污染防治基金，主要用于农用地土壤污染治理和土壤污染责任人或者土地使用权人无法认定或者消亡的土壤污染治理以及政府规定的其他事项。规定对本法实施之前产生的并且土壤污染责任人无法认定或者消亡的污染地块、土地使用权人实际承担风险管控和修复的，可以申请土壤污染防治基金，集中用于土壤污染治理。

案例 15 《中华人民共和国土壤污染防治法》实施情况报告（2020 年）

《土壤污染防治法》于 2018 年 8 月 31 日由第十三届全国人大常委会第五次会议全票通过，于 2019 年 1 月 1 日起正式施行，填补了我国土壤污染防治领域的立法空白。2020 年 8—9 月，全国人民代表大会常务委员会执法检查组分为 3 个小组，分别赴江苏、山东、甘肃、重庆、天津、河北 6 个省（市）开展实地检查，同时委托其他 25 个省（区、市）人大常委会对本行政区域法律实施情况开展检查，形成了《土壤污染防治法》实施情况报告，主要内容如下：

1. 全社会土壤生态环境保护意识增强

（1）各省（区、市）高度重视土壤污染防治法贯彻实施；

（2）各地政府及其相关部门认真履行法定职责，积极推动土壤污染防治工作；

（3）企业土壤污染防治的自觉性和主动性不断提高，越来越多的企业关于依法治污、保护生态环境的法治意识和主体意识逐步增强；

（4）人民群众依法参与和监督污染治理的意识逐步增强，公众参与土壤污染防治的积极性不断提高，监督环保的行动更加自觉。

2. 依法开展土壤污染普查、调查、监测等基础工作

（1）2019 年 6 月，完成全国农用地土壤污染状况详查，基本查明了农用地土壤污染的面积、分布及其对农产品质量的影响，并在耕地土壤环境质量类别划分、农用地安全利用等工作中应用；

（2）针对在产企业、关停企业开展摸底调查。完成基础信息收集和风险筛查，对 11.4 万个地块开展调查；

（3）生态环境、农业农村、自然资源部门整合相关力量，统一规划监测站点设置，共布设约 8 万个监测点位，初步建成国家土壤环境质量监测网。

3. 依法加强土壤污染防治法规标准体系建设

（1）推进了配套部门规章和地方性法规，国务院有关部门出台了《污染地块土壤环境管理办法（试行）》《农用地土壤环境管理办法（试行）》等部门规章，制定《土壤污染防治专项资金管理办法》《土壤污染防治基金管理办法》等配套文件，土壤环境监管和保障措施不断健全；

（2）推进了标准制定修订，国务院有关部门制修订了《土壤环境质量 农用地土壤污染风险管控标准（试行）》、肥料中有毒有害物质的限量要求、全生物降解农用地面覆盖薄膜等国家标准和《环境影响评价技术导则 土壤环境（试行）》《建设用地土壤污染状况调查技术导则》等一系列标准规范。

4. 依法加大污染预防、源头管控力度

坚持“预防为主、保护优先”原则。

（1）加强了工业污染源管控，实施重金属减排工程 850 多个，整治污染源 1 400 多家，对土壤污染重点监管单位提出明确的土壤污染防治责任和义务；

（2）强化了农业面源污染防控，开展耕地质量保护与提升，化肥农药施用量连续 4 年负增长，全国畜禽粪污综合利用率达到 75%，建设 260 个秸秆综合利用重点县和 100 个农膜回收示范县等；

（3）推进了生活污染源管控，全国地级及以上城市建成区黑臭水体消除比例近 90%，2019 年全国城市生活垃圾清运量 2.47 亿 t，无害化处理率 99.2%，全国排查出 2.4 万个非正规垃圾堆放点，整治完成率达 96.6%。

5. 依法推进土壤污染分类管理和风险管控

（1）落实农用地分类管理制度，截至 2020 年 8 月底，全国 2384 个县完成耕地土壤环境质量类别划分，占总任务量的 86%；

（2）落实建设用地土壤污染风险管控和修复名录制度，全国有 30 个省份已依法建

立并公开建设用地土壤污染风险管控和修复名录。

6. 强化法律宣传和实施保障

（1）加强普法宣传；

（2）加强资金保障，中央财政加大资金投入，2018—2020 年累计安排土壤污染防治专项资金 125 亿元，支持土壤污染源头防控、风险管控、修复、监管能力提升等；

（3）加强执法司法保障；

（4）加强科技保障，科技部启动实施场地土壤污染成因与治理技术、农业面源和重金属污染农田综合防治与修复技术研发重点专项，投入国拨经费 25 亿元。

资料来源：全国人民代表大会常务委员会执法检查组关于检查《中华人民共和国土壤污染防治法》实施情况的报告，中国人大网. http：//www.npc.gov.cn/npc/c30834/202010/6e4d6e735bda40b8969ecb683acdb355.shtml.

第三节　污染土壤修复技术

修复是指采取人为或自然的过程，使环境介质中的污染物去除或无害化，使受污染场址恢复原有功能的技术。修复的介质可以包括土壤及地下水、地表淡水及近海岸。修复的主体是污染物，包括无机污染物和有机污染物。

经过近十几年来全球范围的研究与应用，污染土壤修复技术体系已经形成，包括生物修复、物理修复、化学修复及其联合修复技术，并积累了不同污染类型场地土壤综合工程修复技术应用经验，出现了污染土壤的原位生物修复技术、异位修复技术和自然修复技术等。

一、污染土壤生物修复技术

土壤生物修复技术，是指一切以利用生物为主体的环境污染的治理技术。它包括利用植物、动物和微生物吸收、降解、转化土壤和水体中的污染物，使污染物的浓度降低到可接受水平，或将有毒有害的污染物转化为无害的物质，也包括将污染物稳定化，以减少其向周边环境的扩散。一般可分为植物修复、微生物修复、生物联合修复等技术。在进入 21 世纪后得到快速发展，土壤生物修复技术成为绿色环境修复技术之一。

1．植物修复技术

20 世纪 80 年代以来，利用植物资源与净化功能的植物修复技术迅速发展。植物修复（phytoremediation）技术直接利用各种活体植物，以植物忍耐、分解或超量积累某些化学元素的生理功能为基础，通过提取、降解和固定等过程清除环境中的污染物，或削减污染物的毒性，可以用于受污染的地下水、沉积物和土壤的原位处理。包括利用植物超积累或积累性功能的植物吸取修复、利用植物根系控制污染扩散和恢复生态功能的植物稳定修复、利用植物代谢功能的植物降解修复、利用植物转化功能的植物挥发修复、利用植物根系吸附的植物过滤修复等技术。

植物修复技术的作用过程和修复机制可归为 3 种类型：

1）植物稳定。利用耐性机制强的植物吸收和沉淀来增加土壤中污染物的稳定性，以降低其生物有效性和防止其进入地下水和食物链，从而减少其对环境和人类健康的污染风险。

2）植物挥发。植物挥发是与植物提取相连的。它是利用植物的吸收、积累、挥发而减少土壤污染物，即植物将污染物吸收到体内后将其转化为气态物质，释放到大气中。

3）植物提取。利用专性植物根系吸收一种或几种污染物特别是有毒金属，并将其转移、储存到植物茎叶，然后收割茎叶，离地处理。

可被植物修复的污染物有重金属、农药、石油和持久性有机污染物、炸药、放射性核素等。其中，重金属污染土壤的植物吸取修复技术在国内外都得到了广泛研究，已经应用于砷、镉、铜、锌、镍、铅等重金属以及与多环芳烃复合污染土壤的修复，并发展出包括络合诱导强化修复、不同植物套作联合修复、修复后植物处理处置的成套集成技术。这种技术的应用关键在于筛选具有高产和高去污能力的植物，摸清植物对土壤条件和生态环境的适应性。近年来，中国在重金属污染农田土壤的植物吸取修复技术应用方面在一定程度上开始引领国际前沿研究方向。然而，尽管开展了利用苜蓿、黑麦草等植物修复多环芳烃、多氯联苯和石油烃的研究工作，但是有机污染土壤的植物修复技术的田间研究还很少。

植物修复技术不仅应用于农田土壤中污染物的去除，而且应用于人工湿地建设、填埋场表层覆盖与生态恢复、生物栖身地重建等。近年来，植物稳定修复技术被认为是一种更易接受、大范围应用、并利于矿区边际土壤生态恢复的植物技术，也被视为一种植物固碳技术和生物质能源生产技术；为寻找多污染物复合或混合污染土壤的净化方案，分子生物学和基因工程技术应用于发展植物杂交修复技术；利用植物的根圈阻隔作用和作物低积累作用，发展能降低农田土壤污染的食物链风险的植物修复技术正在研究。

利用植物修复技术，虽然成本较低，对环境基本没有破坏，并且不需要废弃物处置场所，但是其仍然存在不足之处：修复过程相对而言比较缓慢；植物提取所用的超富集植物往往生物量较小；重金属的植物修复具有选择性和复杂性，不同植物对重金属的吸收富集作用不同。

2．微生物修复技术

微生物修复技术是以有机污染物为唯一碳源和能源，或者与其他有机物质进行共代谢而降解有机污染物或使污染物无害化的过程。

人为修复工程一般采用有降解能力的外源微生物，用工程化手段来加速生物修复的进程，这种在受控条件下进行的生物修复又称为强化生物修复或工程化的生物修复。其主要类型有原位强化修复和异位生物修复。通过添加菌剂和优化作用条件发展起来的场地污染土壤原位、异位微生物修复技术包括生物堆肥技术、生物预制床技术、生物通风技术和生物耕作技术等。运用连续式或非连续式生物反应器、添加生物表面活性剂和优化环境条件等可提高微生物修复过程的可控性和高效性。

利用微生物降解作用发展的微生物修复技术是农田土壤污染修复中常见的一种修复技术。这种生物修复技术已在农药或石油污染土壤中得到应用。在中国，已构建了农药高效降解菌筛选技术、微生物修复剂制备技术和农药残留微生物降解田间应用技术；也筛选了大量的石油烃降解菌，复配了多种微生物修复菌剂，研制了生物修复预制床和生物泥浆反应器，提出了生物修复模式。近年来，开展了有机砷和持久性有机污染物（如多氯联苯和多环芳烃）污染土壤的微生物修复技术工作，分离出能将多环芳烃（PAHs）作为唯一碳源的微生物，如假单胞菌属、黄杆菌属等，以及可以通过共代谢方式对四环以上 PAHs 加以降解的微生物，如白腐菌等。

目前，正在发展微生物修复与其他现场修复工程的嫁接和移植技术，以及针对性强、高效快捷、成本低廉的微生物修复设备，以实现微生物修复技术的工程化应用。

二、污染土壤物理修复技术

物理修复是指通过各种物理过程将污染物（特别是有机污染物）从土壤中去除或分离的技术。而热处理技术是应用于工业企业场地土壤有机污染的主要物理修复技术，包括热脱附、蒸汽浸提和微波加热等技术，已经应用于苯系物、多环芳烃、多氯联苯和二噁英等污染土壤的修复。

1．热脱附技术

热脱附采用直接或间接加热，土壤中有机污染组分在足够高的温度（通常 150～450℃）下蒸发并与土壤介质相分离的过程。热脱附技术具有污染物处理范围宽、设备可移动、修复后土壤可再利用等优点，特别是对多氯联苯（PCBs）这类含氯有机物，非氧化燃烧的处理方式可以显著减少二噁英生成。目前欧美国家已将土壤热脱附技术工程化，广泛应用于高污染的场地有机污染土壤的离位或原位修复，但是相关设备价格昂贵、脱附时间过长、处理成本过高等问题尚未得到很好的解决，限制了热脱附技术在持久性有机污染土壤修复中的应用。发展不同污染类型土壤的前处理和脱附废气处理等技术，优化工艺并研发相关的自动化成套设备正是各国共同努力的方向。其流程如图 6-1 所示。

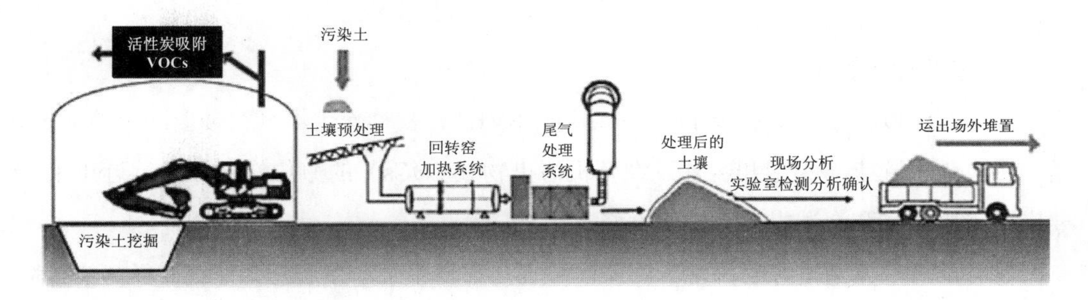

图 6-1　热脱附技术

案例 16　热脱附工程案例

热脱附技术关键参数或指标主要包括土壤特性和污染物特性两类。

（1）土壤质地一般划分为沙土、壤土、黏土。沙土土质疏松，对液体物质的吸附力及保水能力弱，受热易均匀，故易热脱附；黏土颗粒细，性质正好相反，不易热脱附；水分受热挥发会消耗大量的热量，土壤含水率在 5%～35%，所需热量在 117～286 kcal/kg，为保证热脱附的效能，进料土壤的含水率宜低于 25%；土壤粒径分布：如果超过 50%的土壤粒径小于 200 目，细颗粒土壤可能会随气流排出，导致气体处理系统超载，因此最大土壤粒径不应超过 5 cm。

（2）污染物特性。有机污染物浓度高会增加土壤热值，可能会导致高温损害热脱附设备，甚至发生燃烧爆炸，故排气中有机物浓度要低于爆炸下限 25%。有机物含量高于 1%～3%的土壤不适用于直接热脱附系统，可采用间接热脱附处理；污染物沸点范围，一般情况下直接热脱附处理土壤的温度范围为 150～650℃，间接热脱附处理土壤温度为

120～530℃。

某化工有限公司地块，污染土壤修复面积约 2 500 m^2，目标污染物包括氯仿、1,2-二氯乙烷、1,1,2-三氯乙烷、1,2,3-三氯丙烷、氯乙烯、四氯乙烯、α-六六六、β-六六六及γ-六六六等，土壤修复采用原位热脱附技术进行修复治理。首先在污染土壤区域进行止水帷幕的建设，然后进行区域降水施工，降水完毕进行原位热脱附系统的安装、调试及正常运行管理，并对期间产生的尾气尾水予以达标处理。修复施工过程产生的施工废水采用以"调节池+Fenton 塔+中和池+混凝沉淀"为主体的深度氧化工艺进行达标处理。施工中产生的废水主要有热脱附区域的降水、修复过程的废水及洗车废水等，上述施工过程产生的废水经废水处理系统达标处理后排放。

资料来源：关于发布 2014 年污染场地修复技术目录（第一批）的公告，中国政府网. http：//www.mee.gov.cn/gkml/hbb/bgg/201411/t20141105_291150.htm.

2．蒸汽浸提技术

土壤蒸汽浸提技术（soil vapor extraction，SVE）也被称作土壤真空抽取或土壤通风，是一种有效去除土壤不饱和区挥发性有机污染物（VOCs）的原位修复技术，近年来主要应用于苯系物和汽油类污染的土壤修复。

它将新鲜空气通过注射井注入污染区域，利用真空泵产生负压，空气流经污染区域时，解吸并夹带土壤孔隙中的 VOCs 经由抽取井流回地上；抽取出的气体在地上经过活性炭吸附法以及生物处理法等净化处理，可排放到大气或重新注入地下循环使用。

SVE 具有成本低、可操作性强、可采用标准设备、处理有机物的范围宽、不破坏土壤结构和不引起二次污染等优点。苯系物等轻组分石油烃类污染物的去除率可达 90%。深入研究土壤多组分 VOCs 的传质机理，精确计算气体流量和流速，解决气提过程中的拖尾效应，降低尾气净化成本，提高污染物去除效率，是优化土壤蒸汽浸提技术的需要。

三、化学/物化修复技术

相对于物理修复，污染土壤的化学修复技术发展较早，主要有固化-稳定化技术、淋洗技术、氧化-还原技术、光催化降解技术和电动力学修复技术等。

1．固化/稳定化技术

固化/稳定化技术是将污染土壤与黏结剂或稳定剂混合，使污染物实现物理封存或发生化学反应形成固体沉淀物，使其处于长期稳定状态，从而防止或者减缓污染土壤释放有害化学物质过程的一组修复技术，是较普遍应用于土壤重金属污染的快速控制修复方法，对同时处理多种重金属复合污染土壤具有明显的优势。

美国国家环境保护局（EPA）将固化/稳定化技术称为处理有害有毒废物的最佳技术。中国一些冶炼企业场地重金属污染土壤和铬渣清理后的堆场污染土壤也采用了这种技术。国际上已有利用水泥固化/稳定化处理有机与无机污染土壤的报道。

根据 EPA 的定义，固化和稳定化具有不同的含义。固化技术是将污染物封入惰性基材中，或在污染物外面加上低渗透性材料，通过减少污染物暴露的淋滤面积达到限制污染物迁移的目的。稳定化是指从污染物的有效性出发，通过形态转化，将污染物转化为不易溶解、迁移能力或毒性更小的形式来实现无害化，以降低环境风险和健康风险。

固化产物可以方便地进行运输，无须任何辅助容器，但稳定化不一定改变污染土壤的物理性状。固化技术具有工艺操作简单、价格低廉、固化剂易得等优点，但常规固化技术也具有以下缺点，如固化反应后土壤体积都有不同程度的增加，固化体的长期稳定性较差等。而稳定化技术则可以克服这一问题，如近年来发展的化学药剂稳定化技术，可以在实现废物无害化的同时，达到废物少增容或不增容，从而提高危险废物处理处置系统的总体效率和经济性；还可以通过改进螯合剂的结构和性能使其与废物中的重金属等成分之间的化学螯合作用得到强化，进而提高稳定化产物的长期稳定性，减少最终处置过程中稳定化产物对环境的影响。由此可见，稳定化技术有望成为土壤重金属污染修复技术领域的主力。

水泥和石灰的水化作用是其凝固和硬化的必要条件，因此影响水化反应的因素都会影响污染土壤固化/稳定化的效果。主要分为以下两个方面：①污染土壤的理化性质，包括土壤 pH 值、土壤物质组成等；②固化/稳定化工艺，包括凝胶材料和添加剂品种与用量、水分含量、混合均匀程度、养护条件等。

判断一种固化/稳定化方法对污染土壤是否有效，主要可以从处理后土壤的物理性质和对污染物质浸出的阻力两个方面加以评价。

2．淋洗技术

土壤淋洗修复技术是指将能够促进土壤中污染物溶解或迁移作用的溶剂注入或渗透到污染土层中，使其穿过污染土壤并与污染物发生解吸、螯合、溶解或络合等物理化学反应，最终形成迁移态的化合物，达到洗脱污染物和清洗土壤的过程。淋洗的废水经处理后达标排放，处理后的土壤可以再安全利用。土壤淋洗主要包括向土壤中施加淋洗液、下层淋出液收集以及淋出液处理三个阶段。

这种离位修复技术在多个国家已被工程化应用于修复重金属污染或多污染物混合污染介质。由于该技术需要用水，所以修复场地要求靠近水源，同时因需要处理废水而增加成本。研发高效、专性的表面增溶剂，提高修复效率，降低设备与污水处理费用，防止二次污染等依然是重要的研究课题。

3．氧化-还原技术

土壤化学氧化-还原技术是通过向土壤中投加化学氧化剂（Fenton 试剂、臭氧、过氧化氢、高锰酸钾等）或还原剂（SO_2、Fe^0、气态 H_2S 等），使其与污染物质发生化学反应，使污染物快速降解或转化为低毒、低移动性产物的一项修复技术。通常，化学氧化-还原法适用于土壤和地下水同时被有机物污染的修复。其工艺流程如图 6-2 所示。

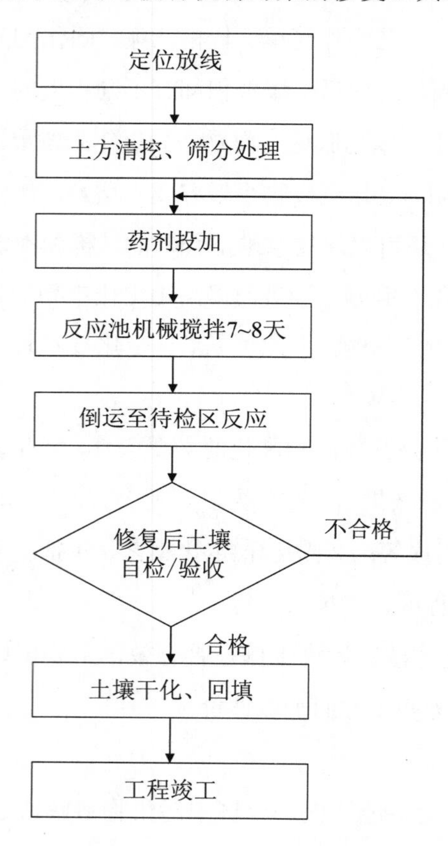

图 6-2　化学氧化处理工艺流程

运用化学-还原法修复对还原作用敏感的有机污染物是当前研究的热点。例如，纳米级粉末零价铁的强脱氯作用已被接受和运用于土壤与地下水的修复。但是，目前零价铁还原脱氯降解含氯有机化合物技术的应用还存在诸如铁表面活性的钝化、被土壤吸附产生聚合失效等问题，需要开发新的催化剂和表面激活技术。

4．光催化降解技术

土壤光催化降解（光解）技术是一项新兴的深度土壤氧化修复技术，可应用于农药等污染土壤的修复。土壤质地、粒径、氧化铁含量、土壤水分、土壤 pH 值和土壤厚度等对光催化氧化有机污染物有明显的影响。高孔隙度的土壤中，污染物迁移速率快，黏粒含量越低，光解越快；自然土中氧化铁对有机物光解起着重要调控作用；有机质可以作为一种光稳定剂；土壤水分能调解吸收光带；土壤厚度影响滤光率和入射光率。

5．电动力学修复技术

电动力学修复（简称电动修复）是通过电化学和电动力学的复合作用（电渗、电迁移和电泳等）驱动污染物富集到电极区，进行集中处理或分离的过程。可以用于抽提地下水和土壤中的重金属离子，也可对土壤中的有机物进行去除。电动修复技术已进入现场修复应用。近年来，中国也先后开展了对铜、铬等重金属以及菲、五氯酚等有机污染土壤的电动修复技术研究。电动修复速度较快、成本较低，特别适用于小范围的黏质的多种重金属污染土壤和可溶性有机物污染土壤的修复；对于不溶性有机污染物，需要化学增溶，易产生二次污染。发展电动强化的复合污染土壤联合修复技术将是值得研究的课题。

四、污染土壤联合修复技术

协同两种或以上修复方法，形成联合修复技术，不仅可以提高单一污染土壤的修复速率与效率，而且可以克服单项修复技术的局限性。实现对多种污染物混合污染土壤的修复，已成为土壤修复技术中的重要研究内容。

1．微生物/动物-植物联合修复技术

微生物（细菌、真菌）-植物、动物（蚯蚓）-植物联合修复是土壤生物修复技术研究的新内容。筛选有较强降解能力的菌根真菌和适宜的共生植物是菌根生物修复的关键。种植紫花苜蓿可以大幅降低土壤中多氯联苯浓度。根瘤菌和菌根真菌双接种能强化紫花苜蓿对多氯联苯的修复作用。利用能促进植物生长的根际细菌或真菌，发展植物降解菌群协同修复、动物-微生物协同修复及其根际强化技术，促进有机污染物的吸收、代谢和降解将是生物修复技术新的研究方向。

2．化学/物化-生物联合修复技术

发挥化学或物理化学修复快速的优势，结合非破坏性生物修复的特点，发展化学-

生物修复技术，是最具应用潜力的污染土壤修复方法之一。化学淋洗-生物联合修复是基于化学淋溶剂的作用，通过增加污染物的生物可利用性而提高生物修复效率。利用有机络合剂的配位溶出，增加土壤溶液中重金属浓度，提高植物根际吸收的有效性，从而实现强化诱导植物吸取修复。化学预氧化-生物降解和臭氧氧化-生物降解等联合技术已经应用于污染土壤中多环芳烃的修复。电动力学-微生物修复技术可以克服单独的电动技术或生物修复技术的缺点，在不破坏土壤质量的前提下，加快土壤修复进程。电动力学-芬顿联合技术已用来去除污染黏土矿物中的菲，硫氧化细菌与电动综合修复技术用于强化污染土壤中铜的去除。应用光降解-生物联合修复技术可以提高石油中 PAHs 的去除效率。总体上，这些技术多处于室内研究阶段。

3．物理-化学联合修复技术

土壤物理-化学联合修复技术是适用于污染土壤离位处理的修复技术。溶剂萃取-光降解联合修复技术是利用有机溶剂或表面活性剂，提取有机污染物后进行光解的一项新的物理-化学联合修复技术。例如，可以利用环己烷和乙醇将污染土壤中的多环芳烃提取出来后进行光催化降解。此外，可以利用催化-热脱附联合技术或微波热解-活性炭吸附技术修复多氯联苯污染土壤，也可以利用光调节的 TiO_2 催化修复农药污染土壤。

思考题

1. 微生物修复所需的环境条件是什么？
2. 植物修复重金属的主要过程有哪些？
3. 哪些有机污染物适合用植物修复技术？
4. 植物耐受重金属危害的机理是什么？
5. 请思考植物修复有机污染物的根区效应。
6. 请比较生物修复技术和化学/物化修复技术的优缺点。
7. 一个受污染的农药退役场地，您认为可采用什么修复技术？

第七章　物理性污染控制

第一节　噪声污染与防治

一、噪声及其分类

1．声音和噪声

人耳听觉系统所能感受到的信号称为声音。从物理学观点来看，声音是一种机械波，是机械振动在弹性介质中的传播。弹性介质的存在是声波传播的必要条件，弹性介质可以是气体、液体和固体，声波在上述介质中传播时，相应的称为空气声、液体声和固体声。

噪声通常定义为“不需要的声音”，是一种环境现象。声音在人们的日常工作和学习中起着非常重要的作用，很难想象一个没有声音的世界会是什么样子。然而，人们并不是任何时候都需要声音。一种声音，当人们心理对其反感时，即称为噪声。它会对个人造成生理或心理上的不良影响，或可能干扰个人或团体的社会活动，包括语言交流、工作、休息、娱乐、睡眠等活动。

本书中所论述的噪声与物理学上的噪声在含义上有所不同。物理学上将节奏有调，听起来和谐的声音称为乐声；将杂乱无章，听起来不和谐的声音称为噪声。而这里所说的噪声与个体所处的环境和主观感觉反应有关，也就是说，判断一个声音是否属于噪声，主观上的因素往往起着决定性作用。同一人对同一种声音，在不同的时间、地点和条件下，往往会产生不同的主观判断。比如，在心情舒畅或休息时，人们喜欢收听音乐；而当心绪烦躁或集中精力思考问题时，即使是和谐的乐声也会使人反感。

2．噪声的分类

按产生机理不同，噪声可分为机械噪声、空气动力性噪声和电磁性噪声三大类。

（1）机械噪声

机械噪声是机械设备运转时，各部件之间相互撞击、摩擦产生的交变机械作用力使设备金属板、轴承、齿轮或其他运动部件发生振动而辐射出来的噪声。如锻锤、织机、机床、机车等产生的噪声。机械噪声又可分为撞击噪声、激发噪声、摩擦噪声、结构噪声、轴承噪声和齿轮噪声等。

（2）空气动力性噪声

引风机、鼓风机、空气压缩机运转时，叶片高速旋转会使叶片两侧的空气发生压力突变，气体通过进、排气口时激发声波产生噪声，称为空气动力性噪声。按噪声的发生机理又可分为喷射噪声、涡流噪声、旋转噪声、燃烧噪声等。

（3）电磁性噪声

由于电机等的交变力相互作用而产生的噪声称为电磁性噪声。如电流和磁场的相互作用产生的噪声，如发电机、变压器的噪声等。

如果把噪声按其随时间的变化来划分，可分为稳态噪声和非稳态噪声两大类：稳态噪声的强度不随时间而变化，如电机、风机、织机等产生的噪声；非稳态噪声的强度随时间而变化，可分为瞬时的、周期性起伏的、脉冲的和无规则噪声。

按来源不同，大致可分为工业生产噪声、交通运输噪声、建筑施工噪声和社会生活噪声。

（1）工业生产噪声

工业生产噪声是指在工业生产活动中使用固定的设备时产生的干扰周围生活环境的声音，特别是地处居民区而没有声学防护措施或防护设施不好的工厂辐射出的噪声。这类噪声对居民的日常生活干扰十分严重。我国工业企业噪声调查结果表明，一般电子工业和轻工业的噪声在 90 dB 以下；纺织厂噪声为 90～106 dB；机械工业噪声为 80～120 dB；凿岩机、大型球磨机噪声为 120 dB 左右；风铲、风镐、大型鼓风机噪声在 120 dB 以上；发电厂高压锅炉、大型鼓风机、空压机放空排气时，排气口附近的噪声可高达 110～150 dB。此外，工业噪声还是造成职业性耳聋的主要原因。

（2）交通运输噪声

交通运输噪声是指机动车辆、铁路机车、机动船舶、航空器等交通运输工具在运行时所产生的干扰周围生活环境的声音。城市噪声主要来自交通运输。载重汽车、公共汽车、拖拉机等重型车辆的行进噪声为 89～92 dB；电喇叭噪声为 90～100 dB；汽喇叭噪声为 105～110 dB（距行驶车辆 5 m 处）。一般大型喷气客机起飞时，距跑道两侧 1 km 内语言通信受干扰，4 km 内不能睡眠和休息。超音速客机在 15 km 高空飞行时，其压力波可达 30～50 km 范围的地面，使很多人受到影响。

（3）建筑施工噪声

建筑施工噪声是指在建筑施工过程中产生的干扰周围生活环境的声音。随着我国城市现代化建设进程的加快，城市建筑施工噪声越来越严重。尽管建筑施工噪声具有暂时性，但是由于城市人口骤增，建筑任务繁重，施工面广且工期长，因此噪声污染相当严重。据有关部门测定统计，距离建筑施工机械设备 10 m 处，打桩机噪声为 88 dB；推土机、挖土机噪声为 91 dB 等。这些噪声不但给操作工人带来危害，还严重地影响了周围居民的生活和休息。

（4）社会生活噪声

社会生活噪声是指人为活动所产生的除工业噪声、建筑施工噪声和交通运输噪声之外的干扰周围生活环境的声音。社会噪声主要是指社会人群活动时发出的噪声。例如，人们的喧闹声、沿街的吆喝声，以及家用洗衣机、收音机、缝纫机发出的声音都属于社会生活噪声。干扰较为严重的有沿街安装的高音宣传喇叭声及秧歌锣鼓声。这些噪声虽对人没有直接的危害，但能干扰人们正常的谈话、工作、学习和休息，使人心烦意乱。

二、噪声的危害

噪声污染对人的影响不单取决于声音的物理性质，而且与人的心理和生理状态有关。

吵闹的噪声使人讨厌、烦恼、精神不易集中，从而影响工作效率、妨碍休息和睡眠等。在强噪声下，还容易掩盖交谈和威胁警报信号、分散人的注意力、发生工伤事故。据世界卫生组织估计，美国每年由于噪声的影响而带来的工伤事故、不出工及低效率所造成的损失将近 40 亿美元。

在强噪声下暴露一段时间后，会引起听觉暂时性听阈上移、听力变迟钝，称为听觉疲劳。它是暂时性的生理现象，内耳听觉器官并未损害，经休息后可以恢复。如长期在强噪声下工作，听觉疲劳就不能恢复，内耳听觉器官发生病变，暂时性阈移变成永久性阈移或耳聋，称噪声性耳聋，也叫职业性听力损失。

大量统计资料表明，噪声级在 80 dB 以下时，能保证长期工作不致耳聋；在 85 dB

的条件下，有 10%的人可能产生职业性耳聋；在 90 dB 的条件下，有 20%的人可能产生职业性耳聋。

如果人们突然暴露在 140～160 dB 的高强度噪声下，就会使听觉器官发生急性外伤，引起鼓膜破裂流血，螺旋体从基底急性剥离，双耳完全失听。长期在强噪声下工作的工人，除耳聋外，还有头昏、头痛、神经衰弱、消化不良等症状，往往导致高血压和心血管病的发生。

噪声会对胎儿造成危害。研究表明，噪声会使母体产生紧张反应，引起子宫血管收缩，以致影响供给胎儿发育所必需的养料和氧气。日本曾对 1 000 多个初生婴儿进行研究，发现吵闹区域的婴儿体重轻的比例较高，平均在 5.5 英镑（1 英镑=0.453 6 kg）以下，相当于世界卫生组织规定的早产儿体重，这很可能是由于噪声的影响，使某些促使胎儿发育的激素水平偏低。

此外，高强度的噪声还能破坏机械设备及建筑物。研究证明，150 dB 以上的强噪声，由于声波振动，会使金属疲劳，声疲劳甚至可造成飞机及导弹失事。

三、噪声的评价与标准

1．噪声的评价

噪声本身也是声音，具有声音的一切物理特性。噪声可以用两种方法来描述：一是客观度量，把噪声作为机械振动，用描述声波客观特性的物理量，例如，频率、声压、声强、声功率、声压级、声强级、声功率级等来定量描述，是不依赖人们的意志而存在的。二是对噪声进行主观评价，噪声与人的感觉密不可分，必须用反映人主观感觉的物理量加以描述，通常可以用声级、等效连续声级等物理量来描述，是人主体对噪声的感觉物理量。

（1）声压

声波在介质中传播所涉及的区域称为声场。声波在空气中传播时，声场中的空气分子在其平衡位置沿着声波前进的方向发生前后振动，使平衡位置空气的密度时疏时密，引起平衡位置的压力相对于没有声音传播时的静压发生变化。设在介质中某点没有振动时的静压强为 P_0，声波传来时同一点的压强为 P，则其差值 $p=(P_0-P)$ 称为声压。声波的作用是引起声场中各点介质压缩或伸张，因此各点的压强与静压相比较有大有小，即声压有正有负。在国际标准 MKSA 制中，声压的单位为 N/m^2，通常用符号 Pa（帕）来表示，$1\ Pa=1\ N/m^2$。

声压是用来度量声音强弱的物理量。声音通过空气传入人耳，引起耳内鼓膜振动，刺激听觉神经，产生声的感觉，声压越大，耳朵中鼓膜受到的压力越大，表明声音越强。

正常人耳刚刚能听到的声音的声压称为闻阈声压。人耳对于不同频率声音的闻阈声压是不同的，这是因为人耳对高频声敏感而对低频声迟钝。对于频率为 1 000 Hz 的声音，闻阈声压为 2×10^{-5} Pa。使正常人耳引起疼痛感觉的声音的声压称为痛阈声压，痛阈声压为 20 Pa。

（2）声强

声强也是度量声音强弱的物理量。物体振动发声时，振动以声波的形式通过声场介质进行传播，使声场中的介质质点发生运动，因此声音具有能量，称为声能。声场中，单位时间内通过垂直于传播方向单位面积上的声能称为声强，其单位为“瓦/平方米”，记作“W/m^2”，用符号 I 表示。声强以能量的方式说明声音的强弱。声强越大，表示单位时间耳朵接受到的声能越多，声音越强。声强与声压有着密切的关系。当声音在自由声场中传播时，在传播方向上，声强与声压的关系如下：

$$I=\frac{p^2}{\rho c} \tag{7-1}$$

式中：p——声压，Pa；

ρ——常温下空气的密度，kg/m^3；

c——声音速度，m/s。

在噪声测量中，声强的测量比较困难，通常根据声压的测量结果间接求出声强。

（3）声功率

在单位时间内声源发射出来的总声能称为声功率，单位为“瓦”，记作“W”。声功率是表示声源特性的物理量，它的大小反映声源辐射声能的本领。

（4）声级

一个正常的健康人所能听到的最弱声压约为 0.000 02 Pa。火箭离地升空时产生的声压大于 200 Pa。为处理这个问题，使用一种基于测量数字间比例的对数值的尺度来表示噪声，并将所测量的数值称为级，其单位则根据 Alexander Graham Bell 的名字命名为贝（bel），单位符号为“B”，用公式表示如下：

$$L'=\lg\frac{Q}{Q_0} \tag{7-2}$$

式中：L'——声级，B；

Q——测量数值；

Q_0——基准数值。

由于贝是一个相当大的单位，为了方便起见，又将其分成 10 个小单位，此小单位称为“分贝”，记作“dB”，声级用 dB 表示时计算公式如下：

$$L = 10\lg\frac{Q}{Q_0} \tag{7-3}$$

上式中如 Q 分别用声压、声强和声功率表示，则可以分别得到声压级（L_p）、声强级（L_I）和声功率级（L_W）。

（5）人耳听觉特性

1）响度级。试验表明，人对噪声强弱的感觉不仅与噪声的物理量有关，而且与人的生理和心理状态有密切的关系。对于声压相同而频率不相同的两个声源，人耳的主观感觉是不同的。对频率高的声源，人耳感觉它的噪声更强。例如，大型离心压缩机与重型汽车的声压级均为 90 dB，但人耳的主观感觉是前者比后者响得多。原因是前者的噪声频率以高频成分为主，而后者以低频为主。由此可知，人耳对高频声音比对低频声音更加敏感。

为了使噪声的客观物理量与人耳的主观感觉统一起来，以人的主观感觉为标准来评价噪声的强弱，人们对人耳的听觉、声压级及频率三者之间的关系进行了大量的试验研究。试验中将不同频率纯音的强度由小增大，根据人耳的感觉绘制等响度曲线，如图 7-1 所示。

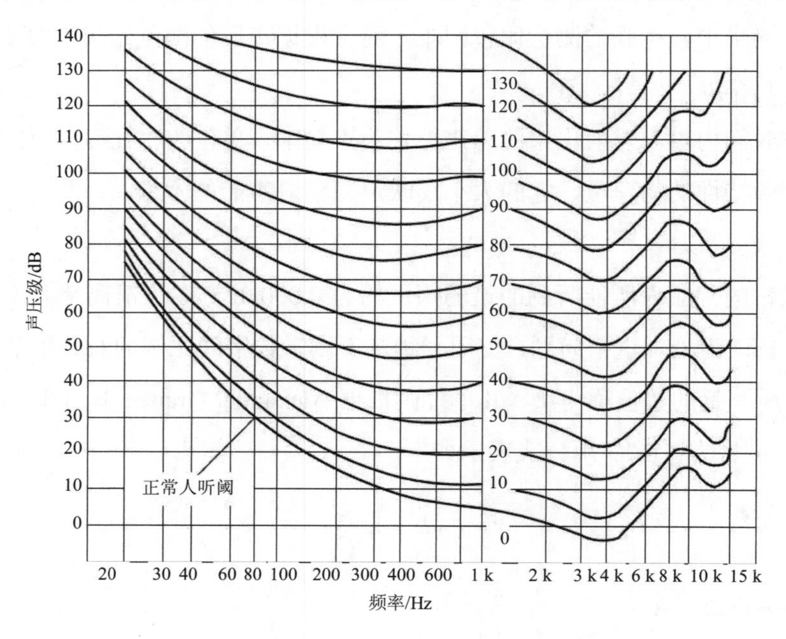

图 7-1　纯音等响度曲线

图 7-1 所示的纵坐标是声压级，横坐标是频率，两者均为客观物理量。这里，仿照声级的概念提出一个新概念，即响度级。其单位定义为“方”（phon），以 L_N 表示。等响曲线以 1 000 Hz 的纯音为基准音，若一个噪声源发出的声音听起来与频率为 1 000 Hz 的纯音一样响，则其响度级“方”值就等于该 1 000 Hz 纯音声压级的分贝数。例如，某声源发出的声音听起来与 1 000 Hz、声压级为 90 dB 的纯音一样响，则此声源的响度级为 $90L_N$。

在等响曲线中，每一条曲线上的各点代表不同频率和声压级的纯音，但是人耳的主观响度感觉是一样的，即响度级是一样的，所以称为等响曲线。在等响曲线图中，最下面的一条曲线是人耳刚能感觉到的不同频率纯音的等响曲线，称为闻阈曲线，相当于 120 L_N 的响度曲线称为痛阈曲线。

从等响曲线可以看出，人耳对低频率的声音较为迟钝，频率越低的声音，人耳能感觉出时，它的声压级就越高。反之，人耳对高频率的声音较为敏感，特别是对于 2 000～5 000 Hz 的声音尤为敏感。因此，在噪声控制中，应首先降低中、高频率的噪声。

2）计权声级。噪声可用噪声计测量。噪声计能把声音转变成为电压，经过处理后用电表指示出分贝数。为了使仪器更好地反映出人耳对声音强弱的主观感觉，在设计噪声仪时，人们用电子计权网络来模拟不同声压下的人耳频率特征。图 7-2 所示为计权网络特征曲线。

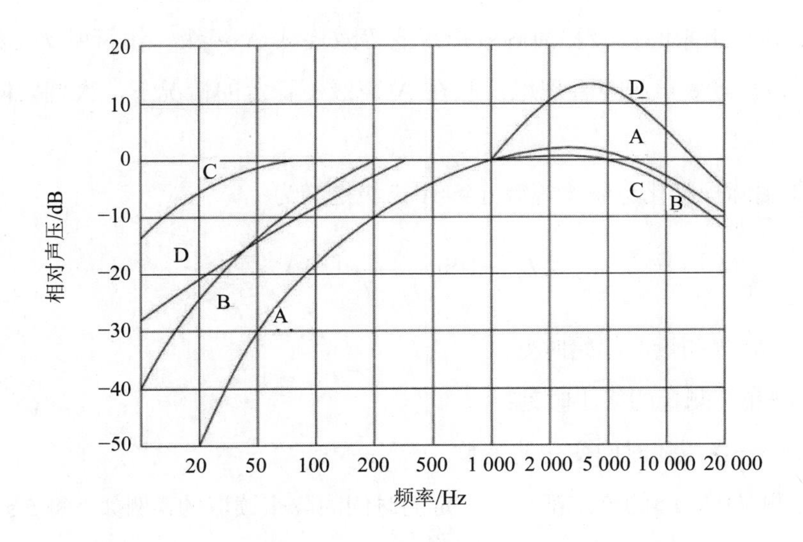

图 7-2 计权网络特征曲线

噪声仪中设有 A、B、C 3 种计权网络。其中 A 网络是为模拟等响曲线中 40 L_N 的曲线而设计的，它对 1 000 Hz 以下的声音有较大的衰减。可将声音的低频部分大部分滤去，而对高频率的声音不衰减甚至稍有放大，故测得的噪声值较接近人的听觉，能很好地模拟人耳的听觉特性。由 A 网络测出的噪声级称为 A 计权声级，简称 A 声级，其单位为分 dB（A），记作 L_A。由于用 A 声级测出的量是对噪声所有成分的综合反映，并且与人耳主观感觉接近，因此在测量中，现在大都采用 A 声级来衡量噪声的强弱。

B 网络是为模拟等响曲线中 70 L_N 的曲线而设计的。由 B 网络测出的噪声级称为 B 计权声级，它对 250 Hz 以下的声音有较大的衰减，一般不用。

C 网络是为模拟等响曲线中 100 L_N 的曲线而设计的。由 C 网络测得的噪声级称为 C 计权声级，它在整个频率范围内近乎平直，在可听声音的频率范围内基本上不衰减，因此一般用它代表总声压级。

3）等效连续 A 声级。对于不同的连续而稳定的噪声源，例如，两台不同的风机，当它们稳定工作时，用噪声计的 A 声级进行测量，能较好地反映人耳对两个噪声源强度的主观感觉。在自然环境中，噪声源的发声往往是不连续的，例如，在测量公路的交通噪声时，有汽车通过时测得的 A 声级较强，没有汽车通过时测得的 A 声级则较弱。因此，用有或没有汽车通过时测得的噪声强度值来比较两条不同公路的噪声影响都是不合适的。为了合理地比较、评价不同的、非连续噪声源的噪声强度，人们提出将一定时间内不连续的噪声能量用总的发声时间进行平均的方法来评价噪声对人的影响。用这种方法计算出来的声级称为等效声级或等效连续 A 声级，用符号 L_{eq} 表示，单位仍为 dB（A）。等效声级能合理地反映在 A 声级不稳定的情况下，人们实际接受噪声能量的大小。

1971 年国际标准化组织将等效连续 A 声级定义为

$$L_{eq}=10\lg\frac{1}{T_2-T_1}\int_{T_1}^{T_2}10^{0.1L_{P(t)}}\mathrm{d}t \tag{7-4}$$

式中：T_1——噪声测量的起始时刻；

T_2——噪声测量的终止时刻；

$L_{p(t)}$——声压随时间变化的函数。

在实际测量中，L_p 的测定都是以一定的时间间隔来读取的，例如，每 5 s 读一个数，因此采用下式计算等效连续 A 声级：

$$L_{eq}=10\lg\left(\frac{1}{n}\sum_{i=1}^{n}10^{L_i/10}\right) \tag{7-5}$$

4）昼夜等效连续 A 声级。反映夜间噪声对人的干扰大于白天的是昼夜等效连续 A 声级（用 L_{dn} 表示）。噪声在夜间对人的影响更大，将夜间噪声进行增加 10 dB（A）加权处理后，用能量平均的方法得出 24 h A 声级的平均值，计算公式：

$$L_{dn}=10\lg\left\{\frac{1}{24}\left[15\times10^{0.1L_d}+9\times10^{0.1(L_n+10)}\right]\right\} \tag{7-6}$$

式中：L_d——国际标准时间，白天（7:00—22:00）的等效 A 声级；

L_n——国际标准时间，夜间（22:00—次日 7:00）的等效 A 声级。

5）统计噪声级。统计噪声级是指某点噪声级有较大波动时，用以描述该点噪声随时间变化状况的统计物理量。一般用峰值 L_{10}、中值 L_{50} 和本底值 L_{90} 表示。

在进行噪声自动监测时，记录的噪声连续起伏，对不同的记录，难以直观判断哪个噪声对人的影响更大一些。仿照人口调查的方法，可以这样描述一个声场，例如，该声场的噪声有 10%的时间超过 51 dB（A）；50%的时间超过 45 dB（A）；90%的时间超过 44 dB（A）。因此，为了以合适的方法处理城市噪声起伏，特别是交通噪声的起伏，对噪声随时间变化的机理作统计分析是必需的。

L_{10} 表示在取样时间内 10%的时间超过的噪声级，相当于噪声平均峰值；L_{50} 表示在取样时间内 50%的时间超过的噪声级，相当于噪声平均中值；L_{90} 表示在取样时间内 90%的时间超过的噪声级，相当于噪声平均低值。

（6）噪声的叠加

由于声级的对数特征，噪声叠加公式如下：

$$L_P=10\lg\left(\sum_{i=1}^{n}10^{L_{P_i}/10}\right) \tag{7-7}$$

式中：L_P——叠加声压级，dB（A）；

n——声源个数。

如果将一个声压级为 60 dB 的噪声与另一个声压级为 60 dB 的噪声相叠加，实际得到的是一个声压级为 63 dB 的噪声。图 7-3 提供了一个计算噪声值的图解方法，两声叠加值为较大声级值加上一个 ΔL，ΔL 由两声级差通过查图 7-3 得到。

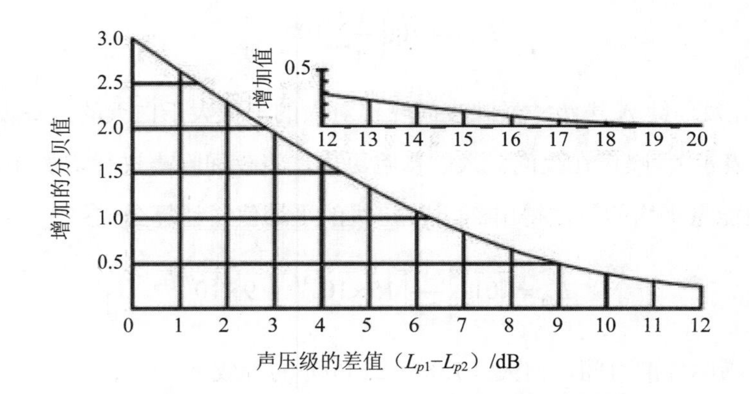

图 7-3 两个不同声压级叠加后分贝增加曲线

（7）噪声的衰减

噪声在传播过程中由于声波的辐射而衰减，引起衰减的原因有传播距离、空气吸收、地面吸收和障碍物阻隔等，这里仅讨论由传播距离引起的衰减。

噪声源根据不同的尺寸特征可分为点声源、线声源和整体声源。

1）点声源的衰减。点声源从距离 r_1 传播到 r_2 时，声强级或声压级衰减量可用下式计算：

$$\Delta L = 20\lg\frac{r_2}{r_1} \tag{7-8}$$

2）线声源的衰减。线声源当传播距离 r_1 到 r_2 时，声强级或声压级衰减量可用下式计算：

$$\Delta L = 10\lg\frac{r_2}{r_1} \tag{7-9}$$

3）整体声源的衰减。先求得整体声功率 L_W，然后计算传播过程中由于各种因素造成的总衰减量ΣA_i，整体声源辐射的声波在距声源中心为 r 处的声压级可用下式计算：

$$L_P = L_W - \sum A_i \tag{7-10}$$

式中：L_P——受声点的预测声压级；

L_W——整体声源的声功率级；

ΣA_i——声传播过程中各种因素引起的声能量衰减量之和，一般只考虑屏障衰减与距离衰减。

距离衰减值的计算如下式：

$$A_d = 10\lg(2\pi r^2) \tag{7-11}$$

式中：r——整体声源的中心到受声点的距离。

整体声源的声功率级计算简化公式如下：

$$L_W = \overline{L_{P_i}} + 10\lg(2S) \tag{7-12}$$

式中：$\overline{L_{P_i}}$——整体声源周围的平均声压值，dB；

S——整体声源的面积，m^2。

2．声环境功能区划与评价标准

（1）声功能区划

声环境功能区划是为有效指导声环境保护工作的开展，按照《城市区域环境噪声适用区划分技术规范》（GB/T 15190）对城市规划区内不同声环境功能的区域进行划分，以作为噪声污染防治的法定依据。

声环境功能区包括5种类型：

0类声环境功能区：指康复疗养区等特别需要安静的区域。

1类声环境功能区：指以居民住宅、医疗卫生、文化教育、科研设计、行政办公为主要功能，需要保持安静的区域。

2类声环境功能区：指以商业金融、集市贸易为主要功能，或者居住、商业、工业混杂，需要维护住宅安静的区域。

3类声环境功能区：指以工业生产、仓储物流为主要功能，需要防止工业噪声对周围环境产生严重影响的区域。

4类声环境功能区：指交通干线两侧一定距离之内，需要防止交通噪声对周围环境产生严重影响的区域，包括4a类和4b类两种类型。4a类为高速公路、一级公路、二级公路、城市快速路、城市主干路、城市次干路、城市轨道交通（地面段）、内河航道两侧区域；4b类为铁路干线两侧区域。

（2）声环境评价标准

对于噪声的评价，各个国家和国际标准化组织制定了一系列环境噪声标准，例如，城市区域环境噪声标准、工业企业厂界噪声标准等。我国现行的主要噪声标准有《声环境质量标准》（GB 3096—2008）、《社会生活环境噪声排放标准》（GB 22337—2008）、《工业企业厂界环境噪声排放标准》（GB 12348—2008）等。

1）《声环境质量标准》。

《声环境质量标准》（GB 3096—2008）给出了不同声环境功能区域的噪声限值，见表 7-1。

表 7-1 环境噪声限值 单位：dB

<table>
<tr><th colspan="2">声环境功能区类别</th><th>昼间（6：00—22：00）</th><th>夜间（22：00—6：00）</th></tr>
<tr><td colspan="2">0 类</td><td>50</td><td>40</td></tr>
<tr><td colspan="2">1 类</td><td>55</td><td>45</td></tr>
<tr><td colspan="2">2 类</td><td>60</td><td>50</td></tr>
<tr><td colspan="2">3 类</td><td>65</td><td>55</td></tr>
<tr><td rowspan="2">4 类</td><td>4a 类</td><td>70</td><td>55</td></tr>
<tr><td>4b 类</td><td>70</td><td>60</td></tr>
</table>

2）《社会生活环境噪声排放标准》。

《社会生活环境噪声排放标准》（GB 22337—2008）规定了营业性文化娱乐场所和商业经营活动中可能产生环境噪声污染的设备、设施边界噪声排放限值和测量方法，适用于对营业性文化娱乐场所、商业经营活动中使用的向环境排放噪声的设备、设施的管理、评价与控制。

社会生活噪声排放源边界噪声不得超过表 7-2 规定的排放限值。

表 7-2 社会生活噪声排放源边界噪声排放限值 单位：dB

边界外声环境功能区类别	昼间（6：00—22：00）	夜间（22：00—6：00）
0 类	50	40
1 类	55	45
2 类	60	50
3 类	65	55
4 类	70	55

3）《工业企业厂界环境噪声排放标准》。

《工业企业厂界环境噪声排放标准》（GB 12348—2008）适用于工业企业噪声排放的管理、评价及控制，机关、事业单位、团体等对外环境排放噪声的单位也按本标准执行。具体排放限值见表 7-3。

表 7-3　工业企业厂界环境噪声排放限值　　单位：dB

厂界外声环境功能区类别	昼间（6：00—22：00）	夜间（22：00—6：00）
0 类	50	40
1 类	55	45
2 类	60	50
3 类	65	55
4 类	70	55

四、噪声控制方法

1．基本原理

噪声在传播过程中有 3 个要素，即声源、传播途径和接受者，如图 7-4 所示。

图 7-4　噪声在传播过程中的 3 个要素

只有当声源、传播途径和接受者 3 个要素同时存在时，噪声才能对人造成干扰和危害。因此，控制噪声只需考虑这 3 个要素中的其中一个。

（1）在声源处控制噪声

这是最根本的措施，包括降低激发力，减小系统各环节对激发力的响应以及改变操作程序或改造工艺过程等。就我国目前的技术水平来看，大多数设备的噪声强度有下降的趋势，但仍然达不到使人们满意的标准，使得从声源处控制噪声难以实现，往往还需要在传播途径上采取噪声控制措施。

（2）在传播途径中控制噪声

这是噪声控制中的普遍技术，常用技术有吸声、隔声、使用消声器及隔振等。在噪声传播途径控制中，采取何种措施为好，要在调查测量的基础上，根据具体声源和传播途径，有针对性地选择，同时注意这些措施的可行性和经济性。

（3）接受者保护措施

在声源和传播途径上采取控制措施有困难或无法进行时，接受噪声的个人可以采取个人防护。简单的方法是佩戴耳塞、耳罩、防声头盔等。

2．声源处控制噪声

控制噪声的根本途径是对声源进行控制，根据声源特性，主要有以下三种控制途径。但在声源上根治噪声是比较困难的，而且受到各种条件和环境的限制。

（1）机械噪声的控制

机械噪声是由各种机械部件在外力激发下产生振动或相互撞击而产生的，如部件旋转运动的不平衡、往复运动的不平衡及撞击摩擦是产生噪声的主要原因。控制它们的噪声有两条途径：一是改进结构，提高其中部件的加工精度和装配质量，采用合理的操作方法等，以降低声源的噪声发射功率；二是利用声的吸收、反射、干涉等特性，采用吸声、隔声、减振、隔振等技术，以及安装消声器等，以控制声源的噪声辐射。如将机械传动部分的普通齿轮改为有弹性轴套的齿轮，可降低噪声 15～20 dB；把铆接改成焊接，把锻打改成摩擦压力加工等，一般可降低噪声 30～40 dB。

（2）空气动力学噪声的控制

空气动力学噪声的控制调整是降低部件对外激发力的响应，即降低气流噪声，而气流噪声是由气流流动过程中的相互作用或气流和固体介质之间的作用产生的。控制气流噪声的主要方法是：选择合适的空气动力机械设计参数，减小气流脉动，减小周期性激发力；降低气流速度，减少气流压力突变，以降低湍流噪声；降低高压气体排放压力和速度；安装合适的消声器。

（3）电磁噪声的控制

电磁噪声主要是由交替变化的电磁场激发金属零部件和空气间隙周期性振动而产生的。对于电动机来说，由于电源不稳定也可以激发定子振动而产生噪声。电磁噪声主要分布在 1 000 Hz 以上的高频区域。电压不稳定产生的电磁噪声，其频率一般为电源频率的 2 倍。降低电动机噪声的主要措施有：合理选择沟槽数和级数；在转子沟槽中充填一些环氧树脂材料，降低振动；增加定子的刚性；提高电源稳定度；提高制造和装配精度。降低变压器电磁噪声的主要措施有：减小磁力线密度；选择低磁性硅钢材料；合理选择铁心结构，铁心间隙充填树脂性材料，硅钢片之间采用树脂材料粘贴。

3．控制噪声的传播途径

（1）吸声

吸声降噪是一种在传播途径上控制噪声强度的方法。当声波入射到物体表面时，部分入射声能被物体表面吸收而转化成其他能量，这种现象叫作吸声。在吸声降噪过程中，常采用多孔性吸声材料、板状共振吸声结构、穿孔板共振吸声结构和微穿孔板共振吸声结构等技术。

1）多孔性吸声材料。多孔吸声材料的结构特征是在材料中具有许许多多贯通的微小间隙，因而具有一定的通气性。当声波入射到多孔材料表面时，可以进入细孔中去，引起孔隙内的空气和材料本身振动。空气的摩擦和黏滞作用使振动动能（声能）不断转化为热能，从而使声波衰减，消耗一部分声能，即使有一部分声能透过材料到达壁面，也会在反射时再次经过吸声材料，又一次被消耗。

优良的吸声材料要求表面和内部均应具有多孔性，孔隙微小，孔与孔之间互相沟通，并且要与外界连通，以使声波容易传到材料内部。常用的吸声材料分 3 种类型，即纤维型、泡沫型和颗粒型。纤维型多孔吸声材料有玻璃纤维、矿渣棉、毛毡、甘蔗纤维、木丝板等；泡沫型吸声材料有聚氨基甲酸酯泡沫塑料等；颗粒型吸声材料有膨胀珍珠岩和微孔吸声砖等。

2）吸声结构。多孔性吸声材料对高频声有较好的吸声能力，但对低频声的吸声能力较差。人们利用共振吸声的原理设计了各种共振吸声结构，以解决这一问题。常用的共振吸声结构有共振吸声器（单个空腔共振结构）、穿孔板（槽孔板）、微穿孔板、膜状和板状等共振吸声结构及空间吸声体（图 7-5～图 7-7）。

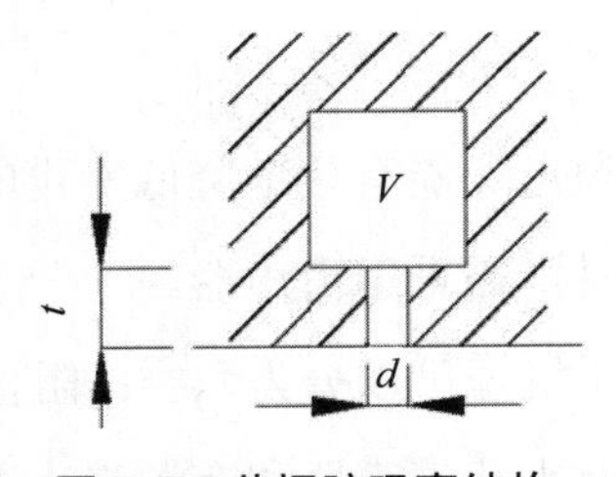

图 7-5　共振腔吸声结构

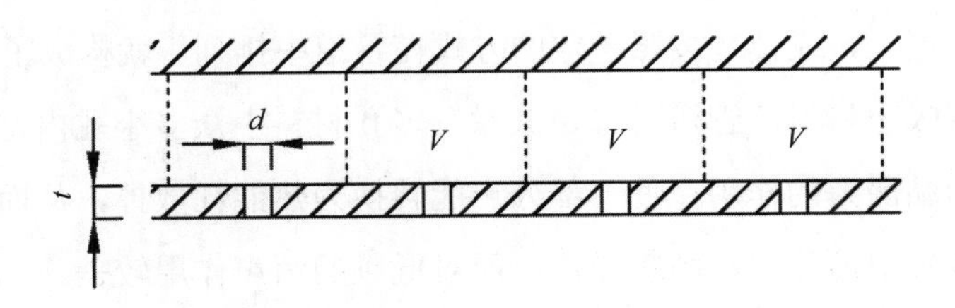

图 7-6　穿孔板结构

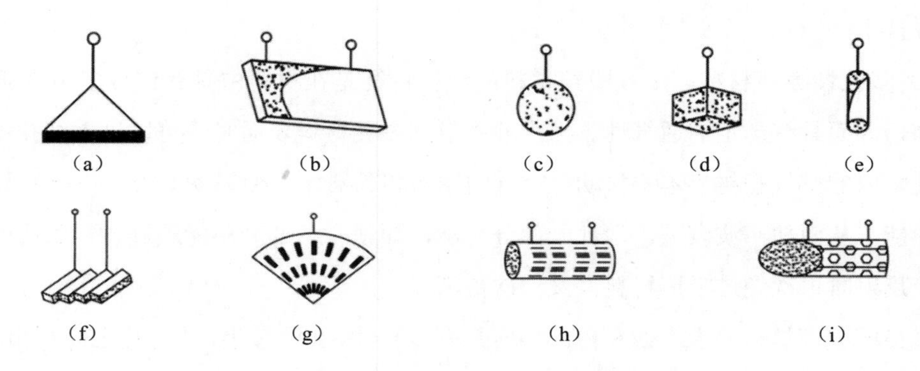

图 7-7 各种不同形状的空间吸声体

利用吸声材料和吸声结构来降低噪声的方法，其效果有限。吸声材料只是吸收反射声，对声源直接发出的直达声是毫无作用的。也就是说，吸声处理的最大可能性是把声源在房间的反射声全部吸收。故在一般条件下，用吸声材料来降低房间的噪声，其数值不超过 10 dB，在特殊条件下也不会超过 15 dB。若房间很大，直达声占优势，此时用吸声降噪处理效果会较差，甚至在吸声处理后还察觉不到有降噪的效果。如房间原来的吸声系数较高时，还用吸声处理来降噪，其效果也是不明显的。因此，吸声处理的方法只是在房间不太大或原来吸声效果较差的场合下才能更好地发挥它的降噪作用。

（2）消声

消声器是一种既能使气流通过又能有效地降低噪声的设备，对于通风管道、排气管道等噪声源，在进行降噪处理时，需采用消声器。

消声器种类很多，按其消声机理可以分为六类：阻性消声器、抗性消声器、阻抗复合消声器、微穿孔板消声器以及小孔消声器和有源消声器。

1）阻性消声器。阻性消声器主要是利用多孔吸声材料来降低噪声。把吸声材料固定在气流通道内壁上，或使之按照一定的方式在管道中排列，就构成了阻性消声器。当声波通过敷设有吸声材料的管道时，声波激发多孔材料中众多小孔内空气分子的振动，由于摩擦阻力和黏滞力的作用，使一部分声能转换为热能耗散掉，从而起到消声作用。阻性消声器能较好地消除中、高频噪声，而对低频的消声作用较差。

2）抗性消声器。抗性消声器与阻性消声器机理完全不同，它没有敷设吸声材料，而是利用管道截面的变化（扩张或收缩）对声波反射、干涉而达到消声的目的。抗性消声器的性能和管道结构形状有关，一般选择性较强，适用于窄带噪声和中低频噪声的控制。常用的抗性消声器有扩张室、共振腔两种形式。

3）阻抗复合消声器。阻性消声器在中高频范围内有较好的吸声效果，而抗性消声器可以有效地吸收中低频噪声。将阻性和抗性消声器以一定方式组合起来就构成阻抗复合消声器，它在较宽频率范围内具有良好的消声效果。常用的阻抗复合消声器有阻-扩复合式、阻-共复合式、阻-共-扩复合式、阻-扩-共复合式等，如图 7-8 所示。

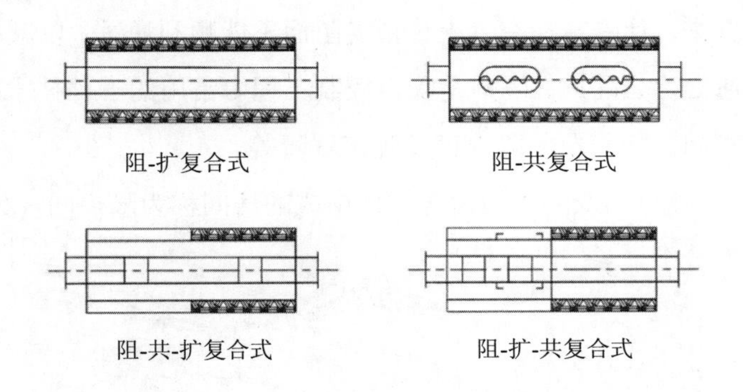

图 7-8 几种阻抗复合消声器

4）微穿孔板消声器。微穿孔板消声器是阻抗复合消声器的一种特殊形式，微穿孔板吸声结构本身是一个既有阻性又有抗性的吸声元件，把它们进行合适的组合排列，就构成了微穿孔板消声器。在厚度小于 1 mm 的板材上开孔径小于 1 mm 的微孔，穿孔率一般为 1%～3%，在穿孔板后面留有一定的空腔，即构成微穿孔板吸声结构。选择微孔板上的不同穿孔率和板后不同的腔深，就可以控制消声器的频谱性能，使其在较宽的频率范围内获得良好的消声效果。它与阻性消声器类似，不同之处在于用微穿孔板吸声结构代替了吸声材料。

5）小孔消声器。工业生产中有许多小喷孔高压排气或放空现象，例如，各种空气动力设备的排气、高压锅炉排气放空等，伴随这些现象的是强烈的排气喷流噪声。小孔消声器是一根直径与排气管直径相等、末端封闭的管子，管壁上钻有很多小孔，是降低气体排放时产生气流噪声的一种消声器。它是利用扩散降速、变频或改变喷注气流参数等机理达到消声的目的。常见的有小孔喷注消声器、多孔扩散消声器和节流降压消声器。

6）有源消声器。有源消声器也称为电子消声器，它是一套仪器装置，主要由传声器、放大器、相移装置、功率放大器和扬声器等组成。传声器将接收到的声压转变为相应的电压，通过放大器把电压放大到相移装置所要求的输入电压，然后经相移装置把这个电压的相位改变 180°，再送给功率放大器，功率放大后的电压经扬声器又转变成声压，这时的声压与原来的声压正好大小相等，方向相反，可以相互抵消，就形成了噪声抑制区。到目前为止，由于噪声声场中各点的声压大小和相位相差很大，变化也很大，因此有源消声器除了在较小的范围内用于降低简单稳定的噪声源外，并未得到普遍应用。

（3）隔声

对于空气传声的场合，可以在噪声传播途径中，利用墙体、各种板材及其构件将声源与接受者分隔开来，使噪声在空气中传播受阻而不能顺利通过，以减少噪声对环境的影响，这种措施通常称为隔声。隔声是噪声控制工程中常用的一种技术措施，常用的隔声构件有各类隔声间、隔声罩、隔声窗及隔声屏障等。

1）隔声间。由隔声墙及隔声门窗等构件组成的房间称为隔声间，如图 7-9 所示。

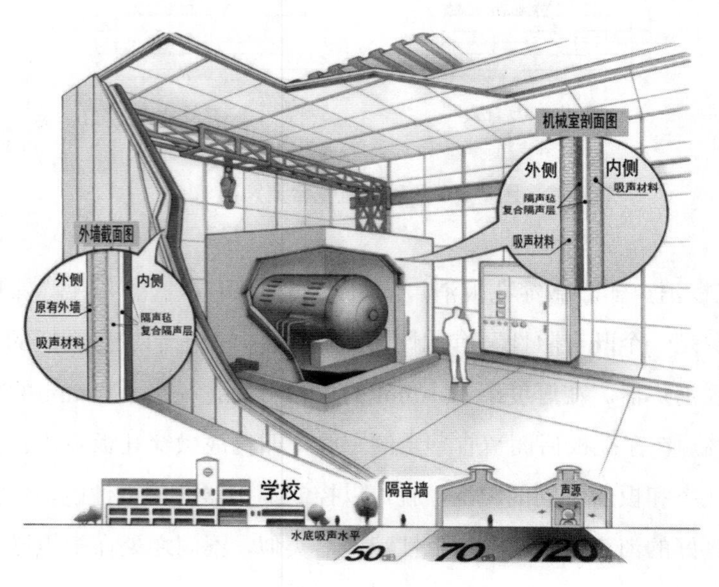

图 7-9　隔声间

隔声间分封闭式和半封闭式两种，多采用封闭式结构。材料可用金属板材制作，也可用土木结构建造，并选用固有隔声量较大的材料建造。隔声间不仅需要有良好隔声性能的墙体，还需设置门、窗。通常门窗为轻型结构。隔声间中的门、窗和孔洞往往是隔声间的薄弱环节。一般门窗平均隔声量不超过 15～20 dB，普通分隔墙的平均隔声量至少可达 30～40 dB。

2）隔声罩。当噪声源比较集中或只有个别噪声源时，可将噪声源封闭在一个小的隔声空间内，这种隔声设备称为隔声罩。隔声罩是抑制机械噪声的较好方法，它往往能获得很好的减噪效果。例如，柴油机、电动机、空压机、球磨机等强噪声设备，常常使用隔声罩来减噪。

一般机器所用的隔声罩由罩板、阻尼涂料和吸声层构成。罩板一般用 1～3 mm 厚的钢板，也可以用密度较大的木质纤维板。罩壳用金属板时要涂抹一定厚度的阻尼层以提高隔声量。这主要是由于声波在罩壳内的反射作用会提高噪声的强度。因此，隔声罩还必须在罩板上垫衬吸声材料。隔声罩与设备要保持一定距离，一般为设备所占空间的 1/3 以上，壁面与设备之间的距离不得小于 100 mm。

各种形式隔声罩 A 声级降噪量是：固定密封型为 30～40 dB；活动密封型为 15～30 dB；局部开敞型为 10～20 dB；带有通风散热消声器的隔声罩为 15～25 dB。

3）隔声窗。隔声窗一般采用双层和多层玻璃做成，其隔声量主要取决于玻璃的厚度（或单位面积和玻璃的质量），其次是窗的结构、窗与窗框之间、窗框和墙壁之间的密封程度。据实测，3 mm 厚的玻璃的隔声量是 27 dB，6 mm 厚的玻璃的隔声量为 30 dB，因此采用两层以上的玻璃，中间夹空气层的结构，隔声效果是相当好的，如图 7-10 所示。

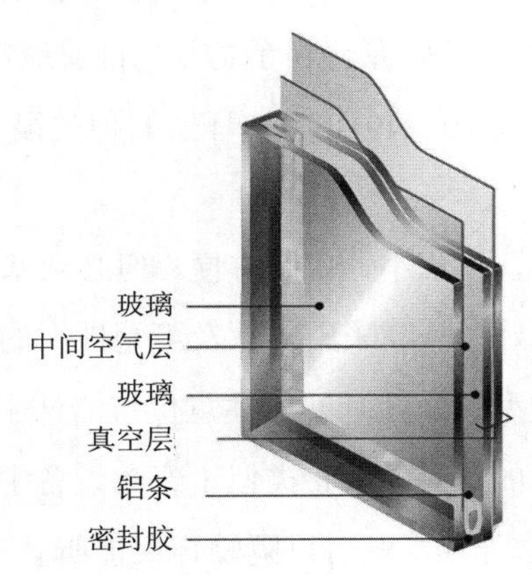

图 7-10 隔声窗结构

4）隔声屏障。在声源与接收点之间设置障板，阻断声波的直接传播，以降低噪声，这样的结构称隔声屏障。它是控制交通噪声污染的一种治理措施。一些发达国家从 20 世纪 60 年代末就开始了隔声屏障的研究和应用。近年来，我国一些城市和高速公路、铁路也相继建造了隔声屏障，而且发展速度很快。部分隔声屏障如图 7-11 所示。

噪声在传播途径中遇到障碍物，若障碍物尺寸远大于声波波长时，大部分噪声可被反射和吸收，一部分绕射，于是在障碍物背后一定距离内形成“声影区”，声影区的大小与声音的频率和屏障高度等有关，频率越高，声影区的范围越大。隔声屏障将声源和保护目标隔开，使保护目标落在屏障的声影区内。

图 7-11 隔声屏

4．个人防护

当在声源和传播途径上控制噪声难以达到标准时，往往需要采取个人防护措施。在很多场合下，采取个人防护是最有效、最经济的方法。目前最常用的方法是佩戴护耳器。一般的护耳器可使耳内噪声降低 10～40 dB。护耳器的种类很多，按构造差异分为耳塞、耳罩和头盔。

耳塞是插入外耳道的耳器，体积小，使用方便，但必须塞入外耳道内部并与外耳道大小形状相匹配，否则效果不好。一般采用柔软及可塑性大的材料制成，如硅橡胶之类的物质，注入耳道内，凝固成型。佩戴耳塞应注意保持清洁卫生。

耳罩就是将耳廓封闭起来的护耳装置，类似于音响设备中的耳机，好的耳罩可隔声 30 dB。还有一种音乐耳罩，这种耳罩既可以隔噪声又能听音乐。

头盔的隔声效果比耳塞、耳罩显著，它不仅可以防止噪声的气导泄漏，而且可防止噪声通过头骨传导进入内耳。头盔的制作工艺复杂，价格较贵，通常用于火箭发射场等特殊的环境和场所。

五、噪声综合防治

1．噪声卫生防护距离

噪声的卫生防护距离是指产生噪声的生产单元（生产区、车间或工段）与居住区之间应保持的最适合的安全距离。卫生防护距离过大，虽然对附近居住区环境质量的影响很小，但会造成土地资源的浪费或搬迁费用的增加等问题，而卫生防护距离过小，就容易对附近居民区的环境质量造成影响，甚至会导致危害居民身体健康的情况产生。由此，足以说明合理确定卫生防护距离的重要。

我国在2000年颁布了《以噪声污染为主的工业企业卫生防护距离标准》，该标准的目的是保证国家重点工业企业项目投产后，产生的噪声污染不致影响居住区人群的身体健康。不同行业企业的噪声卫生防护距离见表7-4。

表7-4 以噪声污染为主的工业企业卫生防护距离标准

企业名称	规模	噪声强度/dB（A）	卫生防护距离/m
棉纺织厂	5万锭	100～105	100
棉纺织厂	5万锭	90～95	50
织布厂		96～105	100
毛巾厂		95～105	100
制钉厂		100～105	100
标准件厂		95～100	100
专用汽车改造厂	中型	95～110	200
拖拉机厂	中型	100～112	200
汽轮机厂	中型	100～118	300
机床制造厂		95～105	100
钢丝绳厂	中型	95～100	100
铁路机车车辆厂	大型	100～120	300
风机厂		100～118	300
锻造厂	中型	95～110	200
锻造厂	小型	90～100	100
轧钢厂	中型	95～110	300
大、中型面粉厂		90～105	200
小型面粉厂		85～100	100
木器厂	中型	90～100	100
型煤加工厂		80～90	50
型煤加工厂		80～100	200

2．噪声污染防治法规

发达国家从20世纪60年代起开始重视噪声控制。进入80年代，随着环保事业的发展，我国的环境噪声污染治理工作在“强化管理”的思想指导下，基本上建立起一套完整的环境噪声污染防治法规、标准体系。1996年10月正式颁布了《中华人民共和国环境噪声污染防治法》（以下简称《环境噪声污染防治法》），于2018年12月29日进行了修订。

制定《环境噪声污染防治法》的目的是保护和改善人们的生活环境，保障人体健康，促进经济和社会的发展。环境噪声污染防治法共分8章64条，从污染防治的监督管理、工业噪声污染防治、建筑施工噪声污染防治、交通运输噪声污染防治、社会生活噪声污染防治这几方面作出具体规定，并对违反其中各条规定所应受的处罚及所应承担的法律责任作出明确规定。它是制定各种噪声标准的基础。

《环境噪声污染防治法》中明确提出了任何单位和个人都有保护声环境的义务，城市规划部门在确定建设布局时，应当依据《声环境质量标准》和《民用建筑声设计规范》，合理地划定建筑物与交通干线的防噪声距离，对可能产生环境噪声污染的建设项目，必须提出环境影响报告书以及规定环境噪声污染的防治措施。

《环境噪声污染防治法》中对工业生产设备造成的环境噪声污染，规定必须向地方政府申报并采取防治措施；对建筑施工噪声，规定在城市市区噪声敏感建筑物集中区域内，禁止夜间进行产生环境噪声污染的建筑施工作业；对交通运输噪声，除对交通运输工具的辐射噪声作出规定外，规定对经过噪声敏感建筑物集中区域的高速公路、城市高架、轻轨道路，应当设置屏障或采取其他有效的防治措施，航空器不得飞越城市市区上空；对社会生活中可能产生的噪声污染，规定了新建营业性文化娱乐场所的边界噪声必须符合环境噪声排放标准，才可核发经营许可证及营业执照，使用家用电器、乐器及进行家庭活动时，不应对周围居民造成环境噪声污染。

除了国家发布的《环境噪声污染防治法》，各个地方也发布了相关的环境噪声污染防治法规。例如，杭州市发布的《杭州市环境噪声管理条例》于 1987 年 5 月 9 日杭州市第六届人民代表大会常务委员会第 33 次会议上通过。经过 20 多年的施行，在 2009 年 8 月 26 日在杭州市第十一届人民代表大会常务委员会第 17 次会议上进行修订，自 2010 年 4 月 1 日起新修订的《杭州市环境噪声管理条例》开始实施。在条例中明确指出，任何单位和个人都有保护声环境的义务，并有权对造成环境噪声污染者进行检举和控告。受环境噪声污染的单位和个人均有权要求污染者消除污染，污染者应当及时采取治理措施消除噪声污染，并按有关规定承担其应负的责任。条例中还列举了不同程度的噪声污染制造者所需承担的罚款数额。

3．综合防治对策

目前，国内外综合防治噪声污染主要从两个方面进行：一是从噪声传播分布的区域性控制角度出发，强化城市建设规划中的环境管理，贯彻土地使用的合理布局，特别是工业区和居民区分离的原则，即在噪声污染的传播影响上间接采取防治措施；二是从噪声总能量控制出发，对各类噪声源机电设备的制造、销售和使用，即对污染源本身直接采取限制措施。具体应做到以下几点：

1）对居住生活区建立必要的防噪声隔离带或采取成片绿化等措施，缩小工业噪声的影响范围，使住宅、文教区远离工业区或机场等高噪声源，以保证要求安静的区域不受噪声污染。为了减少交通噪声污染，应加强城市绿化，必要时，在道路两旁设置噪声屏障。

2）发展噪声污染现场实时监测分析技术，对工业企业进行必要的污染跟踪监测监督，及时有效地采取防治措施，并建立噪声污染申报登记管理制度，充分发挥社会和群众监督作用，大幅消除噪声扰民矛盾。

3）对不同的噪声源机械设备实施必要的产品噪声限制标准和分级标准，把噪声控制理论成果和现代产品设计方法与技术有机地结合起来，使我国机电产品的噪声振动控制水平得以大幅提高。

4）建立有关研究和技术开发、技术咨询的机构，为各类噪声源设备制造商提供技术指导，以便在产品的设计、制造中实现有效的噪声控制，如开发运用低噪声新工艺、高阻尼减振新材料、包装式整机隔声罩设计等，有计划、有目的地推动新技术。

5）提高吸声、消声、隔声、隔振等专用材料的性能，以适应通风散热、防尘防爆、耐腐蚀等技术要求。总之，噪声污染防治工作是一项复杂而艰巨的任务，它涉及许多部门，需要从系统的观点出发，结合各个部门的实际情况，作出整体的规划安排。

第二节　电磁辐射污染与防治

一、电磁辐射污染

电场和磁场的交互变化产生电磁波。电磁波在自由空间以一定的速度向四周传递的现象，叫电磁辐射。电磁辐射是一种能量的传递，与电磁波的功率、密度及频率等因素密切相关。过量的电磁辐射会造成电磁辐射污染。

随着经济、技术水平的提高，电子技术在工业生产、无线通信、电视、科学研究与医疗卫生等各个领域中都得到广泛的应用。除此之外，各种视听设备、微波加热设备等也广泛地进入人们的生活中。随着其应用范围的不断扩大与深化，设备功率的不断提高，导致地面上的电磁辐射大幅增加，已直接威胁到人体的健康。目前，电磁辐射已被公认为是继大气污染、水质污染、噪声污染之后的第四大公害，引起了世界各国的重视，联合国人类环境大会将电磁辐射列入必须控制的主要污染物之一。

电磁辐射能与电磁波的波源结构和其频率密切相关。开放系统结构的波源具有较强的辐射能，其平均辐射功率随振荡电流的频率增高而迅速增大。高频电磁场与微波统称为射频，射频的波谱划分见表 7-5。

表 7-5　射频的波谱划分

波段		射频分类	频率（f）	波长（λ）
长波		低频（LF）	＜100 kHz	＞1 km
中波		中频（MF）	100～300 kHz	10^2～10^3 m
短波		高频（HF）	0.3～300 MHz	10～10^2 m
超短波		甚高频（VHF）	30～300 MHz	1～10 m
微波	分米波	特高频（UHF）	0.3～3 GHz	10^{-1}～1 m
	厘米波	超高频（SHF）	3～30 GHz	10^{-2}～10^{-1} m
	毫米波	极高频（EHF）	＞30 GHz	＞10^{-2} m

当射频电磁场达到足够强度时，会对人体健康产生危害。在电磁场作用下，生物机体中的极性分子将重新排列，非极性分子可被磁化。由于射频电磁场方向变化极快，使这种分子重新排列的方向与极化的方向变化速度很快。由此，变化方向的分子与其周围分子发生剧烈碰撞而产生大量的热能（热效应），引起体内温度升高。这种热效应会导致细胞功能的异常及细胞状态的异常，改变神经细胞的电传导，扰乱人的正常生理活动。日积月累会导致神经衰弱、植物神经功能紊乱、内分泌紊乱等症状群，导致儿童发育障碍。当电磁波作用于人的眼睛时，由于眼睛晶状体水分较多，更易吸收较多的能量，从而损伤眼的房水细胞。

电磁辐射对人体危害的程度与电磁波波长有关。按对人体危害程度由大到小排列，依次为微波、超短波、短波、中波、长波，即波长越短，危害越大。微波对人体作用最强的主要原因是其频率高，使机体内分子振荡激烈，摩擦作用强，热效应大。

另外，电磁辐射可能造成的危害有：

①引燃引爆。例如，可使金属器件之间互相碰撞而打火，从而引起火药、可燃油类或气体燃烧或爆炸。

②干扰信号。电磁辐射可直接干扰和影响电子设备、仪器仪表的正常工作，使信息失误、控制失灵，例如，会引起飞机、导弹或人造卫星的失控，干扰医疗仪器设备的正常工作。

二、电磁辐射来源与防治

1．电磁辐射来源

地球上的电磁辐射来源可分为天然辐射源与人为辐射源两种。

天然电磁辐射污染是由大气中的某些自然现象引起的，如大气中由于电荷的积累而产生的放电现象；也可以是来自太阳辐射和宇宙的电磁场源。这种电磁辐射污染除对人体、财产等产生直接的破坏，还会在广大范围内产生严重的电磁干扰，尤其是对短波通信的干扰最为严重。

人为辐射源是指人工制造的各种系统、电气和电子设备产生的电磁辐射。人为辐射源按频率的不同可分为工频场源与射频场源。工频场源主要指大功率输电线路产生的电磁污染，如大功率电机、变压器、输电线路等产生的电磁场，也包括放电型污染源，如静电除尘器等。这些设备产生的电磁场，不是以电磁波形式向外辐射，主要是对近场区产生电磁干扰。射频场源主要是指无线电、通信设备和各种射频设备在工作过程中所产生的电磁辐射和电磁感应。这些人工辐射源频率范围宽，影响区域大，对近场工作人员危害较大，因此已成为电磁辐射污染环境的主要因素。常见的人工电磁辐射污染源分类见表 7-6。

表 7-6　常见的人工电磁辐射污染源分类

<table>
<tr><th colspan="2">分类</th><th>设备名称</th><th>污染来源与部件</th></tr>
<tr><td rowspan="4">放电所致污染源</td><td>电晕放电</td><td>电力线（送配电线）、静电除尘器</td><td>由高电压、大电流而引起静电感应、电磁感应、大地漏泄电流</td></tr>
<tr><td>辉光放电</td><td>放电管</td><td>白光灯、高压水银灯及其他放电管</td></tr>
<tr><td>弧光放电</td><td>开关、电气铁道、放电管</td><td>点火系统、发电机、整流装置</td></tr>
<tr><td>火花放电</td><td>电气设备、发动机、冷藏车、汽车</td><td>整流器、发电机、放电管、点火系统</td></tr>
<tr><td colspan="2">工频辐射场源</td><td>大功率输电线、电气设备、电气铁道</td><td>污染来自高压电、大电流的电力线场电气设备</td></tr>
<tr><td colspan="2" rowspan="3">射频辐射场源</td><td>无线电发射、雷达、手机基站</td><td>广播与通信设备的振荡与发射系统</td></tr>
<tr><td>高频加热设备、热合机、微波干燥机</td><td>工业用射频利用设备的工作电路与振荡系统</td></tr>
<tr><td>理疗机、治疗机</td><td>医学用射频利用设备的工作电路与振荡系统</td></tr>
</table>

电磁辐射污染从污染源到受体，主要通过空间辐射和线路传导两个途径进行传播。

空间辐射是指通过空间直接辐射。各种电气装置和电子设备在工作过程中，不断地向其周围空间辐射电磁能源，每个装置或设备本身都相当于一个多项的发射天线。这些装置发射出来的电磁能，以两种不同的方式传播并作用于受体：一种是以场源为中心，半径为一个波长的范围内，传播的电磁能是以电磁感应的方式作用于受体，如可使日光灯感应发光；另一种是以场源为中心，半径为一个波长的范围外，电磁能是以空间放射方式传播并作用于受体。

线路传导是指借助电磁耦合由线路传导。当射频设备与其他设备共用同一电源时，或它们之间有连续关系，那么电磁能即可通过导线传播。此外，信号的输出、输入电路和控制电路等，也能在强磁场中拾取信号，并将所“拾取”的信号进行再传播。

通过空间辐射和线路传导均可使电磁波能量传播到受体，造成电磁辐射污染。同时存在空间传播与线路传导所造成的电磁辐射污染的情况称为复合传播污染。

2．电磁辐射污染的防治

为了消除电磁辐射污染对环境的有害影响，必须采取综合防治的办法。

首先，为了贯彻《中华人民共和国环境保护法》，加强电磁环境管理，保障公众健康，国家重新颁布了《电磁环境控制限值》（GB 8702—2014）代替了原来的 GB 8702—88 和 GB 9175—88。考虑我国电磁环境保护工作的要求，在满足本标准限值的前提下，鼓励产生电场、磁场、电磁场设施（设备）的所有者遵循预防原则，积极采取有效措施，降低公众曝露。为了控制电场、磁场、电磁场所致公众曝露，环境中要求其场量参数的方均根值应满足表 7-7 中的要求。

表 7-7　电磁环境公众曝露控制限值

频率范围	电场强度 E/（V/m）	磁场强度 H/（A/m）	磁感应强度 E/（μT）	等效平面波功率密度 S_{eq}/（W/m^2）
1～8 Hz	8 000	32 000/f^2	40 000/f^2	—
8～25 Hz	8 000	4 000/f	5 000/f	—
0.025 k～1.2 kHz	200/f	4/f	5/f	—
1.2 k～2.9 kHz	200/f	3.3	4.1	—
2.9 k～57 kHz	70	10/f	12/f	—
57 k～100 kHz	4 000/f	10/f	12/f	—
0.1 M～3 MHz	40	0.1	0.12	4

频率范围	电场强度 E/（V/m）	磁场强度 H/（A/m）	磁感应强度 E/（μT）	等效平面波功率密度 S_{eq}/（W/m^2）
3 M～30 MHz	$67/f^{1/2}$	$0.17/f^{1/2}$	$0.21/f^{1/2}$	$12/f$
30 M～3 000 MHz	12	0.032	0.04	0.4
3 000 M～15 000 MHz	$0.22f^{1/2}$	$0.000\,59f^{1/2}$	$0.000\,74f^{1/2}$	$f/7\,500$
15 G～300 GHz	27	0.073	0.092	2

注：①频率 f 的单位为 Hz；②100 kHz 以下频率，需同时限制电场强度和磁感应强度；100 kHz 以上频率，在远场区，可以只限制电场强度或磁场强度，或等效平面波功率密度，在近场区，需同时限制电场强度和磁场强度；③0.1 MHz～3 00 GHz 频率，场量参数是任意连续 6 min 内的方均根值；④架空输电线路线下的耕地、园地、牧草地、畜禽饲养地、养殖水面、道路等场所，其频率 50 Hz 的电场强度控制限制为 10 kV/m，且应给出警示和防护指示标志。

其次，要从产品设计和使用着手，合理设计使用各种电气、电子设备，努力减少设备的电磁漏场及电磁漏能，对各类高频与微波设备在使用过程中不得随意拆开，从根本上减少放射性污染物的排量。

最后，对已经进入环境中的电磁辐射，要采取一定的技术防护手段，以减少对人及环境的危害。常用的防护电磁场辐射的方法有：

（1）屏蔽防护

电磁屏蔽是使用某种能抑制电磁辐射扩散的材料，将电磁场源与其环境隔离开来，使辐射能被限制在某一范围内，达到防止电磁污染的目的，这种技术手段称为屏蔽防护。从防护技术角度来说，屏蔽防护是目前应用最多的一种手段。具体方法是在电磁场传递的路径中，安设用屏蔽材料制成的屏蔽装置。屏蔽防护主要是利用屏蔽材料对电磁能进行反射与吸收。传递到屏蔽上的电磁场，一部分被反射，且由于反射作用使进入屏蔽体内部的电磁能减到很少。进入屏蔽体内的电磁能又有一部分被吸收，因此透过屏蔽的电磁场强度会大幅衰减，从而避免了对人与环境的危害。

根据场源与屏蔽体的相对位置，屏蔽方式分为以下两类。

①主动场屏蔽（有源场屏蔽）。将电磁场的作用限定在某一范围内，使其不对此范围以外的生物机体或仪器设备产生影响的方法称为主动场屏蔽。具体做法是用屏蔽壳体将电磁污染源包围起来，并对壳体进行良好接地。主动场屏蔽的主要特点是场源与屏蔽体间距小，结构严密，可以屏蔽电磁辐射强度很大的辐射源。

②被动场屏蔽（无源场屏蔽）。将场源放置于屏蔽体之外，使场源对限定范围内的生物机体及仪器设备不产生影响，称为被动场屏蔽。具体做法是用屏蔽壳体将需保护的区域包围起来。被动场屏蔽的主要特点是屏蔽体与场源间距大，屏蔽体可以不接地。

屏蔽材料可用低电阻率的铜、铝、铁等金属材料。普通玻璃、纤维板、塑料板、有机玻璃等材料缺少屏蔽电磁波的性能，不宜单独使用。

屏蔽装置可以根据不同的屏蔽对象与要求，采用不同的屏蔽体的结构形式，主要有屏蔽罩、屏蔽墙、屏蔽室等形式，可根据具体情况设计制作。

（2）吸收防护

吸收防护是利用电磁匹配、谐振的原理，采用对电磁辐射能量具有吸收作用的材料，将电磁能量进行衰减，并吸收转化为热能。吸收防护是减少微波辐射危害的一项积极有效的措施，可在场源附近将辐射能大幅度降低，多用于近场区的防护上。常用的吸收材料有以下两类：

①谐振型吸收材料。利用某些材料的谐振特性制成的吸收材料。材料特点是厚度小，只对频率范围很窄的微波辐射具有良好的吸收率。

②匹配型吸收材料。利用某些材料和自由空间的阻抗匹配，吸收微波辐射能。其特点是适于吸收频率范围很宽的微波辐射。

石墨、铁氧体、活性炭等是较好的吸收材料，也可在塑料、橡胶、胶木、陶瓷等材料中加入铁粉墨、木材和水等制成，如泡沫吸收材料、涂层吸收材料和塑料板吸收材料等。

（3）个人防护

我们在平时工作和日常生活中，应自觉采取措施，减少电磁波的危害，如应尽量增大人体与发射源的距离。因为电磁波对人体的影响，与发射功率大小及与发射源的距离紧密相关，它的危害程度与发射功率成正比，而与距离的平方成反比。当因工作需要操作人员必须进入微波辐射源的近场区作业时，或因某些原因不能对辐射源采取有效的屏蔽、吸收等措施时，必须采取个人防护措施，以保护作业人员安全。个人防护措施主要有穿防护服、戴防护头盔和防护眼镜等。

（4）区域控制与综合治理

对工业集中的城市，特别是电子工业集中的城市或电气、电子设备密集使用的地区，可以将电磁辐射源相对集中在某一区域，使其远离一般工作区或居民区，并对这样的区域设置安全隔离带，如绿色植物对电磁辐射能具有较好的吸收作用，可采用绿化隔离带，从而在较大的区域范围内控制电磁辐射的危害。

案例 17　科学认识电磁辐射

一提到“辐射”，很多人往往会浮想联翩，远的会想起二战时期日本广岛长崎的原子弹爆炸产生的核辐射，近的不外乎发生在2011年3月11日的日本大地震造成的核污染。事实上，宇宙中充满了辐射，自从生命产生的34亿年以来，地球上的所有动物、植物、微生物，无一例外地一直暴露在自然环境的辐射之中，比如阳光，它就是一种比我们每天使用的手机频率高很多的电磁波辐射，但阳光却是人类生活中最重要的物质基础。

电磁辐射并不可怕，只要它被控制在可以接受的标准水平，对人体健康就不会有什么伤害。电磁能产生的辐射可以分为电离辐射以及非电离辐射两类。电离辐射专指一种高能量辐射，会破坏生理组织，对人体造成伤害，这种伤害一般是具有累积效应的，核辐射属于典型的电离辐射；非电离辐射远没达到将分子分解的能量，主要以热效应的形式作用于被照射物体。就像晒太阳可以让皮肤发热，但晒时间太长则难免灼伤一样，但是晒太阳绝对不会使人体的分子产生电离，所以无线电波产生的电磁辐射照射结果，最多只有热效应而已，不会伤及生物体的分子键，与原子弹爆炸产生的核辐射是两码事。值得一提的是，大家关注的通信基站所发出的无线电波，也属于非电离辐射的电磁波，它只产生热效应，不会对人体产生危害。有关移动通信电磁辐射能改变DNA，或是说电磁辐射导致白血病、致癌、心脏病，甚至影响生育，造成孕妇流产的传言，实属言过其实。

由此可见，正常生活的人体每天都在吸收辐射，也排出辐射，当我们食入、吸收和排除的放射性物质达到平衡的时候，我们体内便维持着一个稳定的辐射水平。据中华放射医学与防护杂志 2000 年第 5 期刊发的“中国的天然γ辐射剂量率水平”文章称，我国国家环保总局曾于 1983—1990 年做过相关调查，结果显示“全国居民人均年有效剂量为684 μSv”。尽管每天放射性物质都要光顾我们，可是在进入体内的同时，也会被排出体外，只要数值处在一个平衡稳定的状态，我们可以不必为天然的放射性物质所烦恼，无须听到辐射就害怕。

资料来源：曾意丹. 如何正确认识和科学对待电磁辐射[J]. 中国无线电，2018（12）.

第三节　放射性污染与防治

一、放射性污染与来源

1．放射性污染与危害

放射性元素的原子核在衰变过程中放出α、β、γ射线的现象，称为放射性，具有这种放射性的物质称为放射性物质。在自然资源中存在一些能自发地放射出某些特殊射线的物质，这些射线具有很强的穿透性，如 ^{235}U、^{232}Th 和自然界中含量丰富的 ^{40}K，都是放射性物质。

放射性污染物主要是通过射线的照射危害人体和其他生物体，造成危害的射线主要有α射线、β射线和γ射线。α粒子流形成的射线称为α射线。α射线有较强的电离作用，但粒子穿透力较小，在空气中易被吸收，外照射对人的伤害不大，但进入人体后会因内照射造成较大的伤害。β射线是带负电的电子流，穿透能力比α射线强，但电离作用比α射线小得多。γ射线是波长很短的电磁波，具有很强的穿透能力，对人的危害最大。

放射性污染是指因人类的生产、生活排放的放射性物质，使环境中的放射性水平高于天然本底或放射环境标准，从而危害人体健康的现象。放射性污染物与一般的化学污染物有着明显的不同，主要表现在每一种放射性核素均具有一定的半衰期，在其放射性自然衰变的这段时间里，它都会放射出具有一定能量的射线，持续地产生危害作用。除进行核反应之外，目前，采用任何化学、物理或生物的方法，都无法有效地破坏这些核素，改变其放射的特性。放射性污染物所造成的危害，在有些情况下并不立即显示出来，而是经过一段潜伏期后才显现出来。因此，对放射性污染物的治理也就不同于其他的污染物的治理。

环境中的放射性物质和宇宙射线不断照射人体，即为外照射。这些放射性物质也可以通过空气、饮用水和复杂的食物链等多种途径进入人体，使人受到内照射。过量的放射性物质进入人体或受到过量的放射性外照射会对人体的健康造成损害（表 7-8），引发恶性肿瘤、白血病等急、慢性的放射病，或损害其他器官，如骨髓、生殖腺等。

表 7-8 高辐射剂量对人体的影响

剂量/rem*	影响
100 000	几分钟内死亡
10 000	几小时内死亡
1 000	几天内死亡
700	几个月内 90%死亡，10%幸免
200	几个月内 10%死亡，90%幸免
100	没有人在短期内死亡，但是大大增加了患癌症和其他缩短寿命的机会，女子不育，男子在 2～3 年内也不育

注：* 1 rem（雷姆）=10^{-2} Sv。

2．放射性污染物来源

人们所受到的辐射主要来源于以下两个方面：

（1）天然辐射源

天然辐射源是自然界中天然存在的辐射源，人类从诞生起就一直生活在这种天然的辐射之中，并已适应了这种辐射。天然辐射源所产生的总辐射水平称为天然放射性本底，它是判断环境是否受到放射性污染的基本基准。

天然辐射源主要来自：①地球上的天然放射源，主要的有铀（^{235}U）、钍（^{232}Th）核素以及钾（^{40}K）、碳（^{14}C）和氚（^{3}H）等；②宇宙间高能粒子构成的宇宙线，以及在这些粒子进入大气层后与大气中的氧、氮原子核碰撞产生的次级宇宙线。

（2）人工辐射源

20 世纪 40 年代核军事工业逐渐建立和发展起来，50 年代后核能逐渐被利用到动力工业中。近几十年来随着科学技术的发展，放射性物质被更广泛地应用于各行各业和人们的日常生活中，因而构成了放射污染的人工污染源。

1）核爆炸的沉淀物。在大气层进行核试验时，爆炸高温体放射性核素变为气态物质，随着爆炸时产生的大量赤热气体，蒸汽携带着弹壳碎片、地面物升上高空。在上升过程中，随着与空气的不断混合、温度的逐渐降低，气态物即凝聚成粒或附着在其他尘粒上，并随着蘑菇状烟云扩散，最后这些颗粒都要回落到地面称为放射性沉降物（或沉降灰）。这些放射性沉降物除落到爆炸区附近外，还可随风扩散到广泛的地区，造成对地表、海洋、人及动植物的污染。细小的放射性颗粒甚至可到达平流层并随大气环流流动，经很长时间（甚至几年）才能回落到对流层，造成全球性污染。

即使是地下核试验，由于“冒顶”或其他事故，仍可造成如上的污染。虽然放射性核素都有半衰期，但这些污染物在其未完全衰变之前，污染作用不会消失。其中，核试验时产生危害较大的物质有 ^{90}锶、^{137}铯、^{131}碘和 ^{14}碳。

2）核工业过程的排放物。核能应用于动力工业，构成了核工业的主体。核工业的废水、废气、废渣的排放是造成环境放射性污染的一个重要原因。核燃料的生产、使用及回收形成了核燃料的循环，在这个循环过程中的每一个环节都会排放不同种类、数量的放射性污染物，对环境造成不同程度的污染。对于整个核工业来说，在放射性废物的处理设施不断完善的情况下，处理设施正常运行时，放射性废物对环境是不会造成严重污染的。严重的污染往往都是由事故造成的，如 1986 年苏联的切尔诺贝利核电站的爆炸泄漏事故和 2011 年日本福岛第一核电站爆炸泄漏事故。因此，减少事故性排放，对减少环境的放射性污染是十分重要的。

3）医疗照射的射线。随着现代医学的发展，作为诊断和治疗手段，辐射的应用越来越广泛，且医用辐射设备增多，诊治范围扩大。辐射方式除外照射方式外，还发展了内照射方式，如诊治肺癌等疾病就采用内照射方式。这种诊治方法使射线集中照射病灶，在治疗的同时也增加了操作人员和病人受到的辐射的机会，因此医用射线已成为环境中的主要人工污染源。

4）其他方面的污染源。某些用于控制、分析、测试的设备使用了放射性物质，对职业操作人员会产生辐射危害。如某些生活消费品中使用了放射性物质，如电脑显示器等；某些建筑材料如含铀、镭量高的花岗岩和大理石等，它们的使用也会增加室内的辐射强度。

案例 18　切尔诺贝利事件

切尔诺贝利核电站（Чорнобиль，Chernobyl）是苏联在乌克兰境内修建的第一座核电站，也是苏联最大的核电站。1973 年开始修建，1977 年启动，曾经被声称为是世界上安全性能最高的核电站，在冷战时期，一度被认为是超越美国的象征。可是谁也不曾料到，核电站建成仅仅 9 年之后，便发生了如此可怕的事故。

1986 年 4 月 25 日晚，核电站 4 号机组工作人员受命停机检测，在测试反应炉自我供电系统时，命名为“山岩”核电站综合信息计算机发出异常信号，然而核反应堆操作系统的工程师违反指令，错误地将所有安全系统关闭。燃料棒开始熔化，蒸汽压力迅速增加，导致蒸汽大爆炸。4 月 26 日凌晨 1 时 23 分，反应堆发出一声沉闷的爆炸轰响，重达 1 200 t 的反应炉顶盖被抛入夜空。几秒过后，更加猛烈的第二次爆炸将核电站的建筑物震得摇摇欲坠，反应堆机房被炸开了一个大洞，炙热的石墨和核燃料喷涌而出，烧得通红的堆芯暴露于空气中，仿佛怪兽的血盆大口。燃烧着的石墨块落到哪儿，哪儿就变成火海。8 t 多强辐射物泄漏，外泄的辐射尘随着大气飘散到苏联的西部地区、东欧地区、北欧的斯堪地那维亚半岛。后续的爆炸引发了大火并散发出大量高辐射物质到大气层中，不仅使乌克兰、白俄罗斯和俄罗斯成为“重灾区”，带有放射性物质的粉尘随风还飘到了保加利亚、波兰、德国……欧洲大部分地区没能逃脱核污染的威胁。这次灾难所释放出的辐射线剂量是广岛原子弹的400倍以上。

切尔诺贝利核电站核泄漏事故等级被定义为最严重的 7 级。事故发生后，人类利用核能的安全性备受质疑，不少国家迫于舆论压力关闭了本国的核电站，世界核能的发展陷入了前所未有的低谷，人们围绕未来核能的发展方向发生了激烈的争论。此事故使核电站周围 6 万多 km^2 土地受到直接污染，320 多万人受到核辐射侵害，成为迄今人类和平利用核能史上最严重的事故。上万人由于放射性物质的长期影响而致命或患上重病，至今仍有被放射影响而导致畸形胎儿的出生，也间接导致了苏联的瓦解。保守估计苏联共花费了 180 亿美元，以及 50 万军民处理此事件，事故对环境的负面影响无法估量。

资料来源：胡遵素. 切尔诺贝利事故及其影响与教训[J]. 辐射防护，1994（5）.

二、放射性污染的防治

1．放射性污染的防护

在放射性污染的人工源中，医用射线及放射性同位素产生的射线主要是通过外照射危害人体，对此应加以防护。而在核工业生产过程中排出的放射性废物，也会通过不同途径危害人体，对这些放射性废物必须加以处理与处置。

我国 2002 年重新颁布了《电离辐射防护与辐射源安全基本标准》（GB 18871—2002）同时代替原来的 GB 4792—1984 和 GB 8703—1988。该标准根据 6 个国际组织（即联合国粮农组织、国际原子能机构、国际劳工组织、经济合作与发展组织核能机构、泛美卫生组织和世界卫生组织）批准并联合发布的《国际电离辐射防护和辐射源安全基本标准》（国际原子能机构安全丛书 115 号，1996 年版）对我国现行辐射防护基本标准进行修订的，其技术内容与上述国际组织标准等效。依据上述国际组织标准对我国现行辐射防护基本标准进行修订时，还充分考虑了我国十余年来实施现行辐射防护基本标准的经验和实际情况，保留了现行标准中实践证明适合我国国情又与国际组织标准相一致的相关技术内容。该标准规定了对电离辐射防护和辐射源安全的基本要求，适用于实践和干预人员所受电离辐射照射的防护和实践中源的安全，但是不适用于非电离辐射（如微波、紫外线、可见光及红外辐射等）对人员可能造成的危害的防护。

2．辐射防护要求

为了便于辐射防护管理和职业照射控制，应把辐射工作场所分为控制区和监督区。

（1）控制区

1）注册者和许可证持有者应把需要和可能需要专门防护手段或安全措施的区域定为控制区，以便控制正常工作条件下的正常照射或防止污染扩散，并预防潜在照射或限制潜在照射的范围。

2）确定控制区的边界时，应考虑预计的正常照射的水平、潜在照射的可能性和大小，以及所需要的防护手段与安全措施的性质和范围。

3）对于范围比较大的控制区，如果其中的照射或污染水平在不同的局部变化较大，需要实施不同的专门防护手段或安全措施，则可根据需要再划分出不同的子区，以方便管理。

4）凡划定的控制区必须在其边界进出口及适当的位置设立醒目的符合要求的电离辐射标志和警告标志。按需要在控制区入口处提供防护衣具、监测设备和个人衣物贮存柜。按需要在控制区出口处提供皮肤和工作服的污染监测仪、被携出物品的污染监测设备、冲洗或淋浴设施以及被污染防护衣具的贮存柜。

（2）监督区

1）注册者和许可证持有者应将下述区域定为监督区：这种区域未被定为控制区，在其中通常不需要专门的防护手段或安全措施，但需要经常以职业照射条件进行监督和评价。

2）注册者和许可证持有者应：

①采用适当的手段划出监督区的边界；

②在监督区入口处的适当地点设立表明监督区的标牌；

③定期审查该区的条件，以确定是否需要采取防护措施和作出安全规定，或是否需要更改监督区的边界。

3．特殊情况的剂量控制要求

（1）表面放射性污染的控制

工作人员体表、内衣、工作服，以及工作场所的设备和地面等表面放射性污染的控制应遵循所规定的限制要求来控制。

（2）孕妇的工作条件

女性工作人员发觉自己怀孕后要及时通知用人单位，以便必要时改善其工作条件。孕妇和授乳妇女应避免受到内照射。用人单位不得把怀孕作为拒绝女性工作人员继续工作的理由。用人单位有责任改善怀孕女性工作人员的工作条件，以保证为胚胎和胎儿提供与公众成员相同的防护水平。

（3）未成年人的工作条件

年龄小于 16 周岁的人员不得接受职业照射。年龄小于 18 周岁的人员，除非为了进行培训并受到监督，否则不得在控制区工作，他们所受的剂量应按规定进行控制。

4．剂量限值

（1）职业照射剂量限值

1）应对任何工作人员的职业照射水平进行控制，使之不超过下述限值：

①由审管部门决定的连续 5 年的年平均有效剂量（但不可作任何追溯性平均），20 mSv；

②任意一年中的有效剂量，50 mSv；

③眼晶体的年当量剂量，150 mSv；

④四肢（手和足）或皮肤的年当量剂量，500 mSv。

2）对于年龄为 16～18 岁接受涉及辐射照射就业培训的徒工和年龄为 16～18 岁在学习过程中需要使用放射源的学生，应控制其职业照射使之不超过下述限值：

①年有效剂量，6 mSv；

②眼晶体的年当量剂量，50 mSv；

③四肢（手和足）或皮肤的年当量剂量，150 mSv。

（2）公众照射剂量限值

实践使公众中有关关键人群组的成员所受到的平均剂量估计值不应超过下述限值：

①年有效剂量，1 mSv；

②特殊情况下，如果 5 个连续年的年平均剂量不超过 1 mSv，则某一单一年份的有效剂量可提高到 5 mSv；

③眼晶体的年当量剂量，15 mSv；

④皮肤的年当量剂量，50 mSv。

5．放射性污染物管理

为了加强对放射性废物的安全管理，保护环境，保障人体健康，根据《中华人民共和国放射性污染防治法》，制定了最新的《放射性废物安全管理条例》，并于 2012 年 3 月 1 日起施行。条例中要求核设施营运单位、核技术利用单位和放射性固体废物贮存、处置单位严格遵循以下原则：

1）按照放射性废物危害的大小，建立健全相应级别的安全保卫制度，采取相应的技术防范措施和人员防范措施，并适时开展放射性废物污染事故应急演练。

2）对直接从事放射性废物处理、贮存和处置活动的工作人员进行核与辐射安全知识以及专业操作技术的培训，并进行考核。考核合格的，方可从事该项工作。

3）按照国务院环境保护主管部门的规定定期如实报告放射性废物产生、排放、处理、贮存、清洁解控和送交处置等情况。处置单位应当于每年 3 月 31 日前，向国务院环境保护主管部门和核工业行业主管部门如实报告上一年度放射性固体废物接收、处置和设施运行等情况。

对于违反相关条例的单位或工作人员，情节较轻的将由县级以上人民政府环境保护主管部门责令停止违法行为，限期改正，处 10 万元以上 20 万元以下的罚款；造成环境污染的，责令限期采取治理措施消除污染，逾期不采取治理措施，经催告仍不治理的，可以指定有治理能力的单位代为治理，所需费用由违法者承担；构成犯罪的，则依法追究其刑事责任。

第四节　热污染及防治

一、热污染的成因及危害

1．热污染的成因

由人类活动影响和危害热环境的现象称为热污染。热污染的形成主要有以下原因：

1）燃料燃烧和工业生产过程中所产生的废热向环境的直接排放。

2）温室气体的排放，通过大气温室效应的增强，引起大气增温。

3）由于消耗臭氧层物质的排放，破坏了大气臭氧层，导致太阳辐射的增强。

4）地表状态的改变，使反射率发生变化，影响了地表和大气间的换热等。

温室效应的增强、臭氧层的破坏，都可引起环境的不良增温。对这些方面的影响，现在已成为全球大气污染的问题，专门进行了系统的研究。在此主要讨论的是废热排放引起的热污染问题。

发电、冶金、化工和其他的工业生产，通过燃料燃烧和化学反应等过程产生的热量，一部分转化为产品形式，一部分以废热形式直接排入环境。转化为产品形式的热量，最终也要通过不同的途径释放到环境中。以火力发电为例，在燃料燃烧的能量中，约40%转化为电能，12%随烟气排放，48%随冷却水进入水体中。在核电站，约33%的能耗转化为电能，其余的67%均变为废热全部传入水中。

由以上数据可以看出，各种生产过程排放的废热大部分传入水中，使水升温成温热水排出。这些温度较高的水排进水体，形成对水体的热污染。电力工业是排放温热水最多的行业之一。据统计，排进水体的热量，有80%来自发电厂。

2．热污染的危害

由于废热气体在废热排放总量中所占比例较小，这些废热气体排入大气后，对大气环境的影响表现不明显。但在城市（特别是大城市），由于消耗大量的能源，使用大量的空调设备，导致大量的废热向环境散发，使城市的气温升高，市区与郊区的气温差显著增大，可达4～5℃以上，形成所谓的“热岛效应”。“热岛效应”形成的环流现象使得城市的污染物不能及时扩散稀释，并使城市上空云雾和降水量有所增加，造成局部气候反常。

温热水的排放量大，排入水体后会在局部范围内引起水温的升高，使水质恶化，对水生物圈和人的生产、生活活动造成危害。

1）水温升高影响水生生物的生长。水温升高，影响鱼类生存。在高温条件下，鱼的发育受阻，严重时，导致死亡。而且水温的升高，也会降低水生生物的抵抗力，破坏水生生物的正常生存。

2）水温升高导致水中溶解氧的降低。在水温较高的条件下，水中生物代谢率增高，需要更多的溶解氧，此时溶解氧的减少，势必对水中生物生存产生更大的威胁。

3）水温升高引起藻类及湖草的大量繁殖。在水温较高时产生的一些藻类，如蓝藻，可引起水的味道异常，并可使人、畜中毒。

二、热污染的防治

1．改进热能利用技术，提高热能利用率

随着技术的进步，通过提高热能利用率，既节约了能源，又减少了废热的排放。例如美国的火力发电厂，20 世纪 60 年代时平均热效率为 33%，现已提高到 40%，使废热排放量降低很多。

2．废热的综合利用

充分利用工业的废热，是减少热污染的重要措施。

（1）对于工业装置排放的高温废气，可通过以下途径加以利用

1）设置热交换器，利用排放的高温废气预热冷原料气。

2）利用废热锅炉将冷水或冷空气加热成热水和热气，用于取暖、淋浴、空调加热等。

（2）对于温热的冷却水，可作为热源使用

1）利用电站温热水进行水产养殖，如用电站温排水养殖非洲鲫鱼等。

2）作为大棚温室种植的热源。

3）利用热泵技术增温后干燥谷物等。

3．利用温排水冷却技术减少温排水

对排放后可能对水体造成热污染的电力等工业系统的温排水（主要来自工艺系统中的冷却水），可通过冷却的方法使其降温，降温后的冷水可以回到工业冷却系统中重新使用，如冷却塔和冷却池，比较常用的为冷却塔。在塔内，喷淋的温水与空气对流流动，通过散热和部分蒸发达到目的。应用冷却回用的方法，既节约了水资源，又可向水体不排或少排高温水。

4．新能源的开发利用

积极开发利用水能、风能、地热能和太阳能等新能源，不仅可有效地解决污染物的排放，又是防止和减少热污染的重要途径。

第五节　光污染及防治

一、光污染源及危害

人类活动造成的过量光辐射对人类生活和生产环境形成不良影响的现象称为光污

染。医学研究发现，人们长期生活或工作在逾量的或不协调的光辐射下会出现头晕目眩、失眠、心悸和情绪低落等神经衰弱症状。城市中的夜景灯光由于采用人工光源而非全光谱照射，会扰乱人们正常的生物钟规律，使人倦乏无力。用强光照射植物也同样会破坏植物体内生物钟的节律，妨碍其正常生长，特别是夜里长时间、用一高辐射能量作用于植物，会使植物的叶和茎变色，甚至枯死。

一般认为，光污染应包括可见光污染、红外光污染和紫外光污染。

1．可见光污染

1）眩光污染。人们接触较多的，如电焊时产生的强烈眩光，在无防护情况下会对人的眼睛造成伤害；夜间迎面驶来的汽车大灯的灯光，会使人视物极度不清，造成事故；长期工作在强光条件下，视觉受损；车站、机场、控制室过多闪动的信号灯以及在电视中为渲染舞厅气氛，快速地切换画面，也属于眩光污染，使人视觉不舒服。其他如现代城市的商店、写字楼、大厦等，外墙全部用玻璃或反光玻璃装饰，在阳光或强烈灯光照射下，所发出的反光会扰乱驾驶员或行人的视觉，成为交通事故的隐患。

2）灯光污染。城市夜间灯光不加控制，使夜空亮度增加，影响天文观测；路灯控制不当或建筑工地安装的聚光灯，照进住宅，会影响居民休息。

3）激光污染。激光污染是近年来出现的特殊光污染，这是一种可直接造成眼底伤害的污染现象。激光是一种指向性好、颜色纯、能量高、密度大的高能辐射，它的密度通常比太阳光线要高出几百倍乃至几亿倍。激光光束一旦进入人眼，经晶状体会聚，可使光强度提高几百倍甚至几万倍，会严重损坏人的眼底细胞。激光光谱还有一部分属紫外线和红外线频率范围，它们因不能被人眼看到，更容易误入人眼造成伤害。功率很大的激光甚至可以直接进入人体，危害人的深层组织。

2．红外线污染

近年来，红外线在军事、科研、工业、卫生等方面应用日益广泛，由此产生红外线污染。红外线通过高温灼伤人的皮肤，还可透过眼睛角膜对视网膜造成伤害，波长较长的红外线还能伤害人眼的角膜，长期的红外照射可以引起白内障。

3．紫外光污染

波长为 250～320 mm 的紫外光，对人具有伤害作用，主要的伤害表现为角膜损伤和皮肤的灼伤。如有些医院的传染病房安装有紫外线杀菌灯，杀菌灯不可在有人时长时间开着，否则就会灼伤人的皮肤，造成伤害。

二、光污染的防治

光对环境的污染是实际存在的，但由于缺少相应的污染标准与立法，因而不能形成较完整的环境质量要求与防范措施。防治光污染，是一项社会系统工程，需要有关部门制定必要的法律和规定，采取相应的防护措施。

首先，在企业、卫生、环保等部门，一定要对光的污染有一个清醒的认识，注意控制光污染的源头，加强预防性卫生监督，做到防患于未然。科研人员在科学技术上也要探索有利于减少光污染的方法，在设计方案上合理选择光源，教育人们科学合理地使用灯光，注意调整亮度，不可滥用光源，不要再扩大光的污染。

其次，对于个人来说要增强人们对光污染的防范能力。例如，家庭装修墙面和地板不宜过白过亮，光线要比较柔和，墙面上少用或不用玻璃及反光较强的白色瓷砖。在家中应合理设计照明光源，切忌光源过多、过杂、过亮。在使用电视机或电脑时，荧屏开的亮度要适中。个人如果不能避免长期处于光污染的工作环境中，应该考虑防止光污染的问题，采用个人防护措施：戴防护镜、防护面罩，穿防护服等，把光污染的危害消除在萌芽状态。已出现症状的应定期去医院眼科做检查，及时发现病情，预防为主，防治结合。

目前，对光污染的成因及条件研究还不充分，光污染的认定缺乏相应的立法和可供参考的环境标准。同时，它对人体的影响也不易在短时间内为人们所察觉。为此，目前对光污染应采取以预防为主的防治方法。我国可以借鉴国外的经验，根据我国现阶段的实际情况，制定有效的法律来改善光污染情况。

思考题

1. 某工人在 76 dB（A）下工作 1 h，在 75 dB（A）下工作 3 h，在 71 dB（A）下工作 1 h，在 63 dB（A）下工作 3 h。请计算连续等效 A 声级。

2. 如何缓解城市噪声扰民问题？

3. 如何避免广场舞噪声扰民？

4. 简述电磁辐射的来源及防治措施。

5. 热污染有哪些成因及防治措施。

6. 什么是光污染？光污染的主要类型有哪些？

第八章　清洁生产

第一节　清洁生产概论

一、清洁生产的产生背景与发展

环境问题自古以来一直伴随着人类文明的进程，不同时期环境问题的性质和表现形式不同。农业文明时代，人类对自然环境开发利用的强度开始加大，表现出的环境问题是局部的、零散的。进入工业文明时代，由于科技和生产力水平的提高，人类干预自然的能力大大增强，造成了资源的过度消耗和日益稀缺，环境污染日趋严重。许多国家因经济高速发展而造成了严重的环境污染和生态破坏，并导致了一系列举世震惊的环境公害事件。到了 20 世纪 80 年代后期，环境问题已由局部性、区域性发展成为全球性的生态危机，如臭氧层破坏、温室效应、生物多样性锐减等，成为危及人类生存的最大隐患。

环境问题逐渐引起各国政府的极大关注，并采取了相应的环保措施和对策。20 世纪 60 年代，工业化国家开始通过各种方法和技术，如加大环保投资、建设污染控制和处理设施、制定污染物排放标准、实行环境立法等，以控制和改善环境污染问题，并取得了一定的成绩。

但是这种仅着眼于控制排污口（末端），使排放的污染物通过治理达标排放的办法，并未从根本上解决工业污染问题，而依靠改进生产工艺和加强管理等措施来消除或降低污染的方法更为有效，于是清洁生产的思想和观念逐渐形成。20 世纪 70 年代开始，发达国家的一些企业相继尝试运用如“污染预防”“废物最小化”“源削减”“零排放技术”和“环境友好技术”等方法措施，提高资源利用效率、削减污染物以减轻对环境和公众的危害。

20 世纪 70 年代末期以后，不少发达国家逐步认识到防治工业污染不能只依靠治理排污（末端），要从根本上解决工业污染问题，必须“以预防为主”。各大企业都纷纷研究开发和采用清洁工艺（少废/无废技术），开辟污染预防的新途径，把推行清洁生产作为经济和环境协调发展的一项战略措施。

清洁生产（cleaner production）的概念最早大约可追溯到 1976 年。欧共体（现欧盟）在巴黎举行了“无废工艺和无废生产国际研讨会”，会上提出“消除造成污染的根源”的思想。1979 年 4 月欧共体理事会宣布推行清洁生产政策，1984 年、1985 年、1987 年欧共体环境事务委员会三次拨款支持建立清洁生产示范工程。

1987 年联合国环境与发展委员会在《我们共同的未来》报告中提出了可持续发展战略，而清洁生产是推进可持续发展所采用的一项基本策略，它强调在污染前采取污染防治对策，实行生产全过程控制。1989 年联合国环境规划署工业与环境规划活动中心（UNEP/PAC）率先提出了清洁生产的概念，并决定在世界范围内推行，为此还制订了清洁生产的行动计划和方案。

20 世纪 90 年代初，经济合作与发展组织（OECD）在许多国家采取不同措施鼓励采用清洁生产技术。例如，在德国，将 70%投资用于采用清洁工艺的工厂的减税。自 1995 年以来，OECD 国家的政府开始把它们的环境战略针对产品而不是工艺，引进生命周期分析，以确定在产品寿命周期（包括制造、运输、使用和处置）中的哪一个阶段有可能削减或替代原材料投入，并且确定最有效并以最低费用消除污染物和废物的方法。

进入 21 世纪后，发达国家清洁生产政策有两个重要的倾向：其一是着眼点从清洁生产技术逐渐转向清洁产品的整个生命周期；其二是从大型企业在获得财政支持和其他种类对工业的支持方面拥有优先权转变为更重视扶持中小企业进行清洁生产，包括提供财政补贴、项目支持、技术服务和信息等措施。

目前，鼓励企业采用绿色技术和实行清洁生产以保护环境，已经成为国际社会的共识。清洁生产已由企业逐步扩展到服务业、农业、产品和消费等方面。

我国在 1973 年《关于保护和改善环境的若干规定（试行草案）》中就提出“全面规划，合理布局，综合利用，化害为利，依靠群众，大家动手，保护环境，造福人民”的环境保护方针，这充分体现了清洁生产的思想和基本内容。自 20 世纪 70 年代末期起，我国一些企业如吉林化学公司就开展了被称为“无废工艺”“少废工艺”“生产全过程污染控制”等的一系列工艺改革，由此产生了不少成功的案例，这是中国推行清洁生产的前期准备阶段。

1992年8月，国务院制定的《环境与发展十大对策》中明确提出了可持续发展的原则，强调“新建、改建、扩建项目时，技术起点要高，尽量采用能耗物耗小、污染物排放量少的清洁生产工艺”。1993年10月第三次全国工业污染防治会议将大力推行清洁生产、实现经济持续发展作为实现工业污染防治的重要任务。1994年我国制定了《中国21世纪议程》，把建立资源节约型工业生产体系和推行清洁生产列入可持续发展战略与重大行动计划中。

2002年6月29日，第九届全国人大常委会第28次会议审议通过了《中华人民共和国清洁生产促进法》，进一步表明清洁生产已成为我国工业污染防治工作战略转变的重要内容，成为我国实现可持续发展战略的重要措施和手段，标志着我国清洁生产进入了法制化的轨道。

2004年8月16日，国家发展和改革委员会、环境保护总局制定并审议通过了《清洁生产审核暂行办法》，首次提出了“强制性清洁生产审核”。2005年12月13日又出台了《重点企业清洁生产审核程序的规定》，重点指出了需要进行强制性清洁生产审核的工作程序和要求。

2008年7月1日，环境保护部又出台了《关于进一步加强重点企业清洁生产审核工作的通知》（环发〔2008〕60号），《重点企业清洁生产审核评估、验收实施指南》和《需重点审核的有毒有害物质名录》（第二批）同时颁布实施，标志着重点企业清洁生产审核评估验收制度的确立。

建立重点企业清洁生产审核评估验收制度是我国清洁生产政策的一项重要内容，是对清洁生产审核制度的创新与完善，解决了我国清洁生产实践长期以来一直存在的政府监管缺失、清洁生产审核质量缺少保障性措施的问题。

二、清洁生产的定义与内容

1．清洁生产的定义

清洁生产在不同的发展阶段、不同的国家也被称为“污染预防”“废物减量化”“废物最少化”“源削减”和“无废工艺”等。但其基本内涵是一致的，即对产品和产品的生产过程、产品及服务采取预防污染的策略以减少污染物的产生。清洁生产的本质在于对生产过程与产品采取整体预防的策略，减少或者消除它们对人类及环境可能产生的危害，同时充分满足人类需要，使社会经济效益最大化的一种生产模式。

联合国环境规划署工业与环境规划中心（UNEPIE/PAC）于1989年提出清洁生产的最初定义，并经多年推广和实践，进一步完善了清洁生产的定义：清洁生产是一种新的创造性的思想，该思想将整体预防的环境战略持续应用于生产过程、产品和服务中，以增加生态效率和减少人类及环境的风险。对生产过程，要求节约原材料与能源，淘汰有毒原材料，减降所有废弃物的数量与毒性；对产品，要求减少从原材料提炼到产品最终处置的全生命周期的不利影响；对服务，要求将环境因素纳入设计与所提供的服务中。

《中国21世纪议程》中对清洁生产的定义：清洁生产是指既可满足人们的需要又可合理使用自然资源和能源并保护环境的实用生产方法和措施，其实质是一种物料和能耗最少的人类生产活动的规划和管理，将废物减量化、资源化和无害化，或消灭于生产过程之中。同时对人体和环境无害的绿色产品的生产亦将随着可持续发展进程的深入而日益成为今后产品生产的主导方向。

《中华人民共和国清洁生产促进法》第二条对清洁生产的定义是指不断采取改进设计、使用清洁的能源和原料、采用先进的工艺技术与设备、改善管理、综合利用等措施，从源头削减污染，提高资源利用效率，减少或者避免生产、服务和产品使用过程中污染物的产生和排放，以减轻或者消除对人类健康和环境的危害。

归纳起来，清洁生产的定义包含四层含义：

①清洁生产的目标是节约能源、降低原材料消耗、减少污染物的产生量和排放量。

②清洁生产的基本手段是改进工艺技术、强化企业管理，最大限度地提高资源、能源的利用水平和改变产品体系，更新设计观念，争取废物最少排放及将环境因素纳入服务中去。

③清洁生产的方法是清洁生产审计，即通过审计发现排污部位、排污原因，提出消除或减少污染物的方案，并进行筛选，清洁生产审计贯穿在产品的整个生命周期。

④清洁生产的终极目标是保护人类与环境，提高企业自身的经济效益。

同时清洁生产强调了两个“全过程”控制要求：

①产品的生命周期全过程控制。即从原材料加工、提炼到产品产出、产品使用直至报废处置的各个环节采取必要的措施，实现产品整个生命周期资源的能源消耗的最小化。

②生产的全过程控制。即从产品开发、规划、设计、建设、生产到运营管理的全过程，采取措施，提高效率，防止生态破坏和污染的发生。

2．清洁生产的内容

1）清洁及高效的能源。包括新能源开发、可再生能源利用、现有能源的清洁利用以及对常规能源（如煤）采取清洁利用的方法，如城市煤气化、乡村沼气利用、各种节能技术等。

2）清洁及高效的原材料。包括尽量少用或不用有毒有害及稀缺原料，利用二次资源作原料。

3）清洁的生产过程。选用少废、无废生产工艺技术和高效生产设备，产出无毒、无害的中间产品，减少副产品；减少生产过程中的危险因素（如高温、高压、易燃、易爆、强噪声、强振动声），合理安排生产进度，培养高素质人才，物料实行再循环，使用简便可靠的操作和控制方法，完善管理等。

4）清洁的产品。应具有合理的使用寿命和使用功能。产品本身及其在使用中、使用后，对人体健康和生态环境不产生或少产生不良影响和危害。产品包装合理，应易于回收、复用、再生、处置和降解等。

三、清洁生产促进法

对于清洁生产的实施，一些发达国家积累了不少有益的经验，立法是重要的手段之一。美国于 1990 年通过了《污染预防法》；德国于 1994 年公布了《循环经济和废物消除法》；日本自 1991 年先后制定了《资源有效利用促进法》《推动建立循环社会基本法》《容器包装再利用法》和《特定家用电器回收和再商品化法》等；加拿大和欧盟许多国家也在其环境与资源立法中增加了大量推行清洁生产的法律规范和政策规定。

因此，为促进清洁生产，提高资源利用效率，减少和避免污染物的产生，保护和改善环境，保障人体健康，促进经济与社会可持续发展，《中华人民共和国清洁生产促进法》（以下简称《清洁生产促进法》）于 2002 年 6 月 29 日在第九届全国人民代表大会常务委员会第二十八次会议上修订通过，自 2003 年 1 月 1 日起施行。

2012 年 2 月 29 日，第十一届全国人民代表大会常务委员会第二十五次会议通过《全国人民代表大会常务委员会关于修改〈中华人民共和国清洁生产促进法〉的决定》，自 2012 年 7 月 1 日起正式实施，这是中国清洁生产发展进程中的一座重要里程碑，标志着源头预防、全过程控制的战略已经融入经济发展综合策略。

新修订的《清洁生产促进法》共 6 章 40 条，法律的总体结构、大部分章节条款没有大变动，新增了多项推进清洁生产的法律规定，在许多方面有新的、重大的突破。第一，强化政府推进清洁生产的工作职责。第二，扩大了对企业实施强制性清洁生产审核范围。第三，明确规定建立清洁生产财政支持资金。第四，强化了清洁生产审核法律责任。第五，强化了政府监督与社会监督作用。

促进法重在“促进”二字，表明清洁生产的推行与实施力度还比较薄弱，需要进一步加大推广或推进的力度，但还不能采取强制的措施，因此现在清洁生产审核还存在“自愿审核”和“强制审核”两种形式。

实施《清洁生产促进法》的意义：

1）有助于履行社会责任，推动生态文明建设，促进可持续发展。当今日益加重的环境污染与危害是严重影响中国及世界政治、经济、安全、生存的重大问题，推行清洁生产，解决环境压力已成为全球实现可持续发展的共同选择。我国颁布《清洁生产促进法》，把经济和社会的可持续发展用法律形式加以固定，旨在通过明确工作职责、奖惩措施、法律责任等强化社会责任的履行，进而推动全社会从源头削减控制污染，提高资源利用效率，减少或者避免生产、服务和产品使用过程中污染物的产生和排放，保护和改善生态环境，促进经济与社会的可持续发展。

2）有助于完善结构调整，转变经济发展方式，促进可持续发展。推行清洁生产就是用一种新的创造性理念，将整体预防的环境战略持续应用于生产过程、产品和服务中，改变以牺牲环境为代价的、传统的粗放型的经济发展模式，依靠科技进步与创新完善结构调整，促进行业生产工艺技术水平、人员素质及管理水平的提升，使资源得到充分利用，环境得到根本改善，从而达到环境效益与经济效益的统一。因此，加快实施《清洁生产促进法》更有助于推广应用先进生产技术，推进产品升级和产业结构优化，推动实现节能减排目标、转变经济发展方式，是实施可持续发展必不可少的重要手段。

四、实施清洁生产的途径和方法

实施清洁生产的途径和方法包括合理布局、产品设计、原料选择、工艺改革、节约能源与原材料、资源综合利用、技术进步、加强管理、实施生命周期评估等许多方面。

1）合理布局，调整和优化经济结构和产业产品结构，以解决影响环境的“结构型”污染和资源能源的浪费。同时，在科学区划和地区合理布局方面，进行生产力的科学配置，组织合理的工业生态链，建立优化的产业结构体系，以实现资源、能源和物料的闭合循环，并在区域内削减和消除废物。

2）在产品设计和原料选择时，优先选择无毒、低毒、少污染的原辅材料替代原有毒性较大的原辅材料，以防止原料及产品对人类和环境的危害。不产生有毒、有害的产品，产品设计应该能够充分利用资源，有较高的原料利用率。

3）改革生产工艺，开发新的工艺技术，采用和更新生产设备，淘汰陈旧设备。采用能够使资源和能源利用率高、原材料转化率高、污染物产生量少的新工艺和设备，代替那些资源浪费大、污染严重的落后工艺设备。优化生产程序，减少生产过程中资源浪费和污染物的产生，尽最大努力实现少废或无废生产。

4）节约能源和原材料，提高资源利用水平，做到物尽其用。通过资源、原材料的节约和合理利用，使原材料中的所有组分通过生产过程尽可能地转化为产品，消除废物的产生，实现清洁生产。

5）开展资源综合利用，尽可能多地采用物料循环利用系统，如水的循环利用及重复利用，以达到节约资源、减少排污的目的。使废弃物资源化、减量化和无害化，减少污染物排放。

6）依靠科技进步，提高企业技术创新能力，开发、示范和推广无废、少废的清洁生产技术设备。加快企业技术改造步伐，提高工艺技术装备和水平，通过重点技术进步项目（工程），实施清洁生产方案。

7）强化科学管理，改进操作。国内外的实践表明，工业污染有相当一部分是由于生产过程管理不善造成的，只要改进操作，改善管理，不需花费很大的经济代价，便可获得明显的削减废物和减少污染的效果。主要方法是：落实岗位和目标责任制，杜绝跑冒滴漏，防止生产事故，使人为的资源浪费和污染物排放减至最小；加强设备管理，提高设备完好率和运行率；开展物料、能量流程审核；科学安排生产进度，改进操作程序；组织安全文明生产，把绿色文明渗透到企业文化之中等。推行清洁生产的过程也是加强生产管理的过程，它在很大程度上丰富和完善了工业生产管理的内涵。

8）开发、生产对环境无害、低害的清洁产品。从产品抓起，将环保因素预防性地注入产品设计中，并考虑其整个生命周期对环境的影响。

这些途径可单独实施，也可互相组合起来加以综合实施。应采用系统工程的思想和方法，以资源利用率高、污染物产生量小为目标，综合推进这些工作，并使推行清洁生产与企业开展的其他工作相互促进，相得益彰。

五、清洁生产与末端治理

清洁生产突破了过去以末端治理为主的环境保护对策的局限，将污染预防纳入产品设计、生产过程和所提供的服务中，是实现经济与环境协调发展的重要手段。

清洁生产是从全方位、多角度的途径实现的，它比末端治理有更加丰富的内涵：

1）清洁生产体现的是“预防为主”的方针，传统末端治理侧重于“治”，与生产过程相脱节，先污染后治理。清洁生产侧重于“防”，从产生污染的源头抓起，注重对生产全过程进行控制，强调“源削减”，尽量将污染物消除或减少在生产过程中，减少污染物的排放量，且对最终产生的废物进行综合利用。

2）清洁生产实现了环境效益与经济效益的统一。传统的末端治理投入多、治理难度大、运行成本高，只有环境效益，没有经济效益。清洁生产则是从改造产品设计、替代有毒有害材料、改革和优化生产工艺和技术装备、物料循环和废物综合利用多个环节入手，通过不断加强管理和技术进步，达到“节能、降耗、减污、增效”的目的。在提高资源利用率的同时，减少了污染物的排放量，实现了经济效益和环境效益的最佳结合，调动了组织的积极性。

3）清洁生产是要引起全社会对于产品生产及使用全过程对环境影响的关注，使污染物产生量、流失量和处置量达到最小，资源得到充分利用，是一种积极、主动的态度，是关于产品和产品生产过程的一种新的、持续的、创造性的思想。末端治理则把环境责任仅放在环保研究、管理等人员身上，只把注意力集中在对生产过程中已经产生的污染物的处理上，是一种被动和消极的态度。

清洁生产和末端治理都是环境保护的重要组成部分，两者在环境保护的思路上各具特色（表 8-1），在环境保护过程中相辅相成，互为弥补，各自发挥自己的作用，从而共同达到环境保护的目的。

表 8-1　清洁生产与末端治理思路上的差异

末端治理	清洁生产
目的是达到官方颁布的污染物排放标准	企业不断追求达到更高标准的过程
生产过程的废弃物必须进行最终的处置	改进生产过程并使之成为封闭连续的回路
末端处理设施建设和运行需较高成本	可节省成本
对个别问题的一次解决，并且多为单一介质的解决，往往造成有毒、有害污染物在不同的环境介质之间的转移	整体且持续的改进过程，为多介质问题的解决；从根本上消除污染，不会造成二次污染
通常由专家来解决，且常常个人即可解决	以团队方式，每个人都发挥作用，同时必须依靠伙伴关系
被动地在污染物及废弃物已经产生后才寻求解决办法	主动参与并避免污染物及废弃物的产生
污染物由废物处理的设备和方法来控制	从源头直接消灭环境污染问题
效果主要依赖对现有处理技术的改进	涉及新的实务、态度、管理技巧，并可刺激科技进步
与产品质量无关	产品质量不但要满足顾客要求，还要使其对环境和人类健康的不利影响最小化

六、清洁生产实施的工具

实施清洁生产的方法很多，主要包括清洁生产审核、ISO 14001 环境管理体系、生态设计、生命周期评价等。其中清洁生产审核为最主要的方法。

1．清洁生产审核

清洁生产审核是对组织现在的和计划进行的生产和服务实行污染预防的分析和审核程序，是组织实行清洁生产的重要前提。在实施污染预防分析和审核的过程中，制定并实施减少能源、水和原材料使用，消除或减少产品、生产和服务过程中有毒物质的使用，减少各种废物排放及其毒性的方案。

清洁生产审核包括对组织生产全过程的重点或优先环节、工序产生的污染进行定量监测，找出高物耗、高能耗、高污染的原因，然后有的放矢地提出对策、制订方案，减少和防止污染物的产生。组织实施清洁生产审核的最终目的是减少污染，保护环境；节约资源；降低费用；增强组织自身的竞争力。

清洁生产审核是实施清洁生产最主要也是最具可操作性的方法，它通过一套系统而科学的程序来实现，重点对组织产品、生产及服务的全过程进行预防污染的分析和审核，从而发现问题，提出解决方案，并通过清洁生产方案的实施在源头减少或消除废物的产生。这套程序包括审核准备、预审核、审核、清洁生产方案的产生和筛选、清洁生产方案的可行性分析、清洁生产方案的实施及具有可操作性的持续清洁生产 7 个阶段。

2．环境管理体系/ISO 14001

环境管理体系围绕环境方针的要求展开环境管理，管理的内容包括制定环境方针、实施并实现环境方针所要求的相关内容、对环境方针的实施情况与实现程度进行评审并予以保持，遵循了传统的 PDCA 管理模式，即规划（plan）、实施（do）、检查（check）和改进（action），并根据环境管理的特点及持续改进的要求，将环境管理体系分为 5 个部分，完成各自相应的功能。

3．生态设计

生态设计，也称绿色设计、生命周期设计或环境设计，是指将环境因素纳入设计之中，从而帮助确定设计的决策方向。生态设计要求在产品开发的所有阶段均考虑环境因素，从产品的整个生命周期减少对环境的影响，最终引导产生一个更具有可持续性的生产和消费系统。

生态设计活动主要包含两方面的含义：一是从保护环境角度考虑，减少资源消耗、实现可持续发展战略；二是从商业角度考虑，降低成本、减少潜在的责任风险，以提高竞争能力。

4．生命周期评价

生命周期评价（life cycle assessment，LCA）是一种用于审核产品在其整个生命周期中（即从原材料的获取、产品的生产直至产品使用后的处置过程中），对环境影响的技术和方法。按国际标准化组织定义："生命周期评价是对一个产品系统的生命周期中输入、输出及其潜在环境影响的汇编和评价。"

LCA 过程是辨识和量化整个生命周期阶段中能量和物质的消耗以及环境释放，然后评价这些消耗和释放对环境的影响，最后辨识和评价减少这些影响的机会。LCA 注重研究系统在生态健康、人类健康和资源消耗领域内的环境影响。

LCA 是一种用于评估与产品有关的环境因素及其潜在影响的技术，是为了鼓励各种组织发挥主动性，尤其是企业，将环境问题结合到他们的总体决策过程中。LCA 可用于帮助企业识别改进产品生命周期各阶段中环境因素的机会，帮助产业、政府或非政府组织中的决策（如战略规划、确定优先项、对产品或过程的设计或再设计），帮助企业选择有关的环境表现（行为）参数，以及在环境声明、生态标志计划或产品环境宣言方面提供相关帮助。

5．环境标志

环境标志是一种标在产品或其包装上的标签，是产品的"证明性商标"，表明该产品不仅质量合格，而且在生产、使用和处理处置过程中符合特定的环境保护要求，与同类产品相比，具有低毒少害、节约资源等环境优势。

发展环境标志的最终目的是保护环境，它通过两个具体步骤得以实现：一是通过环境标志向消费者传递一个信息，告诉消费者哪些产品有益于环境，并引导消费者购买、使用这类产品；二是通过消费者的选择和市场竞争，引导企业自觉调整产品结构，采用清洁生产工艺，推进企业环保行为，遵守法律法规，生产对环境有益的产品。

第二节　清洁生产的审核

为全面推行清洁生产，规范清洁生产审核行为，2004 年 8 月，国家发展和改革委员会、国家环境保护总局制定并审议通过了《清洁生产审核暂行办法》。2016 年 5 月，为落实《清洁生产促进法》，进一步规范清洁生产审核程序，更好地指导地方和企业开展清洁生产审核，国家发展和改革委员会和国家环境保护总局对《清洁生产审核暂行办法》进行了修订，出台了《清洁生产审核办法》，并于 2016 年 7 月 1 日起正式实施。

一、清洁生产审核的定义

清洁生产审核是指按照一定程序，对生产和服务过程进行调查和诊断，找出能耗高、物耗高、污染重的原因，提出减少有毒有害物料的使用、产生，降低能耗、物耗以及废物产生的方案，进而选定技术经济及环境可行的清洁生产方案的过程。

清洁生产审核是企业实行清洁生产的重要前提，也是其关键和核心，持续的清洁生产审核活动会不断产生各种清洁生产方案，有利于企业在生产和服务过程中逐步实施清洁生产，从而实现环境绩效的持续改进。

清洁生产审核适用于第一、第二、第三产业和所有类型组织。

二、清洁生产审核的思路

清洁生产审核的总体思路为：判明废弃物的产生部位，分析废弃物为什么产生，如何削减废弃物，并提出方案以减少或消除废弃物，如图 8-1 所示。

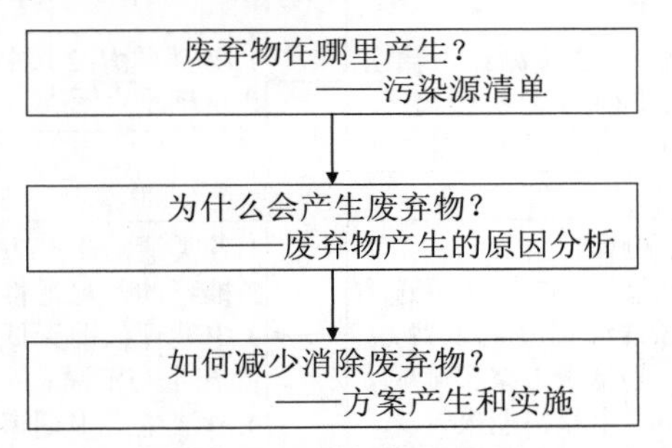

图 8-1　清洁生产审核思路

通过现场调查和物料平衡找出废弃物的产生量，然后针对生产过程所包括的各个方面（如原材料和能源、技术工艺、设备、过程控制管理、员工等），分析废弃物产生的原因，针对性地提出预防或减少污染物产生的方案，见图 8-2。

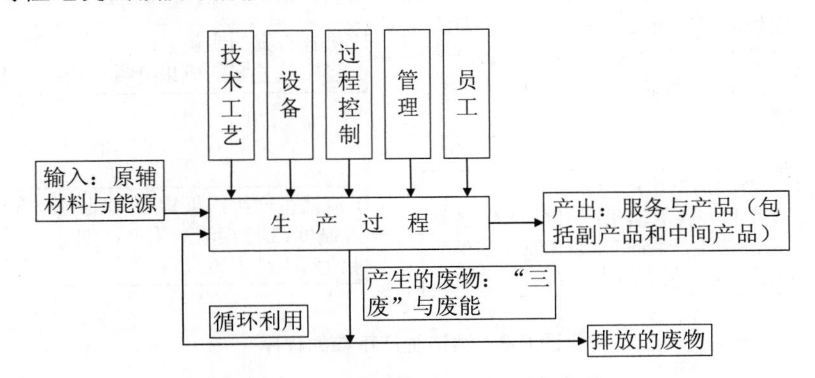

图 8-2　分析及解决问题的八个方面

三、清洁生产审核的程序

清洁生产审核的整个过程可分解为具有可操作性的审核准备、预审核、审核、方案的产生和筛选、方案的可行性分析、方案的实施、持续清洁生产这 7 个阶段，共 35 个步骤，工作流程如图 8-3 所示。

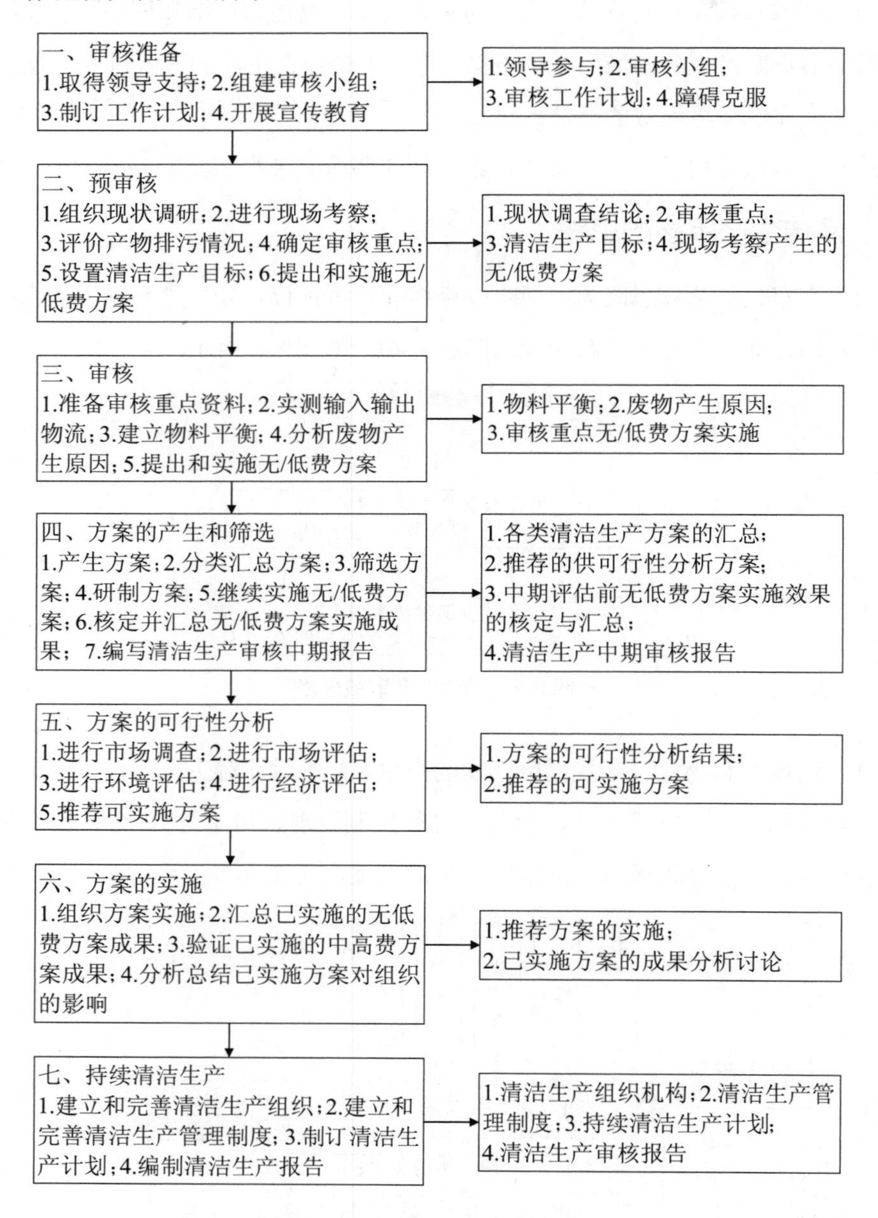

图 8-3 清洁生产审核的程序

四、清洁生产审核的范围

《清洁生产审核办法》明确指出清洁生产审核分为自愿性审核和强制性审核。

国家鼓励企业自愿开展清洁生产审核。污染物排放达到国家或者地方排放标准的企业，可以自愿组织实施清洁生产审核，提出进一步节约资源、削减污染物排放量的目标。

《清洁生产促进法》第二十七条规定了强制性清洁生产审核的范围：污染物排放超过国家或者地方规定的排放标准，或者虽未超过国家或者地方规定的排放标准，但超过重点污染物排放总量控制指标的；超过单位产品能源消耗限额标准构成高耗能的；使用有毒有害原料进行生产或者在生产中排放有毒有害物质的。

其中有毒有害原料或物质包括以下几类：

1）危险废物。包括列入《国家危险废物名录》的危险废物，以及根据国家规定的危险废物鉴别标准和鉴别方法认定的具有危险特性的废物。

2）剧毒化学品、列入《重点环境管理危险化学品目录》的化学品，以及含有上述化学品的物质。

3）含有铅、汞、镉、铬等重金属和类金属砷的物质。

4）《关于持久性有机污染物的斯德哥尔摩公约》附件所列物质。

5）其他具有毒性、可能污染环境的物质。

实施强制性清洁生产审核的企业，应当将审核结果向所在地县级以上地方人民政府负责清洁生产综合协调的部门、环境保护部门报告，并在本地区主要媒体上公布，接受公众监督。

五、清洁生产标准

为贯彻落实《环境保护法》和《清洁生产促进法》，保护环境，为各行业全面推行清洁生产提供技术支持和导向，进一步加强清洁生产审核技术能力建设，中国环境科学研究院等机构协同制定了一系列清洁生产标准。

清洁生产标准规定了在达到国家和地方环境保护标准的基础上，根据当前的行业技术、装备水平和管理水平，各行业企业清洁生产的要求，给出清洁生产水平三级技术指标：一级代表国际清洁生产先进水平，二级代表国内清洁生产先进水平，三级代表国内清洁生产基本水平。随着技术的不断发展和进步，清洁生产标准将适时修订。

现阶段执行的部分清洁生产标准见表 8-2。

表 8-2 部分现行清洁生产标准

标准名称及编号	实施时间	起草单位	清洁生产标准指标分类
《清洁生产标准 酒精制造业》（HJ 581—2010）	2010.9.1	中国食品发酵工业研究院、中国环境科学研究院、中国酿酒工业协会酒精分会、安徽省环境科学研究院	生产工艺与装备要求、资源能源利用指标、污染物产生指标（末端处理前）、废物回收利用指标、环境管理要求
《清洁生产标准 制革工业（羊革）》（HJ 560—2010）	2010.5.1	中国皮革和制鞋工业研究院、中国环境科学研究院、河北辛集东明实业集团有限公司、浙江海宁上元皮革有限责任公司	生产工艺与装备要求、资源能源利用指标、污染物产生指标（末端处理前）、废物回收利用指标、环境管理要求
《清洁生产标准 铜电解业》（HJ 559—2010）	2010.5.1	湖南有色金属研究院、中国环境科学研究院	生产工艺与装备要求、资源能源利用指标、产品指标、污染物产生指标（末端处理前）、废物回收利用指标、环境管理要求
《清洁生产标准 铜冶炼业》（HJ 558—2010）	2010.5.1	湖南有色金属研究院、中国环境科学研究院	生产工艺与装备要求、资源能源利用指标、产品指标、污染物产生指标（末端处理前）、废物回收利用指标、环境管理要求
《清洁生产标准 宾馆饭店业》（HJ 514—2009）	2010.3.1	中国轻工业清洁生产中心、中国环境科学研究院	装备要求、资源能源利用指标、污染物产生指标（末端处理前）、环境管理要求
《清洁生产标准 废铅酸蓄电池铅回收业》（HJ 510—2009）	2010.1.1	沈阳环境科学研究院、中国科学院高能物理研究所、中国有色金属工业协会再生金属分会、浙江汇同电源有限公司、国家环境保护危险废物处置工程技术中心	生产工艺与装备要求、资源能源利用指标、产品指标、污染物产生指标（末端处理前）、废物回收利用指标、环境管理要求
《清洁生产标准 氯碱工业（烧碱）》（HJ 475—2009）	2009.10.1	中国石油和化学工业协会、中国环境科学研究院、中国氯碱工业协会	生产工艺与装备要求、资源能源利用指标、产品指标、污染物产生指标（末端处理前）、废物回收利用指标、环境管理要求
《清洁生产标准 造纸工业（废纸制浆）》（HJ 468—2009）	2009.7.1	中国纸浆造纸研究院、中国环境科学研究院、宁波海山纸业有限公司	生产工艺与装备要求、资源能源利用指标、污染物产生指标（末端处理前）、废物回收利用指标、环境管理要求
《清洁生产标准 水泥工业》（HJ 467—2009）	2009.7.1	中材地质工程勘察研究院、大连市环境监测中心、中国环境科学研究院	生产工艺与装备要求、资源能源利用指标、产品指标、污染物产生指标（末端处理前）、废物回收利用指标、环境管理要求

第三节　清洁生产与节能减排

节能减排是指加强用能管理，采取技术上可行、经济上合理以及环境和社会可以承受的措施，从能源生产到消费的各个环节，降低消耗、减少损失及减少污染物排放、制止浪费，有效、合理地利用能源，即节约能源、降低能源消耗、减少污染物排放。

一、节能减排的作用意义

第十一个五年国民经济和社会发展规划纲要首次提出将“节能减排”作为强制性约束指标任务，“十二五”规划明确提出了节能减排的目标，制定了能耗下降水平和主要污染物减排任务。节能减排是贯彻落实科学发展观，构建社会主义和谐社会的重大举措；是推进经济结构调整，转变增长方式的必由之路；是建设资源节约型、环境友好型社会的必然选择；是提高人民生活质量，应对全球气候变化、维护中华民族长远利益的必然要求；也是我国对国际社会应该承担的责任。

节能减排是中国可持续发展的必然选择。中国虽然煤炭资源丰富，但人均资源占有量很少；中国已经成为世界上第一大能源生产国和消费国；我们必须走一条节能减排新兴工业化道路，建设资源节约型、环境友好型社会。

节能减排是遵循人类社会发展规律和顺应当今世界发展潮流的战略举措。工业革命以来，世界各国尤其是西方国家经济的飞速发展是以大量消耗能源资源为代价的，并且造成了生态环境的日益恶化。节约能源资源，保护生态环境，已成为世界人民的广泛共识。保护生态环境，发达国家应该承担更多的责任。发展中国家也要发挥后发优势，避免走发达国家“先污染，后治理”的老路。对于我国，进一步加强节能减排工作，既是对人类社会发展规律认识的不断深化，也是积极应对全球气候变化的迫切需要。节能减排是树立负责任大国形象、走新型工业化道路的战略选择。

节能减排是应对资源稀缺与环境承载能力有限的挑战的必然选择。我国能源利用效率比国际先进水平低 10 个百分点左右，单位 GDP 能耗是世界平均水平的 3 倍。环境形势更加严峻，主要污染物排放量超过环境承载能力，流经城市的河段普遍受到污染，土壤污染面积扩大，水土流失严重，生态环境总体恶化的趋势仍未得到根本扭转。我国已经进入工业化和城镇化加速期，重化工业较快增长还会持续一段较长时间，这一过程中能源资源消耗和污染排放与经济增长一般呈现正向关联。在资源稀缺与环境承载能力有限的情况下，传统的高投入、高消耗、高排放、低效率的增长方式已经走到了尽头。不加快转变经济发展方式，资源难以支撑，环境难以容纳，社会难以承受，科学发展难以实现。因此，为了我们的国家，为了我们的社会，为了更好地生存，我们必须贯彻实施节能减排计划。

二、节能减排总体要求与主要目标

我国确定的"十三五"期间节能减排总体要求：全面贯彻党的十八大和十八届三中、四中、五中、六中全会精神，深入贯彻习近平总书记系列重要讲话精神，认真落实党中央、国务院决策部署，紧紧围绕"五位一体"总体布局和"四个全面"战略布局，牢固树立"创新、协调、绿色、开放、共享"的发展理念，落实节约资源和保护环境基本国策，以提高能源利用效率和改善生态环境质量为目标，以推进供给侧结构性改革和实施创新驱动发展战略为动力，坚持政府主导、企业主体、市场驱动、社会参与，加快建设资源节约型、环境友好型社会，确保完成"十三五"节能减排约束性目标，保障人民群众健康和经济社会可持续发展，促进经济转型升级，实现经济发展与环境改善双赢，为建设生态文明提供有力支撑。

我国"十四五"节能减排的目标为：到 2025 年，全国单位国内生产总值能源消耗比 2020 年下降 13.5%，能源消费总量得到合理控制，化学需氧量、氨氮、氮氧化物、挥发性有机物排放总量比 2020 年分别下降 8%、8%、10%以上、10%以上。节能减排政策机制更加健全，重点行业能源利用效率和主要污染物排放控制水平基本达到国际先进水平，经济社会发展绿色转型取得显著成效。

三、清洁生产与节能减排的关系

1．清洁生产与节能减排内涵

清洁生产是通过现代的科技进步，然后通过先进技术的成功应用，对现有的生产结构进行优化，对能源的使用进行优化。清洁生产的最根本目的是减少生产过程中对自然资源的消耗，对资源的利用程度达到最大化，并且减少生产过程中一些废气废物的排放，从根本上治理污染问题。节能减排也就是对能源的应用更加合理化，从能源使用的阶段，真正为能源建立合理化使用模式。

2．清洁生产与节能减排关系

根据联合国环境规划署的定义，清洁生产对生产过程，要求节约原材料与能源。《中华人民共和国清洁生产促进法》第二条规定：“本法所称清洁生产，是指不断采取改进设计、使用清洁的能源和原料、采用先进的工艺技术与设备、改善管理、综合利用等措施，从源头削减污染，提高资源利用效率，减少或者避免生产、服务和产品使用过程中污染物的产生和排放，以减轻或者消除对人类健康和环境的危害。”由此可知，节能减排是清洁生产的最终目标和主要宗旨，而清洁生产又是节约资源和减少污染物排放最直接、最有效的手段。从近年来国内外生产实践来看，清洁生产已经成为节约资源消耗、减少污染物排放，改善生态环境质量不可缺少的重要组成部分，实施清洁生产是我国政府和企业开展节能减排的最佳途径和重要抓手。

发展低碳经济则是实施节能减排的根本途径。低碳经济是通过政府政策导向以及低碳技术的实施，实现碳减排，最终实现碳中和，达到零碳排放。推行清洁生产的重要目的之一是节能减排，该目标正好符合低碳经济的核心问题。清洁生产通过从源头削减污染，达到“节能、降耗、减污、增效”的目的，在提高资源利用率的同时，减少了污染物的排放量、实现环境效益与经济效益的最佳结合，这也是发展低碳经济追求的目标。发展低碳经济的重要推进之一就是大力推广低碳技术。低碳技术涉及电力、交通、建筑、冶金、化工、石化等部门以及在可再生能源及新能源、煤的清洁高效利用、油气资源和煤层气的勘探开发、二氧化碳捕获与埋存等领域开发的有效控制温室气体排放的新技术。大力发展低碳技术，推广清洁生产，实现节能减排，有助于我国早日实现习近平总书记在 2020 年 9 月 22 日召开的联合国大会上提出的“我国二氧化碳排放力争于 2030 年前达到峰值，争取在 2060 年前实现碳中和”的目标。

四、推行清洁生产，践行节能减排

清洁生产可以从源头解决企业在生产过程中的诸多环境问题，能够整合节能减排工作领域中的所有问题，与单方面进行节能减排相比，效果更为显著。企业将清洁生产与节能减排工作相结合，能够将工作架构和职能进行统一整理，将人力和物力集中管理，将清洁生产作为企业的重要抓手，把节能减排作为清洁生产的核心目标，以加强节能减排的实施力度，提升企业的竞争力。

节能减排是工业企业实施清洁生产的重要手段之一，是解决我国工业能源的供求矛盾以及不合理利用等问题，以及我国工业清洁生产发展的重要标志。所以在工业企业生产中实施节能减排是我国经济发展的必然抉择。工业企业作为节能减排的实施主体，一定要注重社会性和公益性，在注重节能减排为公司带来经济效益的同时还要注重对环境的有力保护。

目前，我国开展节能减排也存在一些问题，如工业企业的思想认识不到位；社会市场对于能源需求仍然十分庞大，然而却缺乏足够的新能源来代替；政府的监督体系还有待完善等。为进一步推动我国开展清洁生产，深入推进节能减排工作，重点开展的工作包括：①聚焦重点领域，大力推行工业清洁生产、交通节能减排，继续发展水电、风电、太阳能发电等清洁能源；②发展壮大节能环保产业，提高节能减排效率，培育新的增长点；③更加注重运用经济政策、法规标准等手段，调动各方面节能减排的内在积极性，不搞简单化处理和“一刀切”；④加快建立用能权、排污权和碳排放权交易市场，构建节能减排的长效机制。

案例 19　中国华能集团公司节能减排工作成效显著

面对节能减排的巨大压力，中国华能集团公司从“十一五”就开始制订加强节能减排工作的若干意见，大力推进节能减排工作，坚持采用大容量、高参数洁净发电技术和先进的节能环保技术，推进节能减排自主创新和科技进步，并先后制定了节能环保规划、节约环保型燃煤发电厂标准以及节约环保型燃煤发电厂验收考核办法，提出了“一票否决”的严格考核措施，具体通过关停小火电机组、对供电煤耗高于节能环保型燃煤发电厂基准值［20 g/（kW·h）］的机组进行停机改造、加强对供电煤耗及厂用电率高的企业及机组的管理、对所有燃煤电厂安装烟气在线自动监控装置、进行第四代低氮氧化物燃烧技术研究开发以减少燃煤机组氮氧化物排放等措施，实现节能减排目标。

“十二五”期间华能集团以优化电源结构和推动技术创新为抓手，加快水电、风电、太阳能发电等低碳清洁能源的开发步伐，优化发展煤电，大力发展水电，积极发展风电，低碳清洁能源发电装机比重显著提升。

在大力发展清洁能源的同时，华能继续优化火电结构，大容量、高参数的机组比例进一步提高，截至 2011 年年底，60 万 kW 等级及以上火电机组容量占火电装机比重达到 46.9%。

同时华能加快科技创新平台建设，建立了北京人才创新创业基地，并于 2016 年 7 月完成了首套燃烧前二氧化碳捕集装置 72 h 满负荷连续运行测试，为实现污染物和二氧化碳近零排放的煤基清洁发电技术进一步发展奠定了基础。这项拥有华能自主知识产权的新技术还在挪威中标。

华能还集中优势力量，加快自主创新步伐，着力推进重大前沿技术研发计划实施。120 万 kW 大型机组、太阳能光热等先进发电技术研发取得新进展，国家重大科技专项依托项目、具有我国自主知识产权的石岛湾高温气冷堆核电站示范项目获国务院批准，700℃超超临界燃煤发电技术等 4 个国家级科技项目，以及国家能源高效清洁火力发电技术研发中心等两个国家级科研平台获得批复并正式启动。

2020 年中国华能集团燃煤机组超低排放案例入选达沃斯世界经济论坛发布的《2010—2020 年能源转型创新白皮书》，成为唯一一项关于煤炭清洁高效利用的技术。

资料来源：华能集团节能减排工作取得成效始终走在行业前列，中央政府网. http：//www.gov.cn/govweb/jrzg/2008-03/26/content_928780.htm.

第四节 清洁生产与生态设计

产品的生态设计是 20 世纪 90 年代初出现的关于产品设计的一个新概念，是清洁生产的重要组成部分。荷兰的菲利普公司、美国的 AT&T 公司、德国的奔驰汽车公司等在 20 世纪 90 年代初进行了产品的生态设计尝试，并取得了成功。

一、产品生态设计概念

产品生态设计也称绿色设计或生命周期设计或环境设计，以产业生态学为基本原理，将生态因素、环境因素融入产品的设计中，从而帮助确定产品设计的决策方向。要求在产品开发的所有阶段均考虑环境因素，从产品的整个生命周期减少对环境的影响，最终引导产生一个更具有可持续性的生产和消费系统。

生态设计有两方面的含义：一是从保护环境角度考虑，减少资源消耗、实现可持续发展战略；二是从商业角度考虑，降低成本、减少潜在的责任风险，以提高竞争能力。

1．环境方面

进行生产过程的污染预防，即进行清洁生产审核和推行清洁生产技术，减少生产过程中的污染产生；进行生态设计，从真正的源头开始实现污染预防，构筑新的生产和消费系统。

2. 商业方面

生态设计在商业方面的影响主要表现在以下几方面：

1）降低生产成本。包括原材料和能源的消耗及环保投入。

2）减少责任风险。产品的生态设计要求尽量不用或少用对环境不利的物质，可以起到预防的作用，减少企业潜在的责任风险。

3）提高产品质量。生态设计提出高水平的环境质量要求，如产品的实用性、运行可靠性、耐用性以及可维修性等，这些方面的改善都将有利于产品对环境的影响。

4）刺激市场需求。随着消费者环境意识的提高，对环境友好产品的需求将越来越大，这是产品生态设计的一个市场。

总之，产品的生态设计可以提高企业的环境形象，无论在环境方面还是在商业方面均有可能给企业提供赢得竞争的机会。

二、产品生态设计意义

1）推动资源的循环流动：在与自然环境和谐共处的前提下，利用自然资源和环境容量实现生产活动的生态化转向，通过可拆卸性、可回收性、可维护性、可重复利用性等一系列设计方法，延长产品使用周期、提高重复使用率，产品完成使用功能后，经回收、处理、再利用，提高资源利用率。

2）从生产的源头节能治污：在产品生产前充分考虑产品制造、销售、使用及报废后的回收、再使用和处理等各个环节可能对环境造成的影响，对产品的耐用性、再使用性、再制造性、再循环性、加工过程的能耗以及最终处理难度等进行系统、综合的评价，努力扩大产品的生命周期。

3）把节约资源作为最优级选择：减量化、再利用和再循环是生态设计的基本原则，它们构成从高到低的优先级，即首先选择从生产的源头采取措施，尽量减少资源的使用。

三、产品生态设计的内容

产品生态设计不是要求单一地考虑环境因素，而是通过产品的功能、材质、外观、成本、法规等，结合环境因素，形成一个综合系统，从产品整体出发，设计出符合生态设计又满足人的需求的产品。因此需要将产品生态设计的内容不断充实和拓展。

目前生态设计主要集中在四个方面：第一，从生态角度考虑原材料的选择；第二，产品的生态设计；第三，生产过程的生态设计；第四，产业生态系统的生态设计。

1．从生态角度考虑原材料的选择

目前国内外生态设计都十分关注原材料的选择和使用，主要内容有：

1）避免使用有毒有害的材料和添加物，并考虑替代材料的使用；在无法替代时，考虑毒性物质的稳定性并采取措施使其不易释放。

2）避免使用不可再生的原材料，如化石燃料、热带硬木等。

3）尽量使用品种相同的、可再循环的原材料，以减少原料在采掘和生产过程中的能耗。例如，日本的 Beauty 工业利用废旧的玻璃作为原料，生产的可再利用的免烧瓷砖可以节省大量的资源和能源；瑞典 IBM 用回收的阴极射线管（CRT）设计制作玻璃器具。每个 CRT 的外壳含有 2/3 重量的玻璃且不含有害的物质铅，可以回收用到玻璃器具的生产中。

4）尽量减少原材料的使用量，以减少产品的体积和重量，也方便产品的运输和储存。

5）采用低能值原料。原料的采掘和生产的工艺过程越复杂，所消耗的能源就越多，故将这样的原料称为高耗能原料。生态设计时应考虑减少此类原材料的使用。当然，还必须用系统的和全生命周期的观点，从全局看待原料采掘、生产和使用过程。如碳纤维属于高耗能原料，但其后续的使用过程中因为具有良好的强度、硬度、抗老化等优良特性而节省能源；铝属于高能耗物质，但由于铝比较轻，同时又易于回收，使用阶段的能耗较少。

6）选择适合产品使用方式的材料。不同产品具有不同功能，也就有不同的使用方式，因此我们应该充分考虑产品使用方式的特性来选择最合理的材料，以贴合自然和人性化。例如，一些需要隔热或绝缘的产品，最好使用塑胶材料。

2．产品的生态设计

从产品角度考虑生态设计主要体现在以下方面：

1）整合产品功能。将几种功能或产品组合到一个产品中，可节约大量的原料和空间。德国 Viessmann 公司开发了多功能集成的太阳能收集阳台栏杆，使用厚硼硅酸盐玻璃和耐用的真空管玻璃/金属收集器保证了安全性和长寿命，阳台栏杆和太阳能收集器不再需要独立建造，节省了能源和材料。而且这种收集器比平板收集器效率高 30%。

2）优化产品结构。通过优化产品结构来优化产品功能及延长产品使用寿命。例如，改进后的 SONY 电视不再使用哈龙、三氧化锑等危险原料和 PVC 塑料，原材料的使用总量大大下降。同时，该款 SONY 电视整机只用了 9 枚螺钉，装配速度比以前大有提高，整机再循环率达到了 99%，其制造成本也下降了 30%。

3）产品部件的功能优化。通过部件的标准化、规格化，实现长寿命化（尤其是易损部件的长寿命化可提高产品的整体寿命）、拆卸和连接简化（使用易于分离的钩、卡销、螺丝等连接点而不采用焊接或黏合的连接方式；采用统一标准的连接点，易于用统一的工具拆卸及机械化拆卸）和重复利用化（对材料可以加上标识或内置信息芯片，以便于识别及分拣；经过翻修可达到原设计要求而再次使用），以有利于维修、更换、回收再利用。

4）降低产品使用中的能耗。在设计阶段就考虑使用过程中的节能技术。如飞利浦公司开发的绿色电视，其待机状态下的耗电量从 5.1 W 降到 0.1 W，开机时的耗电量也由 41 W 降到 29 W。

5）包装应简约。包装应简约、耐用并考虑可持续性，避免过度与奢华的产品包装。亨利・福特曾用板条箱装运 A 型卡车，当卡车到达了目的地板条箱则变成了汽车地板。

6）易于维护和维修。生态设计应保证产品易于清洁、维护和维修以延长产品的使用寿命。维护和维修包括用户和制造商两个方面。对用户，厂家应该提供维护和维修说明。对厂商，在设计时考虑产品易运输、维护和维修。

7）易于再循环利用。在设计产品时就考虑产品生命终结后的处置问题，充分考虑再利用。比如，目前废旧轮胎在回收厂里被破碎和分解成 3 类材料：小的轮胎块、钢丝和碎渣。

3．生产过程的生态设计

在生产过程生态设计的开始阶段，我们就要考虑生命周期全过程的环境影响。延长产品生命周期，可以减少废弃产品的增加，节约优化资源、能源。

1）可拆卸设计。在产品的使用寿命结束后，尽最大可能把部分可以翻新或重复的零部件进行再次回收使用，节约设计成本和自然资源。另外，可拆卸设计可以把产品部分需要维修或拆卸的部件安全地拆下来，便于更换新部件，而且不损害材料或零部件的性能。

2）模块化设计。产品在功能或美学角度不再为最优化时，通过替换相应模块以升级、更新产品的功能或外观，再次吸引消费者的注意力，尽量延长消费者的喜爱时间，避免因腻烦而更换产品的需求。

3）情感化设计。探求用户情感化的需求，使产品与人之间产生一些情感的共鸣和审美心理感应上的互动交流，增加产品的吸引力，让消费者有兴趣延长产品的使用寿命。

4)“慢设计”。英国“慢设计”理论学家 AlastairFuad-Luk 曾经提到：所谓“慢设计”，就是简约而不简单，回归物品本质功用，让设计“慢”下来，放弃过分强调产品在外观上以及结构上标新立异的做法，尊重自然价值观，营造和谐良好的社会环境。日本的无印良品品牌是“慢设计”的成功案例，它理念上倡导自然、简约、质朴的生活方式，追求一种生活哲学，而且注重使用环保再生材料。外观上尽量去掉不必要的设计，去掉一切不必要的加工和颜色，使产品简单到只剩下素材和功能。该品牌的一款蓝牙音箱，延续经典“排气扇”和挂壁拉绳的简约外形，没有繁复的机能，轻轻一拉电源线，音乐便随风飘荡，干净利落，大方简约。此外，它还能够通过遥控器以及有蓝牙功能的手机控制，增加了 FM 收音机的功能。

5）通过对各种生产工艺技术的综合比较，选择对环境影响较小的工艺技术；建立 ISO 14001 环境管理体系。飞利浦、爱立信、索尼等企业均建立了 ISO 14001 认证、绿色采购和行为报告制度。

4．产业生态系统的生态设计

将产业生产过程比拟为一个自然生态系统，对系统的输入（能源与原材料）与产出（产品与废物）进行综合平衡，推动产业系统的演进，使之由低级生态系统向高级生态系统转化。目前，大多数领先企业都有自己的供应商网络系统，环境行为与成本、运输和质量一起成为选择供应商时最初的考虑。此外，领先企业还从事环境合作项目，这些项目不仅适用于欧洲和日本的本地供应商，也适用于各跨国公司的附属企业供应商。这将对整个产业系统的升级起到重要作用。欧洲的飞利浦、西门子和日本的索尼均已经很好地建立起与供应商的合作安排，包括信息提供、培训和其他支持以及对供应商实施检测，积极地鼓励供应商采用生态设计。LG 电子则建立了基于网络的生态设计系统，包括生态设计指南、生态设计实例和再循环评估工具等。

案例 20 华为终端全生命周期的绿色产品设计

华为终端（东莞）有限公司（以下简称华为终端）是手机行业全球知名企业，也是我国工业产品生态（绿色）设计第二批试点企业。通过两年的探索和实践，华为终端十分关注绿色发展潮流和趋势，把绿色竞争力作为拓展全球市场的重要举措，建立了手机产品绿色设计及评价管理体系，完善了关键绿色设计能力建设，积极推进有害物质替代与减量化、产品环境足迹评价、绿色产品评价、绿色环保材料应用、绿色包装设计等方面的绿色创新，绿色设计及制造水平大幅提升。

华为终端贯彻以全生命周期为核心的绿色发展理念，实现了手机产品在生命周期各环节的绿色改进。在设计开发环节，围绕核心产品，建立完善产品全生命周期资源环境影响数据库，在业内率先制订并实施了手机产品水足迹、碳足迹评价标准，利用评价结果优化产品设计与制造方案。在原材料选取和使用环节，在符合国内外有害物质管理法规要求的基础上，主动限制使用法规外的有毒有害物质，如聚氯乙烯、邻苯二甲酸酯、三氧化二锑等，同时推进环境友好材料在产品中的应用，如在Mate、荣耀等系列10款手机产品上使用可再生生物基塑料；积极构建绿色供应链，推行绿色伙伴认证，从供应商源头推进绿色管理。在制造环节，高度重视绿色技术创新，以提高精密制造水平和产品可靠性为目标，加快产品可靠性设计能力建设，提出了如超薄PCBA、超薄及超窄边框LCD&TP等重要定制件的端到端可靠性解决方案，并制定了相应的可靠性设计规范，使得终端产品质量大幅提升。在回收环节，华为终端在全球范围内开展了废旧产品回收利用和以旧换新项目，主动履行生产者责任延伸制度，降低废旧产品遗弃和填埋给环境带来的污染。

目前，华为手机已成为国内销量第一全球第三的知名手机品牌。华为终端以绿色设计和制造政策为导向，促进了品牌价值提升和产品竞争力提升，绿色设计已经成为提升产品竞争力的重要途径之一。试点期间华为终端开发推广了一批绿色设计手机产品，累计有30多款产品通过了各类第三方绿色认证；绿色产品2年内销售量超过5 000万台，销售额超过300亿元，占总销售额的20%以上。同时，通过对手机产品进行绿色设计，大幅降低了对资源环境影响，试点期间累计减少含卤素印制电路板（PCB）使用量约1 886 t，减少聚氯乙烯使用量约2 686 t；推行绿色包装设计，累计减少二氧化碳排放量约3万t。

资料来源：绿色产品，华为官网. https：//www.huawei.com/cn/sustainability/environment-protect/green_pipeline.

第五节　清洁生产与环境标志

一、环境标志的作用

环境标志也称为绿色标志、生态标志，是指由政府部门或公共、私人团体依据一定的环境标准向有关厂家颁布证书，证明其产品的生产使用及处置过程均符合环保要求，对环境无害或危害极少，同时有利于资源的再生和回收利用。通过消费者的选择和市场竞争，引导企业自觉调整产业结构，采用清洁工艺，生产对环境有益的产品，形成改善环境质量的规模效应，最终达到环境保护与经济协调发展的目的。

环境标志在全球范围的作用：

1．倡导可持续消费引领绿色潮流

进入 21 世纪以来，人类赖以生存的地球受到日益严重的破坏，并直接威胁到人类自身生命安全和发展。美国著名的盖洛普民意测验发现，绝大多数人认为环境保护比经济增长更具战略意义。这直接导致了人们消费观念的变化，绿色消费逐渐成为当今消费领域的主流。

发达国家的民意测验表明，大部分的消费者愿意为环境清洁接受较高的价格，其中的多数人愿意挑选和购买贴有环境标志的产品。在英国，1988 年 9 月出版的《绿色消费指南》，出售了 30 万册以上。而德国环境数据服务公司（ENDS）2004 年完成的一项名为《环境标志，在绿色欧洲的产品管理》的研究报告则认为，环境标志培养了消费者的环境意识，强化了消费者对有利于环境的产品的选择。在中国，广州联建资讯中心 2004 年对广州地区的调查显示，在被调查的 23 085 人中有 81.7%完全愿意为购买有益于环境尤其是居室环境和饮食环境的产品而支付更多的钱，15.5%比较愿意在经济条件许可的范围内购买环境标志产品，只有 2.8%表示无所谓。

消费者是市场的“上帝”，消费者的购买倾向直接影响着产品的发展方向。正是由于公众环境意识的提高而逐步影响着制造商和经销商的生产经营思想，推动了市场和产品向着有益于环境的方向发展。在日本，55%的制造商表示他们申请环境标志的理由是环境标志有利于提高他们产品的知名度，30%的制造商认为获得环境标志的产品比没有贴环境标志的产品更易销售，73%的制造商和批发商愿意开发、生产和销售环境标志产品。相关调查显示，40%的欧洲人已对传统产品不感兴趣，而是倾向购买环境标志产品；日本 37%的批发商发现顾客只挑选和购买环境标志产品。德国推出的一种不含汞、镉等有害物质的电池，在获得蓝色天使（德国环境标志）之后，贸易额从 10%迅速上升到 15%，出口英国不久就占据了英国超级市场同类产品 10%的市场份额。

2．跨越贸易壁垒促进国际贸易发展

在保护环境、人类健康的旗帜下，国际经济贸易中的“环境壁垒”更加森严，发展中国家商品进入国际市场的形势日趋严峻。以服装行业为例，以欧盟为代表的一些发达国家通过制定各种环境标志制度，保证纺织品经过检验且不含有害物质，并在标签上做出明显的标识。出口到欧盟成员国的服装和纺织品，如果不符合相关标准或进口商的环保要求，就会被禁止进口或被出口商拒收。各种产品若想在国内市场站稳脚跟或打入国际市场，就必须让产品的“出生证”得到更广泛的认同。绿色消费是当今世界消费领域的主潮流，环境标志产品已越发受到人们的重视与喜爱，它应是企业的必然选择。

3．经济发展规律鼓励企业选择环境标志

企业要求生存、求发展，就必须在管理上树立经营理念，不断为企业文化注入新的内涵；就必须开展企业流程再造等工程；就必须不断地开发适应市场需求的新产品或为原有产品增加新的附加价值，不断寻找新的卖点。绿色消费已成为当代社会的新时尚，在这种条件下，企业可抓住机遇，开发有利于环境的产品，为企业的长远发展奠定坚实的基础。

二、环境标志类型

为规范全球环境标志工作，国际标准化组织（ISO）颁布了一系列环境管理标准，其中 ISO 14020 系列为环境标志标准，贯彻着清洁生产思想。它作为 ISO 14000 的其中一个组成部分，由 TC207（环境管理技术委员会）的 SC3（环境标志）分技术委员会负责制定。截至目前，已颁布了 3 项有关环境标志标准，分别是 ISO 14020（环境管理　环境标志和声明　通用原则）、ISO14021（环境标志和声明　自我环境声明）和 ISO 14024（环境标志和声明　Ⅰ型环境标志　原则与程序）以及正处于标准草案阶段的 ISO 14025（环境标志和声明　Ⅲ型环境声明　原则与程序）。这 3 种类型的环境标志与广义的清洁生产一样，都是从生命周期的角度来考虑问题的。

Ⅰ型环境标志计划是一种自愿的、基于多准则的第三方认证计划，以此颁发许可证授权产品使用环境标志证书，表明在特定的产品种类中，基于生命周期考虑，该产品具有环境优越性。通过实施Ⅰ型环境标志计划，选择具有环境优越性的产品，经第三方认证授予环境标志，其目的在于减少企业自身和产品的环境影响，而不是仅仅将环境影响在介质或生命周期阶段之间进行转移，因此必须进行完整的产品生命周期考虑。这就要求企业将“节能、降耗、低毒、少废”考虑在内，无论是原材料的选择、生产工艺流程、产品性能还是产品出厂后的运输、贮存、销售、使用、废置、回收等阶段均考虑在内，这与清洁生产考虑的角度完全相同，因此，Ⅰ型环境标志计划的实施势必会推动清洁生产的发展。

Ⅱ型环境标志即自我环境声明，是一种未经独立第三方认证，基于某种环境因素提出的，由制造商、进口商、分销商、零售商或任何能获益的一方自行作出的环境声明，内容涉及生产过程的声明有 3 类——使用回收能量、再循环含量、节约资源；产品的声明有 9 类——可堆肥、可降解、可拆解设计、延长寿命产品、可再循环、节能、节水、可重复使用和充装、减少废物量。与清洁生产有共同内涵："节能、降耗、低毒、少废"，最能体现清洁生产的理念，完全反映清洁生产成果。

对比Ⅱ型环境标志 12 个自我环境声明的适用范围和清洁生产运行模式，可以发现，它们都涵盖生产、使用、废弃、再利用的全过程，不仅体现了"从摇篮到坟墓"这一传统的生命周期过程，而且增添了从"摇篮再到新摇篮"的循环经济新理念。可见，自我环境声明与清洁生产对产品的全生命周期考虑的着眼点完全吻合。

Ⅲ型环境标志是一个量化的产品生命周期信息简介，它由供应商提供，以根据 ISO 14040 系列标准而进行的生命周期评估为基础，经由有资格的独立的第三方进行严格评审，并作为部门小组预设的范围及指导类型。目前，各国的Ⅲ型环境标志计划普遍采用由第三方通过对行业产品的调查和研究制定相应的 PSR（产品特性要求）文件，由申请企业按照相应的 PSR 文件，对自己的产品进行生命周期评价，然后将生命周期评价报告提交第三方进行审批，审批通过后就可以进行信息声明了。

由于Ⅲ型环境标志是一个量化的产品生命周期信息简介，因此它可用作识别、诊断企业"不清洁"因素的战略工具。尽管Ⅲ型环境标志的实施，并不能达到清洁生产的效果，只是在客观上起到了一个向外界公告自己"清洁度"的作用，但是企业通过公众监督、督促，有可能在未来某一时刻实行清洁生产、技术改进，使信息简介内容向着更"清洁"的方向发展，从这一角度来说，Ⅲ型环境标志的实施，将公众监督作为手段，推动清洁生产的发展。

三、我国环境标志

国家环境保护局（现生态环境部）自 1993 年开始在全国开展环境标志工作，1994 年 5 月 17 日在北京正式成立了中国环境标志产品认证委员会（CCEL），该委员会代表国家对环境标志产品实施认证。中国环境标志立足于整体推进 ISO 14000 国际环境管理标准，把生命周期评价的理论和方法、环境管理的现代意识和清洁生产技术融入产品环境标志认证，推动环境友好产品发展，坚持以人为本的现代理念，开拓生态工业和循环经济。

我国环境标志图形如图 8-4 所示。

图 8-4　Ⅰ型、Ⅱ型、Ⅲ型环境标志

1．Ⅰ型环境标志

Ⅰ型环境标志图形中心由青山、绿水、太阳组成，表示人类赖以生存的环境，外围10个环表示公众参与，其寓意为“全民联合起来共同保护人类赖以生存的环境”。Ⅰ型环境标志具有明确的产品技术要求，对产品的各项指标及检测方法进行了明确的规定，目前已升格为国家环境保护标准。Ⅰ型中国环境标志是一种证明性标志，它作为官方标志表明获准使用该标志的产品不仅质量合格，而且在生产、使用和处理处置过程中符合环境保护要求，与同类产品相比，具有低毒少害，节约资源等环境优势。正是由于这种证明性标志，使得消费者易于了解哪些产品有益于环境，并对自身健康无害，便于消费者进行绿色选购。而通过消费者的选择和市场竞争，可以引导企业自觉调整产业结构，采用清洁生产工艺，生产对环境有益的产品，最终达到环境保护与经济协调发展的目的。

中国环境标志在认证方式、程序等均按 ISO 14020 系列标准及 ISO 14024《环境管理　环境标志与声明　Ⅰ型环境标志　原则和程序》标准规定的原则和程序实施，与各国环境标志计划做法相一致。在与国际“生态标志”技术发展保持同步的同时，我国积极开展环境标志互认工作，目前已经与德国、韩国、日本以及澳大利亚签订了环境标志互认合作协议，已成为中国企业跨越绿色技术壁垒的有力武器。2006 年 10 月 24 日，中国财政部和国家环境保护总局联合颁布《关于环境标志产品政府采购实施的意见》，该意见中规定各级国家机关、事业单位和团体组织用财政性资金进行采购的，应当优先采购环境标志产品，不得采购危害环境及人体健康的产品。2007 年 6 月 3 日，针对国家节能减排工作的严峻形势，国务院又下发了《节能减排综合性工作方案的通知》，其中第四十五条明确规定要加强政府机构节能和绿色采购，认真落实《环境标志产品政府采购实施意见》，进一步完善政府采购环境标志产品清单制度，不断扩大环境标志产品政府采购范围。中国环境标志已成为国家推动循环经济战略的重要手段。

2．Ⅱ型环境标志

Ⅱ型环境标志以鸟和绿叶为主体，主要针对资源有效利用，于 2002 年推出。标准规定了进行自我声明应遵循的 9 项基本原则和 18 条具体原则，换句话说，可以按照 ISO 14021 规定的具体原则来判断声明者的环境声明是否符合标准的要求。从这个意义上讲，ISO 14021《环境管理 环境标志与声明 自我环境声明（Ⅱ型环境标志）》标准可以作为认证标准来使用。虽然Ⅱ型环境标志（EL）原则上并不要求任何第三组织对声明进行认证，但在 ISO 14021 条款中规定“如果产品未经独立的第三方组织的许可或认证，进行声明时不得做出此类暗示。”从这一条来看，标准也认可了通过独立的第三方组织进行Ⅰ型环境标志声明验证的可能性，并且提供发展不同类型环境声明的机会。因此，在我国企业普遍信誉度不高，消费者对自我环境声明不太信任的情况下，以独立第三方对声明者的自我环境声明进行认证，不仅可以起到规范市场的作用，还可以推动Ⅱ型环境标志的健康发展。

另外，ISO 14021 条款规定“声明者必须负责评价并提供验证自我环境声明所需的数据。”由于是自我环境声明，声明方要对他们所做的所有声明负责。声明方的责任包括对资料进行评估以及应有关机构的要求为声明的验证提供必要的资料。从这点来讲，即使第三方组织存在，对声明内容进行举证的责任应由声明方来承担而非第三方组织，所以Ⅱ型环境标志的主体为声明者。根据Ⅱ型环境标志的以上 3 个特点，我国实施Ⅱ型环境标志应“以企业为主，ISO 14021 标准为准绳的第三方评审”的方式进行。

3．Ⅲ型环境标志

我国Ⅲ型环境标志由体现中国生态环境的银杏叶、天鹅有机组合而成，具有向人们传递环境保护信息的内涵。企业可根据公众最感兴趣的内容，公布产品的一项或多项环境信息，并需经第三方检测。Ⅲ型环境标志是基于全生命周期评价基础上的环境声明，声明的是产品对于全球环境产生的影响。例如，企业称自己产品的甲醛含量低，必须公布具体的数据。

对任何产品和服务，可以通过获得Ⅰ型、Ⅱ型、Ⅲ型环境标志的方式给予单独评价，也可以通过获得Ⅰ+Ⅱ+Ⅲ、Ⅰ+Ⅱ、Ⅰ+Ⅲ、Ⅱ+Ⅲ四种组合环境标志的方式给予组合评价，这就最大限度地开辟了任意边界的绿色空间，企业可以自主选择。

经过十多年发展，中国环境标志已经先后制（修）订了 70 余项环境标志产品标准，主要涉及环境保护国际履约类、可再生回收利用类、改善区域环境质量类、改善居室环境质量类、保护人类健康类和节约能源资源类六大类。中国环境标志已成为利用市场手段、促进节能降耗、保护公众健康的重要环保措施。

另外，环境标志国际互认已是大势所趋，成为环境标志未来发展趋势之一。美国、加拿大、德国等 20 多个国家的环境标志机构组成了 I 型环境标志的全球环境产品声明网（GED）。为消除产品出口过程中的绿色技术壁垒，中国环境标志积极加强国际的技术交流与合作，与联合国环境规划署（UNEP）、联合国开发计划署（UNDP）、国际标准化组织（ISO）、环境标志国际组织（GEN、GED）等多边双边国际组织建立了良好的技术交流平台及合作关系。中国环境标志分别与澳大利亚、韩国、日本、新西兰、德国和我国香港特别行政区环境标志机构签署了互认合作协议，中、日、韩三国环境标志产品、中德环境标志产品的共同标准也已在建立中。

思考题

1. 如何理解清洁生产与节能减排？
2. 在校学生如何强化实施清洁生产的能力？
3. 如何理解实施清洁生产的各项措施？
4. 分析清洁生产实施最有效的方法。
5. 居民家庭如何实施清洁生产？
6. 试论你所学的专业与实施清洁生产的关系。

第九章　环境法规与标准

第一节　我国环境法规体系

环境保护法的产生和发展与社会的政治、经济以及资源环境状况密切相关。自中华人民共和国成立以来，党和人民政府对环境保护工作非常重视，反映到环境保护法律上，这一时期法制建设有一个大发展，其发展过程大致可分为4个阶段：第一阶段由中华人民共和国成立至1973年全国第一次环境保护会议；第二阶段由1973年至1978年党的十一届三中全会；第三阶段由1989年12月26日第七届全国人民代表大会常务委员会第十一次会议通过的《中华人民共和国环境保护法》，至2014年4月24日第十二届全国人民代表大会常务委员会第八次会议修订的《中华人民共和国环境保护法》公布；第四阶段新环保法于2015年1月1日起施行至今。

20世纪50年代和60年代，为迅速发展工农业生产，摆脱贫穷落后的状态，全国掀起了社会主义建设高潮。当时，我国还是一个落后的农业国，工业基础薄弱，人口也远低于目前的数量。当时的主要环境问题是对环境的破坏，而对环境的污染尚不太严重，反映在立法上，这一时期以防治自然环境破坏，保护生物资源和土地资源为主要目标。

1973年我国召开了第一次全国环境保护会议。会议在总结正反两方面经验的基础上，转发了《关于保护和改善环境的若干规定（试行草案）》，制定了环境保护工作的“全面规划，合理布局，综合利用，化害为利，依靠群众，大家动手，保护环境，造福人民”的“三十二字”方针，并制定了保护和改善环境的行政规章。

党的十一届三中全会以后，党和国家的工作重心转移到社会主义现代化建设上来，经济建设和法制建设进入了一个蓬勃发展的新时期。在这一阶段，我国环境立法飞速发展，国家颁布了 6 部环境法律和 9 部相关资源法律，国务院发布了 29 件环境规章，环保部门发布了 70 多件环境规章，地方性环境法规达 900 多件，确定了我国环境保护法的基本对策，在环境管理中采用的基本制度以及保护环境的各项基本要求，我国的环境立法体系基本形成。

2014 年 4 月 24 日第十二届全国人民代表大会常务委员会第八次会议通过了《中华人民共和国环境保护法》，这部法律是在 1989 年颁行的《中华人民共和国环境保护法》基础上进行的修订。这部号称"史上最严环保法"的法律于 2015 年 1 月 1 日实施。法律正确实施的前提，是对法律本身的正确理解，其中最重要的是对立法过程以及制度选择背景及条件的把握。35 年的《中华人民共和国环境保护法》制定之路，伴随"中国在成为世界工厂的同时，却让生态产品成为最为了稀缺的产品"的过程；也见证了"中国成为世界上第二大经济体的同时，却让生态环境成为了与发达国家最大差距"的现实。25 年的《中华人民共和国环境保护法》修订过程，关于法律是否修订以及如何修订的争论，虽然受到了国际环境保护思潮的影响，但更多的是中国真正实现发展方式转变的艰难选择。因此，以历史的角度观察和梳理《环境保护法》的制定及修改过程，对于《环境保护法》的正确实施，具有重大意义。至今，我国的环境立法体系仍在不断完善，其结构层次如图 9-1 所示。

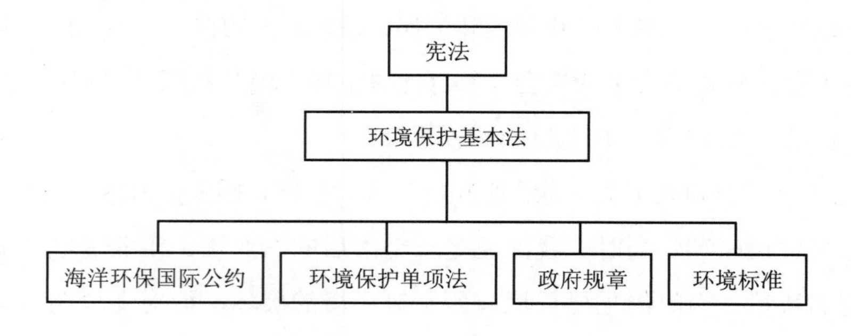

图 9-1 我国环境保护法规体系

一、宪法

《中华人民共和国宪法》（以下简称《宪法》）是我国的根本大法。《宪法》关于环境与资源保护的规定，是我国《环境保护法》的立法基础，是各种环保法律、规章的立法依据，是环境立法和环境执法的依据。环境保护作为一项国家职责和基本国策在《宪法》中予以确认，把环境与资源保护的指导原则和主要任务在《宪法》中作出规定，这就为国家和社会的环境活动奠定了基础，赋予了最高的法律效力和立法依据。

我国《宪法》对环境与资源保护作了一系列规定。《宪法》第二十六条规定："国家保护和改善生活环境和生态环境，防治污染和其他公害。"明确了国家对环境保护的总政策。其他如第九条第二款规定："国家保障自然资源的合理利用，保护珍贵的动物和植物，禁止任何组织或个人用任何手段侵占或者破坏自然资源。"第十条第五款规定："一切使用土地的组织和个人必须合理利用土地。"等等。《宪法》的上述规定，为我国的环境保护活动和环境与资源保护立法提供了指导原则和立法依据。

二、环境保护基本法

环境保护基本法是环境保护体系基本法，是环境单项法制定的依据。它在我国的环境保护法律体系中，除宪法之外占有核心地位。它是一种综合性的实体法，即对环境与资源保护方面的重大问题加以全面综合调整的立法，一般是对环境与资源保护的目的、范围、方针政策、基本原则、重要措施、管理制度、组织机构、法律责任等作出原则规定。它是各种环境保护单项法（国家和地方）和行政（国务院及其部门和地方政府）规章制度的基本依据。

新环保法共有七章七十条，第一章"总则"规定了环境保护的任务、对象、适用领域、基本原则以及环境监督管理体制；第二章"监督管理"规定了环境标准制定的权限、程序和实施要求、环境监测的管理和状况公报的发布、环境保护规划的拟订及建设项目环境影响评价制度、现场检查制度及跨地区环境问题的解决原则；第三章"保护和改善环境"，对环境保护责任制、资源保护区、自然资源开发利用、农业环境保护、海洋环境保护做了规定；第四章"防治污染和其他公害"规定了排污单位防治污染的基本要求、"三同时"制度、排污申报制度、排污收费制度、限期治理制度以及禁止污染转嫁和环境应急的规定；第五章"信息公开和公众参与"对于参与环境管理的主体即政府、企业和公众赋予了相应的具体责任与义务，加强了环境管理；第六章"法律责任"规定了违反本法有关规定的法律责任与处罚；第七章"附则"规定了新环保法的实施日期。环境保护法是环境保护法律体系的基本法，国家此次修订环境基本法，表明国家对环境问题的高度重视，在法律实施中有着重要的规范和指引作用。

三、环境保护单项法

单项环境保护法名目多，内容广泛，是针对特定的环境保护对象，即某种环境要素或特定的环境关系而进行法律调整的专门立法，按其所调整的环境要素或环境问题分类可以分为以下几类：

1．环境污染防治法

环境污染防治法包括大气污染防治、水污染防治、固体废物污染防治、噪声污染防治等，为了顺应环境保护发展的要求，近年来各防治法先后都进行了补充或修订，例如：

《中华人民共和国大气污染防治法》是为保护和改善环境，防治大气污染，保障公众健康，推进生态文明建设，促进经济社会可持续发展而制定的法规。第十三届全国人民代表大会常务委员会第六次会议于 2018 年 10 月 26 日对该法进行修订并通过实施。

《中华人民共和国水污染防治法》是为了防治水污染，保护和改善环境，保障饮用水安全，促进经济社会全面协调可持续发展而制定的法规。第十二届全国人民代表大会常务委员会第二十八次会议于 2017 年 6 月 27 日进行二次修订并通过实施。

《中华人民共和国土壤污染防治法》2018 年 8 月 31 日第十三届全国人大常委会第五次会议通过并于 2019 年 1 月 1 日起施行。该法规定，污染土壤损害国家利益、社会公共利益的，有关机关和组织可以依照《环境保护法》《民事诉讼法》《行政诉讼法》等法律的规定向人民法院提起诉讼。

《中华人民共和国固体废物污染环境防治法》是为了防治固体废物污染环境，保障人体健康，维护生态安全，促进经济社会可持续发展而制定的法规。该法于 2015 年 4 月 24 日第二次修正，并于 2016 年 11 月 7 日作出了部分修改。2020 年 4 月 29 日，该法再次修订，并由第十三届全国人民代表大会常务委员会第十七次会议通过。

《中华人民共和国环境噪声污染防治法》是为防治环境噪声污染，保护和改善生活环境，保障人体健康，促进经济和社会发展而制定的法规。2018 年 12 月 29 日，第十三届全国人民代表大会常务委员会第七次会议通过对《中华人民共和国环境噪声污染防治法》作出修订并通过实施。

《中华人民共和国海洋环境保护法》是为保护和改善海洋环境，保护海洋资源，防治污染损害，维护生态平衡，保障人体健康，促进经济和社会的可持续发展而制定的法规。2017 年 11 月 4 日，第十二届全国人民代表大会常务委员会第三十次会议决定通过了第三次修订。该法适用于中华人民共和国内水、领海、毗连区、专属经济区、大陆架以及中华人民共和国管辖的其他海域。

案例21　腾格里沙漠环境污染案

内蒙古腾格里工业园旧区始建于1999年，截至2013年3月22日，该园区有15家企业，11家为化工企业。2010年，就有媒体曝光了宁夏中卫市的造纸厂将大量造纸污水排向腾格里沙漠的污染事件。此后4年间，多家媒体都先后报道了该工业园区污染问题。某报曾报道，中华环保联合会对内蒙古在内的9省份工业园区进行调查，发现一些地区的工业园一方面打着“生态循环经济”的旗号获得政府审批，另一方面却纵容很多高污染企业以及小作坊的生产，甚至一些国家明令关停的污染企业，也在这里集中排污，逃避监管，工业园区成了其违法经营的“保护伞”。

2012年，央视曾对腾格里经济技术开发区违规生产进行过曝光，随后15家企业停产，另6家有污染预处理设备的企业仍可生产。至于腾格里沙漠出现刺鼻气味等现象，开发区领导回应，这可能是监管上不太到位，企业出现了偷排漏排的现象。

虽然，有多数媒体曝光，但腾格里沙漠污染并没有多大改善，直到2014年9月6日，媒体报道，内蒙古自治区腾格里沙漠腹地部分地区出现排污池，才引起了全国高度重视。当地牧民反映，当地企业将未经处理的废水排入排污池，让其自然蒸发。然后将黏稠的沉淀物，用铲车铲出，直接埋在沙漠里面。

2015年3月21日有关部门调查发现，武威荣华工贸有限公司向腾格里沙漠腹地违法排放污水8万多t，污染面积266亩。荣华公司董事长已被立案调查，两名直接责任人已被拘留，武威市、凉州区有关部门主要负责人已被停职并接受审查。

据介绍，荣华公司环境违法行为被发现后，甘肃省委、省政府主要领导高度重视，武威市成立了调查处置小组。经调查认为，荣华公司环境污染行为是一起典型的顶风违法事件，荣华公司环保主体责任不落实，环保管理制度形同虚设，顶风排污，须依法依纪从严查处；武威市和凉州区环保局不严格履行监管职责，监督检查流于形式，存在失职行为。

2017年8月28日，震惊全国的腾格里沙漠污染事件最终有了结果，8家企业承担5.69亿元赔偿金，用于修复污染土壤，并承担环境损失公益金600万元。5.69亿元是中国迄今最大数额的环境公益诉讼案赔偿金额，该案也是为数不多的环境污染赔偿案件。这个案件在如火如荼的环保督察中，给那些排污不达标的企业敲响了警钟，也坚定了国家对环境污染一抓到底的决心。

资料来源：https：//baike.baidu.com/item/腾格里沙漠环境污染案.

2．自然资源保护法

自然资源保护法是对人类赖以生存的自然环境和自然资源的保护。

1）《中华人民共和国水法》。第九届全国人民代表大会常务委员会第二十九次会议于 2002 年 8 月 29 日修订通过，自 2002 年 10 月 1 日起施行，并根据 2016 年 7 月 2 日第十二届全国人民代表大会常务委员会第二十一次会议通过的《全国人民代表大会常务委员会关于修改〈中华人民共和国节约能源法〉等六部法律的决定》做出了修改。

2）《中华人民共和国森林法》。森林是国家重要的自然资源，它不仅提供木材和各种林产品，而且具有调节气候、涵养水源、保持水土、防风固沙、美化环境、净化空气等多种功能。《中华人民共和国森林法》根据 2009 年 8 月 27 日第十一届全国人民代表大会常务委员会第十次会议《关于修改部分法律的决定》进行修改。

3）《中华人民共和国草原法》。该法是为了保护、建设和合理利用草原，改善生态环境，维护生物多样性，发展现代畜牧业，促进经济和社会的可持续发展制定的法律。该法律根据 2013 年 6 月 29 日第十二届全国人民代表大会常务委员会第三次会议《关于修改〈中华人民共和国文物保护法〉等十二部法律的决定》进行了第二次修正。

4）《中华人民共和国土地管理法》。为了加强土地管理，维护土地的社会主义公有制，保护、开发土地资源，合理利用土地，切实保护耕地，促进社会经济的可持续发展，根据宪法，制定本法。通过时间为 1986 年 6 月 25 日，实施时间为 1987 年 1 月 1 日，并于 2004 年 8 月 28 日修改。

5）《中华人民共和国矿产资源法》。全国人民代表大会常务委员会根据 2009 年 8 月 27 日第十一届全国人民代表大会常务委员会第十次会议《全国人民代表大会常务委员会关于修改部分法律的决定》进行第一次修正。在中华人民共和国领域及管辖海域勘查、开采矿产资源，必须遵守本法。

6）《中华人民共和国渔业法》。1986 年 1 月 20 日第六届全国人民代表大会常务委员会第十四次会议通过，根据 2000 年 10 月 31 日第九届全国人民代表大会常务委员会第十八次会议《关于修改〈中华人民共和国渔业法〉的决定》第一次修正，根据 2004 年 8 月 28 日第十届全国人民代表大会常务委员会第十一次会议《关于修改〈中华人民共和国渔业法〉的决定》第二次修正。

7）《中华人民共和国野生动物保护法》。为了保护野生动物，拯救珍贵、濒危野生动物，维护生物多样性和生态平衡，推进生态文明建设，制定本法。已由中华人民共和国第十二届全国人民代表大会常务委员会第二十一次会议于 2016 年 7 月 2 日修订通过，自 2017 年 1 月 1 日起施行。

8）《中华人民共和国水土保持法》。为了预防和治理水土流失，保护和合理利用水土资源，减轻水、旱、风沙灾害，改善生态环境，保障经济社会可持续发展，制定《中华人民共和国水土保持法》。《中华人民共和国水土保持法》已由中华人民共和国第十一届全国人民代表大会常务委员会第十八次会议于 2010 年 12 月 25 日修订通过，2011 年 3 月 1 日起施行。

9）《中华人民共和国煤炭法》。《中华人民共和国煤炭法》由第八届全国人民代表大会常务委员会第二十一次会议于 1996 年 8 月 29 日通过，自 1996 年 12 月 1 日起施行。现行版本为 2013 年 6 月 29 日第十二届全国人民代表大会常务委员会第三次会议修改。

3．其他法律中的环境保护条例

由于环境保护的广泛性，专门环境保护立法尽管数量上十分庞大，但仍然不能把涉及环境与资源保护的社会关系全部加以调整，在其他的部门，如《民法》《刑法》《经济法》《劳动法》《行政法》中，也包含不少与环境保护相关的法律规范，这些也是环境保护法体系的重要组成部分。如《民法通则》第 124 条规定："违反国家保护环境防止污染的规定，污染环境造成他人损害的，应当依法承担民事责任。"又如 2011 年 5 月 1 日施行的《中华人民共和国刑法刑法修正案（八）》中的"污染环境罪"，其中规定，违反国家规定，排放、倾倒或者处置有放射性的废物、含传染病病原体的废物、有毒物质或者其他有害物质，严重污染环境的，处三年以下有期徒刑或者拘役，并处或者单处罚金；后果特别严重的，处三年以上七年以下有期徒刑，并处罚金。

案例 22　秦岭违建别墅

秦岭违建别墅，位于秦岭北麓西安段，圈占基本农田 14.11 亩、鱼塘两处逾千平方米、文物 211 件。从 2014 年 5 月到 2018 年 7 月，习近平总书记先后六次就"秦岭违建"作出批示指示。这次拆违整治，由中纪委副书记徐令义担任专项整治工作组组长。

2018 年 7 月以来，"秦岭违建别墅拆除"备受关注，有 1 194 栋违建别墅被整治。西安市组织市级媒体、沿山区县和有关方面在市属媒体网站上开设"秦岭北麓违建问题曝光台"，公布举报渠道和实地举报点，鼓励社会各界和市民群众举报违建线索。

2018 年 8 月 8 日，西安市纪委迅速成立专案组，对陈路违建的"超级别墅"进行了全面审查调查。经查证，该项目违反了《关于开展秦岭北麓生态环境保护专项整治工作的通告》的相关规定，项目施工期对生态环境的影响主要是对区域内植被的破坏和可能产生的水土流失影响。10 月 15 日，这栋备受社会关注的违建别墅拆除，按照整治要求，该地区政府立即组织对拆除后的土地进行验收，对符合种植标准的土地实施复绿工作。

2019 年 1 月 9 日，《一抓到底正风纪——秦岭违建整治始末》播出，讲述了秦岭违建别墅整治的始末。

2019 年 5 月 13 日，中央生态环保督察组向陕西反馈“回头看”情况时指出，陕西省、西安市在秦岭北麓西安境内违规建别墅问题上严重违反政治纪律、政治规矩，教训深刻，令人警醒。

资料来源：[1] https：//baike.baidu.com/item/秦岭违建别墅/23243407？fr=aladdin.
[2] 张彤，张海月. 生态治理理念宣传的融合传播模式——以秦岭别墅违建事件的典型报道为例[J]. 视听，2019，(3).

四、地方性环保法

地方性环境保护法是地方政府根据当地的具体情况和实际需要，在不与国家环境法律相抵触的前提下，制定的环境保护法。

1.《浙江省大气污染防治条例》

根据《中华人民共和国大气污染防治法》及有关法律、法规的规定，结合浙江省实际而制定，各级人民政府应当将大气环境保护工作纳入国民经济和社会发展计划，合理规划产业布局和城市建设，保证环境保护资金投入，保护和改善大气环境。该条例已于2016年5月27日经浙江省第十二届人民代表大会常务委员会第二十九次会议修订通过。

2.《上海市环境保护条例》

1994 年 12 月 8 日上海市第十届人民代表大会常务委员会第十四次会议通过，1995 年 5 月 1 日起施行，并于 2015 年 6 月 18 日上海市第十四届人民代表大会常务委员会第二十一次会议通过修改。

3.《北京市大气污染防治条例》

经 2014 年 1 月 22 日北京市第十四届人民代表大会第 2 次会议通过。该条例分总则、共同防治、重点污染物排放总量控制、固定污染源污染防治、机动车和非道路移动机械排放污染防治、扬尘污染防治、法律责任、附则 8 章 130 条，自 2014 年 3 月 1 日起施行。

五、部门规章

部门规章是指国务院、生态环境部以及地方政府为了保护和治理环境制定的规章制度，但不是法律。

1．国务院制定的环境保护规章

1）《建设项目环境保护管理条例》。2017 年 6 月 21 日修改，2017 年 10 月 1 日起施行，该条例是为了防止建设项目产生新的污染、破坏生态环境而制定的。在中华人民共和国领域和中华人民共和国管辖的其他海域内建设对环境有影响的建设项目，适用本条例。

2）《大气污染防治行动计划》（简称“气十条”）。“气十条”实施以来，全国城市空气质量总体改善，全国 $PM_{2.5}$ 污染程度总体下降显著，大多数城市重污染天数减少。

3）《水污染防治行动计划》（简称“水十条”）。项目实施后能有效改善部分地市集中式饮用水水源水质、保护或改善“水十条”规定的江河源头或现状优于地表水标准III类的良好水体、支撑“水十条”地下水相关目标的实现。

4）《土壤污染防治行动计划》（简称“土十条”）。“土十条”以改善土壤环境质量、保护农产品及人居环境安全为第一目标，强调前端的防控以及监管，对后端修复治理明确责任主体、分阶段实施。“土十条”突出重点区域、重点行业和重点污染物。

2．生态环境部制定的环境保护规章

1）《建设项目环境影响评价分类管理名录》。是为加强建设项目环境保护管理，提高审批效率，根据《建设项目环境保护管理条例》第七条而制定。2016 年 12 月 27 日由环境保护部部务会议审议通过，自 2017 年 9 月 1 日起施行。2018 年、2020 年又对部分内容作了修订。

2）《国家危险废物名录》。2020 年 11 月 5 日修订，自 2021 年 1 月 1 日起施行。危险废物名录对于危险固体废物的处理有着十分重要的作用。

3．地方政府制定的环境保护规章

1）《浙江省建设项目环境保护管理办法》。2011 年 10 月 25 日以浙江省人民政府令第 288 号发布，自 2011 年 12 月 1 日起施行，该办法分总则、环境影响评价、环境保护设施建设、法律责任、附则 5 章 47 条。2014 年 3 月和 2021 年 2 月先后进行了修正。

2）《上海港船舶污染防治办法》。2015 年 3 月 30 日上海市政府第 78 次常务会议通过，自 2015 年 6 月 1 日起施行。

3）《北京市防治机动车排气污染管理办法》。1997 年 11 月 25 日颁布，为减少机动车污染物排放，保护和改善北京市大气环境，保障人民身体健康，根据《中华人民共和国大气污染防治法》《中华人民共和国道路交通管理条例》和有关法规，制定本办法。

六、国际公约

我国政府十分关注国际环境问题，并以积极的态度参加到全球环境保护的行动中，已缔结和参加了几十项国际环境保护条约，这些都是我国环境保护的有机组成部分。例如，《联合国气候变化框架公约》《京都议定书》《巴黎协定》《保护臭氧层维也纳公约》《蒙特利尔议定书》《防止危险废物越境转移及其处置巴塞尔公约》《防止倾倒废物和其他物质污染海洋公约》《生物多样性公约》等。

1．《联合国气候变化框架公约》

《联合国气候变化框架公约》（*United Nations Framework Convention on Climate Change*，UNFCCC，以下简称《公约》）是 1992 年 5 月 9 日联合国政府间谈判委员会就气候变化问题达成的公约，于 1992 年 6 月 4 日在巴西里约热内卢举行的联合国环境与发展大会（地球首脑会议）上通过。《公约》是世界上第一个为全面控制二氧化碳等温室气体排放，以应对全球气候变暖给人类经济和社会带来不利影响的国际公约。

《公约》于 1994 年 3 月生效。它指出，历史上和目前全球温室气体排放的最大部分源自发达国家，发展中国家的人均排放量仍相对较低，因此应对气候变化应遵循“共同但有区别的责任”原则。根据这个原则，发达国家应率先采取措施限制温室气体的排放，并向发展中国家提供有关资金和技术；而发展中国家在得到发达国家技术和资金支持下，采取措施减缓或适应气候变化。

《公约》规定了五项保护气候的原则如下：

1）缔约国承担共同但有区别的责任。《公约》规定各缔约国应在公平的基础上根据它们共同但有区别的责任和各自的能力，为人类当代和未来的利益保护气候系统。发达国家应率先对付气候变化及其不利影响。

2）考虑发展中国家的具体要求和特殊情况。发达国家应当承担更多责任，发展中国家应根据具体需要和特殊情况承担较小的责任。

3）采取预防措施。各缔约国应采取预防措施，预测、防止或尽力减少引起气候变化的原因并缓解其不利影响。

4）促进可持续发展。各缔约国有权并应促进可持续发展。保护气候系统应纳入国家的发展计划中，不受人为的政策的影响，措施应适合缔约国的具体情况。

5）开放国际经济体系。各缔约国有权并合作促进有利和开放的国际经济体系，促进所有国家的经济的持续发展以便有能力应付气候的变化。

气候变化问题一直以来都是需要全球共同治理的综合问题。1988 年 12 月联大《为今世后代保护全球气候》的决议指出："气候变化是人类共同关切之事项，因为气候是维持地球上生命的关键条件。"自 1994 年《公约》生效后，又有《京都议定书》于 2005 年生效，《巴黎协定》于 2015 年达成。

2．《京都议定书》

1997 年 12 月 11 日，《联合国气候变化框架公约》第三次缔约方大会在日本东京召开，通过了人类第一部限制各国温室气体排放的国际法案——《联合国气候变化框架公约的京都议定书》（简称《京都议定书》）。其主要是通过限制各国温室气体的排放量，将大气中温室气体的含量控制在适当水平，达到防止气候变化对人类造成伤害的目标。

2005 年 2 月 16 日，《京都议定书》正式生效，它需要占 1990 年全球温室气体排放量 55%以上的至少 55 个国家和地区批准之后，才能成为具有法律约束力的国际公约。我国于 1998 年 5 月签署并于 2002 年 8 月核准了该议定书，截至 2007 年 12 月，澳大利亚签署《京都议定书》，至此世界主要工业发达国家中只有美国没有签署《京都议定书》，批准国家的人口数量占全世界总人口数的 80%。

《京都议定书》规定到 2010 年，所有发达国家 CO_2 等 6 种温室气体的排放量要比 1990 年减少 5.2%。具体来说，各发达国家从 2008 年到 2012 年必须完成的削减目标是：与 1990 年相比，欧盟削减 8%、美国削减 7%、日本削减 6%、加拿大削减 6%、东欧各国削减 5%～8%。

从环境保护的角度出发，《京都议定书》以法规的形式限制了各国温室气体的排放量，而从经济角度出发，它更是催生出一个以 CO_2 排放权为主的碳交易市场。

3．《巴黎协定》

2015 年 12 月 12 日晚，巴黎气候变化大会通过了全球气候变化的新协议——《巴黎协定》。它将为 2020 年后全球各国应对气候变化行动作出一系列安排，被称为人类应对气候变化"历史性的一步"。

《巴黎协定》指出，各方将加强气候变化威胁全球环境的应对，致力于把全球平均气温较工业化前水平升高控制在 2℃之内，并力争把升温控制在 1.5℃内。全球将尽快实现温室气体排放达峰，21 世纪下半叶实现温室气体净零排放。

根据《巴黎协定》，各方将以“自主贡献”的方式参与到应对全球气候变化的行动中来。发达国家继续带头减排，在资金、技术、能力建设等方面支持发展中国家，帮助发展中国家减缓和适应气候变化。每 5 年将对全球各国应对气候变化行动的进展做一次盘点，帮助各国加强减排的力度、广度和深度，同时加强国际合作，实现全球应对气候变化的长期目标。

中国作为最大的发展中国家，根据可持续发展战略的要求，采取了一系列应对气候变化的政策和措施，履行《公约》中的义务，积极地参与国际气候谈判多边进程，为减缓与适应气候变化做出了积极贡献，与国际社会共同努力，建立公平合理的全球应对气候变化制度。

4.《保护臭氧层维也纳公约》

《保护臭氧层维也纳公约》（以下简称《维也纳公约》）于 1985 年在维也纳签署。《维也纳公约》明确指出了大气臭氧层的空洞会对人类身体健康和生活环境可能造成的危害，呼吁各国政府采取行动，共同保护臭氧层，并首次提出将对臭氧层有危害的氟氯烃类物质作为被监控的对象。

《蒙特利尔议定书》承续了《维也纳公约》的大原则，是联合国为了避免工业展品中的氟氯烃类物质对臭氧层继续造成伤害，邀请 26 个会员国签署的环境保护的议定书，自 1989 年 1 月 1 日起生效。

《蒙特利尔议定书》进一步强化了《维也纳公约》对破坏臭氧层物质的管制内容，尤其是对 CFC-11、CFC-12、CFC-113、CFC-114、CFC-115 5 项氟氯碳化物及 3 项哈龙的生产做了更为严格的管制规定，并规定各国有共同努力保护臭氧层的义务。凡是对臭氧层有不良影响的活动，各国均应采取适当防治措施，影响的层面涉及电子光学清洗剂、冷气机、发泡剂、喷雾剂、灭火器等等。此外，《维也纳公约》中亦决定成立多边信托基金，援助发展中国家进行技术转移。

中国于 1989 年 9 月 11 日签署加入《维也纳公约》，并于 1991 年签署加入《蒙特利尔议定书》伦敦修正案、2003 年加入哥本哈根修正案、2010 年加入北京修正案。在发达国家按照议定书要求淘汰主要消耗臭氧层物质之后，中国成为全球最大的消耗臭氧层物质的生产国和使用国。自 1991 年中国成为《蒙特利尔议定书》缔约方以来，经过坚持不懈的努力，分别于 1997 年、1999 年、2002 年、2003 年实现哈龙、全氯氟烃、甲基溴、甲基氯仿生产和消费的冻结。并于 2007 年 7 月 1 日，提前两年半完成全氯氟烃和哈龙的淘汰；2010 年 1 月 1 日，中国又全面淘汰四氯化碳和甲基氯仿，实现了议定书确定的阶段目标。通过在十几个行业开展淘汰行动，到 2010 年中国政府淘汰了 10 万多 t 消耗臭氧层物质的生产和 10 余万 t 的消费。

《蒙特利尔议定书》成功经验业已证明，以科学为依据的决策、审慎的做法、共同但有区别的责任、同代人和各代人之间的公平等基本原则对世界各国都有益。人类只要共同努力，就能实现希望的未来。

第二节 我国环境标准体系

目前，世界各国面临“两难”的局面，既要走强国富民之路，又要保护生态环境免遭破坏，使人们能持久地在地球上生存发展下去。自 1973 年颁布第一个环境标准——《工业“三废”排放试行标准》以来，随着环境保护和经济发展的需要，截至 2017 年 5 月我国累计发布国家环境标准 2 028 项、行业环境标准和地方环境标准共计 400 多个。这些标准已经形成较为完整、有效的环境标准体系，在我国的环境保护工作中发挥着重要的作用，并为环境标准体系的进一步发展奠定了基础。因此，制定切实可行的环境标准既可维护生态平衡保障人类的生存条件，又能在一定限度之内促进社会经济持久发展。环境标准是人类行为的准则，它可以为法律部门提供法律依据，为环保管理部门提供监督依据，它是环境质量评价的基础。

环境标准是环保法规体系的重要组成部分，是指为保护人群健康、社会物质财富和维持生态平衡，对大气、水、土壤等环境质量，以及对污染源、监测方法以及其他需要所制定的标准。具体来讲，环境标准是根据国家的环境政策和法规，在综合考虑本国自然环境特征、社会经济条件和科学技术水平的基础上，对环境中污染物的允许含量和污染源排放污染物的数量、浓度、时间和速度及其监测方法和其他有关技术规范的规定。环境标准是评价环境质量和环境保护工作的法定依据，这个标准制定的太低对环境起不到保护作用，不仅会影响人体健康、破坏环境，也不利经济发展；标准定得过高，会因投资过大限制国民经济的发展，或因技术问题而难以达到标准，使标准虽好但不切实际而被束之高阁。所以能制定出一套可行的环境标准对保护环境、发展经济都具有现实和长远的意义。

一、环境标准的分类

我国的环境标准由国家生态环境主管部门制定。强制性的环境标准应视同为技术法规，具有法律强制效力。推荐性的环境标准作为国家环境经济政策的指导，鼓励引导有条件的企业按照相关标准实施。新标准的制定与修订均应综合考虑环境保护和经济、社会发展的总体需要，分期分批进行。同时，必须保证现行体系的稳定性及标准间的协调和兼容性。

国家标准由国务院生态环境主管部门制定并在全国范围内或特定区域内适用，按照性质和内容可以分为以下五类：

1．环境质量标准

为保障人群健康、维护生态环境和保障社会物质财富，并考虑技术、经济条件，对环境中有害物质和因素所作的限制性规定。它是环境质量评价的准则，是制定污染物排放标准的依据。环境质量标准是一定时期内衡量环境优劣程度的标准，从某种意义上讲是环境质量的目标标准，如《地表水环境质量标准》（GB 3838）、《环境空气质量标准》（GB 3095）、《土壤环境质量　建设用地土壤污染风险管控标准》（GB 36600）等。

2．污染物排放标准

根据环境质量标准，以及适用的污染控制技术，并考虑经济承受能力，对排入环境的有害物质和产生污染的各种因素所做的限制性规定，是对污染源控制的标准。污染物排放标准的作用是直接对污染源排出的污染物进行控制，从而达到防止污染、保护环境的目的。我国根据自身的情况，针对废气、废水和固体废物等都制定出了不同的污染物排放标准。如《大气污染物综合排放标准》（GB 16297）、《污水综合排放标准》（GB 8978）、《一般工业固体废物贮存、处置场污染控制标准》（GB 18599）等。

3．环境监测方法标准

为监测环境质量和污染物排放，规范采样、分析测试、数据处理等所做的统一规定，包括分析方法、测定方法、采样方法、试验方法、检验方法、生产方法、操作方法等。如《水污染物排放总量监测技术规范》（HJ/T 92）、《固定源废气监测技术规范》（HJ/T 397）等。

4．其他标准（标准样品标准、环境基础标准）

标准样品标准是为保证环境监测数据的准确、可靠，对用于量值传递或质量控制的材料、实物样品而制定的标准物质。标准样品在环境管理中起着甄别的作用，可用来评价分析仪器、鉴别其灵敏度；评价分析者的技术，使操作技术规范化。如《大气降水样品的采集与保存》（GB 13580.2）、《环境标准样品研复制技术规范》（HJ/T 173）等。

环境基础标准是对环境标准工作中，需要统一的技术术语、符号、代号（代码）、图形、指南、导则、量纲单位及信息编码等所做的统一规定。如《危险废物鉴别标准　通则》（GB 5085.7）、《环境保护档案管理数据采集规范》（HJ/T 78）等。

二、环境标准分级

按照标准的性质、功能和内在联系，我国对环境标准进行分级（三级）、分类（五类），使标准体系成为一个具有良好配套性、协调性的标准整体。环境标准体系的三级标准是国家标准、行业标准和地方标准三个级别。同时，按照《中华人民共和国环境保护法标准管理办法》的规定，按照标准的级别划分，我国现行的环境标准体系主要由国家标准、行业标准和地方标准构成。按内容划分，主要有环境质量标准、污染物排放标准、污染物测定方法标准、标准样品标准和环境基础标准。

1．国家标准与地方标准

国家标准，是由国务院生态环境主管部门制定，并在全国范围内或特定区域内适用的标准。例如，《环境空气质量标准》适用于全国范围。地方标准是对国家标准的补充和完善，由省、自治区、直辖市人民政府批准颁布并在特定行政区适用，但是地方标准必须严于国家标准。《中华人民共和国环境保护法》第十五条规定：“省、自治区、直辖市人民政府对国家环境质量标准中未作规定的项目，可以制定地方环境质量标准；对国家环境质量标准中已作规定的项目，可以制定严于国家环境质量标准的地方环境质量标准。地方环境质量标准应当报国务院环境保护主管部门备案。”。如《工业企业废水氮、磷污染物间接排放标准》（DB 33/887）、《北京市锅炉大气污染物排放标准》（DB 11/139）、《上海市污水综合排放标准》（DB 31/199）等。

我国只有环境质量标准和污染物排放标准分国家标准和地方标准，凡颁布地方环境质量标准和污染物排放标准的地区，优先执行地方标准，地方标准未做出规定的，仍执行国家标准。

2．综合标准与行业标准

环境保护综合标准一般是指各环境要素的综合排放标准，如《大气污染物综合排放标准》（GB 16297）、《污水综合排放标准》（GB 8978），它规定了各环境要素中的主要污染物的排放量，排放浓度以及标准执行过程中的各种要求。环境保护综合标准适用于现有单位的环境要素排放管理，以及建设项目的环境影响评价、建设项目环境保护设施设计、竣工验收及其投产后的排放管理。

环境行业标准，是指对环境保护工作范围内所涉及的部分活动以及设备、仪器所做的规定。该标准一般由国务院所属的各部委制定。不同的行业工艺过程、生产标准、产品技术要求等都不一样，环境行业标准对不同的行业作出不同的规定，指导和约束各行业有序、规范发展，以达到保护环境的目的。如《畜禽养殖业污染物排放标准》（GB 18918）、《医疗机构水污染物排放标准》（GB 8466）、《纺织染整工业水污染物排放标准》（GB 4287）等。

综合标准与行业标准不交叉执行，有行业标准的优先执行行业标准，没有行业标准的执行综合标准。环境标准不是一成不变的，它要与一定时期内的技术经济水平、环境污染与破坏的状况相适应，这就意味着环境标准将随着国家的技术经济发展、环保要求的提高而不断变化，因此，检索环境标准文献必须注意该标准的适用期限。尽管旧的标准在学术上仍有重要参考价值，但环境标准毕竟是环境保护法规体系的重要组成部分，应以新的标准内容为准。

思考题

1. 如何看待新的《环境保护法》的修订？

2. 如何理解“公民应当增强环境保护意识，采取低碳、节俭的生活方式，自觉保护义务”？

3. 我国的环境法规体系是怎样的？谈谈你对这一体系的认识。

4. 什么是地方性环保法规？你所在的城市为保护环境制定了哪些条例？

第十章　环境管理与监测

第一节　环境管理

环境管理是在环境保护的实践中产生，并在实践中不断发展起来的。中国是世界上最大的发展中国家，环境问题尤为突出，为了保证发展的可持续性，一系列与环境管理相关的制度和法规相继颁布，标志着我国环境管理工作已经走上了正规化、理性化和法制化的道路。

一、环境管理概述

1．环境管理的定义

狭义的环境管理主要是指控制环境污染行为的各种措施。例如，通过制定法律、法规和标准，实施各种有利于环境保护的方针、政策，控制各种污染物的排放。广义的环境管理是指按照经济规律和生态规律，运用行政、经济、法律、技术、教育和新闻媒介等手段，通过全面系统地规划，对人们的社会生活进行调整与控制，达到既要发展经济满足人类的基本需要，又不超过环境的容许极限。狭义和广义的环境管理，在处理环境问题的角度和应用范围等方面有所不同，但它们的核心是协调社会经济与环境关系，最终实现可持续发展。

2．环境管理的内容

环境管理的内容是由其管理目标和管理对象所决定的。环境管理的根本目标是协调发展与环境的关系，涉及人口、经济、社会、资源和环境等重大问题，关系到国民经济的各个方面，因此其管理内容必然是广泛的、复杂的。

按环境管理的范围分，环境管理可分为资源环境管理、区域环境管理、部门环境管理和行业环境管理。

（1）资源环境管理

资源环境管理是依据国家资源政策，以资源的合理开发和持续利用为目的，以使可再生资源的恢复与扩大再生产、不可再生资源的节约使用和替代资源的开发为内容的一种环境管理。其目标是在经济发展过程中，合理使用资源从而优化选择。

（2）区域环境管理

区域环境管理是以行政区划为归属边界，以特定区域为管理对象，以解决该区域内环境管理问题为内容的一种环境管理。它包括国土的环境管理、省（区、市）的环境管理以及流域环境管理等。

（3）部门环境管理

部门环境管理是以具体的部门为管理对象，以解决该单位或部门内的环境问题为内容的一种环境管理。包括能源环境管理、工业环境管理、农业环境管理、交通运输环境管理、商业和医疗等部门的管理以及企业环境管理等。

（4）行业环境管理

行业环境管理是指以特定的行业为管理对象，以解决该行业内的环境问题为内容的一种环境管理。它针对不同行业的特点，采取相应的措施，以达到有效控制污染的目的。

二、环境管理的基本手段

环境管理是一个具有对象性、目的性的管理过程。为了保证环境管理能够顺利进行，实现环境管理的目标，必须采取有效的管理手段。进行的环境管理的手段主要包括行政手段、法律手段、经济手段、技术手段和教育手段。

1．行政手段

行政手段是指国家和地方级政府机构，根据国家行政法规所赋予的组织和指挥权力，以命令、指示、规定等形式作用于直接管理对象，对环境资源保护工作实施行政决策和管理的一种手段。例如，对一些环境污染严重的排污单位实施禁止排污或严格限制排污，甚至将这些排污单位关、停、并、转。

2．法律手段

法律手段是指管理者代表国家和政府，依据国家环境法律、法规，对人们的行为进行管理的保护环境手段。依法管理环境是控制并消除污染、保障自然资源合理利用并维护生态平衡的重要措施，是其他手段的保障和支持，通常亦称为“最终手段”。目前，中国已初步形成了由《宪法》《环境保护法》、环境保护相关法、环境保护单行法和环保法规等组成的环境保护法律体系，这是强化环境监督管理的根本保证。

3．经济手段

经济手段是指管理者依据国家的环境经济政策和经济法规，运用价格、成本、利润、信贷、利息、保险、收费和罚款等经济杠杆来调节各方面的经济利益关系，规划人们的宏观经济行为，培育环保市场以实现环境和经济协调发展的手段，即利用价值规律管理环境。其方法主要包括各级环境管理部门对积极防治环境污染而在经济上有困难的企业、事业单位发放环境保护补助资金；对直接向环境排放污染物的企业事业单位和其他生产经营者应当缴纳环境保护税；对违反规定造成严重污染的单位和个人处以罚款；对排放污染物损害人群健康或造成财产损失的排污单位，责令对受害者赔偿损失。

4．技术手段

技术手段是指借助那些既能提高生产率，又能把环境污染和生态破坏控制到最小限度的技术以及先进的污染治理技术来达到保护环境目的的手段。运用技术手段，实现环境管理的科学化，包括制定环境质量标准；通过环境监测、环境统计方法，根据环境监测资料以及有关的其他资料对本地区、本部门、本行业污染状况进行调查；编写环境报告书和环境公报；组织开展环境影响评价工作；交流推广无污染、少污染的清洁生产工艺及先进治理技术；组织环境科研成果和环境科技情报的交流等。

5．宣传教育手段

环境管理的教育手段是指运用各种形式环境保护的宣传教育，以增强人们的环境意识和环境保护专业知识的手段。环境教育的根本任务是提高全民族的环境意识和培养环境保护方面的专业人才。环境教育包括专业教育、基础环境教育、公众环境教育和成人环境教育 4 种形式。

三、环境保护的政策

1．环境保护是国家基本国策

1983 年 12 月，国务院召开第二次全国环境保护会议，明确提出保护环境是我国一项基本国策；制定了我国环境保护事业的战略方针：经济建设、城乡建设、环境建设同步规划、同步实施、同步发展，实现经济效益、环境效益、社会效益的统一。

环境是人们赖以生存和发展的最基本条件，从环境保护事业和工作对象来看，它涉及国民经济的各行各业，牵扯社会的方方面面，关系到全民族和子孙后代的切身利益。

环境保护作为基本国策是我们党和国家的重大英明决策。

2．中国环境保护的基本政策

中国环境保护的基本政策包括 “预防为主、防治结合、综合治理”“谁污染，谁治理”“强化环境管理”政策，简称为环境保护的“三大政策”。它是以中国的基本国情为出发点，总结多年来中国环境保护实践经验和教训的基础上而制定的具有中国特色的环境保护政策。

（1）“预防为主、防治结合、综合治理”的政策

这一政策的基本思想是在经济开发和建设的过程中消除环境污染和生态破坏行为，实现全过程控制，从源头解决环境问题，减少污染治理和生态保护所付出的沉重代价。对于中国这样的生产体系和技术水平相对落后的国家来说，在提高经济发展质量上有很大的潜力，因此采取预防为主的措施是明智的。

把环境保护纳入国民经济和社会发展计划之中，进行综合平衡，是从宏观上贯彻预防为主环境政策的先决条件。环境保护与产业结构调整、优化资源配置相结合，促进经济增长方式的转变，是从宏观和微观上贯彻这一政策的根本保证。加强建设项目的环境管理，严格控制新污染的产生，是从微观上贯彻预防为主环境政策的关键。

（2）“谁污染，谁治理”的政策

治理污染、保护环境是生产者不可推卸的责任和义务。由污染产生的损害以及治理污染所需要的费用，都必须由污染者承担和补偿，从而使“外部不经济性”内化到企业的生产中去。这项政策明确了环境责任，开辟了环境治理的资金来源。其主要内容包括：一是要求企业把污染防治与技术改造结合起来，技术改造资金要有适当比例用于环境保护措施；二是对工业污染实行限期治理；三是征收环保税。依据环境保护税法，直接向环境排放应税污染物的企业事业单位和其他生产经营者都为纳税人。

（3）“强化环境管理”的政策

“强化环境管理”是符合中国国情的政策。首先，由于中国目前还是发展中国家，经济相对落后，也就是说中国在短期内不具备依靠高投入治理污染的条件。其次，中国现有的许多环境问题是由于管理不善造成的，这意味着只要加强管理，不需要花费很多的资金投入，就可以解决大量的环境污染问题。强化环境管理，主要包括三方面的措施：一是加强环境立法和执法，做到有法可依、有法必依、违法必究；二是建立健全环境管理机构；三是健全环境管理制度。

总之，环境保护的“预防为主”“谁污染，谁治理”和“强化环境管理”三项基本

政策互为支撑，缺一不可，互为补充，不可替代。其中“预防为主”是从增长方式、规划布局、产业结构和技术政策角度考虑的；“谁污染，谁治理”是从经济和技术角度来考虑；“强化环境管理”是环境执法、行政管理和宣传教育角度来考虑的。这三项环境政策是一个有机的整体，是环境保护的原则性规定，涵盖了环境管理的各个方面，将长期指导中国环境保护的实践。

案例 23 环保机构监测监察执法垂直管理制度

生态环境监测作为生态环境保护的基础工作，是打好污染防治攻坚战的重要支撑。环境监测涉及数据和技术成分较多，调研发现地方普遍认为便于垂直管理。环保机构监测监察垂直管理制度最早于十八届五中全会上提出，环境保护部、中央编办、中组部、国家发改委、财政部、人力资源和社会保障部、国务院法制办 7 部委共同组成垂直管理改革领导小组，并于 2016 年 7 月 22 日通过了中央全面深化改革领导小组的审议。

环境质量监测上收要求十分明确，但是之前环境监测系统存在质监测和污染源监测两个中心工作。从全国环境监测网络建设方案思路来看，环境质量监测上收并使之与督政巡视体系相协调，是一个基本方向。考虑地方对监测系统人员、数据的依赖性还较大，可以考虑将监测系统一分为二，质量监测上收，污染源监测下移并与执法队伍形成配合，既能达到党的十八届五中全会的改革要求，也能给地方环保监管工作留有手段，同时也能解决长期以来污染源监测定位不够清晰、监测执法测管不协调的问题，一举三得。

2016 年 9 月 14 日，中共中央办公厅、国务院办公厅印发了《关于省以下环保机构监测监察执法垂直管理制度改革试点工作的指导意见》（以下简称《指导意见》），集中体现了党中央、国务院对省以下环保机构监测监察执法垂直管理制度改革工作的导向和要求，为全国实施垂改厘清了思路，指明了方向，明确了重点，成为各地推进垂改工作的政策依据。

根据《指导意见》，核心改革路径可概括为“两个加强、两个聚焦、两个全面”。一是在制度建设上实现“两个加强”，即加强地方党委、政府及其相关环保部门责任的明确和落实，加强对地方党委、政府以及相关部门环保责任落实的监督检查和责任追究。二是在工作重心上实行“两个聚焦”，即省级环保部门进一步聚焦对市县生态环境质量监测考核和环保履责情况的监督检查；市、县两级环保部门进一步聚焦属地环境执法和执法监测。三是在运行机制上强化“两个健全”，即建立健全环保议事协调机制，建立健全信息共享机制。

推行垂直管理制度从改革环境治理基础制度入手，其关键为加强地方政府的环保责任，破除干预，解决市（县）与同级之间工作上的衔接和沟通，加强环境监测监察执法队伍建设，标本兼治并加大综合治理力度，推动环境质量改善，使其更好地服务于打好污染防治攻坚战、服务于生态文明建设。

资料来源：[1] 王知俊. 环保机构垂直管理面临的问题及对策研究[J]. 环境科学导刊，2019，38（S2）.
[2] 中共中央办公厅 国务院办公厅印发《关于省以下环保机构监测监察执法垂直管理制度改革试点工作的指导意见》，中国政府网. http：//www.gov.cn/zhengce/2016-09/22/content_5110853.htm.

3．中国环境保护的单项政策

国家环境管理的基本思想、方针和政策是国家环境保护的宏观指导和原则性规定，做好环境保护工作还需要具体的单项环境政策作为补充。只有基本政策而没有单项政策，微观环境管理将无法展开，因此环境保护的单项政策是环境保护基本政策的具体化。目前，中国环境保护的单项政策主要包括环境保护的产业政策、行业政策、技术政策、经济政策和能源政策等。

（1）环境保护的产业政策

环保产业是国民经济的重要组成部分，也是防治环境污染、改善生态环境质量的物质基础。环境保护的产业政策是指有利于产业结构调整和发展的专项环境政策。主要包括环保产业发展政策和产业结构调整政策。通过政策指导，税收、信贷支持，坚持结构调整、扶持优强的原则，逐步形成基本满足国内环保市场需求、并具有国际竞争力的环保产业体系，使之成为国家经济新的增长点。

（2）环境保护的行业政策

环境保护的行业政策是指以特定的行业为对象开展环境保护的专项政策。行业的环保政策可分为鼓励发展、限制发展和禁止发展三类。

（3）环境保护的技术政策

环境保护的技术政策是指以特定的行业为对象，在行业政策许可的范围内引导企业采取有利于环境保护的生产和污染防治技术的政策。环境保护的技术政策是企业制定污染防治的依据，也是开展环境监督管理的出发点。环境保护的技术政策的总体思想是重点发展技术含量高、附加值高、满足环保要求的产品，重点发展投入成本低、去除效率较高的污染治理适用技术。如《推行清洁生产的若干意见》《机动车排放污染防治技术政策》等。

环境保护的行业政策和环境保护的技术政策是紧密联系、相互影响的，是制定行业环境保护对策、加快工业污染防治的政策依据。开展行业环境管理既需要行业政策的指导，更需要技术政策的指导，二者缺一不可。

（4）环境保护的经济政策

环境保护的经济政策是指运用税收、信贷、财政补贴、收费等各种有效经济手段引导和促进环境保护的政策。环境经济政策通过把外部环境费用内部化，促进环境问题的解决。环境经济政策的主要功能是以引导和激励企业及一些经济体为主，积极、主动地开展环境保护工作以促进经济的持续增长。

环境保护的经济政策按内容可分为三类：污染防治的经济优惠政策、补偿政策和污染费税政策。

（5）环境保护的能源政策

环境保护的能源政策是指以提高能源利用率、开发无污染和少污染的清洁能源为主要内容，开展环境保护的能源政策。我国目前的能源政策是坚持开源与节流并重，改善能源结构，提高能源效率。在以煤炭为主要能源的情况下，优先开发水、电、天然气等清洁能源，提高清洁能源在一次性能源中的比重。

上述环境保护的五项单项政策，是国家环境保护政策体系中的重要组成部分，是当前形势下做好环境保护工作的政策依据。可以说，环境保护的基本政策是单项政策的制定依据，环境保护的单项政策是基本政策在各个领域、各个方面关于环境保护阶段性目标和要求的具体体现，是开展环境保护工作的具体指导，互为影响和补充，不能替代和分割，基本政策与单项政策共同构成了较为完整的中国环境保护政策体系。

四、中国环境管理主要制度

1．环境影响评价制度

环境影响评价，是指对规划和建设项目实施后可能造成的环境影响进行分析、预测和评估，提出预防或者减轻不良环境影响的对策和措施，进行跟踪监测的方法与制度。环境影响评价制度是环境管理中贯彻预防为主的一项基本原则，也是防止新污染、保护生态环境的一项重要法律制度。环境影响评价必须客观、公开、公正，综合考虑规划或者建设项目实施后对各种环境因素及其所构成的生态系统可能造成的影响，为决策提供科学依据。

国家根据建设项目对环境的影响程度，对建设项目的环境影响评价实行分类管理。建设单位应当按照有关规定组织编制环境影响报告书、环境影响报告表或者填报环境影响登记表。

1）可能造成重大环境影响的，应当编制环境影响报告书，对产生的环境影响进行全面评价；

2）可能造成轻度环境影响的，应当编制环境影响报告表，对产生的环境影响进行分析或者专项评价；

3）对环境影响很小、不需要进行环境影响评价的，应当填报环境影响登记表。

建设项目的环境影响评价分类管理名录，由国务院生态环境主管部门制定并公布。

案例 24　深圳湾航道疏浚工程环评事件

2020 年 5 月，深圳市生态环境局作出 4 份行政处罚决定书和 2 份失信记分决定书，对此前备受关注的深圳湾环评事件责任单位作出处罚。2020 年 3 月，深圳市交通运输局官网公布《深圳湾航道疏浚工程（一期）环境影响报告书送审稿公众参与公告》（以下简称报告书），因报告书涉及环保引发广泛关注，并被眼尖的市民发现报告书出现多处错误，涉嫌抄袭湛江航道疏浚项目环评。3 月 27 日晚深圳市交通运输局终止了该项目环评公示，并责成环评单位中国科学院南海海洋研究所（以下简称南海所），重新组织开展环评。3 月 29 日，该工程环评委托合同被责成终止，环评编制单位被生态环境部门约谈。

针对深圳湾航道疏浚工程（一期）环评文件造假一事，2020 年 4 月 16 日，深圳市生态环境局通报调查进展时称，广东省生态环境厅派员参与造假事件调查。深圳市交通运输局（深圳市港务管理局）在报告书公示过程中，未对公示报告书的内容进行审核，也未根据《深圳湾航道疏浚工程（一期）委托代建管理合同》监督代建单位履行相关职责，对报告书存在基础资料明显不实、内容虚假等严重质量问题负有责任。深圳市生态环境局依法对深圳市交通运输局（深圳市港务管理局）处以罚款人民币 100 万元。广东省深圳航道事务中心作为深圳湾航道疏浚工程（一期）的代理建设单位，应当履行建设单位职责。广东省深圳航道事务中心单位在报告书公示过程中，未按照《深圳湾航道疏浚工程（一期）委托代建管理合同》约定充分履行责任，未对公示报告书的内容进行审核，对报告书存在基础资料明显不实、内容虚假等严重质量问题负有主要责任。深圳市生态环境局依法对广东省深圳航道事务中心处以罚款人民币 200 万元。

此外，南海所编制的报告书多处出现“湛江”等字样，部分抄袭了《湛江港 30 万吨级航道改扩建工程环境影响报告书》内容，不符合环境影响评价标准和技术规范等有关规定，存在基础资料明显不实、内容虚假等严重质量问题。深圳市生态环境局依法对南海所处以罚款人民币 320 万元，单位失信记分 15 分。报告书编制主持人兼主要编制人员徐某某，深圳市生态环境局依法禁止其五年内从事环境影响报告书、环境影响报告表编制工作，失信记分20分。

对此事件生态环境部新闻发言人在例行发布会上回应称，在建设单位自主公示阶段，环评文件暴露出的抄袭、造假问题，性质十分恶劣。生态环境部迅即责成广东省、深圳市生态环境部门依法严肃查处，并要求将处理情况及时向社会公开。为防止此类环评造假事件再次发生，生态环境部将进一步加强监管，坚决遏制环评文件造假和粗制滥造等问题，切实提高环评文件质量。

资料来源：深圳湾航道疏浚工程（一期）环评涉嫌抄袭事件舆情分析，中国交通新闻网. http：//www.zgjtb.com/2020-07/27/content_246880.htm.

2．"三同时"制度

《环境保护法》第四十一条规定："建设项目中防治污染的设施，应当与主体工程同时设计、同时施工、同时投产使用。防治污染的设施应当符合经批准的环境影响评价文件的要求，不得擅自拆除或者闲置。"因此，"三同时"制度是指新建、扩建、改建项目和技术改造项目以及区域性开发建设项目的污染治理设施必须与主体工程同时设计、同时施工、同时投产的制度。凡是通过环境影响评价确认可以开发建设的项目，建设时必须按照"三同时"规定，把环境保护措施落实到实处，防止建设项目建成投产后产生新的环境问题，在项目建设过程中也要防止环境污染和生态破坏。

"三同时"制度是中国出台最早的一项环境管理制度，它与环境影响评价制度相辅相成，是防止新污染和破坏的两大"法宝"，是我国环境保护法以预防为主的基本原则的具体化、制度化、规范化，是加强开发建设项目环境管理的重要措施，是防止我国环境质量继续恶化的有效的经济手段和法律手段，是根据我国的实际情况提出的符合中国国情并具有中国特色的行之有效的环境管理制度。具体内容包括：

1）建设项目的初步设计，应当按照环境保护设计规范的要求，编制环境保护篇章，并依据经批准的建设项目环境影响报告书或者环境影响报告表，在环境保护篇章中落实防治环境污染和生态破坏的措施以及环境保护设施投资概算。

2）建设项目的主体工程完工后，需要进行试生产的，其配套建设的环境保护设施必须与主体工程同时投入试运行。

3）建设项目试生产期间，建设单位应当对环境保护设施运行情况和建设项目对环境的影响进行监测。

4）建设项目竣工后，建设单位应当向审批该建设项目环境影响报告书、环境影响报告表或者环境影响登记表的环境保护行政主管部门，申请该建设项目需要配套建设的环境保护设施竣工验收。

5）分期建设、分期投入生产或者使用的建设项目，其相应的环境保护设施应当分期验收。

6）环境保护行政主管部门应当自收到环境保护设施竣工验收申请之日起 30 日内，完成验收。

7）建设项目需要配套建设的环境保护设施经验收合格，该建设项目方可正式投入生产或者使用。

3．环境保护税制度

自 2018 年 1 月 1 日起，《环境保护税法》正式实施，不再征收排污费，同时依法征收环境保护税，这标志着实行了 30 余年的排污收费退出历史的舞台。

在我国领域和管辖海域，直接向环境排放应税污染物的企业事业单位和其他生产经营者为环境保护纳税人。环境保护税的征税范围为《环境保护税税目税额表》《应税污染物和当量值表》规定的大气污染物、水污染物、固体废物和噪声。为了减少直接向环境排放污染物，鼓励企业和单位将污水和生活垃圾进行集中处理，税法规定两种情形不用缴纳环境保护税：①企业事业单位和其他生产经营者向依法设立的污水集中处理、生活垃圾集中处理场所排放应税污染物的；②企业事业单位和其他生产经营者在符合国家和地方环境保护标准的设施、场所贮存或者处置固体废物的。

通过环境保护“费”改税，有效发挥税收杠杆的调节作用，企业多排污多纳税，少排污少纳税，不排污不纳税，推动企业节能减排。税法根据纳税人排放污染物浓度值低于国家和地方规定排放标准的程度不同，设置了两档减税优惠，即纳税人排污浓度值低于规定标准 30%的，减按 75%征税；纳税人排污浓度值低于规定排放标准 50%的，减按 50%征税，进一步鼓励企业改进工艺、减少对环境的污染。

4．排污申报登记与排污许可证制度

排污申报登记制度，是指向环境排放污染物的单位，按照《环境保护法》的规定，向所在地环境保护行政主管部门申报登记在各种活动中排放污染物的种类、数量和浓度，污染物排放设施、处理设施运行和其他防治污染的有关情况，以及排放污染物发生重大变化时及时申报的制度。排污申报登记制度主要是为使环境保护部门掌握本地区的环境污染状况和变化情况，以及排污单位的污染物排放情况，为环境监督管理提供基本依据。排污申报登记制度是环境管理的基础工作，直接关系到环境保护的决策、管理和其他各项法律制度的实施。

排污许可证制度，是指环境保护主管部门依排污单位的申请和承诺，通过发放排污许可证法律文书形式，依法依规划清界限和限制排污单位排污行为并明确环境管理要求，依据排污许可证对排污单位实施监管执法的环境管理制度。这里所指的排污单位特指纳入排污许可分类管理名录的企业事业单位和其他生产经营者。《环境保护法》第四十五条规定，国家依照法律规定实行排污许可证管理制度。实行排污许可证管理的企业事业单位和其他生产经营者应当按照排污许可证的要求排放污染物；未取得排污许可证的，不得排放污染物。实行排污许可管理的排污单位有：①排放工业废气或者排放国家规定的有毒有害大气污染物的企业事业单位。②集中供热设施的燃煤热源生产运营单位。③直接或间接向水体排放工业废水和医疗污水的企业事业单位。④城镇或工业污水集中处理设施的运营单位。⑤依法应当实行排污许可管理的其他排污单位。排污单位应当在许可规定的时限内持证排污，禁止无证排污或不按证排污。在排污许可证中应载明：①排污口位置和数量、排放方式、排放去向等；②排放污染物种类、许可排放浓度、许可排放量；③法律法规规定的其他许可事项。

排污申报登记制度和排污许可证制度是两个不同的制度，这两个制度既有区别，又有联系。排污申报登记制度是实行排污许可证的基础，排污许可证是对排污者排污的定量化。

5．污染物排放总量控制与减排制度

环境生态系统与其他生态系统一样具有一定的自我调节功能，即对排放到环境中的污染物具有一定的消纳和自净能力，但它的自净能力是有限度的。一旦污染物的排放超过了环境的承载力，就将出现环境污染和生态破坏，导致环境质量的退化，而且这种退化往往以不可逆的形态出现。这就使得区域内污染物总量控制的实施显得十分必要。

总量控制是指以控制一定时段内一定区域内以排污单位排放污染物总量为核心的环境管理方法体系。通常有三种类型：目标总量控制、容量总量控制和行业总量控制。目前我国的总量控制基本上是目标总量控制。实践中，在我国实施的总量控制是指对主要污染物排放量设定五年减排控制目标，然后自上而下地层层分解到地方，每年进行考核的指令性模式。目前，污染物排放总量控制已经成为我国一项重要的环境法律制度。

《环境保护法》第四十四条规定，国家实行重点污染物排放总量控制制度。重点污染物排放总量控制指标由国务院下达，省、自治区、直辖市人民政府分解落实。企业事业单位在执行国家和地方污染物排放标准的同时，应当遵守分解落实到本单位的重点污染物排放总量控制指标。对超过国家重点污染物排放总量控制指标或者未完成国家确定的环境质量目标的地区，省级以上人民政府环境保护主管部门应当暂停审批其新增重点污染物排放总量的建设项目环境影响评价文件。

“十三五”时期，在继续实施化学需氧量、氨氮、二氧化硫、氮氧化物排放总量控制基础上，增加重点行业挥发性有机物排放量等作为约束性指标，实施区域性、流域性、行业性差别化总量控制指标。

6．排污权交易制度

所谓排污权交易，是指在污染物排放总量控制指标确定的条件下，利用市场机制，建立合法的污染物排放权利即排污权，并允许这种权利像商品那样被买入和卖出，以此来进行污染物的排放控制，从而达到减少排放量、保护环境的目的。

排污权交易的主要思想是建立合法的污染物排放权利（这种权利通常以排污许可证的形式表现），以此对污染物的排放进行控制。它是政府用法律制度将环境使用这一经济权利与市场交易机制相结合，使政府这只“有形之手”和市场这只“无形之手”紧密结合来控制环境污染的一种较为有效的手段。这一制度的实施，是在污染物排放总量控制前提下，为激励污染物排放量的削减，排污权交易双方利用市场机制及环境资源的特殊性，在环保主管部门的监督管理下，通过交易实现低成本治理污染。该制度的确立使污染物排放在某一范围内具有合法权利，容许这种权利像商品那样自由交易。在污染源治理存在成本差异的情况下，治理成本较低的企业可以采取措施以减少污染物的排放，剩余的排污权可以出售给那些污染治理成本较高的企业。市场交易使排污权从治理成本低的污染者流向治理成本高的污染者，这就会迫使污染者为追求盈利而降低治理成本，进而设法减少污染。

排污权交易制度在我国已试点10多年，从2007年开始财政部、环境保护总局和国家发改委批复了江苏、浙江、内蒙古、山西、河北等11个地区开展排污权使用和交易试点工作。各省（区、市）根据自身实际，做法各有特色，如湖南开展了铅、镉、砷3种重金属排污权交易，浙江排污权抵押贷款等。由于各省（区、市）之间政策规定差异较大，交易制度不统一，给市场交易造成了一定困难，亟待统一规范管理。另外，排污权交易还处于试点阶段，正在摸索、探索中，部分地区存在交易不活跃的现象。

7．环保督察制度

环保督察这一制度设计，出自中央全面深化改革领导小组，是党中央、国务院关于推进生态文明建设和环境保护工作的一项重大制度安排。2015年7月，中央深改组第十四次会议审议通过了《环境保护督察方案（试行）》，明确建立环保督察机制，规定督察工作将以中央环保督察组的组织形式，对省（区、市）党委和政府及其有关部门开展，并下沉至部分地市级党委政府部门。

环保督察的目的为重点了解省级党委和政府贯彻落实国家环境保护决策部署，解决突出环境问题，强化环境保护党政同责和一岗双责，推动督察地区生态文明建设和环境保护，促进绿色发展。在具体督察中，坚持问题导向，重点盯住中央高度关注、群众反映强烈、社会影响恶劣的突出环境问题及其处理情况；重点检查环境质量呈现恶化趋势的区域流域及整治情况；重点督察地方党委和政府及其有关部门环保不作为、乱作为的情况；重点了解地方落实环境保护党政同责和一岗双责、严格责任追究等情况。

环保督察对象主要是各省级党委和政府及其有关部门，在督察的过程中可以下沉到部分地市级党委和政府，而且能够直接深入企业进行调查。因此，环保督察重点由以往的“督企”转向“督政”，督察对象包括了省级、市级党委、政府及有关部门和地方企业，实现了对“党政企”的全覆盖。环保督察主要包括党委、政府对国家和省环境保护重大决策部署贯彻落实情况，突出环境问题及处理情况及环境保护责任落实情况。环保督察的工作方式有听取汇报、调阅资料、个别谈话、走访问询、受理举报、现场抽查、下沉督察等。

第二节　环境监测

环境监测是为环境管理服务的，它是环境管理的“耳”与“目”。从宏观角度来讲，在制定科学的可持续发展规划和有效的环境管理制度前，必须先了解环境质量、环境污染状况；从微观角度来讲，各项环境污染防治措施的实施均离不开环境监测工作。因此，环境监测是环境保护管理信息系统的重要组成部分，也是进行环境保护管理的重要基础和主要手段之一。

环境监测运用物理、化学、生物等现代科学技术方法，间断地或连续地对环境化学污染物及物理和生物污染等因素进行现场的监测和测定，做出正确的环境质量评价。

一、环境监测的分类

1．常规监测

常规监测是指对已知污染因素的现状和变化趋势进行的监测，进一步具体化为以下两种：

1）环境质量的监测。环境质量监测是针对大气、水体、土壤等各种环境要素，分别从物理、化学、生物角度对污染物的分布和浓度进行定时、定点监测。如水环境的监测主要包括对地表水和地下水水质的监测。通过监测得到水体各方面指标数据，在分析处理后改善水体质量，提高废水再利用率，实现淡水资源的节约和保护。大气环境监测主要是指对大气污染情况的监测，包括对大气污染程度指数、大气污染物的种类等一系列指标的监测，通过监测了解大气污染具体情况，从而对污染排放起到针对性管理，使得大气环境得到改善。土壤环境质量监测则是通过在耕地、饮用水水源地及社会关注热点地区布设数量适宜的监测点位来重点监测土壤中的重金属、有机污染物以及特征污染物的含量从而掌握土壤环境质量。

2）污染源的监测。污染源监测是对各类污染源排放的污染物浓度和总量进行监测。我国于 1999 年 11 月颁发施行了《污染源监测管理办法》，该办法规范了各级环保部门对污染物排放出口的监测职能，加大了监测力度。浙江省环境保护厅在 2017 年 1—6 月发布了重点污染源监测评价报告，该报告针对全省各市废水、废气重点源、污水处理厂、危废企业和畜禽养殖场共 1 635 家重点污染源进行监测，涉及纺织业、食品制造业、金属制品业等 27 个行业大类。又如，原杭州市环境保护局对杭州市七格污水处理厂所排放污水进行化学需氧量、氨氮、石油类、总磷等废水污染源指标的监测。

2．特殊目的监测

这类监测的形式和内容很多，主要有以下 6 种：

1）研究性监测。这类监测是根据需要研究的污染物与监测方法，然后确定监测点位与监测时间组织监测，从而去探求污染物的迁移、转化规律以及产生的各种环境影响，为开展环境科学研究提供科学依据。

2）污染事故监测。这类监测是在发生污染事故以后在现场进行的监测，目的是确定污染物的因子、程度和范围，从而确定产生污染事故的原因及其所造成的损失。

3）仲裁监测。这类监测是在为解决执行环境保护法规过程中出现的污染物排放及监测技术等方面发生的矛盾和争端时进行的，它通过所得的监测数据为公正的仲裁提供基本依据。

4）考核验证监测。这类监测包括对人员、实验室的考核，方法的验证和污染治理工程竣工时的验收监测等。

5）咨询服务监测。这类监测为政府部门、生产部门和科研部门等提供咨询性监测。如对新建企业进行环境评价时进行的监测。

6）可再生资源监测。这类监测是对土壤、植被草原和森林等自然资源进行监测。如对土壤退化趋势、热带雨林和牧地变化等的监测。

二、环境监测的目的

环境监测是环境保护的“眼睛”，其目的是：

1）根据环境质量标准评价环境质量。执行有关环境保护法规和卫生法规，通过监测检验和判别工业排放物浓度或排放量是否符合国家标准，检验和判别环境质量是否达到国家标准的要求。

2）根据污染源排放情况，为监督管理和污染控制提供依据。加强企业管理，提高环保设施能力，通过监测明确环保设施运行效果，以便采取措施和管理对策，达到减少污染、保护环境的目的。

3）收集本底数据，积累长期监测资料，为研究环境容量、实施总量控制、目标管理、预测预报环境质量提供数据。

4）为保护人类健康，合理使用自然资源，制定环境法规标准提供依据。开展环境科学的研究或进行环境质量评价也都需要通过环境监测提供必要的数据，掌握污染物运动的规律性，探索自然、人类、社会之间的奥秘。

三、环境监测的程序

1）现场调查与资料收集。调查的主要内容是各种污染源及排放规律、自然和社会的环境特征。

2）确定监测项目。应根据国家规定的环境质量标准，结合本地区主要污染源及其主要排放物的特点进行选择，同时还要测定一些气象及水文项目。

3）确定监测点布置及采样时间和方式。采样点布设得是否合理，是能否获得有代表性样品的前提，应予以充分重视。

4）选择和确定环境样品的保存方法。

5）环境样品的分析测试。

6）数据处理与结果（监测报告）上报。

四、环境监测技术

1．间歇采样监测

在环境监测工作中采样环节是必不可少的，但是在实际操作中采样会受到很多因素的不利影响。为了保证监测的数据更加准确客观地去展现环境实际的污染情况，往往会采用间歇采样监测。间歇采样监测指的是在监测时间范围内分次采样，取多次测定的平均值作为最终监测数据。间歇采样监测按照采样频率可分为定期和不定期。定期采样的采样时间间隔必须保持一致，针对不同污染物定期采样的频率也会有所不同，例如，SO_2、NO_x、NO_2 规定每年至少有分布均匀的 144 个日均值；而 TSP、PM_{10}、Pb 则规定每年至少有分布均匀的 60 个日均值。不定期采样主要选择几个具有代表性的时间点进行采样，从而更加全面地反映样品随周围环境的变化所产生的变化情况。

2．连续在线监测

连续在线监测指的是在需要进行环境污染监测的污染源及污染排放地区投放在线监测基站并使基站对该地区进行长达一两个月甚至更长时间的连续运行监测。连续在线监测技术的应用不仅提高了监测效率，降低了监测成本，更进一步提高了监测数据的准确性和有效性，实现了连续、及时、准确的污染源监测和污染设施运行情况监测。目前连续监测技术已广泛应用于对水质、工厂排放烟气的监测。如脱硫烟气连续在线监测系统通过对脱硫前后 NO_x、SO_2、O_2 等数据的因素分析以及同时段脱硫系统 pH 值、水量是否变化来判断出脱硫后 SO_2 测量存在的问题。

3．环境应急现场监测

环境应急现场监测技术是主要针对突发环境事件所采用的一类监测技术。为消除和减少突发环境事件所带来的不良影响，环境应急监测要求技术仪器能够快速判断污染物种类、浓度和污染范围，从而为突发环境事件的处置及善后处理等提供快速有效的技术支撑。该技术的特点是：分析方法快速、分析结果直观易判断、抗干扰能力强，具有较好的灵敏度、再现性和准确性；监测采用的器材要轻便、易携带。应急现场监测仪器主要分为原位和车载两种形式。其中，原位现场应急监测仪器便携性更强，适应突发环境事件现场复杂的工作环境条件，有手持式、肩背式等不同形式，对放置平台的大小和平整度等没有严格要求，不需电源或可用电池供电。而车载现场应急监测仪器则更适合在环境应急监测车的操作平台上进行监测分析活动，对实验操作平台的稳定性和平整度等都有一定要求，多使用外接电源供电。车载流动实验室因具备常规实验室功能，在平时可将其作为实验室的有效补充，用于实验室样品的测试活动中。

4．“3S”技术

所谓“3S”技术，就是在遥感技术、地理信息技术以及 GPS 技术的基础上，将以上 3 种技术进行有效结合，继而形成的独特技术手段。这种技术可以实现信息的快速获取、精确处理与有效应用。当“3S”技术应用于水资源管理过程时，可以通过对水资源的调查与评价而达到对水环境进行检测的目的。检测内容主要包括水资源评价、生态环境变迁分析、水体沼泽检测、水体富营养检测等。另外，该技术还可用于对湿地监测，监测当地湿地的环境状况。

五、环境监测发展趋势

1．向智能化、精细化方向发展

目前，我国对生态环境的保护愈加重视，同时，对环境监测的力度也在不断加大。随着计算机技术快速的发展，国内的环境监测会朝着更加智能化、精细化的方向发展。对于生态环境中监测位置的布设会更加合理，最终测量出的数据会更加精确。

2．向技术密集化方向发展

环境监测工作实际上属于非常专业化的一项活动，在进行环境监测程序的设定以及污染源的分析过程中，要求相关技术人员应当具备较高的技术素养。因此，今后的环境监测技术也定会朝着技术密集化的方向发展。而对个别环境特殊的区域开展环境监测工作时，应当不断加大机器监测的应用力度，减少人力资源的消耗，不断提升环境监测过程中的技术水平，以改善环境监测工作的效果。

3．向全方位监测方向发展

在我国很多区域，还存在环境监测数据不够全面的问题，随着我国可持续发展规划的不断实施，开展环境监测的过程中也必将会对更多环境因子加以监测，使得我国的环境监测体系更加全面。同时，要构建相应的环境因子数据库，使环境监测向着全方位的方向发展。

4．向地面监测与遥感监测相融合的方向发展

随着“3S”技术的不断发展及在环境监测中的逐步运用使环境监测由以往单一的地面监测朝着与遥感监测相融合的方向发展。

思考题

1. 中国环境保护的基本政策是什么？

2. 为了实现环境管理的目标，可以采取哪些有效的管理手段？

3. 简述环境管理的主要制度。

4. 在我国哪些环境管理制度是切实有效的？（A. 完善法律制度；B. 完善环境标准体系；C. 完善环境监测制度；D. 完善公众参与制度）请说明理由。

5. 列举几种环境监测技术并简单介绍。

第十一章　生态系统与生物多样性保护

第一节　生态系统

一、生态系统的概述

1．生态系统的概念

地球上的每一种生物，包括动物、植物和微生物，都不能脱离环境而孤立存在，必须依赖于各自周围特定的环境，通过物质和能量的交换，以及信息的传递，利用各种环境资源建造自己，满足生长发育的需要。生物在环境中不是一成不变的，而是通过不断的适应新环境、改变新环境，通过自然选择实现了生物的进化，并在进化中发展自身。所以说，地球上的生物之间，生物与自然界的其他非生命因素之间，都有各种或疏或密的关系。这些关系，把生物和相关的自然因素组织在一起，形成一个相对独特的整体，即生态系统。因此，生态系统是指在一定的空间和时间内，各种生物之间以及生物与无机环境之间，通过能量流动和物质循环互相作用的一个自然系统。

一个生态系统在空间边界上是模糊的，其空间范围大小是不确定的，往往是根据研究者的研究需要确定。生态系统可大可小，小到含有藻类的一滴水，大到整个生物圈（biosphere）。生态系统可以是一个很具体的概念，一个池塘、一片沼泽、一块草地都是一个生态系统；它又可以是一个符合某种特性的抽象概念，如海洋生态系统、陆地生态系统、草原生态系统、湿地生态系统等。

2．生态系统的种类

生态系统是动态的，从地球上诞生生命一直到现在的漫长时间里，生态系统伴随着生物的进化，一直处于不断的发展、演变之中。地球表面的生态系统多种多样，人们可以从不同角度，把生态系统分成若干类型。

根据环境中水分状况、植被地理分布及动物群落类型，可以把地球上的生态系统划分为水生生态系统与陆地生态系统两大类群。水生生态系统占地球表面的 2/3，包括海洋和陆地上的江河湖沼等水域，根据水环境的物理化学性质，如淡水、咸水、静水、动水等，可划分成淡水生态系统、海洋生态系统、湿地生态系统等。陆地生态系统，根据纬度地带和光照、水分、热量等环境因素，可分成森林生态系统、草原生态系统、荒漠生态系统、冻原生态系统、农田生态系统、城市生态系统等。

人类的出现是生态系统千百万年的进化结果，人类的进化又形成了改造自然的力量。根据人类对生态系统的干预程度，可将地球上的生态系统分为以下 3 类：

1）自然生态系统。指没有或基本上没有受到人为干预的生态系统，如原始森林、草原、湖泊、河流，人迹罕至的沙漠、极地、深海、高山等。

2）人化生态系统。指经过人为干预，但仍保持一定自然状态的生态系统，如人工种植的森林，经过放牧的草原，养殖鱼、虾、贝类的湖泊水库，各种类型的农田等。

3）人工生态系统。指完全按照人类的意愿建立起来的生态系统，主要是各种各样的人类聚居区。如世界各地的城市、乡村，各种交通工具、航行器、航空器等。

二、生态系统的组成

生态系统的组成是指系统内所包含的相互联系的各种要素。任何一个生态系统都由生物与非生物环境两大部分组成。其中，生物包括生产者、消费者、分解者；非生物环境包括温度、光照、水、土壤、能量、营养物质等。生态系统中，生物群落处于核心地位，它代表系统的生产能力、物质和能量流动强度以及外貌景观等；非生物环境既是生命活动的空间条件和资源，也是生物与环境相互作用的结果，它们形成了一个统一的整体。典型生态系统的组成如图 11-1 所示。

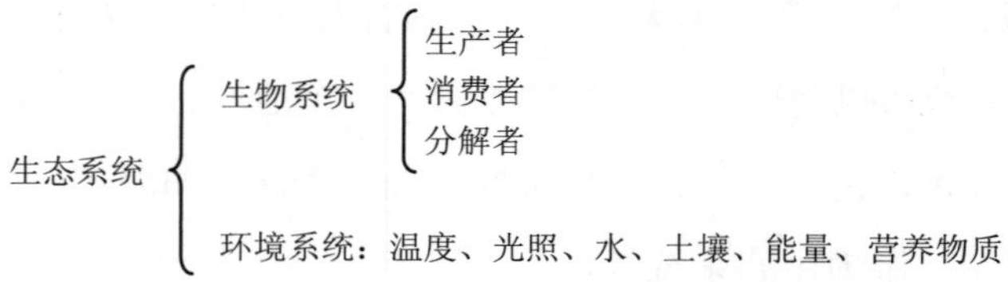

生态系统
- 生物系统
  - 生产者
  - 消费者
  - 分解者
- 环境系统：温度、光照、水、土壤、能量、营养物质

图 11-1　典型生态系统的组成

1．生物部分

生态系统中的各种生物，按照它们在生态系统中所处的地位及作用的不同，可以分为生产者、消费者和分解者三大类群。

（1）生产者

生产者主要是指绿色植物，也包括单细胞的藻类和能把无机物转化为有机物的一些细菌。绿色植物的叶片中含有叶绿素，通过进行光合作用，把太阳能转化为化学能，把无机物转化为有机物。除绿色植物以外，还有利用太阳能或化学能把无机物转化为有机物的光能自养微生物和化学能自养微生物。生产者生产的有机物及贮存的化学能，一方面供给自身生长发育的需要，另一方面也用来维持其他生物全部生命活动的需要，是其他生物类群以及人类的食物和能量供应者。

（2）消费者

消费者是指直接或间接利用生产者所制造的有机物质作为食物和能量来源的生物，主要是指动物，也包括某些寄生的菌类等。它们不能直接利用外界能量和无机物制造有机物，而以消耗生产者为生。草食动物以植物作为直接食物，称为一级消费者，如蝗虫、蚱蜢等；以草食动物为食物的肉食动物称为二级消费者，如青蛙、蟾蜍等；以肉食动物作为食物的动物，则称为三级消费者，如蛇、猫头鹰等。消费者对整个生态系统具有自动调节能力，尤其是对生产者的过度生长、繁殖起着控制作用；消费者在生态系统中可实现物质与能量的传递，如草原生态系统中的野兔就起着把青草制造的有机物和贮存的能量传递给狼的作用；消费者的另一个作用是实现物质的再生产，如食草动物可以把草本植物的植物性蛋白再生产为动物性蛋白，所以消费者又可称为次级生产者。

（3）分解者

分解者是指具有分解能力的各种微生物，也包括一些低等原生动物，如土壤线虫、鞭毛虫等。分解者是生态系统的“清洁工”，它们把动植物的尸体分解成简单的无机物，归还给非生物环境。分解者在生态系统中的作用非常重要，假若没有分解者将死亡的有机体和排泄物分解转化为生产者可利用的营养物质，那么可供生产者利用的营养元素就会逐渐耗竭，总有一天会被用尽，而死亡的有机体和废弃物将会堆满整个地球，导致所有生物难以生存。

2．非生物环境部分

非生物环境是生态系统中生物赖以生存的物质、能量以及生活场所，是除了生物以外的所有环境要素的总和，包括阳光、空气、水、土壤、无机矿物质等。非生物成分在生态系统中为各种生物提供必要的生存环境，也为各种生物提供必要的营养元素。

三、生态系统的运动形式

生态系统的运动形式包括生物生产、能量流动、物质循环及信息传递。

1．生物生产

生态系统中的生物，不断地吸收环境中的物质能量，转化成新的物质能量，从而实现物质和能量的积累，保证生命的延续和增长，这个过程称为生物生产。生物生产又包括初级生产和次级生产。

（1）初级生产

生态系统的初级生产实质上是一个能量转化和物质积累的过程，是绿色植物的光合作用过程。进行光合作用的绿色植物被称为初级生产者，它是最基本的能量贮存者，尽管绿色植物对光能的利用率还很低（自然植被低于 0.2%～0.5%，平均只有 0.14%），但被它们聚集的能量仍然是相当可观的，每年地球通过光合作用所生产的有机干物质总量约为 162.1×10^9 t（其中海洋为 55.3×10^9 t），相当于 2.874×10^{18} kJ 能量。

（2）次级生产

次级生产是指消费者或分解者对初级生产者生产的有机物以及贮存在其中的能量进行再生产和再利用的过程。因此消费者和分解者称为次级生产者。同样，次级生产者在转化初级生产品的过程中，不能把全部的能量都转化为新的次级生产量，而是有很大的一部分要在转化的过程中被损耗掉，只有一小部分被用于自身的贮存。而这部分能量又会很快通过食物链转移到下一个营养级去，直到损耗殆尽。

2．能量流动

地球上的一切生命活动都包括能量的利用，这些能量均来自太阳。地球可获取的太阳能约占太阳输出总能量的二十亿分之一，到达地球大气层的太阳能是 8.12 J/（$cm^2\cdot min$），其中约 34%被反射回去，20%被大气吸收，只有 46%左右能到达地表，而真正能被绿色植物利用的只占辐射到地面的太阳能的 1%左右。当太阳能进入生态系统时，首先是由植物通过光合作用将光能转化为贮存在有机物中的化学能，然后，这些能量沿着食物链从一个营养级到另一个营养级逐级向前流动，先转移给草食动物，再转移给肉食动物，从小肉食动物转移到大肉食动物。最后，绿色植物及各级消费者的残体及代谢物被分解者分解，贮存于残体和代谢物中的能量最终被消耗释放回环境中。由此可见，在生态系统中，能量是沿着食物链流动的，形成能量流。

生态系统中的能量流动具有以下特点：①能量来源于太阳能，对太阳能的利用率只有 1%左右。②能量流动是单方向的，沿着食物链营养级由低级向高级流动，具有不可逆性和非循环性。③生态系统中的能量沿食物链逐渐减少。一般来说，某一营养级只能从其前一营养级处获得其所含能量的 10%，其余约 90%能量用于维持呼吸代谢活动而转变为热能耗散到环境中去了。

3．物质循环

生态系统中各种有机物质经过分解者分解成可被生产者利用的形式归还到环境中重复利用，周而复始地循环的过程叫物质循环。物质循环可分为生态系统内的生物小循环和生物地球化学大循环。前者是生物与周围环境之间进行的物质循环，其循环速度快、周期短，主要是通过生物对营养元素的吸收、留存和归还来实现；后者范围大、周期长、影响面广。

由于一般生态系统与外界都存在不同程度的输入和输出关系，因此，生物小循环是不封闭的，它受到另一类范围更广的地球化学循环影响。生物小循环与地球化学大循环相互联系、互相制约，小循环寓于大循环中，大循环离不开小循环，两者相辅相成，构成整个生物地球化学循环。

根据物质参与循环时的形式分为液相循环、气相循环和固相循环 3 种形式。

（1）液相循环

典型的液相循环，是在太阳能和重力的驱动下，水从一种形式转变为另一种形式，并在气流（风）和海流的推动下在生物圈内的循环。海洋、湖泊、河流和地表水不断蒸发，形成水蒸气进入大气；植物吸收到体内的水分通过叶表面的蒸腾作用进入大气。大气中的水汽遇冷，形成雨、雪、雹等降水重返地球表面，一部分直接落入海洋、湖泊、河流等水域中；一部分落到陆地上，在地表形成径流，流入海洋、湖泊、河流或渗入地下，供植物根等吸收。如此往复，这就是液相（水）循环。

（2）气相循环

如碳、氧、氮等的循环，主要循环物质为气态。如氮是形成蛋白质、核酸的主要元素。主要存在于生物体、大气和矿物质中。大气中氮气占 79%，是一种惰性气体，不能直接被大多数生物利用。

大气中氮进入生物体主要是通过固氮作用将氮气转变为无机态氮化物 NH_3，包括生物固氮（即根瘤菌和固氮蓝藻可以固定大气中的氮气，使氮进入有机体）和工业固氮（通过工业手段，将大气中的氮气合成氨或氨盐，供植物利用）。另外，岩浆和雷电都可使氮转化为植物可利用的形态。土壤中的氨经硝化细菌的硝化作用可转变为亚硝酸盐或硝酸盐，被植物吸收，合成各种蛋白质、核酸等有机氮化物。动物直接或间接以植物为食，从中摄取蛋白质等作为自己氮素来源。动物在新陈代谢过程中将一部分蛋白质分解，以尿素，尿酸、氨的形式排入土壤；植物和动物的尸体在土壤微生物的作用下分解为氨、二氧化碳和水。土壤中的氨形成硝酸盐，这些硝酸盐一部分为植物所吸收，一部分通过反硝化细菌反硝化作用形成氮气进入大气，完成氮的循环。

（3）固相循环

参与循环的物质中很大一部分又通过沉积作用进入地壳而暂时或长期离开循环。这是一种不完全的循环，如磷、钾和硫等的循环。磷的来源主要是磷酸盐矿、鸟粪层和动物化石。磷酸盐层通过天然侵蚀或人工开采进入水或土壤，为植物所利用，当植物及其摄食者死亡后，磷又回到土壤。当其呈现溶解状态时，可被淋洗、冲刷带入海洋，被海洋生物利用并最终形成磷酸盐沉入海底，除非地质活动或深海水上升将沉淀物带回到表面，否则这些磷将被海洋沉积物埋藏。而另一部分磷经海洋食物链中吃鱼的鸟类带回陆地，它们的鸟粪被作为肥料施于土壤中。

能量流动和物质循环是生态系统的主要功能，二者是同时进行的，彼此相互依存，不可分割。能量的固定、贮存、转移和释放，都离不开物质的合成和分解等过程。物质作为能量的载体，使能量沿着食物链或食物网流动；能量作为动力，使物质能够不断地在生物群落和无机环境之间循环往返。生态系统中各种组成成分，正是通过能量流动和物质循环，才能够紧密地联系在一起，形成一个统一的整体，具体见表 11-1。

表 11-1　能量流动和物质循环的关系

项目	能量流动	物质循环
内容	主要以有机物形式循环	主要以无机化合物形式循环
方向	单向	反复循环
规律	逐级递减；传递效率 10%～20%	在一定范围内能自我调节
范围	各级生态系统	生物圈
联系	互为因果，相辅相成，不可分割	

4．信息传递

生态系统的信息传递是生态系统的基本功能之一。在生态系统中，物质循环是生态系统的基础，能量流动是生态系统的动力，信息传递则决定着能量流动和物质循环的方向和状态。在生态系统中，种群和种群之间、种群内部个体和个体之间，甚至生物和环境之间都有信息传递。

生态系统信息传递的形式主要有物理信息、化学信息、营养信息和行为信息。

（1）物理信息

生态系统中以物理过程为传递形式的信息称为物理信息。生态系统中的各种光、声、热、电、磁等都是物理信息，动物的视觉、听觉、冷觉、热觉和触觉是典型的物理信息感受的过程。这些物理信息有的表示识别，有的表示威胁、挑战，有的向对方炫耀自己的优势，有的表示从属，有的则为了配对等。

物理信息分为光信息、声音信息、热信息、触觉信息和磁信息等。

（2）化学信息

生态系统的各个层次都有生物代谢产生的化学物质参与信息传递，这种传递信息的化学物质通称为化学信息。如酶、维生素、生长素、抗生素、性外激素，甚至尿和粪便等都属于传递信息的化学物质。化学信息深深地影响着生物种间和种内的关系。有的相互制约，有的相互促进，有的相互吸引，有的相互排斥。

动物的嗅觉、味觉是典型的化学信息感受过程。动物根据味觉信息判断食物可吃还是不可吃，好吃还是不好吃，从而作出吃还是不吃、多吃还是少吃的决定，而这些对于维持它的生命是至关重要的。我们知道，狗具有非常发达的嗅觉，能够感受空气中一些化学物质所携带的气味信息，这对于狗在寻找和选择食物，发现敌害，躲避不良环境的行为中起着重要作用。

（3）营养信息

营养信息是指通过营养交换所传递的信息。食物链（网）可以看作一个营养信息系统，通过营养交换，能够把营养信息从一个种群（或个体）传到另一个种群（或个体）。由于食物链中各营养级的生物要保持一定的比例，即符合生态金字塔规律，因此，生态系统中某一营养级生物的数量和质量的变化，就会引起食物链中其他生物数量和质量的变化。

（4）行为信息

行为信息是指某些动物通过特殊的行为方式向同种的其他个体或其他生物发出的信息。

四、生态系统的作用

生态系统是一种复杂的生命支持系统，它可以为人类的生存与发展提供各种原料和产品以及良好的生态环境。1997 年，Costanza 等在 *Nature* 杂志上发表文章，提出了 17 项生态系统服务功能。

1．气体调节

气体调节是指生态系统对大气化学成分的调节，主要包括保持清洁空气、保持 CO_2 和 O_2 的平衡，保持臭氧防紫外线功能。

2．气候调节

气候对地球上生命的进化与生物的分布起着主要作用，生物本身在全球气候的调节中也起着重要作用。例如，生态系统通过固定大气中的 CO_2 而减缓地球的温室效应。大尺度的生态系统还可直接调节区域性的气候，如大面积的森林和草原，植物通过发达的根系从地下吸收水分，再通过叶片蒸腾，将水分返回大气，大面积的森林蒸腾可以导致雷雨，从而减少了该区域水分的损失，而且还可降低气温。据分析，在亚马逊流域，50%的年降水量来源于森林的蒸腾。

3．干扰调节

生态系统对环境的波动具有干扰调节功能，包括干旱恢复、洪水控制和防止风暴等。例如，我国长江流域及黄河流域中上游地区因森林植被破坏和草场退化，使得生态系统对洪涝灾害的调节能力减弱，导致下游地区洪涝灾害风险大大增加。

4．水调节

生态系统通过对陆地上江、湖、河及海洋中洋流的水文调节，维持陆地正常径流状态以及各水体的水量交换，为农业、工业和运输提供用水。

5．水供给

生态系统对水具有过滤、保持和贮存功能（主要是河流、湖泊及地下含水层）。过滤功能主要来源于地表植被覆盖及土壤中生物群落，保持与贮存功能依赖于相关生态系统的特性。

6．侵蚀控制和沉积物保持

生态系统对土壤的保持功能主要由植物承担。地表植物及其发达根系可以稳定土壤，地上植物的叶片可以减弱雨水对土壤的溅蚀和冲刷，使水分充分下渗，可防止水土流失，这类功能对维持农业生产力及控制土壤侵蚀具有重要意义。

7．土壤形成

土壤的形成是非生物与生物共同作用的产物。风化作用将岩石变为疏松的物质，形成土壤的矿物质部分；生物有机体的生命活动和尸体为岩石风化后的矿物质增加了有机物质成分；有机质进一步促进了岩石的风化过程，这些过程使生态系统具有维护土壤的农作物生产力的功能。

8．养分循环

对于大多数生物来说，维持其生命的存在除需要碳、氧、氢、氮、硫、磷、钾、镁、钙、钠等常量元素外，还需氟、铝、碘、锰、硒等微量元素。自然生态系统中，这些物质可通过生物体对养分的获取、内部循环和存储，食物链传递及各类运输过程，使它们的循环过程得以在区域及全球范围内实现。

9．废物处理

在一定的范围内，生态系统对排入其中的污染物质具有分解、处理和解除毒性的功能。如绿色植物在耐受范围内通过吸收而减少空气中硫化物、氮化物、卤化物及其他有害微粒的含量；林带对烟气、粉尘有明显的阻挡、过滤和吸附作用；湿地素有“山川之肾”的美称，是因为绝大多数湿地植物对多种污染物具有很强的净化能力。

10．授粉和传播种子

大多数显花植物需要动物传粉才得以繁衍，有些种类的植物还需要动物传播和散布种子。而自然生态系统中，许多野生授粉物种（包括昆虫、鸟类、蝙蝠等）提供了这种功能。例如，高大乔木二翘豆需要依赖于蝙蝠将其种子从茂密的热带雨林携带到别处以获得繁衍后代的机会。

11．生物控制

各种农作物从播种到收获，整个生长期内常受病害、虫害以及许多动物和杂草的侵害，而自然系统经过上百万年进化过程，已发展出许多相互影响及反馈机制来控制疾病与害虫的发生。据估计，农作物中95%的潜在有害生物可利用自然天敌得到有效控制。

12．庇护所

生态系统通过生物控制自动调节物种数量，并为常居和迁徙物种提供繁衍生息的空间，如生物的育雏地、迁徙动物的栖息地或越冬场所。

13．食品生产

虽然当前人类社会的主要食物来源于耕作的植物和家养的动物，但是仍然有相当一部分食物来源于野生动植物，自然生态系统仍然是为人类提供各种可食用植物和动物的源泉。据统计，每年各类生态系统为人类提供粮食 18×10^8 t、肉类 6.0×10^8 t，同时海洋提供约 1.0×10^8 t 鱼类。

14．原材料

生态系统可提供各种可更新原材料，如各种木材、纤维、橡胶、树脂及医用材料，满足人类生产生活的各种需要。

15．基因资源

生态系统是特有的生物材料和产品的来源，包括药物、抵抗植物病源和作物害虫的基因，装饰物种，这些都为人类健康和发展提供了宝贵的基因资源。

16．休闲娱乐

生态系统为人类提供各种休闲娱乐的机会，满足人们生态旅游、体育、钓鱼、其他户外娱乐活动的需求。

17．文化源泉

自然生态环境深刻地影响着人们的美学倾向、艺术创造和宗教信仰，是人的精神上高层次追求和发展的重要源泉。自然生态系统是人类科学文化、艺术灵感的源泉，它还为科学教育研究提供多种机会。

五、生态平衡

1．生态平衡的概念

在任何一个生态系统中，生物与其环境总是不断地进行着能量、物质与信息的交流，但在一定时期内，生产者、消费者和分解者之间都保持着一种动态的平衡，这种平衡状态就叫生态平衡。

2．破坏生态平衡的因素

生态平衡的破坏因素分为自然因素与人为因素。

（1）自然因素

自然因素主要是指自然界发生的异常变化或自然界本来就存在的对人类和生物的有害因素：如地壳运动、海陆变迁、冰川活动、火山爆发、山崩、海啸、水旱灾害、地震、台风、雷电火灾以及流行病等。这些因素可使生态系统在短时间内遭到破坏，甚至毁灭。

（2）人为因素

由于人类对自然界规律认识不足，为了眼前利益的生产和生活活动，对自然资源进行不合理的利用和污染物质的大量排放，使得生物圈系统结构与功能产生了很大变化，系统平衡的失调将危及人类的未来。

生态平衡与自然界中一般物理和化学的平衡不同，它对外界的干扰或影响极大，因此，在人类生活和生产过程中，常常有意或无意地使生态系统中某一种生物物种消失或引进某一种生物物种都可能对整个生态系统造成影响。

随着经济发展，人们有意或无意地使大量污染物质进入环境，从而改变了生态系统的环境因素，影响生态系统正常功能，甚至破坏了生态平衡，例如，空气污染、水污染、热污染、除草剂和杀虫剂的使用、施肥的流失、土壤侵蚀或未处理的污水进入环境而引起水体富营养化等。此外，改变生产者、消费者和分解者的种类与数量并破坏生态平衡而引起的环境问题则是生态平衡破坏的另一重要原因。

第二节　生物多样性

一、生物多样性的概述

1．生物多样性概念

生物多样性（biodiversity），是指生命有机体及其赖以生存的生态综合体的多样化和变异性。具体来讲，生物多样性既是指生命形式的多样化，也包括生命形式之间、生命形式与环境之间相互作用的多样性，还涉及生物群落、生态系统、生境、生态过程等的复杂性。

2．生物多样性的层次

生物多样性通常有三个层次：遗传多样性、物种多样性和生态系统多样性。

（1）遗传多样性

遗传多样性（亦称基因多样性）是指同一物种的不同地理种群或生态种群及其变异个体在遗传基因上的一致性和差异性。简言之，就是同一物种不同个体间遗传基因上的多样性。

在有性生殖的种群中，除同卵双胞胎外，找不到完全相同的两个个体，指的就是物质内部的基因多样性。基因多样性来自基因在繁殖过程中的自然变异，通过有性繁殖得以交换、放大和传播。因此，采用有性繁殖方式的物种，种群内部的基因多样性表现较为明显。而无性繁殖的种群基因较为单一，有利于保持种群内某些优良性状。所以人类在培育新品种时往往用杂交来获得新特性，而在新品种推广时则尽量采用无性生殖来保持这些特性。

具有较高遗传基因多样性的物种种群，有可能存在某些个体能够忍受环境的不利变化，它们会把这种抗逆性强的基因遗传给后代。缺乏基因多样性的物种和种群，对环境改变和疾病暴发缺乏适应性，种群相对脆弱，有可能在外界条件变化时大规模死亡，从而给物种延续带来危机。在各国多年人工繁殖保护动物的实践中，研究人员发现，以近亲繁殖为代表的一系列忽视基因多样性的保护措施，反而产生了一大批极为脆弱，甚至不具备繁殖后代能力的动物，完全没起到预想中的保护作用。为了避免近亲繁殖，动物园经常会让自己园中的动物远渡重洋，寻找异国配偶。

（2）物种多样性

物种多样性是指一个地区一定土地面积上生物种类的丰富程度。更准确地说，物种多样性是指生物分类学上种的多样性，而不是同一物种个体数量上的多少。

目前已发现并正式命名的有 150 万～180 万物种。对物种数目的估计因不同的方法而不同，其预测数目从 360 万至 1 亿不等。这些估计的中值是 1 000 多万。生物物种数量之所以具有那么大的不确定性，主要是因为生物圈的物种 96%以上都是微生物、昆虫以及很小的海洋生物，绝大部分还没有被发现，就是已经发现的也因为还没有进行科学鉴定而无法确认。

物种是生物进化的单元。生态系统内的物种多样性直接反映在食物链的多元化上，对于生态系统的稳定具有重要作用。在物种多样的生态系统里，一个物种的消失，会有替代物种及时加以补充，以维持系统的稳定，而某一个物种的数量增加，会使得天敌的数量增加，从而抑制该物种的增长速度，形成负反馈，维持系统的稳定。但是在单调的生态系统内，就缺乏这种负反馈机制，这在农业、林业、畜牧业等单一物种大规模人工培养的行业里表现非常明显，病虫害往往成为一种常规现象。一旦某种病虫害暴发，由于人工培养物种的密度过高，缺乏足够的空间阻隔，并缺乏天敌的抑制，灾害快速蔓延几乎是不可避免的。在我国的人工造林中，这样的经验教训非常多。中国北方的三北防护林多年的造林成果被天牛毁于一旦，南方的松材线虫病也使得福建大面积马尾松受害，主要原因就是植树造林的时候采用单一树种，导致物种单一。因此，现在植物保护方面越来越重视封山育林，利用生态系统的自身规律，使森林按照自然规律自行恢复，各类植物自由生长，发育出高、中、低结合的良好林相，吸引野生动物的栖息，从而恢复良好的自然生态。

（3）生态系统多样性

生态系统的多样性主要是指地球上生态系统组成、功能的多样性以及各种生态过程的多样性，包括生态环境多样性、生物群落和生态过程的多样化。生态系统内的群落由不同的种类组成，它们的营养结构关系（如捕食者与被食者、草食动物与植物、寄生物与寄主等）复杂多样，在生态系统中执行的功能不同，因而在生态过程中的作用是多样的。生态系统的多样性也是分层次的。就全球而言，包裹着地球的生物圈是最高层次的生态系统，下面可分为陆地生态系统和海洋生态系统两大类。陆地生态系统又可根据不同的环境性质和生态特征，再分为森林、草地、湖泊、湿地、荒漠、山地等自然生态系统和农田、城市、工矿等人工生态系统。森林生态系统还可分为温带针叶阔叶混交林、暖温带落叶阔叶林、亚热带常绿阔叶林、热带雨林、季雨林等生态系统；海洋生态系统又可分为海岸、浅海、大洋、海底等生态系统。

中国是生态系统多样性特别丰富的国家之一。完整的气候带和多样的环境，使得中国发育了各种典型的生态系统类型。如果从植被分类的基本单位及群系的水平上划分，中国的生态系统有 600 多个类型。

二、生物多样性的意义

生物资源也就是生物多样性，有的生物已被人们作为资源所利用，另有更多生物，人们尚未知其利用价值，是一种潜在的生物资源。生物多样性的价值往往不被人们所重视，一般人们利用生物资源时，只是取而用之而已。其实，生物多样性具有很高的开发利用价值。在世界各国的经济活动中，生物多样性的开发与利用均占有十分重要的地位，它具有生态、经济、科学等多方面的价值，体现在生活中的各个方面。

1．经济价值

经济价值体现在生物多样性对人类直接产生的经济效益。例如，丰富的植物资源为人类提供了粮食、蔬菜、果品等；野生动物资源也是许多国家人民的主要食物来源。世界上 90%食物源自 20 个物种，目前人类所需营养的 70%以上来自小麦、稻米和玉米 3 个物种。

目前全球的林业、渔业、养殖业等，均离不开野生动植物资源，野生动植物为工业加工提供了大量的原料，同时也是很多第三世界国家人群的生存基础。按照联合国粮农组织 1994—1999 年的统计数据，世界人均年鱼类消费量波动在 14～16 kg/人，其中 80%以上是捕捞业所提供的野生海水、淡水鱼类，是生态系统给人类直接提供的产品。

1997 年，由经济学家和环境科学家组成的一个国际研究小组，对所有生态系统向人类免费提供的自然环境的价值进行了估算。根据大量的数据资料，他们计算出生态系统对人类的贡献至少为 33 万亿美元/年。这个数字几乎是 1997 年全世界所有国家的国民生产总值（18 万亿美元）的 2 倍。

2．科学价值

目前，人类所使用的麻醉剂、镇静剂、血液稀释剂、血液凝结剂、强心剂等诸多药物，都是野生生物多样性的馈赠品。例如，在挪威山区有一种菌类（多孔木霉）能够对人类免疫系统的免疫反应产生强烈的抑制作用。科学家对有关分子进行分离和鉴定后，发现了一个有机化学领域中从未见过的复杂分子。虽然分子生物学和细胞生物学理论暂时无法解释它的作用机理，但科学家立即发现它可用作药物，用它制造的新制剂被命名为环孢菌素。当器官从一个人的体内移植到另一个人的体内时，寄主的免疫系统将产生免疫反应以阻止外来的组织，环孢菌素能够对免疫反应产生抑制作用。这种新的制剂很快成为器官移植方面的重要角色。此外，有些动植物物种（如银杏）在生物演化历史上处于十分重要的地位，对其开展研究有助于搞清生物演化的过程。

3．生态价值

生态价值主要表现在固定太阳能、调节水文学过程、防止水土流失、调节气候、吸收和分解污染物、贮存营养元素并促进养分循环和维持进化过程等多个方面。例如，在亚马逊盆地，大约一半的降雨是由森林本身引起的，而不是因为河流和大西洋中吹来的云引起的。森林覆盖的江河流域能够截留雨水，并在雨水逐渐流向湖泊和海洋以前对其进行净化。早在 1978 年，日本有关部门就涵养水源、保护土壤、防止石崩、保健游憩、保护动物和净化大气六个方面对日本全国森林的生态效益进行过一次币值计算，其价值相当于全国国民经济总产值的 11%，是农、林、牧三业总产值的 2.48 倍。

三、生物多样性危机

1．生物多样性破坏现状

地球上生物多样性是经过约几十亿年自然演化的结果。古生物学家所讲的“伊甸园时代”，即生物多样性自然发展的时期，人类处于旧石器时代晚期和新石器时代。在“伊甸园时代”，物种每年平均灭绝速率为百万分之一，而新物种形成的年平均速率略高于百万分之一。因此，在整个地质史上，物种数量就一直保持着缓慢的增长。

人类自从进化到智人以后，就成为生物多样性的杀手。在旧石器时代，人类主要以狩猎为生，因为种群较少，使用的工具又十分简陋，所以并没有对当时的生物多样性造成很大的威胁。后来，人类随着新工具的发明、人口密度的增加以及捕猎效率的提高，便正式拉开了物种大灭绝的序幕。人类进入文明的农业社会，特别是工业社会以后，便加快了对自然生态系统的破坏并导致成千上万已存在数百万年的物种的灭绝。据科学家的估算，目前物种每年的平均灭绝速率已上升到1‰～1%。如果人类不采取适当的保护措施，那么到21世纪末，至少有50%的动植物将会灭绝或达到灭绝的边缘。

2．生物多样性破坏的原因

各种各样的原因导致了生物多样性破坏的危机，包括生境破坏、物种入侵、环境污染、人口增加、过度收获。通常，生境破坏是最具毁灭性的，而对生境破坏的原动力是人口增长。

（1）生境破坏

当前的物种灭绝，问题的重点已经不再局限于动物的猎捕和植物的采挖。更重要的是生态环境破坏使生态系统简化和均匀化，从而使得相当多的物种，在人类还未了解以前，就已经因为生态系统的快速变化而灭绝了。任何物种对栖息地都有面积要求，生态系统的分割和破碎化，会导致生态环境的支持能力不足，从而导致高级物种的减少和生态系统的简化。

人类导致的生态系统变化，首先是开发与资源竞争所导致的生态破坏。这种生态破坏是直接的、灭绝性的，直接将原始生态环境强制转变为人工生态环境。只有很少的原始物种可以在新的环境下找到自己的生存空间，而绝大多数都因为不能适应而从栖息地消失。

其次，人类占领区域的扩大，使得原有生态系统遭到分割，导致生境破碎化，而这对野生动物的灭绝具有重要的影响。所谓生境破碎化，是指一个大面积连续的生境，变成很多总面积较小的小斑块，斑块之间被与过去不同的背景基质所隔离。包围着生境片断的景观，对原有生境的物种并不适合，物种不易扩散，残存的斑块可以看作“生境的岛屿”。生境的破碎化在减少野生动物栖息地面积的同时，增加了生存于这类栖息地的动物种群的隔离，限制了种群的个体与基因的交换，降低了物种的遗传多样性，威胁着种群的生存力。此外，生境破碎化造成的边缘生境面积的增加将严重威胁那些生存于大面积连续生境内部的物种的生存。生境的破碎化改变了原来生境能够提供的食物的质和量，并通过改变温度与湿度来改变微气候，同时也改变了隐蔽物的效能和物种间的联系，因此增加了捕食率和种间竞争，放大了人类的影响。另外，生境破碎显著地增加了边缘与内部生境间的相关性，使小生境在面临外来物种和当地有害物种侵入的脆弱性增加。

事实上，人类活动对生境造成了严重的影响。对森林的过度砍伐是最具破坏力的生境破坏方式。世界上最古老的森林是在 6 000～8 000 年前形成的，那时正是农业起步时期以及随后的大陆冰川消融时期。现在，由于全世界农耕地面积的不断增加，原始森林只剩下了一半，而这些剩下的原始森林也正在以越来越快的速度被砍伐掉。人类已经丧失了 60%以上的温带阔叶林和混交林、30%的针叶林、40%的热带雨林和 70%的热带干旱林。1950 年的调查显示，地球上森林面积为 5 000 万 km^2，接近地球表面无冰陆地面积的 40%。现在，森林的覆盖面积只有 3 400 万 km^2，而且还在继续萎缩。此外，幸存下来的那一半原始森林也大都已经退化。按照岛屿生物地理学关于面积与物种的计算法则，当栖息地的面积减少到它原来面积的 1/10 时，最终将导致动植物的数量减少一半。

（2）物种入侵

在土著生境中，那些传入的物种可以通过自然天敌和其他种群的存在来得到控制。而在新迁入的环境中，它们摆脱了原来的限制，数量急剧增长，并扩散开去，往往以压倒性的优势造成本地物种的灭顶之灾，其对生态系统的结构和功能的影响往往是不可逆转的。如原产于澳大利亚、印度尼西亚、巴布亚新几内亚和所罗门群岛的棕树蛇，在第二次世界大战之后被引入日本关岛。由于缺少自然天敌，加上当地丰富的食物来源，棕树蛇开始大量繁殖，其密度曾达到每平方英里 1.2 万条。它导致关岛本地 10 种森林鸟类、6 种蜥蜴和 2 种蝙蝠的灭绝，严重地威胁到这个热带岛屿的生物多样性。

（3）环境污染

人为排放的有毒有害物质，破坏了环境的生态平衡，改变了原来生态系统的正常结构和功能，恶化了工农业生产和人类生活环境。

环境污染引起物种多样性降低的原因一般为：污染物的直接毒害作用，阻碍生物的正常生长发育，使生物丧失生存或繁衍的能力（例如，由于农药的大量使用，在杀灭对农作物有害昆虫的同时，也杀灭了一些对农作物有益的昆虫）；污染引起生境的改变，使生物丧失了生存的环境；污染物在生态系统中的富集和积累作用，使食物链后端的生物，难以存活或繁育。

（4）人口增加

现代科学技术的进步使人的数量与寿命都提高了。19 世纪工业革命后，人口的增加成了全球的主流，发展中国家最为明显。1830 年全球人口只有 10 亿人，1930 年达到 20 亿人，2000 年达到了 60 亿人，如今达到 65 亿人。人口增加后，必须扩大耕地面积，满足吃饭的需求，同时对各种环境资源的需求大大增加，这样就对自然生态系统及生存其中的生物物种产生了最直接的威胁。

由于人口增长过快，中国形成了大量的退化生态系统。中国境内水土流失面积约为180 万 km^2，占国土面积的 19%，其中黄土高原地区约 80%地方水土流失。

人类对粮食的需求量增加。在追求土地增产的过程中不断地改变土地，使土地的生产能力降低，生态系统的单一，使病虫害蔓延加快，降低了生态的稳定性，增加了农业的风险。

（5）过度收获

过度收获也是导致生物多样性危机的重要原因之一。例如，由于对海洋渔业资源需求量的持续增加而引发的过度捕捞。现代渔业捕获的海洋生物已经超过生态系统能够平衡弥补的数量，结果使整个海洋系统生态退化。1992 年，加拿大纽芬兰岛的渔业完全崩溃，渔民在整个捕鱼季没有抓到一条鳕鱼。这是当地渔业部门纵容过度捕捞的后果。这一情况导致 4 万人失业，整个地区的经济衰落。蓝鲸濒临灭绝是最典型的例子。在整个 20 世纪，有 30 万条蓝鲸被捕杀。1930—1931 年是对蓝鲸捕杀的高峰期，捕获量达到 29 649 条。到 20 世纪 70 年代初，全世界蓝鲸的数量只剩下几百条。

过度捕杀和乱采滥挖，也使中国的野生动植物资源遭到严重破坏。例如，在广西宁明自然保护区，现在已不见白头叶猴的踪影，黑长臂猿亦已绝迹；本来遍及广西全区的蟒蛇，在 1978 年普查时已难见踪影。青藏高原可可西里自然保护区的藏羚羊，因连年遭到偷猎捕杀，数量亦大大减少。此外，因大量收购中草药而导致的乱采滥挖药材，已使广布北方草原的黄麻、甘草、防风、柴胡等植物物种日益减少，有的已经濒临灭绝。中国动植物种类中已有 15%～20%受到灭绝的威胁，高于世界 10%～15%的水平；在《国际濒危野生动植物贸易公约》附录 I 所列的 640 种世界濒临灭绝物种中，中国就占 150 种。

第三节　生态与生物多样性保护

一、生态保护

1．生态保护的原则

（1）“预防为主，保护优先”原则

生态保护实践证明，事先的预防成本总是远低于破坏以后的补救成本。所以，对于生态和生物多样性的保护，在行为的实施前就应预计到其危害性，及时阻止行为的实施或采取预防性措施以避免危害的出现。《全国生态环境保护纲要》指出：对重要生态功能保护区实施抢救性保护，对重点资源开发区实施强制性保护，对生态良好地区实行积极性保护，正是对这一原则的把握。

（2）生态保护和资源合理开发利用并举的原则

预防为主，保护优先，并不是停止一切开发活动以保持自然生态环境的原始状态。关键是要处理好资源开发与生态保护的关系，进行资源开发活动必须充分考虑生态环境承载能力，绝不能以牺牲生态环境为代价，换取眼前的和局部的经济利益。

（3）污染防治与生态环境保护并重原则

应充分考虑区域环境污染与生态环境破坏的相互影响和作用，坚持污染防治与生态环境保护统一规划，把城乡污染防治与生态环境保护有机结合起来，努力实现环境保护由具体环境污染治理到全面环境质量改善的转变。

（4）“谁开发谁保护，谁破坏谁恢复，谁使用谁付费，谁受益谁补偿”的原则

使用土地、矿产、森林、草原、野生动植物以及水等自然资源及环境资源的单位和部门，需为其所耗用的自然资源和破坏了的生态环境付出一定的代价，并采取相关措施防治环境污染和生态破坏。各相关部门必须按照环境资源的价值规律和公共属性，明确生态保护的责、权、利，充分运用法律、经济、行政和技术手段保护生态环境，在市场经济条件下建立生态补偿机制，为生态保护和建设拓宽稳定的资金来源渠道，提高生态保护和建设能力。

2．生态保护管理对策与建议

（1）确立“生态兴国”的战略方针

“生态兴则文明兴，生态衰则文明衰”。为推进生态文明建设，应确立生态兴国的战略方针。生态文明建设的基本要求有环境良好、资源永续、生态安全。因此，要形成“节约资源，保护环境，改善生态”“三位一体”的生态文明建设方案。

（2）建立和完善生态环境保护责任制

建立和完善生态环境保护责任制，明确资源开发单位、法人的生态环境保护责任，实行严格的考核、奖罚制度。对于严格履行职责，在生态环境保护中做出重大贡献的单位和个人，应给予表彰、奖励；对于失职、渎职造成生态环境破坏的，应依照有关法律法规予以追究其责任。把生态环境保护和建设规划纳入各级政府的经济和社会发展的长远规划和年度计划，保证各级政府对生态环境保护的投入。建立生态环境保护与建设的审计制度，确保投入与产出的合理性和生态效益、经济效益与社会效益的统一。

（3）建立行之有效的生态环境保护监管体系

环保部门要做好综合协调与监督工作，规划、农业、林业、水利、国土资源和建设等部门要加强自然资源开发的规划和管理，做好生态环境保护与恢复治理工作。在国家确定生态环境重点保护与监管区域的基础上，地方各级政府要结合本地实际，确定本辖区的生态环境重点保护与监管区域，形成上下配套的生态环境保护与监管体系。

（4）保障生态环境保护的科技支持能力

各级政府要把生态环境保护科学研究纳入科技发展计划，鼓励科技创新，努力提高生态保护和建设的技术创新能力，大力研发新技术，加强科技成果转化。在生态环境保护经费中，应确保一定比例的资金用于生态环境保护的科学研究和技术推广，提高生态环境保护的科技含量和水平。建立统一的国家基础信息平台、监测网络和基础信息系统，提高信息化管理水平，为预测预报、科学决策和管理提供支撑。

（5）建立经济社会发展与生态环境保护综合决策机制

在制定重大经济技术政策、社会发展规划、经济发展计划时，应依据生态功能区划分，充分考虑生态环境影响问题，自然资源的开发和植树种草、水土保持、草原建设等重大生态环境建设项目须开展环境影响评价，对可能造成生态环境破坏和不利影响的项目，必须做到生态环境保护和恢复措施与资源开发和建设项目同步设计，同步施工，同步检查验收；对可能造成生态环境严重破坏的，应严格评审，坚决禁止。

（6）加强法制建设，提高全民生态环境保护意识

国民素质直接关系到生态环境及生物多样性的好坏，大量资料表明，凡是受环境教育程度越低的国家和地区，生态环境破坏频率越高，程度越深。因此，首先需制定生态功能保护区生态环境保护管理条例，健全、完善地方生态环境保护法规和监管制度，并严格执行环境保护和资源管理的法律、法规，另外还应加强民众生态环境保护的宣传教育，不断提高全民生态环境保护意识。

（7）认真履行国际公约，广泛开展国际交流与合作

认真履行《生物多样性公约》《国际湿地公约》《联合国防治荒漠化公约》《濒危野生动植物种国际贸易公约》和《保护世界文化和自然遗产公约》等国际公约，维护国家生态环境保护的权益，广泛开展国际交流与合作，积极引进国外的资金、技术和管理经验，推动我国生态环境保护的全面发展。积极参与生态保护和建设的国际谈判和国际规则制订，争取更多的话语权和主动权，切实维护国家利益。

二、生态功能区划与生态工程建设

1．生态功能区划

（1）生态功能区划概述

为科学确定不同区域的生态功能，明确对全国的生态安全保障具有重要作用的区域，指导资源合理开发与保护，环境部组织编制了《全国生态功能区划》，依据区域主导生态功能，将不同区域划分为水源涵养、土壤保持、防风固沙、生物多样性保护、洪水调蓄、农业发展和城镇建设七类生态功能区。根据生态功能极重要区和生态极敏感区的分布，提出了陆域生态功能保护重点区域，作为全国生态环境保护和建设的优先地区。

（2）全国生态功能区划方案

按照我国的气候和地貌等自然条件，将全国陆地生态系统划分为东部季风生态大区、西部干旱生态大区和青藏高寒生态大区。全国生态功能区划共分为三个等级：

1）根据生态系统的自然属性和所具有的主导服务功能类型，将全国划分为生态调节、产品提供与人居保障三类生态功能一级区。

2）在生态功能一级区的基础上，依据生态功能重要性划分生态功能二级区。生态调节功能包括水源涵养、土壤保持、防风固沙、生物多样性保护、洪水调蓄等功能；产品提供功能包括农产品、畜产品、水产品和林产品；人居保障功能包括人口和经济密集的大都市群和重点城镇群等。

3）生态功能三级区是在二级区的基础上，按照生态系统与生态功能的空间分异特征、地形差异、土地利用的组合来划分生态功能三级区。

各类生态功能区的主要生态问题、生态保护方向、限制或禁止措施见表 11-2。

表 11-2　各类生态功能区的主要生态问题、生态保护方向、限制或禁止措施

功能区类型	主要生态问题	生态保护方向	限制或禁止措施
水源涵养	植被破坏、土壤侵蚀严重；湿地萎缩、面积减少；冰川后退、雪线上升	建立生态功能保护区，保护和恢复天然植被	控制水污染，减轻水污染负荷，严格限制导致水体污染、植被破坏的产业发展
土壤保持	植被退化、土壤侵蚀和石漠化危害严重	退耕还林、退牧还草，小流域综合治理，发展农村替代能源，严格资源开发的生态监管	严禁陡坡垦殖和过度放牧，严禁乱砍滥伐树木

功能区类型	主要生态问题	生态保护方向	限制或禁止措施
防风固沙	过度放牧，草地开垦，水资源不合理开发和过度利用导致植被退化、土地沙化	建立生态功能保护区，发展圈养牧业，退耕还草，合理利用水资源	严禁过度放牧、樵采、开荒，限制经济开发活动
生物多样性保护	自然栖息地破坏和破碎化严重，生物资源过度利用，外来物种入侵，濒危物种增加	加强自然保护区建设，维护生态系统完整性	禁止对生物多样性有影响的经济开发，加强外来物种入侵控制，禁止乱捕、乱采、乱猎
洪水调蓄	湿地萎缩，湖泊调蓄能力下降	建立洪水调蓄生态功能保护区，退田还湖，发展避洪经济	严禁围垦湖泊、湿地，禁止在行滞洪区建立永久性设施和居民点
林产品提供	林区过量砍伐，森林质量下降较为普遍	加强速生丰产林区的管理，改善农村能源结构，对林区合理采伐，采育平衡	禁止林木乱采滥伐
大都市群	城市无限制扩张，污染严重	加强城市发展规划，合理布局城市功能组团，加强城市污染源控制，保护城市生态	限制城市的无限制扩张
重点城镇群	环保设施严重滞后，城镇生态功能低下	加快城镇环境保护基础设施建设，加强城乡环境综合整治，建设生态城市	限制建设用地过快增长

（3）浙江省生态环境功能区划

2005 年，浙江省初步完成省级生态功能区划分，全省共划分为 6 个一级区（生态区）、15 个二级区（生态亚区）、47 个三级区（生态功能区），并确定了具有重要生态系统服务功能的 5 个重要生态功能区域。

县域各生态环境功能小区主导功能类别多样，为方便生态环境分区差别化管理，从建设开发活动环境准入条件的差异性和相对强弱角度，可将生态环境功能小区分为禁止准入、限制准入、优化准入和重点准入四类。

2015 年浙江省在《生态环境功能区划》的基础上，各县（市、区）根据区域保障自然生态安全和维护人群环境健康两方面的基本功能，不同区域自然属性、生态环境特征、主要功能和生态系统空间分布规律等重新编制了《环境功能区划》，把环境功能区划分为自然生态红线区、生态功能保障区、农产品环境保障区、人居环境保障区、环境优化准入区和环境重点准入区六大类。

1）自然生态红线区：指维持区域自然生态本底状态，维护珍稀物种的自然繁衍，具有重要自然文化资源价值，保障未来可持续生存发展空间的区域。

2）生态功能保障区：指维持水源涵养、水土保持、生物多样性、洪水调蓄等生态调节功能稳定发挥，保障区域生态安全的区域。

3）农产品安全保障区：指保障主要农、牧、渔业产品产地环境安全，防控农产品对人群健康风险的区域。

4）人居环境保障区：指保障人群居住地或集聚区域的环境安全，维护人群健康的区域。

5）环境优化准入区：指维护和改善工业集中区域的环境状况，控制和减少工业生产对人群健康危害的区域。

6）环境重点准入区：指保障区域工业开发的环境安全，防控工业开发对人群健康风险的区域。

六大类环境功能区的环境质量和生态保护目标要求基本是由高到低排列。原有的生态环境功能区划与环境功能区划在功能区类型上有一定的类似性，可以适当进行归类，具体见表 11-3。

表 11-3　环境功能区划与生态环境功能区划功能区类型对应关系

序号	功能区类型	
	环境功能区划	生态环境功能区划
1	自然生态红线区	禁止准入区
2	生态功能保障区	限制准入区
3	农产品安全保障区	
4	人居环境保障区	
5	环境优化准入区	优化准入区
6	环境重点准入区	重点准入区

2．生态工程建设

（1）生态工程概述

生态工程建设是对生态规划内容的具体实施行为。根据设计性质和设计目标的不同，生态工程可分为农业生态工程、林业生态工程、治污生态工程、其他生态保护与建设工程等多种不同类型。

农业生态工程是以农产品生产为目的，应用物质和能量多层次、多途径利用和转化原理设计的分层次多级别的农业生态系统。其目标是充分发挥物质的生产潜力，防止环境污染，达到经济和生态效益同步发展。

林业生态工程是以生态环境保护为目标，针对自然资源环境特征和社会经济发展现状所进行的以木本植物为主体，并将相应生物种群经人工匹配而形成的稳定高效的人工森林生态系统。例如，水土保持生态工程、防风固沙生态工程、水源涵养生态工程、城市绿化和园林生态工程等。

治污生态工程主要利用土壤、水体及各植物、微生物对污染物的净化能力，结合工程技术手段达到治理环境污染的目的，包括污水治理生态工程、城市垃圾处理生态工程、湖泊或水源地治理生态工程等。例如，氧化塘、人工湿地处理系统。

其他生态保护与建设工程有城镇发展生态工程、生态县建设生态工程、海岸海滩生态工程等。

（2）生态工程建设实施

近年来，国外生态工程已有许多成功实例，例如，美国利用湿生植物去除重金属改善水质，在伊利湖北部的一个河口区建立了应用湿地缓冲与净化入湖河水的生态工程；瑞典应用以室内水生生物培养为主的生态工程对生活污水进行处理净化；20 世纪 80 年代以来，我国先后实施了“三北”防护林、长江和黄河中上游防护林和退耕还林、七大流域综合治理、草地荒漠化治理等重点生态区域和重点工程的生态建设。

案例 25　蚂蚁森林

蚂蚁森林，是蚂蚁金服 2016 年 8 月在支付宝上启动的一个生态保护计划，拟在互联网和金融推动下倡导民众低碳出行。用户如果出行使用公共交通，线上支付家用水电气费用，线上购买交通卡，线上医院挂号，线上购买图书门票等低碳行为均可以减少相应的碳排放，从而获得虚拟“绿色能量”，使用该能量累计达到一定值就能在支付宝上虚拟种树，相应蚂蚁金服及其合作商能实际种下一棵树。之后支付宝中的树苗又必须重新靠“绿色能量”浇灌成长。

2018 年 10 月 23 日，蚂蚁金服旗下支付宝官方宣布，全国绿化委员会办公室、中国绿化基金会已经与蚂蚁金服集团正式签署“互联网+全民义务植树”战略合作协议，支付宝蚂蚁森林种树模式将被正式纳入国家义务植树体系。

2019 年 1 月 4 日，蚂蚁森林上线全民义务植树尽责证书，互联网植树正式成为公民义务植树的尽责形式之一。

2019 年 2 月，盒马接入支付宝蚂蚁森林，在盒马门店购物不使用塑料袋即可获得绿色能量。据盒马预计，此举全年有望减少使用 1 277 万只塑料袋，创造的绿色能量可种植约 1.5 万棵梭梭树。

2019 年 4 月 22 日，支付宝宣布蚂蚁森林用户数达 5 亿，5 亿人共同在荒漠化地区种下 1 亿棵真树，种树总面积近 140 万亩。

2019 年 8 月 27 日，支付宝蚂蚁森林上线 3 周年，《互联网平台背景下公众低碳生活方式研究报告》显示，上线到 2019 年 8 月，蚂蚁森林上 5 亿用户累计碳减排 792 万 t，共同在地球上种下了 1.22 亿棵真树，面积相当于 1.5 个新加坡。

2020 年 6 月 5 日（世界环境日），支付宝公布了蚂蚁森林“手机种树”的最新“成绩单”：截至 2020 年 5 月底，蚂蚁森林的参与者已超 5.5 亿，累计种植和养护真树超过 2 亿棵，种植面积超过 274 万亩，相当于 2.5 个新加坡。

2020 年 9 月 26 日，在上海举行的“外滩大会”科技公益论坛上，世界自然保护联盟（IUCN）公布了《蚂蚁森林造林项目生态价值评估》的中期结果：截至 2020 年 9 月 26 日，蚂蚁森林造林超过 2.23 亿棵，造林面积超过 306 万亩。当所属区域植被达到成熟状态时，GEP（生态系统生产总值）可达 111.8 亿元人民币，评价指标里包括防风固沙、气候调节、固碳释氧、水源涵养等方面。

资料来源：[1] 王可心. 互联网时代，从蚂蚁森林看环境保护[J]. 通讯世界，2019，26（3）.
[2] https：//baike.baidu.com/item/蚂蚁森林/20391720？fr=aladdin.

三、自然保护区

1．自然保护区的概念与分类

自然保护区是指对有代表性的自然生态系统、珍稀濒危野生动植物物种的天然集中分布区、有特殊意义的自然遗迹等保护对象所在的陆地、陆地水体或者海域，依法划出一定面积予以特殊保护和管理的区域。

根据自然保护区的主要保护对象，我国《自然保护区类型与级别划分原则》将自然保护区分为 3 个类别 9 个类型（表 11-4）。

表 11-4　自然保护区类型划分

类别	类型
自然生态系统类	森林生态系统类型
	草原与草甸生态系统类型
	荒漠生态系统类型
	内陆湿地和水域生态系统类型
	海洋和海岸生态系统类型
野生生物类	野生动物类型
	野生植物类型
自然遗迹类	地质遗迹类型
	古生物遗迹类型

（1）自然生态系统类自然保护区

自然生态系统类自然保护区是指以具有一定代表性、典型性和完整性的生物群落和非生物环境共同组成的生态系统作为保护对象的一类自然保护区。

（2）野生生物类自然保护区

野生生物类自然保护区是指以野生生物物种，尤其是珍稀濒危物种种群及其自然生境为主要保护对象的一类自然保护区。

（3）自然遗迹类自然保护区

自然遗迹类自然保护区是指以具有特殊意义的地质遗址和古生物遗迹作为主要保护对象的一类自然保护区。

2．自然保护区内保护区域的划分

一个典型的自然保护区一般可划分为三个区域，即核心区、缓冲区和实验区。

（1）核心区

核心区集中了各种原生性生态系统，珍稀濒危动植物保存最好，它突出反映保护区的保护目的，并有充分的支援可以保证保护对象持续生存。在此区域内一般仅允许物种调查和生态监测，禁止采集样本。核心区可以有一个或几个。

（2）缓冲区

在自然保护区的核心区外围，可以划定一定面积的缓冲区。缓冲区是处于核心区和实验区之间的一个过渡区域，缓冲区的主要目的是缓冲外来干扰对核心区的影响，保护核心区。缓冲区可以适当采集样本，以及开展有限制的旅游活动。该区域是科学研究的主要活动区域。

（3）实验区

在自然保护区的缓冲区外划为实验区。它包括人工生态系统或荒山荒地，也可以包括当地居民传统生活方式与周围环境所构成的和谐的自然景观。在有效保护的前提下，可在该区域进行科学试验、教学实习、参观考察、旅游以及驯化、繁殖珍稀濒危野生动植物等活动，但是不得建设污染环境、破坏资源或者景观的生产设施。

3．自然保护区的现状

建立自然保护区是保护生态环境、生物多样性和自然资源最重要、最经济、最有效的措施。截至 2016 年，全国共建立各级各类自然保护区 2 740 个处，其中，国家级自然保护区 446 处，初步形成了类型比较齐全、布局比较合理、功能比较健全的全国自然保护区网络。全国 85%的陆地自然生态系统类型、40%的天然湿地、20%的天然林、绝大多数自然遗迹、85%的野生动植物种群、65%的高等植物群落，特别是国家重点保护的珍稀濒危野生动植物物种，在保护区内得到了有效保护。为了加强对自然保护区的管理，针对自然保护区存在的突出问题，国务院及有关部门制定了有关自然保护区管理的政策、法规和规章，2010 年国务院办公厅发布了《关于做好自然保护区管理有关工作的通知》，环境保护部等十部门联合发布了《关于进一步加强涉及自然保护区开发建设活动监督管理的通知》。各级管理部门加强涉及自然保护区建设项目的监督管理，防止不合理的资源开发和建设项目对自然保护区产生影响和破坏，查处了一些破坏保护区的违法开发活动和案件；推进各自然保护区的划界立标和土地确权工作，明确边界和土地权属；建立自然保护区科研监测支撑体系，开展宣传教育，发挥保护区的多种功能；开展国际合作与交流，学习借鉴国外自然保护区管理先进理念和模式；积极争取国外项目资金，加强了机构建设和管理人员培训，着力提高管理能力和管护水平。

四、生物多样性保护

1．国际上对生物多样性保护的措施

19 世纪 60 年代开始，欧洲出现了早期的保护生物物种的国际条约，主要有 1867 年《英法渔业公约》、1882 年《北海过量捕鱼公约》、1886 年的《莱茵河流域捕捞大马哈鱼的管理条约》、1902 年 3 月《保护农业益鸟公约》、1911 年《保护海豹条约》等。通过这些生物保护条约，缔约国通过谈判分配了各种资源（主要是鱼类以及海豹）的开发权，希望能够达到某种可持续捕获的水平。此后，很多环境主义者不断呼吁要禁止对野生生物的商业性开发。在此背景下，国际社会通过了一些比较重要的保护生物多样性的国际条约，如 1933 年《保护天然动植物公约》、1946 年《国际捕鲸管制公约》、1950 年《国际鸟类保护公约》和 1951 年《国际植物保护公约》等。

除上述国际条约外，比较重要的国际法律文件还有 1968 年《非洲自然和自然资源保护公约》、1973 年《濒危野生动植物物种国际贸易公约》、1979 年《野生动物迁徙物种保护公约》、1979 年《欧洲野生生物和自然生境保护公约》、1980 年《南极海洋生物资源养护公约》、1982 年《联合国海洋法公约》和 1986 年《南太平洋地区自然资源和环境保护的公约》等。

1992 年，在巴西里约热内卢召开了由各国首脑参加的联合国环境与发展大会。在此次大会上，150 多个国家签署了《生物多样性公约》，此后共 175 个国家批准了该公约。《生物多样性公约》的主要目标在于保护生物多样性，维持生物多样性组成成分的可持

续利用，以及以公平合理的方式共享遗传资源的商业利益和其他形式的利用。

中国在生物多样性保护方面主要采取了“就地保护”和“迁地保护”的方法。就地保护是指以保护各种类型的自然保护区包括风景名胜区的方式，对有价值的自然生态系统和野生生物及其生境予以保护，以保持生态系统内生物的繁衍与进化，维持系统内的物质能量流动与生态过程。建立自然保护区和各种类型的风景名胜区是实现这种保护目标的重要措施。迁地保护是指在自然生态系统已经受到破坏或可能受到严重破坏威胁的地域，以人工方式对那些不迁移就会灭绝的野生生物物种，从该地域迁往另一地域予以保护的过程。

2．野生动物保护

野生动物保护是生物多样性保护的一个重要组成部分。野生动物一般指非人工驯养、在自然状态下生存的各种动物，包括哺乳类动物、鸟类、爬行动物、两栖动物、鱼类、软体动物、昆虫、腔肠动物以及其他动物。为保护和拯救珍贵、濒危野生动物，保护、发展和合理利用野生动物资源，维护生态平衡，我国于 1988 年制定了《中华人民共和国野生动物保护法》，并分别制定了《陆生野生动物保护实施条例》（1992 年）和《水生野生动物保护实施条例》（1993 年）。我国野生动物保护法所保护的野生动物是指珍贵、濒危的陆生、水生野生动物和有益的或者有重要经济、科学研究价值的陆生野生动物。

野生动物保护的具体措施有：

（1）对珍贵、濒危的野生动物实行重点保护

国家重点保护的野生动物分为一级保护野生动物和二级保护野生动物，由国务院野生动物行政主管部门以制定并公布《国家重点保护的野生动物名录》的形式予以保护。除国家外，地方也可以制定地方重点保护野生动物名录，即国家重点保护野生动物以外，由省（区、市）重点保护的野生动物。

（2）实行自然保护区制度

国务院野生动物行政主管部门和省（区、市）政府，应在国家和地方重点保护野生动物的主要生息繁衍的地区和水域，划定自然保护区，加强对国家和地方重点保护野生动物及其生存环境的保护管理。

（3）对野生动物及其生境实行监视保护措施

各级野生动物行政主管部门应当监视、监测环境对野生动物的影响；由于环境影响对野生动物造成危害时，野生动物行政主管部门应当会同有关部门进行调查处理；当国

家和地方重点保护野生动物受到自然灾害威胁时，当地政府应当及时采取拯救措施。

（4）因野生动物造成损失的补偿

有关地方政府应采取措施，预防、控制野生动物所造成的危害，保障人畜安全和农业、林业生产，因保护国家和地方重点保护野生动物，造成农作物或者其他损失的，由当地政府给予补偿。

3．野生植物保护

为了保护、发展和合理利用野生植物资源，保护生物多样性，维护生态平衡，国务院于1996年制定了《野生植物保护条例》。该条例所要保护的野生植物是指原生地天然生长的珍贵植物和原生地天然生长并具有重要经济、科学研究、文化价值的濒危、稀有植物。野生植物分为国家重点保护和地方重点保护两类。其中，国家重点保护野生植物又分为国家一级保护野生植物和国家二级保护野生植物，其名录由国务院林业、农业与环境保护、建设部门制定，报国务院批准公布。按照《国家重点植物保护名录》的规定，中国现有354种国家级珍稀濒危植物被列为重点保护对象。地方重点保护野生植物，是指国家重点保护野生植物以外、由省（区、市）在名录中制定保护的野生植物。

野生植物的保护措施有：

（1）野生植物及其生境保护

《野生植物保护条例》规定，国家保护野生植物及其生长环境，禁止任何单位或个人非法采集野生植物或者破坏其生长环境。在国家重点保护野生植物物种和地方重点保护野生植物物种的天然集中分布区域，应当建立自然保护区；在其他区域，地方人民政府可以根据实际建立国家重点保护野生植物和地方重点野生植物的保护点或者设立保护标志。

（2）对野生植物实行监视制度

由野生植物行政管理部门依法对国家或地方重点保护的野生植物的生长与影响进行监视、监测，维护和改善国家或地方重点保护的野生植物的生长条件。当环境影响对国家或地方重点保护的野生植物的生长造成危害时，野生植物行政管理部门等应当进行调查并处理。对于生长受到威胁的国家或地方重点保护的野生植物，应当采取拯救措施，保护或者恢复其生长环境，必要时应当建立繁育基地、种质资源库或采取迁地保护措施。

案例 26　三峡大坝为鱼类洄游设计的鱼梯

三峡大坝是中国有史以来最大的水利工程，是当今世界上最大的水力发电站，给我们带来许多好处，其发电量约为 1 000 亿 kW·h，占全国总发电量的 3%左右，更是为下游提供了有效防洪措施。但是如此浩大工程对自然生态的破坏也是必然的，其中之一就是鱼类的洄游问题。随着三峡大坝的建成，原来的河流系统被分割成多个单元，使得鱼类洄游的通道被阻塞，这就对鱼类的迁徙造成了困难。

三峡大坝高 181 m，正常蓄水海拔可达 175 m（一般蓄水在 160 多 m 左右），而大坝下游的水位却只有 60 多 m，坝上和坝下的落差达到 110 m。下游的鱼凭借着自己的努力是根本游不上去的，这就对鱼类的生存繁衍造成了巨大的损害。在 2003 年 5 月三峡蓄水以来，中华鲟的繁殖时间逐渐被推迟，从刚开始的一周逐渐推迟到了一个月左右。由于缺乏足够的时间成长，当中华鲟游回大海后，存活率会大大降低。

鱼儿如何去往大坝上游，并完成一些生命周期中不可或缺的部分呢？在建坝之前，设计师们特地在大坝两边修建了供鱼儿洄游的通道——“鱼梯”，还在较高处设计了人工“鱼池”，可供鱼儿“休息”，以及缓冲高处下来的水流。这样一些鱼儿就可以通过“鱼梯”一步步地洄游到上游，但还是有许多鱼不可能进入如此复杂的人工洄游通道。所以，只能进行一些人工的保护措施来维护长江流域鱼类种群多样性，比如通过鱼类驯养救护中心，修建鱼类自然保护区，人工养殖放流，人工制造洪峰等。这几项措施目前都取得了一些成效，之前投放的几万条大鱼，如今已经繁衍到了几十万条，这样的成果也是让人倍感欣慰。但工程对于生态系统多样性还是有一些影响，据统计，三峡库区鱼类 108 种，建库后，由于上游生态环境的改变，约有 40 种鱼受到不同程度的不利影响，种群数量明显减少。

资料来源：[1] 王震，谢松光，程飞. 金沙江梯级大坝运行和三峡水库运行水位增高对长江上游干流寡鳞飘鱼仔鱼丰度和分布的影响[J]. 水生生物学报，2019，43（3）.
[2] 三峡大坝落差 110 米，下游的鱼如何完成洄游？ 分居两地的鱼不会有问题吗？搜狐网. https：//www.sohu.com/a/400339027_742468.

思考题

1. 生态系统运动形式都有哪些？概括这些运动形式的内容。
2. 简述生态系统的作用。
3. 简述生物多样性的三个层次。
4. 哪些原因导致了生物多样性的破坏？
5. 简述生态功能区划和自然保护区的异同点。

第十二章　可持续发展

第一节　可持续发展概论

一、可持续发展思想的演化

发展是人类社会不断进步的永恒主题。然而，近一个世纪以来，由于人类对地球影响规模不断扩大，在人口、资源、环境与经济和社会发展的关系上，出现了一系列尖锐的矛盾。各种各样的资源和环境问题，不仅对当代人类的健康和经济、社会的发展构成了严重的威胁，而且对人类子孙后代的生存需求也产生了极大的危害。那么，怎样的发展模式才是将来永续的发展模式？

多年来，为解决日益严重的生态环境问题，世界各国进行了不懈的努力。在这个过程中，人们逐渐意识到人类必须在自身的生存观念和发展现念中进行一场深刻的变革，把自身赖以生存和发展的资源、环境、人口、资本和技术等诸多方面要素整合到一个新的目标框架中，以寻求和建立一种以保护人类的地球家园和实现自身持续生存和发展的新的战略和行动。

可持续发展的思想，其实很早就进入了人类谋取自身生存和发展的基本价值观念体系之中。早在春秋战国时代，《吕氏春秋》《逸周书·大聚篇》等著作中就有了正确处理人与自然关系的论述，“竭泽而渔，岂不获得？而明年无鱼；焚薮而田，岂不获得？而明年无兽”“春三月，山林不登斧斤，以成草木之长；夏三月，川泽不入网罝，以成鱼鳖之长”。春秋时期儒家学派创始人孔子主张 “钓而不纲，弋不射宿”。法家代表人物管仲提出“为人君子而不能谨守其山林菹泽草莱，不可以立为天下王”；战国末期思想家荀子也说“草木荣华滋硕之时，则斧斤不入山林，不夭其生，不绝其长也；鼋鼍、鱼鳖、鳅鳝孕别之时，罔罟、毒药不入泽，不夭其生，不绝其长也”。

在人类自然科学发展史上，查尔斯·达尔文占有举足轻重的地位，他的《物种起源》是一部划时代的著作，标志着19世纪绝大多数有学问的人对生物界和人类在生物界中的地位的看法发生了深刻的变化。后来的“物竞天择，适者生存”的竞争法则和“趋异”原则，极大地推进了人类对自然生态作用的理解。

美国海洋生物学家蕾切尔·卡逊则真正唤醒了人们的环保意识。她在潜心研究美国使用农药、除草剂所产生的种种危害之后，于1962年出版了《寂静的春天》一书。书中描述了人类可能将面临一个没有鸟、蜜蜂和蝴蝶的世界，提示了近代工农业污染对自然生态的影响。这是一本公认为开启了世界环境运动的奠基之作，促使环境保护问题提到了各国政府面前，各种环境保护组织纷纷成立。

可持续发展思想的萌芽可追溯到1972年6月在斯德哥尔摩举办的联合国人类环境会议。大会通过了《人类环境宣言》，宣布了7个共同观点和26项共同原则。这是人类历史上首次将环境问题提上最高国际政治议程的会议，是讨论人类对于环境的权利与义务、探讨保护全球环境战略的第一次国际会议。会议之后，许多国家制定了环境法，并设立负责环境政策的行政机构，各国政府和公众的环境意识无论在广度还是深度上都迈开了一大步，逐步形成了现代环境主义和可持续发展意识。人们开始将发展看作追求与社会要素（政治、经济、文化、人）和谐平衡的过程，开始在认识上关注人和自然环境的协调发展。

1983年11月，联合国成立了世界环境与发展委员会（World Communication on Environment and Development，WCED），并在经过深入研究和充分论证后，于1987年向联合国大会提交了一份研究报告——《我们共同的未来》。这份报告分为“共同的问题”“共同的挑战”和“共同的努力”三大部分。在集中分析了全球人口、粮食、物种和遗传资源、能源、工业和人类居住等方面的情况，并系统探讨了人类面临的一系列重大经济、社会和环境问题之后，提出了鲜明的科学观点：①环境危机、能源危机和发展危机不能分割；②地球的资源和能源远不能满足人类发展的需要；③必须为当代人和下代人的利益改变发展模式。在此基础上，报告首次提出了“可持续发展”的概念，它把人们从单纯考虑环境保护引导到把环境保护与人类发展切实结合起来，实现了人类有关环境与发展思想的重要飞跃。

1992年6月，联合国环境与发展大会在巴西里约热内卢召开，这是继1972年斯德哥尔摩会议之后，环境与发展领域中规模最大、级别最高的一次国际会议，共有183个国家和地区的代表团、70 个国际组织的代表出席了会议，102 位国家元首和政府首脑亲自与会。这次会议把环境问题与经济、社会发展结合起来，树立了环境与发展相互协调的观点，明确了在发展中解决环境问题的新思路。会议通过了《里约环境发展宣言》和《21 世纪议程》两份纲领性文件，第一次把可持续发展由理论和概念推向行动。

2002 年，联合国可持续发展世界首脑会议在南非约翰内斯堡举行，全面审查和评价《21 世纪议程》执行情况，强调各国政府要全方位采取具体行动和措施，积极推进全球的可持续发展。会议通过了《可持续发展世界首脑会议实施计划》和《约翰内斯堡可持续发展承诺》两份重要文件。2012 年，世界各国领导人再次聚集在巴西里约热内卢，召开了联合国可持续发展会议，旨在重拾各国对可持续发展的承诺，找出目前在实现可持续发展过程中取得的成就与面临的不足，并继续面对不断出现的各类挑战。会议围绕"绿色经济在可持续发展和消除贫困方面的作用"和"可持续发展的体制框架"两个主题展开了集中讨论，很多国家提出了设立可持续发展目标、研究设计可持续发展衡量新指标等建议。这次会议为全球可持续发展进程注入了新的活力，推动可持续发展国际合作取得积极成果。

截至目前，可持续发展已成为指导全球和国家发展的基本方针和战略。可持续发展的思想和原则已被纳入很多国家和地区的各类具体发展规划中，并被落实到发展行动之中，成为了衡量发展是否协调、有序和健康的重要标准。

二、可持续发展的定义和内涵

1．可持续发展的定义

在《我们共同的未来》报告中，"可持续发展"被定义为："既满足当代人的需要，又不对后代人满足其需要的能力构成危害的发展。"这个定义表达了两个基本观点：一是人类要发展，尤其是穷人要发展；二是发展要有限度，不能危及后代人的发展。这一定义得到了广泛的接受和认可，并在 1992 年联合国环境与发展大会上取得了共识，并进一步将其阐释为："人类应享有与自然和谐的方式过健康而富有生产成果的生活权利，并公平地满足今世、后代在发展与环境方面的需要。"

但对于可持续发展的定义也存在着各种不同的意见，如萨拉格丁认为，WCED 的定义在哲学上很有吸引力，但在操作上有些困难。例如，能够做到既满足当代人的需求又不危及后代人的需求吗？如何对"需求"下定义？因为"需求"对于一个贫困的、正在挨饿的家庭，意味着能吃饱饭能穿上暖和的衣服，而对于一个已经拥有了 2 辆小汽车、

2 套住房的家庭又意味着什么呢？恰恰是后一类家庭，他们的人口不到世界的 20%，却正在消费着超过世界 80%的财富。

至今为止，关于可持续发展的定义多达 100 余种。很少有哪一个概念如同可持续发展概念一样在全球范围内引起如此广泛的探讨并给予绚丽多彩的定义和诠释。我国学者也提出了自己的见解，如刘培哲教授将可持续发展定义为可持续发展是能动地调控自然—社会—经济复合系统，使人类在不超越资源与环境承载能力的条件下，促进经济发展，保持资源永续和提高生活质量。

对于各种定义的评论也很多。所提的问题主要有：究竟由哪些因素决定着可持续发展的内涵？它的内涵如何随时间和空间而变化？经济增长与发展之间的关系如何？公平是由哪些部分构成的？如何定义“过度开发”？如何定义和测量“自然资源总量”等。所有这些问题都反映了人们在对可持续发展定义基本认同的基础上继续深化自己认识的要求。

然而，到目前为止，各国专家学者们的新概念或新定义尚没有能超越《我们共同的未来》报告中的定义而成为共识。

2．可持续发展的内涵

从全球普遍认可的概念中，我们可以梳理出可持续发展有以下几个方面的丰富内涵：

（1）共同发展

地球是一个复杂的巨系统，每个国家或地区都是这个巨系统不可分割的子系统。系统的最根本特征是其整体性，每个子系统都和其他子系统相互联系并发生作用，只要一个系统发生问题，都会直接或间接导致其他系统的紊乱，甚至会诱发系统的整体突变，这在地球生态系统中表现最为突出。因此，可持续发展追求的是整体发展和协调发展，即共同发展。

（2）协调发展

协调发展包括经济、社会、环境三大系统的整体协调，也包括世界、国家和地区三个空间层面的协调，还包括一个国家或地区经济与人口、资源、环境、社会以及内部各个阶层的协调，持续发展源于协调发展。

（3）公平发展

世界经济的发展呈现出因水平差异而表现出来的层次性，这是发展过程中始终存在的问题。但是这种发展水平的层次性若因不公平、不平等而引发或加剧，就会因为局部而上升到整体，并最终影响整个世界的可持续发展。可持续发展思想的公平发展包含两个维度：一是时间维度上的公平，当代人的发展不能以损害后代人的发展能力为代价；二是空间维度上的公平，一个国家或地区的发展不能以损害其他国家或地区的发展能力为代价。

（4）高效发展

公平和效率是可持续发展的两个轮子。可持续发展的效率不同于经济学的效率，可持续发展的效率既包括经济意义上的效率，也包含自然资源和环境损益的成分。因此，可持续发展思想的高效发展是指经济、社会、资源、环境、人口等协调下的高效率发展。

（5）多维发展

人类社会的发展表现出全球化的趋势，但是不同国家与地区的发展水平是不同的，而且不同国家与地区又有着异质性的文化、体制、地理环境、国际环境等发展背景。此外，因为可持续发展是一个综合性、全球性的概念，要考虑不同地域实体的可接受性，因此，可持续发展本身包含了多样性、多模式的多维度选择的内涵。因此，在可持续发展这个全球性目标的约束和制导下，各国与各地区在实施可持续发展战略时，应该从国情或区情出发，走符合本国或本区实际的、多样性、多模式的可持续发展道路。

案例 27　星球健康

2015 年 10 月 28 日，清华大学联合著名医学期刊《柳叶刀》（*The lancet*），以“保护星球健康：人类应对全球变化行动的终极目标”为题，发布了两篇星球健康及气候变化的主题报告，旨在促进以可持续发展为主题的新对话，为各国政策制定者和决策者提供最好的、可供参考的依据。两篇报告由世界多国 40 余位学者共同完成，题目分别为《健康与气候变化：保护公共健康的政策响应》和《在人类世保护人类健康：洛克菲勒基金会-柳叶刀星球健康委员会报告》。

《在人类世保护人类健康：洛克菲勒基金会-柳叶刀星球健康委员会报告》指出，“星球健康”是指人类健康和文明应依赖于繁荣的自然系统和对自然系统的明智管理。应对当下日益严峻的环境问题，报告呼吁重新定义社会繁荣的标志，应该将重点放在提高生活质量、改善健康、重视自然生态系统的完整性上。为达成这一目标，需要通过促进可持续和公平的消费模式、控制人口增长、利用应对变化的技术力量来调控造成环境变化的各种驱动因素。人类健康若想保持现有水平或进一步提高，需要解决三项挑战带来的问题，即观念和共识不足、知识不足和行动不足三个问题。报告还指出，为实现“星球健康”，健康专家起着举足轻重的作用，他们在跨部门整合推进健康和环境可持续发展政策、解决健康不公平现象、降低卫生系统的环境影响，以及增加卫生系统和人群对环境变化的适应力上扮演着重要角色。

《健康与气候变化：保护公共健康的政策响应》报告指出，应对气候变化、保护人类健康的主要困难来自政治层面。报告建议把健康作为减缓和适应气候变化的重要协同效益，并提出了未来五年内以健康为目标的气候变化对策所应包含的9项紧急行动：加大研究投入、扩大气候健康危害的可恢复性财政支持、减少或停止使用燃煤、过更有益于健康的生活、建立一套稳健且可预测的全球碳价格机制、增加可再生能源比例、精确计算应对气候变化的健康和经济效益、将改善健康当成所有政府部门应对气候变化对策的重要目标，以及加强国际合作并支持各国向低碳经济转变。

"星球健康"报告的发布为应对以气候变化为代表的全球环境变化所作的努力旨在减缓气候变化、避免全球生态系统各项功能的退化，其最终目的是保护人类和我们赖以生存的星球上各种生态系统的健康。

资料来源：宫鹏. 保护星球健康：人类应对全球环境变化行动的终极目标[J]. 科学通报，2015，60（30）.

三、可持续发展的基本原则

1．公平性原则

公平性原则是指各种主体在使用资源与环境的需求上具有平等的权利，主要强调追求两方面的公平，即当代人之间的公平与代际之间的公平。

可持续发展满足全人类的基本需求和满足他们较高生活要求的愿望。要给世界以公平的分配和公平的发展权，要把消除贫困作为可持续发展进程中特别重要的问题来考虑。发达富裕的国家或地区不应当利用自身的技术优势和经济优势，通过不平等的方式掠夺贫困国家的资源，从而达到更多占有和使用资源的目的，否则将会加大国家或地区之间的贫富差异。

可持续发展要求当代人要对未来各代人的需求与消费负起历史责任。自然资源和环境不仅是当代人的，也是后代人的，各代人拥有同等的使用权。当代人不能为自身的发展与需求而损害后代的需求，而应承担责任，使后来人拥有与当代人基本相同或更好的生存条件。

2．持续性原则

持续性原则的核心是人类经济和社会的发展不能超越资源和环境的承载能力。因为在众多实现可持续发展的限制因素中，最主要的限制因素是人类赖以生存的物质基础——自然资源与环境。资源的永续利用和生态环境的可持续性是实现可持续发展的根本保证。可持续发展要求人们根据可持续的条件调整自己的生活方式，在生态可能的范围内确定自己的消耗标准。

为了未来人能够拥有可以满足其基本利益的资源，当代人应当对资源的开发利用采取节约的原则。在生产上，当代人应通过改革或改进生产工艺等途径提高资源的利用率；在生活上，当代人应提倡节俭简朴的生活方式，反对奢侈浪费，尽可能地使用环境保护产品。这一原则只是道义上的，在现实社会中必须建立相应的法律制度才有实效。

3．共同性原则

世界各国由于历史、经济、政治、文化、社会和发展水平存在差异，实现可持续发展的模式必然不可能是唯一的。然而，可持续发展是全球发展的总目标，所体现的公平性原则和持续性原则是共同的。因此，要实现这一总目标，各个国家都需要适当调整其国内和国际政策，必须采取全球共同的联合行动。从根本上说，贯彻可持续发展就是人类要共同促进人与人之间及人与自然之间的和谐。

第二节　可持续发展的基本理论与实施

一、可持续发展的基本理论

可持续发展的概念从理论上结束了长期以来把发展经济和保护资源对立起来的错误观点，并明确指出两者应是相互联系和互为因果的。迄今为止，可持续发展的核心理论仍在进一步探索和形成之中。目前已具雏形的流派大致可分为以下几种：资源永续利用理论、外部性理论、财富代际公平分配理论和三种生产理论。

1．资源永续利用理论

资源永续利用理论流派的认识论基础在于：认为人类社会能否可持续发展决定于人类社会赖以生存发展的自然资源可否被永远地利用下去。基于这一认识，该流派致力于探讨使自然资源得到永续利用的理论和方法。

2．外部性理论

外部性理论流派的认识论基础在于：认为环境日益恶化和人类社会出现不可持续发展现象和趋势的根源，是人类迄今为止一直把自然（资源和环境）视为可以免费享用的公共物品，从来不承认自然资源具有经济学意义上的价值，并在经济生活中把自然的投入排除在经济核算体系之外。基于这一认识，该流派致力于从经济学的角度探讨把自然资源纳入经济核算体系的理论和方法。

3．财富代际公平分配理论

财富代际公平分配理论流派的认识论基础在于：认为人类社会出现不可持续发展现象和趋势的根源是当代人过多地占有和使用本应该属于后代人的财富，特别是自然财富。基于这一认识，该流派致力于探讨财富在代际之间能够得到公平分配的理论和方法。

4．三种生产理论

三种生产理论流派的认识论基础在于：人类社会可持续发展的物质基础在于人类社会和自然环境组成的世界系统中物质的流动是否畅通并构成良性循环。他们把人与自然组成的世界系统的物质运动分为三大“生产”活动，即人的生产、物资生产和环境生产。基于这一认识，该流派致力于探讨三大生产活动之间和谐运行的理论和方法。

二、可持续发展的指标体系

制定和实施可持续发展战略是实现可持续发展的重要手段，是一项综合的系统工程。如何测量和评价一个国家或地区可持续发展的状态和程度，是非常关键的问题。因此，需要建立能够反映可持续发展的指标体系，用于衡量和指导可持续发展的实践。目前，国际上可持续发展指标体系构建已形成四大学科主流方向：一是生态学方向，该方向比较有代表性的指标体系有生态足迹（EF）、生态服务指标（ES）、生态系统健康指数框架、美国国家尺度生态指标、中国的生态环境能力评价指标等；二是经济学方向，最具代表性的指标是真实储蓄率（GSR）和绿色GDP；三是社会政治学方向，最具代表性的是联合国开发计划署（UNDP）开发的人文发展指数（HDI）、真实发展指数（GPI）和可持续经济福利指数（ISEW）；四是系统学方向，主要包括中国科学院可持续发展研究组提出的“可持续能力”（SC）指标体系和联合国可持续发展委员会国家尺度主题指标体系。

1．生态足迹

目前，生态足迹在国际上运用较多，它由加拿大大不列颠哥伦比亚大学规划与资源生态学教授里斯（Willian E Rees）提出，是基于土地面积的可持续发展量化指标。生态足迹将每个人消耗的资源折合成为全球统一的、具有生产力的地域面积，通过计算区域生态足迹总供给与总需求之间的差值——生态赤字或生态盈余，准确地反映不同区域对于全球生态环境现状的贡献。比如，一个人的粮食消费量可以转换为生产这些粮食所需要的耕地面积，他所排放的 CO_2 总量可以转换成吸收这些 CO_2 所需要的森林、草地或农田的面积。因此，它可以形象地被理解成一只负载着人类和人类所创造的城市、工厂、铁路、农田……的巨脚踏在地球上时留下的脚印大小。它的值越高，人类对生态的破坏就越严重。

世界自然基金会发布的《地球生命力报告 2016》显示，如果使用"生态足迹"对全球的环境发展状况进行衡量，则过去 40 多年来，人类对自然的需求已经超过了地球的可供给能力。2012 年，人类消耗了相当于地球 1.6 倍生态承载力的自然资源和服务。不同收入国家对地球使用的生态足迹存在差异（图 12-1），高收入国家的人均生态足迹较大，很多已超过地球上人均可获得的生物承载力，这很大程度上是靠利用其他国家的生物承载力来支撑其生活方式。

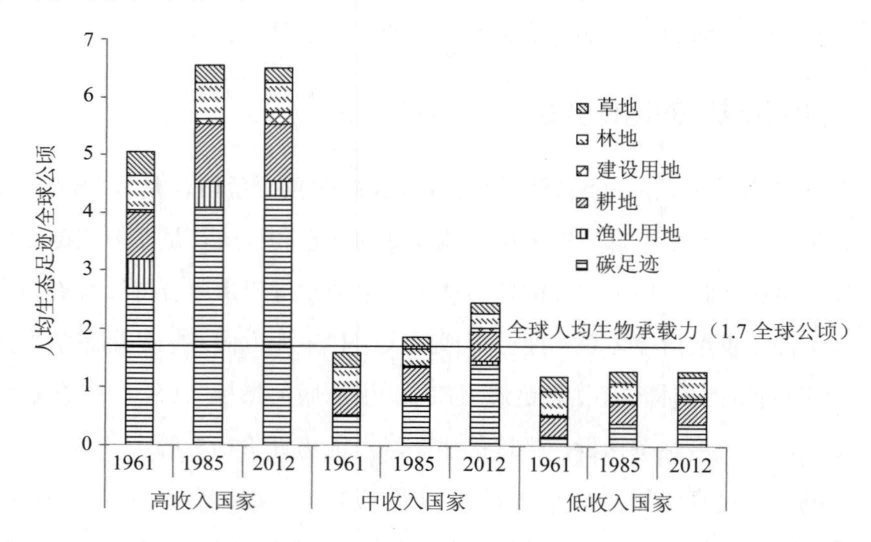

图 12-1　1961 年、1985 年和 2012 年高收入、中收入及低收入国家人均生态足迹

2．真实储蓄率

储蓄是宏观经济分析中常用来衡量一个国家国民财富和经济发展状况、潜力的指标。真实储蓄率则加入了可持续发展的理念，是指在考虑一国自然资源损耗和环境污染损害之后所得的储蓄率。这个概念由世界银行于 1995 年在其研究报告《环境进展的监

测》中提出，并于1997年在其研究报告《扩展衡量国家财富的手段——环境可持续发展指标》中进一步完善了真实储蓄作为环境可持续发展指标的衡量方法。

真实储蓄率的计算思路如下：在一个统计期内，从GDP中减去社会消费、私人消费和国外借款，得到总储蓄；从总储蓄中扣除产品资本的折旧，得到净储蓄，并以净储蓄为基础，从中扣除因自然资源开发所产生的折旧，以及污染对国民经济所造成的伤害，再减去一些长期环境影响所造成的损失，从而得到一个国家的真实储蓄。真实储蓄与GDP的比值就是真实储蓄率，它能较准确地评估一个国家真实财富的存量和可持续发展能力的现状。例如，1997年发展中国家的国内总储蓄率为25%，但国内真实储蓄率仅为14%，因此积累的真实财富远远低于国民生产总值显示的价值。

3．绿色GDP

绿色GDP是对GDP扣除资源消耗和环境污染损失以后的修正核算。绿色GDP能够反映经济增长水平，实质上代表了国民经济增长的净正效应。绿色GDP占GDP比重越高，表明国民经济增长对自然的负面效应越低，经济增长与自然环境和谐度越高。实施绿色GDP核算有利于真实衡量和评价经济增长活动的现实效果，克服片面追求经济增长速度的倾向和促进经济增长方式的转变。绿色GDP力求成为一个真实、可行、科学的指标，以衡量一个国家和区域的真实发展和进步，更确切地说明增长与发展的数量表达和质量表达的对应关系。

围绕着构建以“绿色GDP”为核心的国民经济核算体系，联合国、世界各国政府、众多国际研究机构和科学家从20世纪70年代开始，一直在进行着理论探索。我国的“绿色GDP”的研究可追溯到2004年，当年国家统计局、国家环境保护总局正式联合开展了中国环境与经济核算绿色GDP研究工作。但迄今为止，全世界尚没有统一的绿色GDP核算模式，还没有一个国家正式采用“绿色GDP”作为国家经济的统计方法。

目前，已有许多国家非常重视绿色GDP的实施，特别是欧美发达国家，如法国、美国等。在发展中国家中，墨西哥于1990年率先实行绿色GDP。我国在2006发布了第一份经环境污染调整的GDP核算研究报告——《中国绿色国民经济核算研究报告2004》，但此后关于绿色国民经济核算研究报告没有再发布。2015年，环境保护部召开建立“绿色GDP”2.0核算体系专题会，重新启动了“绿色GDP”的研究，致力于把资源消耗、环境损害、生态效益等体现生态文明建设状况的指标纳入经济社会发展评价体系。“绿色GDP”已成为我国“十三五”规划的中心，节约、环保的经济增长是其首要任务。

案例 28　绿色 GDP 政绩考核

“绿色 GDP”是将经济增长与环境保护统一起来，综合地反映国民经济活动的成果与代价的一种衡量指标。以往只用 GDP 衡量政绩，导致部分领导干部只顾经济的增长，忽视环境的保护，只抓表面的“政绩”工程，忽视群众的切身利益，在政绩观上出现了一些问题和偏差。将“绿色 GDP”纳入干部政绩考核指标体系，不仅是我们党对“干部政绩考核体系和标准”的重大变革，而且对于实现我国社会全面、协调和可持续发展有着重大而深远的意义。

2004 年 3 月 10 日，胡锦涛总书记在中央人口资源环境工作座谈会上的讲话中指出，考核各地区各部门的工作成绩和干部政绩，要把人口资源环境工作的成效作为重要内容，“不仅要重视经济增长指标，而且要重视人文指标、资源指标、环境指标和社会发展指标，坚持把经济增长指标同人文、资源、环境和社会发展指标有机地结合起来”。为了落实这项重要工作，他责成党的组织部门“要会同有关部门抓紧研究考核标准，尽快把人口资源环境指标纳入干部考核体系。严格执行党纪国法，对违反人口和计划生育政策、乱批乱征耕地、纵容破坏资源和污染环境的干部，不仅不能提拔，还要依照纪律和法律追究责任”。

“绿色 GDP”是社会全面、协调、可持续发展规律性的内在要求。要落实科学发展观，就必须要强化经济效益、社会效益与环境效益相统一的效益意识；必须强化环境就是资源、环境就是资本，保护环境就是发展生产力的环保意识。

资料来源：[1] 张晓娟. 绿色 GDP 将纳入考核干部政绩与环保挂钩[J]. 政策瞭望，2004（4）.
[2] 丘丽云. 绿色 GDP 与干部政绩考核[J]. 广东社会科学，2006（2）.

4．人文发展指数

人文发展指数是以“寿命、教育和收入”为基础变量得出的一个综合指标，用于衡量一个国家的经济社会发展水平。“寿命”根据人口的预期平均寿命进行测算，反映了营养水平和环境质量状况；“教育”指公众受教育的程度，反映了可持续发展的潜力，可用成人识字率（占 2/3 权数）和小学、中学、大学综合入学率（占 1/3 权数）共同衡量；“收入”指人均 GDP 的多少，可用人均 GDP 的实际购买力来测算。《2010 人类发展报告》中对计算方法进行了修改，其中 “收入”采用人均国民总收入（GNI）取代 GDP 来评估，“教育”的计算中，利用平均受教育年限取代了识字率，利用预期受教育年限（即预期中儿童现有入学率下得到的受教育时间）取代了毛入学率。

人文发展指数的提出，反映了一个国家或地区的发展应从传统的“以物为中心”向“以人为中心”转变，强调了合理的生活水平而不是对物质的无限占有，向传统的消费观念提出了挑战。它将收入与发展指标相结合，强调了健康和教育的重要性，倡导各国对人力资源更多的投资，更关注人们的生活质量和环境保护，这些均体现了可持续发展的原则。联合国 2015 年的《人类发展报告》显示，在人类发展指数排名中挪威在全球 188 个国家中再次居首位，中国居第 90 位，属于中等发展水平。

5．可持续能力

中国科学院可持续发展研究组按照可持续发展的系统学研究原理，提出并逐步完善了一套“五级叠加，逐层收敛，规范权重，统一排序”的可持续发展指标体系。把可持续发展指标体系分为总体层、系统层、状态层、变量层（45 个指数）和要素层（219 个指标）五个等级。系统层将可持续发展总系统解析为五大子系统：生存支持系统、发展支持系统、环境支持系统、社会支持系统和智力支持系统，任何一个子系统出现失误与崩溃，都会最终毁坏可持续发展总体能力。一个国家或地区可持续发展的评估，其数量评判用总体能力代表，其质量评判用比较优势能力代表，两者共同构筑可持续发展水平的总体评价。

三、世界可持续发展的重点内容

目前，世界可持续发展在经历了理论共识与战略谋划阶段后，已进入了全面实施、深入推进的阶段。2015 年 8 月，联合国 193 个会员国的代表就 2015 年后发展议程达成了一致，完成了题为《变革我们的世界：2030 年可持续发展议程》的文件。这份议程已由联合国大会提交联合国发展峰会正式通过，涵盖了 17 个可持续发展目标，涉及消除贫困、消除饥饿、保障受教育权利、促进男女平等、促进就业、应对气候变化、保护海洋资源、保护陆地生态系统、减少暴力、加强可持续发展全球伙伴关系等内容。

在可持续的发展道路上，世界各国的发展模式呈现多元性，不同发展水平的国家在不同的层次上推进着可持续发展。一些学者认为，尽管存在差异和分歧，但发展循环经济、低碳经济、生态经济和绿色经济，开发新能源以及节能减排将成为世界各国的共识，是世界可持续发展的必然趋势。

（1）发展循环经济

循环经济是通过提高资源的有效利用率和减少环境污染实现可持续发展的经济形态。它是对“大量生产、大量消费、大量废弃”的传统增长模式的根本变革，强调在经济发展中，要使经济系统和自然生态系统的物质和谐循环，维护自然生态平衡，要以资源的高效利用和循环利用为核心，以“减量化、再利用、资源化”为原则。循环经济符合可持续发展的理念，代表了未来经济社会发展的一个趋势。

（2）发展低碳经济

低碳经济是一种通过减少碳排放改善人类赖以生存的空气质量，以及减少由碳排放造成温室气体效应产生的多种自然灾害，促进经济社会发展与生态环境双赢的可持续发展新模式。2003 年，英国能源白皮书《我们能源的未来：创建低碳经济》这个政府文件中首先提出了“低碳经济”的概念。低碳经济的实质是能源高效利用、清洁能源开发、追求绿色 GDP 的问题，核心是能源技术和减排技术创新、产业结构和制度创新以及人类生存发展观念的根本性转变。目前，以低能耗、低污染为基础的“低碳经济”已成为全球热点，欧美发达国家大力推进以高能效、低排放为核心的“低碳革命”，着力发展“低碳技术”，并对产业、能源、技术、贸易等政策进行重大调整。发展中国家也正在从改进生产、生活方式等角度去积极推进。

（3）发展生态经济

生态经济是以改善生物生存环境，实现人与自然和谐发展，使经济社会在生态平衡基础上实现可持续发展的新经济形态。它强调经济发展要建立在生态环境可承受的基础上，在保证自然再生产的前提下扩大经济的再生产，从而实现经济社会发展和生态环境保护的“双赢”，通过使自然生态与社会经济相互促进、相互协调，实现可持续发展状态。发展生态经济的重要意义就在于使经济社会发展在满足人民的物质需求的同时，也保护了自然资源和再生能源；在实现局部利益和近期利益的同时，也保护了全局和长远的利益。发展生态经济是实现可持续发展的重要体现。

（4）发展绿色经济

绿色经济是以改善生态环境、节约自然资源为必要内容，以经济、社会、自然和环境的可持续发展为出发点和落脚点，以资源、环境、经济、社会的协调发展与以经济效益、生态效益和社会效益兼得为目标的一种发展模式。目前，绿色经济正在有力地推动全球经济的转变。发达国家普遍转向了绿色经济，在传统经济向绿色经济转变中实现结构增长。欧盟早在 2009 年就启动了整体绿色经济发展计划，并将进一步加大投入以支持欧盟地区的“绿色经济”；美国政府积极促进清洁能源经济的发展；日本政府实施了名为“经济危机对策”的新经济刺激计划，主打绿色牌。联合国环境规划署“绿色经济倡议”负责人帕万·苏克德夫也在 2009 年 2 月 23 日敦促世界各国要进一步发展有益于人类健康和环境的绿色经济。而中国已把发展绿色经济作为我国推动可持续发展、促进经济转型的有效途径，让绿色经济成为“稳增长”与“调结构”的引擎。

（5）发展新能源

新能源和可再生能源是石油、天然气和煤炭等传统化石能源的替代能源，开发新能源不仅可以延续当代人的可持续发展，还可以让后代拥有更多的能源开发与选择权利。联合国开发计划署把新能源分为大中型水电、新可再生能源（包括小水电、太阳能、风能、生物质能、地热能、海洋能）、传统生物质能三大类。根据国际机构预测，到2060年，全球新能源和可再生能源的比例，将会发展到占世界能源构成的50%以上。由于新能源普遍具有污染少、储量大的特点，因此对于解决目前世界范围内的环境污染和化石资源逐渐枯竭问题具有重要意义。大力开发利用新能源也将对我国可持续发展产生巨大的助推作用。

（6）开发节能减排

节能减排一般是指节约物质资源和能量资源，减少废弃物和环境有害物（包括“三废”和噪声等）排放。1979年，世界能源委员会曾提出，所谓节约能源，即“采取技术上可行、经济上合理、环境和社会可接受的一切措施，来提高能源资源的利用效率”。欧盟和欧盟各国先后制定了能源节约法。而为了有效应对全球气候变化，各个国家在减排行动上也纷纷做出了努力。2015年巴黎世界气候大会前，有183个国家递交了各自的减排承诺。节能减排已成为世界各国可持续发展的重要指标。

案例29　中国循环经济发展报告

2010年社会科学文献出版社出版了中国首部《中国循环经济发展报告》，对中国循环经济发展的实践进行了初步总结，描述了中国发展循环经济的历史进程，对重点行业和有代表性的地区、工业园区、企业发展循环经济的进程和经验进行了凝练，分析了成功的循环经济发展模式。报告指出，循环经济战略大大促进了中国的节能减排工作。“十一五”以来，中国节能减排工作取得了积极进展。截至2009年年底，“十一五”前4年，全国单位GDP能耗下降了14.38%；化学需氧量（COD）的排放总量下降了9.66%；二氧化硫排放总量下降了13.14%，提前完成了减排的目标。循环经济的发展对节能减排作出了巨大贡献。企业由于发展循环经济而增添了新的生产工序，延长了产业链，增加了产品生产种类，扩大了生产规模，提供了大量新的就业岗位。多数企业实现了“既循环，又经济”双重收益。循环经济发展的实践，催生了一批新技术，也促进了一批成熟技术在资源循环利用和再制造中的推广和应用，促进了我国的技术进步。

《中国循环经济发展报告》（2013—2015 年）对我国循环经济发展模式和效果、园区循环化改造进展、循环型文化建设等问题进行了探讨，特别是首次对我国国家层面的物质流分析进行了理论方法探讨及应用实践；选择循环经济发展任务重、难度高的重点产业，对其循环经济发展所面临的形势、现状进行了全面的总结与评价，并针对各行业循环经济发展存在的问题提出了相应的对策建议；重点关注我国再生资源领域的发展状况，深入分析废钢铁、废旧塑料、废旧轮胎再生利用和再制造领域的进展和技术创新趋势。

《中国循环经济发展报告》（2018 年）继续统计整理国内相关数据，从循环经济发展的亲历者和推动者的角度，围绕“循环经济与改革开放”这一主题，分析我国人才教育对循环经济发展的支撑作用，总结梳理循环经济标准化发展的成效，总结回顾我国发展循环经济、大力推行生态文明建设所做的大量工作和取得的成就。“产业发展”主要梳理了矿产资源、农林废弃物等资源的产生和利用状况。“专题报告”针对塑料污染、废旧手机回收、生物质热解等社会广泛关注的问题，进行了深入的研究，在实地调研、专家访谈及对国内外处理措施、技术收集的基础上，提出了一些对策建议，还对国家发展改革委会同有关部门批复的“城市矿产”示范基地，循环化改造试点园区，餐厨资源化利用，无害化处理试点城市建设的验收、撤销情况，资源循环利用基地等进行了梳理分析，以期为相关部门提供决策参考。同时还阐述了 2017 年循环经济领域发生的国际大事。“典型案例”宣传推广浙江、上海典型地方，山西交城经济开发区、湖北老河口市资源循环利用基地、辽宁盘锦辽东湾新区典型园区、山东琦泉集团有限公司、常州汉科汽车科技有限公司、江苏新长江实业集团有限公司典型循环经济工作的先进经验，详述典型循环经济工作取得的进展。

资料来源：[1] 郗永勤，赵宏伟. 中国循环经济政策的动因，演进，特点与评价[J]. 中国行政管理，2010，（10）.

[2] 诸大建. 绿色经济新理念及中国开展绿色经济研究的思考[J]. 中国人口·资源与环境，2012，22（5）.

四、中国可持续发展战略的推进

中国政府参加了可持续发展理念形成和发展中具有里程碑意义的斯德哥尔摩人类环境会议、里约环境与发展大会、南非约翰内斯堡可持续发展首脑峰会等重要会议，是最早提出并实施可持续发展战略的国家之一。1992 年联合国环发大会后，中国政府于 1994 年 3 月发布《中国 21 世纪议程——中国 21 世纪人口、环境与发展白皮书》，1996 年将可持续发展上升为国家战略并全面推进实施。

中国推进可持续发展战略的指导思想是：以科学发展为主题，以加快转变经济发展方式为主线，以发展经济为第一要务，以提高人民群众生活质量和发展能力为根本出发点和落脚点，以改革开放、科技创新为动力，全面推进经济绿色发展，社会和谐进步。

中国推进可持续发展战略的总体目标是：人口总量得到有效控制、素质明显提高，科技教育水平明显提升，人民生活持续改善，资源能源开发利用更趋合理，生态环境质量显著改善，可持续发展能力持续提升，经济社会与人口资源环境协调发展的局面基本形成。

在推进可持续发展战略的过程中，总体思路如下：

1．把经济结构调整作为推进可持续发展战略的重大举措

着力优化需求结构，促进经济增长向依靠消费、投资、出口协调拉动转变；巩固和加强农业基础地位，着力提升制造业核心竞争力，积极发展战略性新兴产业，加快发展服务业，促进经济增长向依靠三大产业协同带动转变；深入实施区域发展总体战略和主体功能区战略，积极稳妥推进城镇化，加快推进新农村建设，促进区域和城乡协调发展。

2．把保障和改善民生作为推进可持续发展战略的主要目的

控制人口总量，提高国民素质，促进人口的长期均衡发展；努力促进就业，加快发展各项社会事业，完善保障和改善民生的各项制度，推进基本公共服务均等化，使发展成果惠及全体人民。

3．把加快消除贫困进程作为推进可持续发展战略的急迫任务

以提高贫困人口收入水平和生活质量为主要目标，通过专项扶贫、行业扶贫、社会扶贫，加大扶贫开发投入和工作力度，采取财税支持、投资倾斜、金融服务、产业扶持、土地使用等领域的特殊政策，实施生态建设、人才保障等重大举措，培育生态友好的特色主导产业和增强发展能力，提高贫困人口的基本素质和能力，全面推进扶贫开发进程。

4．把建设资源节约型和环境友好型社会作为推进可持续发展战略的重要着力点

实行最严格的土地和水资源管理制度，大力发展循环经济，推行清洁生产，全面推进节能、节水、节地和节约各类资源，进一步提高资源能源利用效率，加快推进能源资源生产方式和消费模式转变；以解决饮用水不安全和空气、土壤污染等损害群众健康的突出环境问题为重点，加强环境保护；积极建设以森林植被为主体、林草结合的国土生态安全体系，加强重点生态功能区保护和管理，增强涵养水源、保持水土、防风固沙能力，保护生物多样性；全面开展低碳试点示范，完善体制机制和政策体系，综合运用优化产业结构和能源结构、节约能源和提高能效、增加碳汇等多种手段，降低温室气体排放强度，积极应对气候变化。

5．把全面提升可持续发展能力作为推进可持续发展战略的基础保障

建立长效的科技投入机制，注重科技创新人才的培养与引进，建立健全创新创业的政策支撑体系，推进有利于可持续发展的科技成果转化与推广，提升国家绿色科技创新水平；以环境保护、资源管理、人口管理等领域为重点，完善可持续发展法规体系；建立健全可持续发展公共信息平台，发挥民间组织和非政府组织的作用，推进可持续发展试点示范，促进公众和社会各界参与可持续发展的行动；加强防灾减灾能力建设，提高抵御自然灾害的能力；积极参与双边、多边的全球环境、资源、人口等领域的国际合作与交流，努力促进国际社会采取新的可持续发展行动。

第三节　中国人口的可持续发展

一、中国人口发展概况

历史上，中国人口一直保持世界人口较大比例。1850 年中国人口约 4.3 亿人，占世界人口的 34%。由于战乱等原因，1850—1950 年中国人口增长缓慢。在中华人民共和国成立后的 70 多年时间里，我国人口数量的增长历程大致可以划分为两个阶段：第一个是计划生育政策出台之前的阶段，即 1949—1970 年。这个阶段人口数量的增长无计划、无节制，因而增长速度很快。第二个阶段则是在计划生育政策出台以后，即 1971 年以后。这个阶段人口数量的增长较为有规划性、平稳性。

中华人民共和国成立至今，分别于 1953 年、1964 年、1982 年、1990 年、2000 年和 2010 年一共组织了 6 次全国人口普查活动（图 12-2）。国家统计局发布的 2010 年第六次全国人口普查主要数据公报（第 2 号）显示，2010 年我国的常住人口（不含港澳台地区）为 1 339 724 852 人。与第五次全国人口普查时的数据相比，10 年内人口数量增加了 73 899 804 人，增长了 5.84%，年平均增长率为 0.57%。该年平均增长率相比于第四次全国人口普查时对应的数据下降 0.5 个百分点。而根据 2015 年年底最新的中国人口数量统计结果，我国人口总数大致在 13.73 亿人左右；2018 年年底大约 13.953 8 亿。数据表明，近年来我国人口增长处于低生育水平阶段。

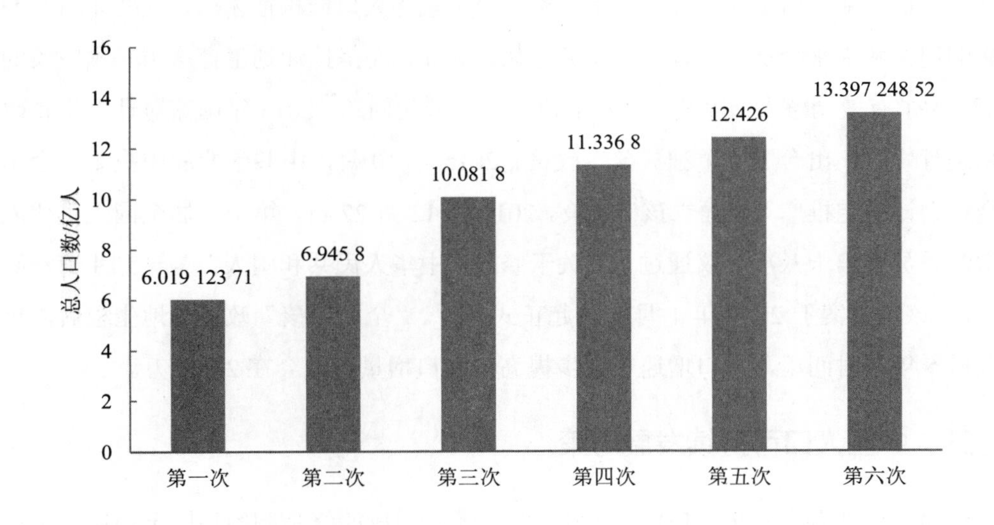

图 12-2 1953—2010 年我国人口普查结果

当前，我国人口发展还面临诸多问题，庞大的人口基数和增长的惯性作用，使中国人口总量在相当长一段时间内仍将保持增长态势；贫困人口规模大，按照 2011 年中国制定的新的农村贫困标准（农村居民年人均纯收入 2 300 元），扶贫对象尚有 1.22 亿人，且大多生活在自然条件恶劣的区域，消除贫困任务极为艰巨；劳动力供需结构性矛盾依然突出，转岗就业、青年就业、农村转移就业等压力较大；老龄人口比重迅速上升，是世界上唯一老年人口超过 1 亿的国家；覆盖全社会的社会保障体系刚刚建立，与其他主要发展中大国相比，保障水平还较低。

二、中国现行的人口控制政策

20 世纪 70 年代初期，我国正处于一个人口快速增长的年代，为了有效控制人口数量，提高人口素质，国家开始在全国范围内推行计划生育政策，从根本上改变了我国人口的发展方式和轨迹。计划生育政策作为我国的一项基本国策，是为了促进人口长期均衡发展，进而实现人口与经济社会、资源环境可持续发展而制定的国家方略，对于修正我国的人口总体失衡，保持人口逐步走向长期均衡意义重大。40 多年来，我国经历了从人口无节制增长到能够有效控制人口平稳增长的发展历程，已转变为低生育水平的国家。

人口发展的规律表明，人口长期经历低生育率水平必然带来诸如人口老龄化加剧、劳动力人口缩减、出生人口性别异常、家庭少子化等人口结构性矛盾，这些矛盾演变构成影响现在和未来经济社会发展的主要矛盾。因此，在坚持计划生育这项基本国策的前提下，为了有效调整人口结构、妥善解决人口老龄化问题，2013 年国家对计划生育政策体系进行修改，出台了“单独二孩”政策。2015 年 10 月，中共十八届中央委员会第五次全体会议决定推广“全面二孩”政策。2015 年 12 月 27 日，第十二届全国人民代表大会常务委员会第十八次会议通过了《关于修改〈中华人民共和国人口与计划生育法〉的决定》，该修正案于 2016 年 1 月 1 日起正式施行。“全面二孩”政策落地生根后，预计在今后 5 年的时间里，人口增速会逐步提高，人口增量大约会在 2 000 万。

三、中国人口可持续发展对策

作为一个拥有十几亿人口的发展中大国，人口问题始终是制约我国全面协调可持续发展的重大问题，是影响经济社会发展的关键因素。为实现人口可持续发展，我国确立了新时期的人口发展战略目标：2020 年，人口总量控制在 14.5 亿人，人口素质大幅提高；群众普遍享有较好的医疗保障，出生缺陷发生率、孕产妇和婴儿死亡率持续下降；15 岁以上人口平均受教育年限达 11 年；基本建立覆盖城乡居民的社会保障体系；人居环境质量明显改善。21 世纪中叶前，人口峰值控制在 15 亿人左右，之后人口总量缓慢下降，人均收入达到中等发达国家水平；人口素质和健康水平全面提高；建立起比较完善的社会保障体系；人口分布和就业结构比较合理，城镇化水平达到中等发达国家水平；创建环境生态良好的现代化人居环境。近年来，我国坚持人口综合发展战略，努力促进人口长期均衡发展，积极推进人口可持续发展工作，以实现人口与环境、资源、经济之间的协调发展。

1．维持低生育水平，提高人口素质

2000 年，国家将维持低生育水平确定为人口发展的首要任务。目前，我国妇女总和生育率保持稳定。按照我国经济发展进程、社会形态变更和人口发展的总趋势，我国“十三五”规划纲要指出：“十三五”期间，中国人口数量要稳定在 14.2 亿人左右。国家通过实施免费孕前优生健康检查等项目，积极开展出生缺陷预防工作，提高人口生育质量；通过开展关爱女孩行动引导人们转变婚育观念，促进出生人口性别比的平衡。为提高人口素质，国家实施教育优先发展战略，大力发展医疗卫生、文化体育等社会事业，不断提升居民身心健康水平。例如，我国已全面实施城乡免费义务教育，促进各级各类教育的持续快速发展。

2．积极应对人口老龄化

随着时代的变迁和人类观念的转变，老龄化问题已经成为世界性的问题。预计到 21 世纪中叶，中国的老年人数量将超过人口总数的 1/3，而少年人口占比不超过 1/5、劳动人口数量勉强超过 1/2。中国老龄化问题的解决具有世界性的意义，其对全球经济和社会的可持续发展有着重大的影响。

为了妥善应对严峻的人口老龄化形势，我国正积极探寻处理的方法、合理地做出战略部署。“十三五”规划纲要指出：开展应对人口老龄化行动，加强顶层设计，构建以人口战略、生育政策、就业制度、养老服务、社保体系、健康保障、人才培养、环境支持、社会参与等为支撑的人口老龄化应对体系。《国家人口发展规划（2016—2030 年）》中则明确指出：到 2020 年，“全面二孩”政策效应充分发挥，人口素质不断改善，结构逐步优化，分布更加合理。因此，城乡养老保险制度的建立和完善、养老服务体系的构建以及全面政策的实施等都将是我们积极应对人口老龄化挑战的工作重点。

3．创设新型劳动就业机制，不断提升就业水平

我国坚持实施就业优先战略，把促进就业放在经济社会发展的优先位置。2007 年我国颁布实施了《中华人民共和国就业促进法》，以促进经济发展与扩大就业相协调，促进社会和谐稳定为宗旨，实施积极的就业政策；明确促进就业是政府的重要责任，建立国家和省级促进就业的工作协调机制等。当前，要稳步提升劳动者的个人素质，形成更加文明、更加优化的劳动力体系；提高人口就业率，改善结构性失业，推动就业规模逐步扩大，提高就业质量；创造平等就业机会，创设新型劳动就业机制，做到有效形成市场导向性的就业机制。

4．建立健全社会保障体系

健全社会保障体系，对实现社会可持续发展意义重大。应快速建立完备的社会保障体系，建成一个独特的、能够独立于用工单位、多渠道筹资、多元化保障、制度规范、服务人性化的社会保障体系，稳步提高保障水平。在农村地区，将丰富形式的医疗保障渠道作为先导，再努力发展与我国经济制度、经济水平相协调的社会保障体系。在城镇地区，尽量实现将所有的劳动人员逐步纳入保障体系中，做到让基本养老保险、基本医疗保险等法律规范所规定的福利能够造福所有劳动人员。

第四节　中国资源的可持续发展

资源是人类可以利用的、天然形成的物质和能量，它是人类生存的物质基础、生产资料和劳动对象。自然资源具有有限性、区域性、整体性和多用性四个特性。为了更好地开发、利用资源，满足人类发展的需要，合理地利用自然资源和维护环境质量就变得十分必要。

一、中国资源现状特点

1．水资源

中国水资源总量丰富，淡水资源总量为 2.8 万亿 m^3，占全球水资源的 6%，仅次于巴西、俄罗斯和加拿大，位居世界第四。但是人均水资源不足，人均水资源量只有 2 100 m^3，约为世界人均的 28%，是全球人均水资源最贫乏的国家之一。中国水资源还呈现时空分布不均的特征。就空间分布来说，中国水资源的分布呈“南多北少”规律，我国北方的很多城市和地区缺水现象十分严重，联合国可持续发展委员会确定中国低于 500 m^3 严重缺水的有京、津、冀、晋、豫、宁等地区。从时间分配来看，中国大部分地区冬、春雨少，夏、秋雨量充沛，降水量大都集中在 5—9 月，占全年雨量的 70%以上，且多暴雨，这就导致降水的年内、年际分布不均。

随着人口的增长和工农业生产的发展，现阶段我国水资源的供需矛盾比较突出。在全国 657 个城市中，缺水城市达 300 多个，其中严重缺水的城市超过 110 个，日缺水 1 600 万 t。每年因缺水造成的直接经济损失达 2 000 亿元，全国每年因缺水少产粮食 700 亿～800 亿 kg。与此同时，过分开采地下水以及严重的水污染等问题使得我国水资源的供需矛盾日益加剧。很多地区由于超量开采地下水，引起地下水位持续下降，地下水资源逐渐枯竭。水污染日趋严重，且正从东部向西部发展，从支流向干流延伸，从城市向农村蔓延，从地表向地下渗透，从区域向流域扩散。全国 1/3 的水体不适于鱼类生存，1/4 的水体不适于灌溉，90%的城市水域污染严重，50%的城镇水源不符合饮用水标准，40%的水源已不能饮用，南方城市总缺水量的 60%～70%是由于水源污染造成的。

2．海洋资源

海洋资源可以分为海洋生物资源、海底矿产资源、海水资源、海洋能源和海洋空间资源。中国拥有大陆岸线约 1.8 万多 km，海岛岸线约 1.4 万 km，管辖海域面积约 300 万 km^2

（不包括台湾地区管辖海域），拥有丰富的海洋资源。油气资源沉积盆地约 70 万 km^2，石油资源量估计为 240 亿 t 左右，天然气资源量估计为 14 万亿 m^3，还有大量的天然气水合物资源。管辖海域内有海洋渔场 280 万 km^2，20 m 以内浅海面积 0.16 亿 hm^2，海水可养殖面积 260 万 hm^2；已经养殖的面积 71 万 hm^2。浅海滩涂可养殖面积 242 万 hm^2，已经养殖的面积 55 万 hm^2。我国已在国际海底区域获得 7.5 万多 km^2 金属结核矿区，多金属结核储量 5 亿多 t。

我国海洋资源虽然丰富，但开发利用的程度很低。与此同时，在开发利用海洋资源的过程中，也出现了一系列问题。如过度捕捞，海洋污染，近海工程对海洋生物生存环境的破坏等。

3．土地资源

土地资源是指已经被人类所利用和可预见的未来能被人类利用的土地。人类生活必需的食物，约有 88%靠耕地提供，其余 10%靠草原和牧场，只有 2%来自海洋。土地资源的重要性可见一斑。我国土地资源总量丰富，土地利用类型较全，这为发展农、林、牧、副、渔业生产提供了有利条件，但是人均土地资源占有量小。我国土地资源还存在以下几大特点：

1）农业用地比重低，人均占有耕地少。耕地对农业生产至关重要，仅占国土总面积的 10%左右。人均耕地仅 0.1 hm^2，不到世界人均的 1/3。

2）难以开发利用和质量不高的土地比例较大。我国山地所占的比例较大，由于山地土层通常较薄，石质含量高，土地适应性低，很难利用。荒漠、戈壁总面积约占国土总面积的 12%以上，也难以开发利用。现有耕地中，盐碱地占 6.7%，水土流失地占 6.7%，红壤低产地占 12%，各类低产地合计 5.4 亿亩①。草质差、产草量低的荒漠、半荒漠草场有 9 亿亩，高寒草场约有 20 亿亩。

3）利用情况复杂，生产力地区差异明显。由于我国自然条件的复杂性和各地历史发展过程的特殊性，土地资源利用的情况极为复杂。同时，不同的土地利用方式，使土地资源开发的程度不同，土地的生产力水平也明显不同。例如，山东的农民种植花生经验丰富、产量较高，河南、湖北的农民则种植芝麻且收益较好。

4）耕地后备资源不足，区域分布不均衡。全国耕地后备资源总面积仅剩 8 000 余万亩，且主要集中在中西部经济欠发达地区，其中新疆、黑龙江、河南、云南、甘肃 5 个省份后备资源面积占全国近一半，而经济发展较快的东部 11 个省份之和仅占全国

① 1 亩=1/15 hm^2。

15.4%。全国耕地后备资源以荒草地（占后备资源总面积的64.3%）、盐碱地（占12.2%）、内陆滩涂（占8.7%）和裸地（占8.0%）为主，其利用受生态环境制约大。

此外，我国土地资源开发利用中还存在许多问题。水土流失、土地沙漠化、土地盐碱化、土地污染等环境问题都不断地威胁着我国的土壤资源。保护土地资源形势严峻、任重道远。

4．森林资源

森林是陆地生态系统的主体，是维持生态平衡和改善生态环境的重要保障，在应对全球气候变化中发挥不可替代的作用。我国森林面积小、资源数量少，在森林资源保护和发展方面面临很多问题，主要包括以下几方面：

1）森林资源的地理分布极不均衡，地区差异很大。绝大部分森林资源集中分布于东北、西南等边远山区和台湾山地及东南丘陵，而人口稠密、经济发达的华北、华南地区森林资源分布较少。

2）林地生产力水平低，利用率低，资源结构不合理。我国森林每公顷蓄积量只有世界平均水平（131 m^3）的69%，人工林每公顷蓄积量只有52.76 m^3。发达国家林地利用率多在80%以上，德国、日本等发达国家的林业利用率都在90%以上，我国仅为42.2%。

3）森林资源总量不足，人均资源占有量小。根据第八次全国森林资源清查结果，全国森林面积2.08亿 hm^2，森林覆盖率为21.63%，森林覆盖率仍远低于全球31%的平均水平。人均占有量低，人均森林面积仅为世界人均水平的1/4，人均森林蓄积只有世界人均水平的1/7。

4）森林有效供给与日益增长的社会需求的矛盾突出。我国木材对外依存度接近50%，木材安全形势严峻；现有用材林中可采面积仅占13%，可采蓄积仅占23%，可利用资源少，大径材林木和珍贵用材树种更少，木材供需的结构性矛盾十分突出。

因此，我国森林资源的增长尚不能满足社会对林业多样化需求的不断增加，保护和扩大森林资源的任务仍很繁重。

5．矿产资源

矿产资源提供了95%以上的能源来源、绝大部分的工业原料和农业生产资料。中国是世界上矿产资源比较丰富、矿种比较齐全的少数国家之一，截至2010年，中国已发现矿产171种，有色金属矿产是我国的优势。我国矿产资源分布区域分布不均衡，如铁矿主要分布于辽宁、冀东和川西，西北很少。探明的矿产资源总量较大，约占世界的12%，仅次于美国和俄罗斯，居世界第3位，但是人均拥有量小，仅为世界人均占有资源量的

58%，居世界第 53 位。有色金属和非金属矿有明显的储量优势，但是铁矿、铜矿等常用矿物资源探明量明显不足。我国还具有贫矿多富矿少、矿产资源品质较差的特点，然而我国矿产潜力大，仍有许多矿产有待发现。

二、中国资源可持续利用对策

1．加强资源国情教育，强化全民资源危机意识

必须正视我国人均资源少的基本国情，在全民中开展资源国情教育，牢固树立资源危机意识，强化珍惜资源、爱护资源、节约资源的观念。

2．建设资源节约型社会

在生产和流通领域，严格限制能耗高、资源浪费大、环境污染严重的产业和企业的发展，大力发展质量效益型、科技先导型、资源节约型企业，加快产业结构升级。

3．积极推进各类资源的可持续利用

1）注重水资源的节约、保护和优化配置。实行严格的水资源管理制度。建设完善的水资源基础设施体系，提高水资源配置和调控能力。全面建设节水防污型社会，提高水资源开发利用率。强化水资源与生态环境保护，治理水污染，保护水质。要对地下水实施严格保护。

2）合理开发与积极保护海洋资源。强化海域使用管理，推进海岛整治修复和生态保护。积极推进海水综合利用，重视海水淡化与综合利用技术的研发。合理利用海洋生物资源，加强对海洋工程、海洋倾废、海洋石油勘探开发等海上开发活动的环境保护全过程监督管理，建立并不断完善海洋保护区体系。

3）全面推进土地资源的调查、评价、规划、管理和保护工作，合理开发和利用土地资源。重点保护耕地，控制建设用地，加强农田基本建设，提高耕地生产力。要积极防治土地退化，加强沙漠化的防治工作，对水土流失区进行综合治理。

4）走生态林业的发展道路，着力增加森林总量、提高森林质量、增强森林功能和应对气候变化能力。科学划定并严格落实林业生态红线，制定严格的林业生态红线管理办法，建立健全严守林业生态红线的法律、法规。增加造林投入，扎实推进宜林地的造林绿化进程。加快推进生态功能区生态保护和修复，实施好林业生态建设工程。

5）合理开发利用矿产资源。在加强矿产资源勘查和开发力度的同时，推进矿产资源节约与综合利用。提高矿产资源的综合利用率，开展矿山环境整治，促进矿山地质环境恢复治理，保障资源、环境和经济的可持续发展。

4．依靠科技进步提高资源承载力

依靠科技进步，如生物技术对食品基因的改进，以大幅提高土地资源的生产力。大力研究资源的二次利用和综合利用，开发利用潜在和替代资源。

第五节　中国能源的可持续发展

能源是社会赖以生存和发展的物质基础，在国民经济中具有重要的地位。但很多能源在发生变化后往往不再具有良好的适用性，因此实现能源的可持续发展十分重要。

一、中国能源的特点

我国作为能源大国，水力资源总量高居世界首位；煤炭存储量位居世界第三；石油勘探开发量居世界第十位；天然气存储量位居世界第十八。就我国总体能源储量情况而言，其特点大致可以概括为“多煤缺油少气”“北多南少，西丰东缺”。在我国各地区，能源的生产水平与消费水平呈现反向的态势，因此国家在近 10 年陆续通过一系列重大工程的开发和启用来尽力协调区际资源分布的不平衡，如广为人知的“北煤南运”“西气东输”“南水北调”等工程。当前的中国担当着世界上最大能源消费国、生产国和净进口国的角色。

根据 BP 最新发布的 2019 年《世界能源统计》数据，2018 年，中国占全球能源消费量的 24%，已经连续 18 年成为全球能源增长的最主要来源。中国的一次能源消费增长 4.3%，达 2012 年来最高增速，过去 10 年的平均增速为 3.9%。中国化石能源消费增长主要由天然气（18%）和石油（5.0%）引领；煤炭消费连续第二年增长（0.9%）。中国的能源结构持续改进。尽管煤炭仍是中国能源消费中的主要燃料，但 2018 年其占比为 58%，创历史新低。

现阶段，我国能源利用与环境保护的矛盾日益突出，这迫使新能源开发的步伐加快。2015 年，全球的核能发电量增长 1.3%，其中所有的净增长均来自中国，约有 28.9%的增长，核电占全球一次能源消费量的 4.4%。相对于全球水电非常低的增长水平，中国水电发电量则取得了相比之下最大的增量，是全球最大的水电生产国。风能、太阳能和生物质能等可再生能源的利用也取得了长足的进步。2015 年可再生能源的发电量持续增加，达到了全球能源消耗的 2.8%，而 10 年前仅为 0.8%。新能源的发展使得我国的能源结构处于持续改进之中。

二、中国能源利用存在的问题

能源是一切生产生活的物质基础，也是人类赖以生存的重要资源。这使得能源问题一直是人类发展进程中最关键的因素。自 21 世纪以来，随着全球经济的复苏，世界能源需求迅猛增长，导致能源供需矛盾日益严峻，其中石油、煤炭和天然气等化石能源的竞争尤为突出。然而，能源利用是社会经济发展和环境保护之间的一把“双刃剑”，既能相互促进又能互相破坏。能源利用造成的环境污染正成为我们国家面临的一个严重的问题。我国能源利用存在的问题包括能源结构失衡、使用低效和污染严重。

1．结构失衡

2019 年《世界能源统计》数据显示，2018 年，煤炭占整个能源消耗的 58%，石油占 19.6%，天然气占 7.4%，水电占 8.3%。较世界能源消费占比可知，我国石油、天然气消耗比例为 15.7%，这个比例和世界石油、天然气在全球能源消耗中占 50%以上的比重相差甚多，且煤炭消耗比例高出世界比重的 1 倍以上，具体见图 12-3。可见，我国的能源消耗以煤炭为主，且以煤炭作为主要能源的格局在今后一段较长的时期内不会改变。但是为了保护环境，降低对大气的污染，寻求煤燃烧后排放气体的净化技术迫在眉睫。同时石油和天然气等清洁能源仍是今后一个时期的短缺能源，进口量会保持在较高的水平。

2．使用低效

由于我国技术水平和管理水平较低，能源从开采、运输加工到终端利用的效率很低。有研究表明，能源开采的效率为 32%，运输加工效率为 70%、终端利用效率为 41%。完成整个过程，总效率仅为 9%，绝大部分能源都未得到利用。使用效率远远低于发达国家水平，甚至比一些发展中国家都低。

3．污染严重

我国属于富煤、贫油、少气国家，以煤炭为主要燃料的非清洁能源的大量使用，造成我国许多突出的环境问题，特别是空气污染。根据《2018 年生态环境状况公报》，338 个地级及以上城市环境空气质量各级别天数比例如图 12-4 所示。

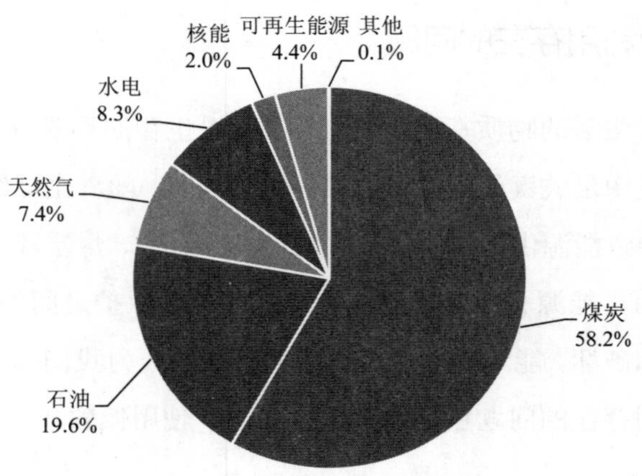

（a）2018 年中国能源消费结构

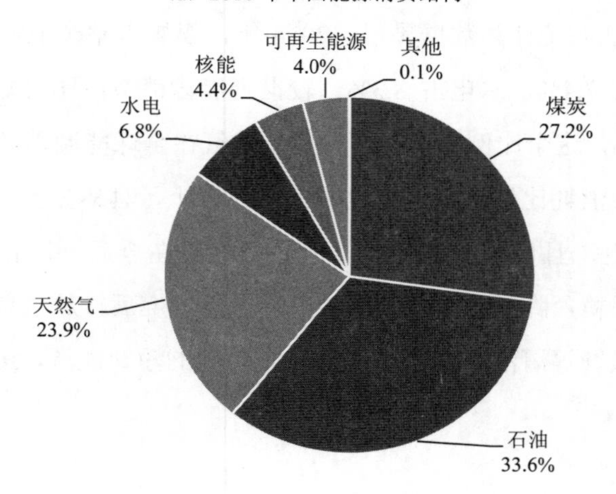

（b）2018 年世界一次能源消费占比

图 12-3　2018 年中国及世界能源消费占比

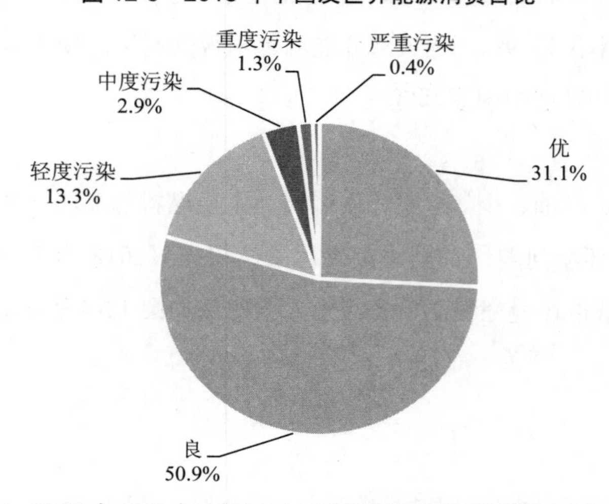

图 12-4　2018 年 338 个地级及以上城市环境空气质量各级别天数比例

由上可知，338 个城市平均超标天数比例为 20.7%，其中，空气质量重度污染以上占 2.2%。综观近几年的其他相关数据，虽大气污染物排放的总量有所降低，但仍然是不容忽视的数字。日常生活中，人们也经常会听说自己所在城市、地区的大气环境质量不达标，甚至是存在严重的大气污染，而煤炭的存在正是大气污染的罪魁祸首之一。空气中 80%的二氧化硫、60%的烟尘都是煤炭燃烧而产生，同时，煤炭的燃烧还会增加大气中氮氧化物的含量并造成水污染、废热污染。由于我们的工业技术并不是特别的完善，以及工业生产的基数庞大。因此在煤炭燃烧后，对其燃烧产物的处理还达不到理想状态，这就导致了目前的能源消费方式对我国环境造成了严重的影响。

此外，如煤矿开采、火力发电、钢铁产业和水泥生产等能源行业也是重点污染行业，它们排放过量的气体污染物，也会对环境造成污染。同时，不合理的开发和利用能源还会造成大气环境、地表水环境、地下水环境、土壤环境以及生态环境的污染和破坏。

三、中国能源可持续发展对策

节约能源、调整能源结构、开发新能源是中国能源可持续发展的必然选择。同时，欲实现中国能源的可持续发展，有必要兼顾国内外两个市场。

1．国内市场

1）重视节能。加强重点能耗企业节能管理，促进工业生产过程和产品使用过程中的节能降耗，推动可再生能源在建筑中的规模化应用。大力推进结构节能，优化产业结构和空间布局，淘汰落后工艺、装备和产品，加大先进适用节能技术推广力度，全面加强能源管理。

2）推进传统能源的清洁化利用，努力加大煤炭洗选加工比例，减少煤炭运输和直接燃烧利用。鼓励利用中煤、泥煤和煤矸石发电，提高煤炭清洁发电比例。另外，对能源结构进行调整和规范，鼓励相关经营者减少煤炭的使用量，转而使用一些对环境保护更加有利的清洁能源。

3）全面勘探开发石油资源。石油资源的重要性在全世界都不言而喻，我国也不例外。作为人口大国，目前我国石油资源十分匮乏，因此全面勘探开发石油资源不仅可以缓解我国石油资源匮乏的困境，还可以为将来出台更合理的能源政策做好准备。

4）重视新能源的开发。大力倡导、支持新能源的开发和利用，积极开发利用水电，发展风电产业和太阳能应用产业，安全高效地发展核电。

5）关注农村能源。农村往往有很多城镇地区很难获取的能源，尤其是一些生物能、可再生能源。同时，由于部分农村地区仍大量燃烧木柴和煤炭，因此引导这些地区的人们多使用清洁能源也非常重要。

2．国外市场

1）在实现对国内石油有效进行开发的同时，也要牢牢把握国外石油市场，通过充分发挥我国现有的技术和资金优势、加强与外国友人的合作，为我国经济和能源的发展添足马力。

2）与外国市场有效联动。为了实现能源的可持续发展，我国应积极关注外国的能源市场，既能“引进来”又能“走出去”，在价格、税务等方面与外国实现良好的联动。

3）关注我国能源的安全。能源是各国相互竞争的资源种类之一，其存在价值也越来越重要。因此，要保护好我国的能源，同时做到不无故侵犯外国国家的能源。

4）在新能源开发过程中，重视国际合作。通过从国外引进相关技术、借鉴良好经验，为我国能源的可持续发展提供指导和支持。

思考题

1. 结合本章可持续发展的有关内容以及实际生活，谈谈你对可持续发展的理解。

2. 为了实现中国人口的可持续发展，我国的应对对策有哪些？请举例说明。

3. 中国的资源现状有哪些特点？针对我国现有的资源特点，谈谈你对实现我国资源可持续发展，从而更好地开发利用资源的认识。

4. 简述中国能源的特点及其可持续利用的对策。

5. 迄今为止，可持续发展的基本理论有哪些？谈谈它们的主要内容。

第十三章　生态文明建设

第一节　生态文明概述

一、人类文明的演进

千百年来，人类在了解、利用和改造自然的过程中，经历了原始时代、农业时代和工业时代，人类文明也依次经历了三个阶段：

1．原始文明阶段

由于火的利用、狩猎工具的改进以及原始农业的出现，人类逐渐摆脱了野蛮蒙昧的状态。这一时期，人类生产力水平极其低下，对自然的破坏很小，人与自然“和谐共生”，自然占据主导性地位，实则为自然中心主义。

2．农业文明阶段

人类开始利用和改造自然，生产力水平逐步提高。种植业和畜牧业出现，固定居所形成，人口迅速增加，不断扩大的活动范围使得局部地区的自然资源遭遇过度开垦和砍伐，因争夺水土资源而引发的战争也时有发生。这一时期人与自然的紧张关系呈现局部性和阶段性特点，生态环境受到了一定程度的破坏，但总体上生态系统可实现自我调节和恢复，因此人与自然整体上相对平衡。

3．工业文明阶段

人类彻底改变了以往对自然的依附状态，对自然环境展开了掠夺式的开发和利用。300 年的工业文明以人类征服自然为主要特征，世界工业化发展使征服自然的文化达到极致，但也造成了严重的环境污染和全球性的生态危机。

工业文明发展到今天，总体上已经完成了它的历史使命，正逐步走向衰亡。生态文明是人类文明的新发展，是开启人与自然和谐共生存在方式的新钥匙。它将逐渐取代工业文明，成为未来社会的主要文明。

二、生态文明的基本含义

什么是生态文明，迄今并没有公认定义。我国学者叶谦吉提出：“所谓的生态文明，就是人类既获利于自然，又要还利于自然，在改造自然的同时又保护自然，人与自然之间保持着和谐统一的关系。”俞可平指出：“生态文明是人类在改造自然造福自身的过程中，为实现人与自然之间的和谐所做的全部努力和取得的全部成果，它表征着人与自然相互关系的进步状态。”还有学者认为“生态文明不仅追求经济、社会的进步，而且追求生态进步，它是一种人类与自然协同进化，经济、社会与生物圈协同进化的文明”，“生态文明是由纯真的生态道德观、崇高的生态思想、科学的生态文化和良好的生态行为构成的”。

尽管学术界关于生态文明的表述多种多样，但大多数学者均认为，生态文明主要包含三个方面的内容：一是人与自然的和谐；二是人与社会的和谐；三是人与自身的和谐。因此，从广义上理解，生态文明是以人与人、人与自然、人与社会和谐共生为宗旨，以建立可持续的生产方式、健康合理的生活方式以及和谐共生的生存方式为内涵，实现经济社会、生态环境与人的全面协调可持续发展的文明新形态。从狭义上看，生态文明建设是与经济建设、政治建设、文化建设、社会建设相并列的现实文明形式之一，它着重强调人类在处理人与自然关系时所达到的文明程度。胡锦涛总书记曾指出：“建设生态文明，实质上就是要建设以资源环境承载力为基础、以自然规律为准则、以可持续发展为目标的资源节约型、环境友好型社会。”这揭示了建设生态文明的本质。

需要指出的是，建设生态文明也不是要放弃发展，回到原始的生活状态，也不是继续工业文明追求利润最大化的发展模式，而是要走可持续发展道路，探索实现经济社会发展和生态环境保护双赢的途径，进而创造一个和谐、美好的现实和未来。生态文明的发展必定还需要几十年或上百年，乃至更长的时间。

三、我国推进生态文明建设的意义

生态文明是为应对和解决资源、环境、生态问题而提出的，是新的人类存在方式。在我国，建设生态文明已上升到国家发展战略的高度。党的十八大要求大力推进生态文明建设，提出“必须树立尊重自然、顺应自然、保护自然的生态文明理念，把生态文明建设放在突出位置，融入经济建设、政治建设、文化建设、社会建设各方面和全过程”。习近平总书记强调：“建设生态文明，关系人民福祉，关乎民族未来。”“清醒认识加强生态文明建设的重要性和必要性，以对人民群众、对子孙后代高度负责的态度和责任，真正下决心把环境污染治理好、把生态环境建设好。”生态文明建设对当代中国乃至全世界的发展进步都具有重要意义。

1．生态文明建设有利于节约资源，促进环境保护

资源是经济社会发展的物质基础，但我国人均资源占有量较低，石油、天然气和淡水只有世界平均水平的7%、7%和28%左右。近年来，随着我国社会经济的快速发展，资源约束愈加趋紧。以原油为例，我国原油对外依存度逐年增长，2018年已达69.8%。环境保护方面，雾霾、水污染等问题十分严峻。2015年，我国共排放废水735.3亿t、化学需氧量2 223.5万t、二氧化硫1 859.1万t，均居世界首位，主要污染物排放总量超过了自然环境的承载能力。

生态文明建设对于促进人、自然、社会的和谐发展有重要作用。加快推进生态文明建设，推动资源利用向集约高效循环转变，大力保护和修复自然生态系统，建立科学合理的生态补偿机制，才能破解资源环境“瓶颈”约束，并从源头上扭转生态环境恶化的趋势。

2．生态文明建设有利于生产方式的转型

长期以来，粗放型的生产方式使得我国的资源能源利用率低，总消耗居高不下。2017年，我国GDP约占世界的15.12%，但能源消费总量高达44.9亿t标准煤，消耗了全球23.2%的能源。我国单位GDP能源消耗是美国的4倍、欧盟的6倍、日本的10倍、世界平均水平的3倍。我国也是世界上铁矿石、氧化铝、钢铁、铜、水泥等资源类产品消耗量最大的国家。

我国经济要实现可持续发展，产业转型升级势在必行。但我国目前仍然未能摆脱以要素投入和规模扩张为主要特征的粗放型发展方式，钢铁、水泥、煤化工等产业面临着产能过剩的威胁。很多产业规模虽然很大，但产品结构和技术水平偏低。例如，我国汽车产销规模居世界首位，但自主品牌竞争力薄弱，国外品牌几乎完全占领了高端市场。

生态文明建设是实现绿色发展、循环发展与低碳发展的重要途径。生态文明建设过程中，将立足循环经济，关注生态环境，促进经济增长由粗放型向高效率、绿色可持续的集约型转变；同时大力发展节能环保、新能源等战略性新兴产业，使其成为新的经济增长点，进而促进产业结构转型。

3．生态文明建设有利于人们树立正确的价值观

价值观一般是在后天的环境影响和制约下形成的，反过来又会作用于人的生存发展过程。科学的自然价值观是生态文明观的核心内容，通过加强科学的自然价值观建设，将科学的自然价值观融入环境教育和环境伦理建设过程中，可提高全社会的资源环保意识和生态文明观念。

尤其值得关注的是，当前我国消费主义价值观盛行，很多人执念于无节制的物质享受和消遣，习惯高消费、过度消费和一次性消费。电子产品、时尚服饰，甚至奢侈品的消费量都呈逐年上升趋势。2018 年，天猫“双 11”购物节交易额达到了惊人的 2 135 亿元，较上年增长了 26.93%。同年，我国个人奢侈品市场规模突破 1 400 亿元，贡献了全球 32%奢侈品消费。这些与我国传统消费习惯、建设生态文明战略不相适应。因此，需通过生态文明建设，改变人们的消费理念，合理引导消费方式，鼓励消费绿色产品，逐步形成可持续的消费模式。

4．生态文明建设有利于提升我国的国际影响力

当前，气候变化、能源安全等日益成为全人类的共同挑战，绿色循环低碳发展已成为全球共识和潮流。我国作为世界第二大经济体、最大碳排放国、最大的发展中国家，正积极引导应对气候变化国际合作。但我国尚处在全球产业链的中低端，面对新的国际发展趋势，只有切实推进生态文明建设，积极推动产业、能源等各领域的绿色低碳转型，才能有效控制温室气体排放强度，提升我国产业产品在国际上的竞争力，才能争取更多的将来“低碳经济”发展的主导权和话语权，并为应对全球气候变化作出积极贡献。

总之，生态文明建设将更全面科学地指导我国经济增长、社会发展、环境保护、文明建设工作的开展，促进我国进入新的更高级的文明形态。

第二节　生态文明建设的途径

我国在短短 30 多年时间中，在经济社会发展方面取得了巨大的进步，但也在这个过程中付出了沉重的生态、环境、资源代价，短时间内累积的生态环境问题触目惊心，并且中国发展还面临着巨大的外部压力。因此，中国生态文明建设形势严峻复杂。在党的十八大报告中，为我们提出了明确的目标，包括单位国内生产总值能源消耗和 CO_2 排放量大幅下降，主要污染物排放总量显著减少；森林覆盖率提高，生态系统稳定性增强，人居环境得到明显改善；加快建立生态文明制度；健全国土空间开发、资源节约、生态环境保护的体制机制，推动形成人与自然和谐发展的现代化建设新格局。坚持以生态文明理念及其行为方式认识和处理社会、经济、资源、环境领域中的问题，才能真正消解生态危机的困境，实现人类与自然和谐共存。

一、生态文明建设与转变发展方式

生态文明是适应社会发展要求的必然产物，对生产方式进行生态化的改造是推进生态文明建设的重要手段。现阶段，生产方式转变的关键是要转变经济的发展方式。党的十八大报告指出，要适应国内外经济形势新变化，加快形成新的经济发展方式，把推动发展的立足点转到提高质量和效益上来。依靠现代服务业和战略性新兴产业的带动，依靠科技进步、劳动者素质提高、管理创新驱动，依靠节约资源和循环经济推动，依靠城乡区域发展的协调互动，不断增强长期发展的后劲。

1．转向集约型增长方式，发展生态经济

经济增长方式主要有两种，即粗放型经济增长方式和集约型经济增长方式。粗放型经济增长方式是指以扩大生产要素的投入为基础来扩大生产规模，实现经济增长。集约型经济增长方式是依靠生产要素的优化组合，通过提高生产要素的质量和使用效率，通过技术进步、提高劳动者素质、提高资金、设备、原材料的利用率而实现的增长。与粗放型经济相比，集约型经济增长方式消耗较低，对环境友好，经济效益较高。

较长时期以来，我国的经济增长方式都属于粗放型经济增长方式。例如，与发达国家相比，我国每增加单位 GDP 的废水排放量要高出 4 倍，单位工业产值产生的固体废物要高出 10 倍以上。经济增长的粗放方式，导致建设规模过大、投资需求膨胀、价格水平上涨、经济结构失衡等一系列问题，特别是带来了十分尖锐的资源环境矛盾。为此，要大力推进经济增长方式从粗放型向集约型转变，坚持走新型的生态化产业道路，不以牺牲环境换取增长。

转向集约型经济增长方式的核心是提高经济增长的质量和效率。政府和企业都应采取切实可行的措施，加快推进转变过程：①大力调整产业结构和产业布局，加强国家宏观调控职能，使产业发展结构和布局尽可能合理；②提高企业自主创新能力，依靠科技进步，推动产业结构优化升级；③促进企业技术改造和重组，加快推进落后企业向先进企业的转移和升级；④以信息化带动工业化，以工业化促进信息化，走新型工业化道路；⑤注重能源资源节约和合理利用，发展循环经济；⑥推动出口增长模式向以动态比较优势的挖掘培育为基础，以质的改善及出口产业结构的提升为本质的现代出口增长模式转变；⑦转变政府职能，改变政府职能错位、越位、不到位的状态，深化财政改革和价格改革，改善市场体系和市场秩序；⑧尽快扭转高排放、高污染的状况，加强环境保护和生态建设，促进人与自然和谐相处。

要注意处理好经济建设与环境保护的关系，大力发展生态经济，走中国特色的资源节约与环境友好的发展道路。要建立起与生态化的发展模式相适应的综合决策与发展机制，包括要继续完善和强化环境保护规划和实施体系、重大经济行为的政策和发展规划、重大经济和流域开发计划的环境影响评价等，使其更加规范化、制度化。要统筹经济、社会、生态之间的关系，建立经济社会发展与生态环境保护的综合决策机制，把保护环境纳入各级政府的长远规划和年度计划中，不断提高政府在发展经济、利用资源和保护环境方面的综合决策能力。要建立良性的以循环经济为主要内容的经济发展机制，走循环经济之路。要大力发展生态农业、清洁能源产业、节能环保产业、清洁生产产业和先进制造业等，加强科技创新引领，提升我国经济竞争力。要利用发展生态经济进一步吸引和利用外资，扩大开放，同时通过进一步扩大开放促进生态经济发展。

2．调整和优化产业结构

通常我们把产品直接取自自然界的部门称为第一产业，对初级产品进行再加工的部门称为第二产业，为生产和消费提供各种服务的部门称为第三产业。长期以来，我国第一、二、三产业结构的布局不够合理，服务业发展相对滞后，无法满足经济增长的要求。因此，在生态文明建设过程中应调整优化产业结构，积极发展生态农业，大力发展生态工业，加快发展现代服务业，形成以高新技术产业为先导、制造业和基础产业为支撑，现代服务业全面发展的经济体系，实现产业结构由“二、三、一”向“三、二、一”的转变，并使生态产业在国民经济中逐步占据主导地位。

（1）生态农业

农业是国民经济的基础产业。建设生态文明，需要实现从传统农业到生态农业的转变。生态农业是按照生态学原理和经济学原理，运用现代科学技术成果和现代管理手段，以及传统农业的有效经验建立起来的。它兼有传统农业中资源的保护和可持续利用以及“机械农业”中高产高效的双重特点，又摒弃了传统农业中单一低下的生产方式和“石油农业”中资源消耗大的弊端，因此协调发展与环境之间、资源利用与保护之间的矛盾，是未来农业经济的发展方向。生态农业的发展要遵循“市场化、信息化、集约化、生态化”的基本原则，在发展过程中要注意以下三点：①大力发展农业经济一体化。要将农业和工业、服务业、信息业相联系，在整个农业生产经营活动中，把产前、产中、产后等都纳入国民经济活动中，实现种养加、产供销的一体化。要坚持以市场为导向，以经济效益为中心，优化组合各种生产要素。②促进农业的生态化发展。农业的生态化发展要求农业生态系统与经济系统结合起来，强调对资源的高效利用和循环利用。构建种植业和农林牧副渔业的内部循环，如秸秆还田、农牧结合等。③生态农业发展方式。为实现农业生态系统中物质和能量的良性循环，需要把生态农业的三大产业即种植业、畜牧业、食品加工业有机地结合起来，利用生态技术和生物工程，改造传统农业的耕作机制，形成以“种植业—畜牧业—食品加工业”为链条的产业发展结构。

当前，我国农村生态农业发展已形成四种基本模式：

1）立体生态种植模式。该模式利用了农业生态系统中的时空结构，进行合理的搭配，形成了种植和养殖业相互协调的生产格局，使各种生物之间能够互通有无、共生互利。经济效益通过资源的利用率、土地的产出率和产品商品率得以实现最优化。

2）发展节水和旱作农业。比如，强调蓄水、保水、节水、管水和科学用水，大力推广抗旱新品种及配套栽培技术、秸秆和薄膜覆盖技术、机械化节水旱作农业技术；喷灌、滴灌、微灌技术、抗旱保水化学制剂使用技术等十大技术。

3）生产无公害农产品。在农业生产过程中，不过量施用农药、化肥以及其他固体污染物，对土壤、水源和大气不产生污染。生产的农产品其农药、重金属、硝酸盐等有害物质残留量符合国家、行业有关强制性标准。同时生产加工过程不能对环境构成危害。

4）发展白色农业。白色农业是微生物资源产业化的工业型新农业，主要包括微生物饲料、微生物肥料、微生物食品、微生物农药、微生物能源、微生物环境保护剂 6 个产业。由于白色农业多在洁净的工厂大规模进行，所以节地节水，不污染环境，产品安全、无毒副作用。它为解决农业发展问题提供了一种新方法，也为实现可持续发展与保护生态环境相协调战略开辟新天地。

（2）生态工业

在生态文明建设过程中，能否转变发展方式的关键在于能否发展生态工业。生态工业是依据生态经济学原理，以节约资源、清洁生产和废弃物多层次循环利用等为特征，以现代科学技术为依托，运用生态规律、经济规律和系统工程的方法经营和管理的一种综合工业发展模式。传统工业强调专业化、区域化，追求规模经济效益，各地的产业结构雷同、布局集中，资源过度开采和浪费严重，工业废弃物大量集中排放，生态环境系统超负荷运转。与传统工业相比，生态工业的产业结构和布局呈现明显差异。生态工业强调系统的开放性和相对封闭性。一方面，在自然生态系统的可承受范围之内，提倡合理开采自然资源，利用好可更新资源，以确保自然资源的恢复和更新。另一方面，利用共生原理和生产链延长增值的原理，使不同的工业企业聚集在一起，通过不同工艺和产品之间以及废弃物和资源之间的耦合关系，尽量延伸工业产业链，最大限度地开发利用各种资源和主副产品，减少废弃物向环境的排放。

在新型工业化进程中，我们要注重产业的生态化发展，构建合理的工业产业链。要积极推行清洁生产，增加清洁能源的比重，在工业生产中实现上、中、下游物质与能量的循环利用，减少污染物的排放。要大力发展高新技术产业，如新能源、新材料、基因工程、生物技术与现代医药、通信、光机电一体化等，促进产业结构调整和产品的升级换代，推动经济发展。要大力发展环保产业，这是因为环保产业在产业链条中处于上游位置，具有很强的产业扩散能力，能够为产业结构的高度化和现代化提供保证。只有通过不断改善工业结构，调整工业布局，才能实现传统工业向生态工业的转变，实现经济效益和生态效益的双丰收。

（3）现代服务业

服务业是国民经济中的一个重要产业。为促进生态文明建设的健康发展，需要调整优化服务结构，积极发展现代服务业。通过发展现代服务业，形成各种资源向金融、保险、信息、咨询、电子信息等科技含量较高的新型行业的投资转移的趋势。这有利于缓和产业发展对资源和环境的冲击与负荷，有利于转变经济增长方式，形成先进的产业结构，为生态文明建设创造良好的基础性条件。

第一，要加大投入力度，大力开发生态旅游业。生态旅游业具有综合性、动态性、可持续性等特征，能有效拓展第一、第二产业的市场，同时为其他服务业的发展带来机遇，促进地区产业结构的优化和升级，推动地方经济发展。据统计，旅游业每增加 1 元收入，可带动相关产业增加收入 4.3 元；每增加 1 人就业，就能带动增加 5 个就业岗位。第二，要快速发展信息服务业。信息服务业是当今世界信息产业中最活跃、发展最快的产业，关系一个国家在世界市场上的竞争力。应加快信息服务平台的建立，形成完备的信息化服务体系，为社会提供更多的信息化服务，最终实现信息的商品化和国际化。此外，要不断完善涉及生态产品市场的运作与经营，培育和发展生态资本市场，扩大金融保险业的业务领域；积极发展地方性金融业，推进证券、信托等非银行金融机构的建设；加快发展科学研究服务产业，推动服务业层次的提升。

二、生态文明建设与转变生活方式

生活方式是满足人的生活需要的实践活动的表现形式，它随着社会结构的变化而变化。目前，人们已置身于一个消费时代，消费主义生活方式盛行，由此而引发的生态问题越来越多。为加快推动生态文明建设，切实解决好目前的生态环境问题，推动公众生活方式绿色化尤为重要。2015 年，中共中央、国务院印发《关于加快推进生态文明建设的意见》，提出要“培育绿色生活方式，倡导勤俭节约的消费观。广泛开展绿色生活行动，推动全民在衣、食、住、行、游等方面加快向勤俭节约、绿色低碳、文明健康的方式转变，坚决抵制和反对各种形式的奢侈浪费、不合理消费”。新《环境保护法》规定，公民应当增强环境保护意识，采取低碳、节俭的生活方式，自觉履行环境保护义务。

1．绿色消费与生活方式绿色化

绿色消费是一种以适度节制消费、避免或减少对环境的破坏、崇尚自然和保护生态等为特征的新型消费行为和过程，它是生活方式绿色化理念的支撑。绿色消费有三层含义：一是倡导消费者选择没有受到污染或有助于健康的绿色产品；二是在消费中注重对废弃物的处理处置；三是引导消费者转变消费观念，崇尚自然、追求健康，在追求生活舒适的同时，注重环保、节约资源，实现可持续消费。我国“十二五”规划纲要对绿色消费模式做了专章阐述：“倡导文明、节约、绿色、低碳消费理念，推动形成与我国国情相适应的绿色生活方式和消费模式。鼓励消费者购买使用节能节水产品、节能环保型汽车和节能省地型住宅，减少使用一次性用品，限制过度包装，抑制不合理消费。推行政府绿色采购。”绿色消费模式是资源节约型、环境友好型的消费模式，是符合可持续发展战略的消费模式。

推行绿色消费模式，包括衣、食、住、行等方面向勤俭节约、绿色低碳、文明健康的方式转变，这也是生活方式绿色化的体现。

1）“衣”：应倡导勤俭节约意识，避免过度消费、炫耀性消费；倡导将质量较好的义务捐赠给需要的人，减轻生态包袱。但近些年，我国个人奢侈品市场规模持续维持高增长，2018 年我国消费者花了 7 700 亿元买下了全球 1/3 的奢侈品，不少国人出国旅游的一个兴趣点也在购买奢侈品和顶级时装上，这种现象是应该改变的。

2）“食”：据统计，我国在餐桌上浪费的粮食价值每年高达 2 000 亿元，被倒掉的食物相当于 2 亿多人一年的口粮。我国人口众多，厉行节约、反对浪费意义重大。每个人都应珍视资源、反对浪费，积极参与“光盘行动”；应以营养结构合理的食物代替高糖、高脂肪、高热量的食物；坚决不吃珍禽异兽，保护生物多样性。

3）“住”：人均居住面积和人口数量直接关系土地占用面积、建筑材料和能源、水资源消耗，与排放的污染物也有线性关系。根据 2016 年统计结果，我国居民人均住房建筑面积为 40.8 m^2，人均居住面积已经跻身全球前三。尽管住房面积的增长能明显改善我们的居住环境、提高生活水平，但我们应理性认识住房面积大小，自觉承担环保责任，不能盲目求大。

4）“行”：近些年，我国汽车保有量逐年增长，截至 2018 年年底，全国汽车保有量已达 2.4 亿辆，较 2017 年增长了 10.51%，很多城市都成为了“堵城”。与此同时，我国石油对外依存度持续攀升，城市大气污染严重等问题随之凸显。要真正解决这些问题，必须大力发展公共交通，大力发展新能源汽车等绿色交通工具，推动绿色出行氛围的形成，并形成良性循环。

2．生活方式绿色化的途径选择

生活方式绿色化是一个社会转变过程，需要从改变消费理念、制定政策制度、推动全民行动等多方面协调推进。

1）加强生活方式绿色化的顶层设计。依据《关于加快推进生态文明建设的意见》和新环保法的相关规定和要求，环境保护部 2015 年 11 月发布《关于加快推动生活方式绿色化的实施意见》，倡导绿色生活方式。为更好地推动生活方式绿色化，需要继续合理制定远期规划和年度工作计划，着力构建政府引导、市场响应、公众参与的运行保障长效机制，规范政府、企业和公众的职责和义务，明确分工。

2）加大宣传力度，推行绿色消费，增强绿色理念，营造绿色氛围。建立生活方式绿色化宣传联动机制，整合各部门、各单位宣传资源，加大宣传力度，开展持续宣传，提高全民生态文明意识。引导人们树立勤俭节约的消费观，形成以践行绿色消费、保护生态环境为荣，以铺张浪费、加重生态负担为耻的社会氛围。开展绿色生活教育活动，制定公民行为准则，增强道德约束力。同时充分利用现代化手段，发挥新媒体优势，开发面向公众的绿色生活 App，让公众随时可以关注绿色生活指数。

3）拓宽渠道，搭建平台，构建全民参与的绿色行动体系。开展创建节约型机关、绿色学校、绿色社区、绿色家庭、绿色出行等行动，发挥榜样典型的示范引领作用，引导公众积极践行绿色生活。鼓励和支持社会组织和大学生社团开展各项环保活动。建立绿色生活服务和信息平台，开展绿色产品信息发布，发布国家认证的有机食品、环境标志产品和绿色装饰材料，曝光有害产品，接受公众举报。

4）建立健全法律法规，制定激励政策和扶持措施。完善生态环境监管制度，完善经济政策，运用市场化机制，健全政绩考核制度。按行业、领域制定符合生态环保要求的标准，对绿色产品的生产企业给予政策扶持和技术支持。开展绿色信贷，对积极采用先进节能技术、有利于绿色消费的项目，给予专项资金补助、税收减免。进一步完善政策支持新能源汽车发展、支持城市发展公共交通和自行车租赁系统等。完善居民用电、用水、用气阶梯价格。

5）规范绿色消费市场。积极开发绿色产品，引导和支持企业加大对绿色产品研发、设计和制造的投入。建立统一的绿色产品认证、标识等体系，加强绿色产品的标识管理。加强监管执法力度，强化对绿色产品的监测、监督和管理，维护正常市场秩序。大力推动绿色产品生产和绿色基地建设，扶持绿色产业。做好绿色产品的推广工作，建立绿色产品追溯制度，对假认证伪绿色产品予以严厉打击。

6）培育生态环境文化。应积极培育环境文化，做大做强环境文化产业，创作生产出一批倡导生态文明、反映环保成就，具有思想性、艺术性和观赏性的电影、电视、戏剧、公益广告、图书、书法、绘画、摄影等环境宣传品。大力开展以绿色生活、绿色消费为主题的环境文化活动，鼓励将绿色生活方式植入各类文化产品，利用影视、戏曲、音乐及图书漫画等形式传播绿色生活科学知识和方法。

三、生态文明建设与生态素质教育

社会的发展有赖于人的素质提升，公民素质是生态文明建设的关键。因此，建设生态文明需要全面加强科学文化教育，培养和提高全体社会成员的生态素质。一些国家已经把生态教育纳入了国家教育体系中，成为各级学校教育教学的内容之一。当前，我国生态教育的重点主要在两个方面：一是通过国民教育体系，在各级各类校园中实施环境教育，普及环保知识；二是加强农民生态环境基础知识教育。此外，全社会的生态环境知识教育也需要重视，无论是城市还是农村，都应开展生态文明方面的讲座及展览等，提高教育教学的效果。

1．公民生态文化素质

（1）提高公民在生态文明建设中的权利意识

近年来，随着社会的不断发展，公民权利意识逐渐增强，但从整体上看，目前我国公民的参与意识依旧薄弱，或者即便是参与社会治理和环境建设，也较难拥有实际权利。

生态文明建设离不开社会成员的广泛参与，也离不开人们思想认识和行为方式的根本转变。因此，需要通过推进生态意识教育，强化公民权利意识，鼓励公民以主人翁的姿态积极参与生态文明建设。要坚持利用多种形式开展生态教育，使人们充分认识到生态危机的严重性；要加强环境保护法律法规和环境保护知识的教育、宣传和普及，营造保护环境人人有责的社会氛围；要通过生态教育努力培养公民树立正确的生态观，使公民在主动参与生态文明建设的实践中体会自身权利和义务的统一，形成理性的权利意识。

（2）提高公民在生态文明建设中的监督意识

中国政治文明建设的一个重要内容是公众监督，公民的监督意识正是权利制约权力机制的思想保障。目前，我国整体生态环境状况不容乐观，重污染天气、黑臭水体、垃圾围城、生态破坏等问题亟待解决。2018 年，《中共中央　国务院关于全面加强生态环境保护 坚决打好污染防治攻坚战的意见》中提出：坚决打赢蓝天保卫战、着力打好碧水保卫战、扎实推进净土保卫战、加快生态保护与修复和改革完善生态环境治理体系，到 2035 年生态环境质量实现根本好转，美丽中国目标基本实现。要实现这一目标，必须树立保护环境和监督意识，积极推进节能减排，并对生态污染和环境治理进行有效监督。应加强公民的意识教育，鼓励公民主动行使监督职责。应通过生态教育培养和提高公众的生态法律意识，鼓励公众利用法律维护自身的生态环境权利。

（3）提高公民在生态文明建设中的责任意识

权利与义务是相互联系、不可分割的整体。公民有权从自然界中获得维持生存发展的物质产品和精神产品，也应该承担保护生态环境的社会责任。生态文明一方面体现了自然界对公民的权利、需求、价值的尊重和满足，另一方面又明确了公民的生态责任。应通过生态教育培养素质高、有涵养、能力强的公民，倡导公民摒弃消费主义，自觉树立可持续发展消费观，践行生态消费。应进一步强化公民对生态文明建设的责任意识，找准发展生态文明的正确领域和途径，在生产生活实践中推动生态文明进步。

2．公民生态道德素质

人类在不同的发展阶段都有不同的道德，在社会经济发展迅速的当代，人与自然的关系日益密切。人类生存依赖自然，但在人类自身发展的过程中，生态平衡的破坏、自然环境的污染、经济发展中的资源浪费等现象也很严重。这些问题的产生不仅出于科学上的无知或技术能力的欠缺，也与人们的道德水平直接相关。建设生态文明，就是为了人与自然关系的协调发展，确立新型的人与自然的和谐关系。生态道德作为调节人与自然关系的行为规范和准则，其基本价值指向就是追求人与自然的和谐发展。人类需要担负起维护生态平衡、保证生态环境可持续性的道德责任。

生态道德教育是培养公民生态道德素质的重要环节。要在全社会大力宣传生态文明相关知识，传播人与自然的和谐共同发展的理念，加强人们对生态平衡重要性的认识，促使社会道德准则和行为规范体系形成“天人合一”的生态道德特色。要开展自然价值意识和生态美意识的教育，进行绿色消费意识和适度消费意识的教育，实施生态保护意识和生态创造意识的教育，并将其融入全民教育、全程教育、终身教育的过程之中。深化生态教育，提高公民的生态伦理教养，只有确立起人与自然之间荣辱与共的新生态伦理理念，我们才能道德地对待当前和今后人类赖以生存的自然环境，道德地对待人和非人类生命生存的自然环境，最终实现人与自然关系的和谐。此外，要通过生态教育提高公民的生态审美教养，即培养当代人欣赏和维护自然界本身的原始状态美的审美素质，这可以让我们在面对经济指标和生态保护的斗争中选择后者，而不会为了满足体肤之暖、口舌之欲而屠杀珍禽异兽，也不会为了一时的利益需求而毁灭掉长久美好、自然脱俗的生存享受。

四、生态文明建设与健全制度体系

建设生态文明是涉及生产方式、生活方式、思维方式和价值观念的革命性变革，需要制度和法治作保障。习近平总书记曾指出，“只有实行最严格的制度、最严密的法治，才能为生态文明建设提供可靠保障”。

改革开放以来特别是党的十八大以来，我国制定出台和修订完善了一系列关于生态文明建设的制度规定和法律法规。先后制定和实施自然资产产权制度、国土空间开发保护制度、资源总量管理和全面节约制度等一系列制度，建立并实施中央环境保护督察制度，大力推动绿色发展，深入实施大气、水、土壤污染防治三大行动计划，率先发布《中国落实2030年可持续发展议程国别方案》，实施《国家应对气候变化规划（2014—2020年）》。特别是2015年中共中央、国务院印发的《关于加快推进生态文明建设的意见》和《生态文明体制改革总体方案》，进一步明确了生态文明建设的总体要求、目标愿景、重点任务和制度体系。目前，覆盖全国的主体功能区制度和资源环境管理制度已经建立，中央环保督察实现了31个省（区、市）全覆盖，生态文明制度体系逐步确立、日趋完善。同时，先后颁布或修订（改）了环境保护法、大气污染防治法、水污染防治法等法律法规，出台了《环境监察办法》《环境监测管理办法》等100多项政策规章，用法治为生态文明建设保驾护航。然而，目前我国生态文明建设仍不同程度存在体制不完善、机制不健全、法治不完备的问题，因此生态文明制度体系建设需要继续扎实推进。

1）应着力完善制度设计，用制度强化政府的生态职能，把生态保护的内容和要求融入政府的决策、管理和考核等环节中。政府的生态决策可以直接影响环境保护，也可以通过经济的发展和公众的行为间接地影响环境保护。政府执行生态化要求国家机关工作人员提高对生态问题的认识水平和能力，并坚决贯彻国家的生态保护政策，不断提高政府服务社会的水平、应对变化的能力。政府施政考核生态化则要求考核干部时，要计入施政行为引起的生态效应，既不忽略经济的发展，也不轻视政治、文化、社会、生态等的全方位发展。

2）应充分运用市场化手段，完善资源环境价格机制，采取多种方式支持政府和社会资本合作项目，加大重大项目科技攻关，对重大生态环境问题开展对策性研究，建立反映市场供求和资源稀缺程度、体现生态价值和代际补偿的资源有偿使用制度和生态补偿制度。坚持“受益者或破坏者支付，保护者或受害者受偿”的原则，严格征收各类资源有偿使用费，完善资源开发利用、节约和保护机制。

3）要针对环境资源问题中的新问题，不断完善我国的环境法律法规，并加快环境与资源立法的国际合作与交流，加快国际条约的国内立法进程。同时，将生态环境保护的原则贯穿于国内的刑事法律、民商法律、行政法律、经济法律、诉讼法律和其他相关法律之中，促进相关法律的生态化。

4）要强化制度落实，让制度成为刚性的约束和不可触碰的高压线。针对环保意识不强、履职不到位、执行不严格等问题，要按照依法依规、客观公正、科学认定、权责一致、终身追究的原则，建立科学合理的考核评价体系，并将考核结果作为各级领导班子和领导干部奖惩和提拔使用的重要依据。进一步提高违法违规成本，加大执法力度，对破坏生态环境的行为严惩重罚，对造成严重后果的人依法追究责任，彻底解决“违法成本低，守法成本高”问题。

第三节　国内外生态文明建设经验

近 60 年来，对人与自然冲突的反思和实践在全世界范围内铺开。从 20 世纪 60 年代西方环境保护运动的兴起，到 90 年代欧洲对生态现代化模式的探索，至 21 世纪以来联合国大力倡导发展的绿色经济，以及当前我国生态文明建设的全面提速，无不备受关注。需要指出的是，虽然不同国家在生态文明内涵的理解上可能有差异，但都以追求“人与自然和谐共生”为核心，因此各国在经济发展、文化观念培养、生态环境治理实践等方面所取得的成功经验具有推广的意义。

一、国外生态文明建设经验

1．日本：低碳生态社会的建设

作为世界第三大经济体，日本走过“先污染后治理”的老路并开启了“自下而上”推动环境治理的模式，长年坚持以节能创新和发展低碳循环经济为主的生态发展模式，成绩斐然。

1）日本通过环境立法有效推动生态环境与经济的协同发展。政府已建立由《循环型社会形成推进基本法》《汽车再生利用法》《家电再生利用法》《容器包装再生利用法》和《促进容器与包装分类回收法》等一系列法律法规组成的循环经济的立法体系，地方也都制定了相应的环保激励支持措施，使循环经济与社会民众意识的整体思维同步，使循环经济发展的可操作性更强。

2）日本推出了多项创新战略，促进社会和环境的发展。例如，《新国家能源战略》强调大力发展新能源和节能技术产业，力争到 2030 年前将日本国内的能源使用效率提高 30%以上，以减少传统能源对生态环境的危害；提出“新阳光计划”和“地球环境技术开发计划”，开发太阳能、地热能、核电、水电等可再生新能源。当前日本的太阳能发电量为世界各国之首。

3）日本政府大力发展循环经济，提出了建立“闭环生态之国”的发展目标，坚持“最适量生产、最适量消费、最小量废弃”，构建从生产消费到废弃回收最佳的生态循环产业模式，并通过生态产业园区建设促进产业集聚和产业发展。政府还非常重视循环经济的宣传，把每年 10 月定为“循环经济宣传月”，鼓励社会公众积极参与循环经济活动。随着日本循环经济的发展和资源利用向绿色低碳、清洁安全的转变，目前日本经济已经初步摆脱了能源资源和生态环境的制约。

除此之外，日本还提倡全民族多主体共同维护好生态环境。坚持环保生态教育，将低碳环保深入到每个人的理念中，并使之成为日本民众的行为习惯。

2．美国：生态文化的普及

生态文化在协调人与自然关系的过程中，为人树立求真、求善、求美的价值观。美国在寻求环境保护和生态建设的科学之路上，强调社会环境与自然环境之间的相互依存，并且十分重视在全社会范围内普及生态文化，关注学校教育、校园建设和公民环境素养建设。

1）绿色校园。大学是培育新一代具有环境意识和责任感人才的重要阵地，美国在建设绿色校园方面走在了世界前列。很多美国大学从师生的日常生活到学术研究等方面，都采取了相应的措施来促进可持续校园的建设，如提倡低碳生活、提高能源利用率等。哈佛大学是美国可持续校园建设的典范，它依托于自己的学术优势在可持续校园建设上不断创新，已经形成了自己的可持续校园建设模式与特色。例如，哈佛大学构筑了以责任为核心的绿色文化。它自发承诺率先为环境保护和气候变化做出贡献，以促进解决全球面临的环境挑战。这种责任意识的培养与倡导促使师生共同创造一种绿色的文化氛围。哈佛大学还提出，学校的责任是为人类培养新一代应对危机的人才。为此，在哈佛大学关于环境能源及可持续发展的课程超过了 260 门，大量有关环境的交流会议和讲座则为学生可持续发展观念的培养创造了更多的机遇。

哈佛大学设立了专门的绿色校园管理机构——可持续发展办公室（Harvard Office for Sustainability，OFS），为校园及院系免费提供可持续建设的专业管理知识和服务。哈佛开展建设绿色实验室、绿色办公、绿色生活等绿色行动，鼓励学生自发组成绿色队伍参与校园的绿色化建设，鼓励学生为减少温室气体排放和促进绿色健康的校园生活提出新观点和建议。与此同时，它还积极加入各种高校联盟，为应对环境挑战寻求共同的解决途径共享经验；积极与世界其他高校、政府等开展合作，以促进环境的可持续发展，例如，与剑桥大学合作签署了共建剑桥社区可持续未来协议，确定针对可再生能源、减缓气候变化等展开合作。

2）公民环境素养。环境素养要求公民在人与自然关系上持一种整体和谐的自然价值观，而且必须具备一定的环境科学知识，能够合理地运用相关知识应对和解决环境问题，并积极参与环境保护的实践。经过 30 多年的发展，美国通过公民环境素养建设，极大地提高了本国公民的环境意识和应对环境危机的技能。

美国的公民环境素养建设与科学素养建设相辅相成，它以环境教育为主要建设方式，并结合环境素养测评来了解公民环境素养水平，从而更好地推进环境素养建设工作。在环境教育方面，美国已形成完整的环境教育体系，即以学校为主的正式环境教育和以地方环境教育中心为主的非正式环境教育相互配合的体系。这为实现环境教育终身化提供了有利条件，对提高公民环境素养具有重要意义。另外，印刷、广播、网络等媒体在环境意识传播和环境教育领域发挥了重要作用。例如，媒体在政府和公民之间架起了信息沟通的桥梁，促进了政府或专门机构对公民环境素养状况的掌握和评估，同时也帮助公民反馈自身的环境诉求；影像和文字资料的传播则为公民学习与环境有关的知识和技能提供了途径。

3．英国：环境质量的回归之路

英国是工业革命的先驱，但工业的快速发展使英国饱受环境问题的困扰。1952 年，著名的伦敦烟雾事件造成了约 4 000 人死亡，生命的代价促使英国人痛下决心整治环境。英国政府制定了多项法律法规，并落实了一系列政策措施以改善和维护生态环境。

1956 年，英国政府颁布《清洁空气法案》，这是世界上第一部现代意义上的空气污染防治法。这一法案规定城镇使用无烟燃料、推广电和天然气、冬季采取集中供暖，发电厂和重工业设施迁至郊外等。1974 年出台的《控制公害法》，明确了从空气到土地和水域等自然资源的保护条款。此后，政府又陆续颁布了《野生动植物和农村法》《环境保护法》《废弃物管理法》《国家公园保护法》《气候变化法》等，从而强化城市管理，加强生态环境的保护。其中，《气候变化法》确立了温室气体减排的中远期目标，规定了碳预算每五年计划等，是世界上第一部气候变化法案，具有里程碑式的意义。英国也是世界上首个将温室气体减排目标写进法律的国家。60 多年来，不断完善的法律体系为英国生态环境的改善以及可持续发展提供了保障，并且有效促进了英国向低碳社会的转型。

与此同时，英国推动了一系列相关措施的落实：

1）利用大城市推动低碳经济的发展。英国政府与利物浦、伯明翰、曼彻斯特等 8 个核心城市签订协议，要求其制订详细的减排行动方案，重点包括开发可再生能源、改善公共交通、采取节能措施、改善废弃物管理和水资源管理、划定“烟尘控制区”等。

2）治理汽车尾气。自 20 世纪 80 年代起，英国开始重点治理汽车尾气。政府要求对所有新车加装催化剂以减少氮氧化物的排放，部分城市对进入市中心的私家车征收高昂的停车费和“拥堵费”。例如，伦敦从 2003 年开始征收交通拥堵费，收费时间为每周一至周五的早 7 时至晚 6 时，这一时间段内进入涵盖整个伦敦金融区和商业娱乐区的拥堵收费区域的司机，事先要通过电话或互联网等方式向有关部门提供信用卡账号付费，并注册车牌号。车主须在当天午夜之前支付费用，如未按时交费，就会面临按天累加的罚金。拥堵费最初为每天 5 英镑，2005 年 7 月上涨为每天 8 英镑，2014 年 6 月再次上涨为每天 11.5 英镑。此外，政府注重新能源汽车的发展，伦敦等城市实行购买电动汽车享受高额返利，并免交汽车碳排放税的政策。

3）重视清洁能源的开发利用。英国在发展海上风能、海藻能源等低碳清洁能源方面居于全球领先水平，拥有世界上第一个海洋能源中心和第一个并入电网的商业波浪能发电站，预计到2030年海上风电将占总发电量的1/3。与此同时，英国政府推出了气候变化税等政策，规定所有工业、商业和公共部门依据其煤炭、油气及电能等高碳能源的使用量计征并缴纳气候变化税，如果使用清洁能源即可获得税收减免，这有效推动了清洁能源发展和节能减排。英国气候科学和能源政策调研网站CarbonBrief数据显示，2018年英国可再生能源电力在发电结构中占比创历史最高水平，达到33%；化石燃料发电占比创历史最低水平，约46%。2013—2018年，英国碳排放量减少了9 800万t，其中97%约9 400万t源于煤炭消费的下降。

4）加强绿化。加强绿化是英国治理空气污染的重要手段之一。伦敦、爱丁堡、曼彻斯特、利物浦等城市绿化覆盖率都在40%以上。以伦敦为例，人均绿化面积达到了24 m^2，城市外围还建有大型环形绿化带，面积达数千平方千米，几乎是城市面积的3倍。即使在寸土寸金的伦敦市中心，也仍旧保留着海德公园等大片绿地。

二、我国生态文明建设的实践探索

中国特色生态文明建设要求统筹当前发展和长远发展的需要，既积极实现当前的目标，又为长远发展创造有利条件。十多年来，生态文明建设已经融入全国各地的发展战略，生态文明建设试点示范工作不断扩大和深化，多个省、市取得良好成效。

1．海南

海南一直坚持“生态立省，环境优先”的生态文明建设战略，在发展过程中摒弃“先污染、后治理”的落后理念，倡导“在保护中发展、在发展中保护”的新思想，并通过结合自身的生态环境特色和优势，走出了一条生态建设的“海南模式”。

1999年，海南从实施可持续发展战略的高度，率先在全国拉开生态省建设的序幕，成为我国第一个生态示范省。2009年，海南又被确立为全国生态文明建设示范区。2012年，为更好地建设美丽海南，海南省第六次党代会提出了以人为本、环境友好、集约高效、开放包容、协调可持续发展的“科学发展，绿色崛起”的生态战略。该战略是生态省建设的升华，并为全国生态文明示范区的建设指明了方向。2015年，海南省委对国务院颁布的《关于加快推进生态文明建设的意见》做出积极响应，力争将海南打造为中国生态文明建设的窗口。可以说，从国家层面到地方政府层面的各类政策支持为海南的生态文明建设之路提供了有力保障。

海南作为国家重点建设的“国际旅游岛”，在生态文明建设过程中把建设资源节约型、环境友好型社会作为加快经济发展方式的重要着力点，积极推动开放型经济、服务型经济和生态型经济的发展；建立旅游业和现代服务业为主导的特色经济结构；依据地方特色，大力发展绿色经济以及热带现代农业；与此同时，把保护生态环境放在突出位置，积极推行节能减排，发展循环经济，走“生态、绿色、低碳、可持续发展”之路。

海南将建设“文明生态村”作为生态文明建设的载体。2000年，海南省开始创建“文明生态村”，以自然村为单位，以“建设生态环境、发展生态经济、培育生态文化”为主要内容，以期提高农民素质，推动农村走上物质文明、政治文明、精神文明和生态文明协调发展之路，引导农民全面建设小康社会。其中，“建设生态环境”主要是从治理农村脏乱差入手，利用当地生态条件，修路、植树，美化环境，改善农民生活环境；“发展生态经济”主要是把经济发展和生态优化融为一体，大力发展农村生态经济，增加农民收入；“培育生态文化”则注重开展思想道德教育，普及科学文化知识，倡导移风易俗，转变农民的思想观念，提高农民素质和农村文明程度，繁荣农村生态文化。截至2017年6月，海南省累计17 536个自然村创建了生态文明村，覆盖率达到84%。文明生态村创建实现了从数量的积累到质量的提升，使广大农村面貌发生了历史性巨变，为中国特色社会主义新农村建设探索出了一条科学的途径。

当前，海南正从经济、政治、文化等各个领域全面推进生态文明建设实践，力争将海南真正建设为“开放之岛、绿色之岛、文明之岛、和谐之岛”。

2．杭州

近些年，杭州市经济社会发展迅速，城乡面貌变化巨大，人民生活水平显著提高，同时还被评为国际花园城市、联合国人居奖、中国十佳宜居城市、国家环境模范城市、全国绿化模范城市、全国森林城市、全国文明城市等，是全国生态文明建设试点城市、国家低碳城市建设试点。一直以来，杭州市着力推进生态美、生产美、生活美的“美丽杭州”建设，努力走在社会主义生态文明新时代的前列，在环境质量提升、产业转型升级、生态生活培育等多方面取得了良好的成效。

杭州坚持污染治理与生态建设并举，通过实施一系列重大环境综合整治工程实现环境质量的提升。浙江省“五水共治”政策实施以后，杭州治水工作取得了一系列重要突破和进展。比如，1 256个劣Ⅴ类水体治理基本完成，运河出境断面全面摘除了劣Ⅴ类帽子；市区河道水质普遍改善1～2个类别；钱塘江、苕溪以及西湖、西溪湿地水体，均全线达到或优于Ⅲ类；城市基本消除“暴雨看海”；全市“一源一备”的水源格局基本形成，四大自来水厂已基本完成深度处理改造，千岛湖配水2020年将向杭州市区全面供水。针对大气复合污染的防治，杭州全力推进“五气共治”，优化调整能源结构，治理燃煤烟气；推动产业结构转型升级，治理工业废气；加强绿色交通体系建设，治理汽车尾气；落实精细化管理，治理扬尘污染；强化城乡废气整治，治理餐饮油烟和农业废气。以机动车污染防治为例，在 2018 年杭州市政府印发的《杭州市打赢蓝天保卫战行动计划》中明确提出，自 2019 年 7 月 1 日起，杭州提前实施国Ⅵ排放标准，推广使用达到国Ⅵ排放标准的燃气车辆；加快淘汰国Ⅲ柴油混凝土搅拌车、渣土运输车、环卫车，2019 年已全面完成；到 2020 年，杭州市区公交车全部更换为新能源汽车；2021 年年底前，出租车（含网约车）力争全面更新为能源或清洁能源车。通过淘汰高污染车、机动车环保分类标志管理、油气综合回收治理等措施，杭州的汽车尾气污染治理处于国内领先水平。

产业转型升级方面，杭州实施创新强市战略，重点发展文化创意、旅游休闲、金融服务、先进装备制造、电子商务、信息软件、物联网、生物医药、节能环保、新能源“十大产业”，成功创建了国家创新型试点城市、国家科技和金融结合试点城市、国家级文化和科技融合示范城市、国家电子商务示范城市等。为助力高新技术企业的发展，杭州还推行了“雏鹰计划”和“青蓝计划”。对市区工业企业杭州实施“退二进三”“优二进三”等政策，完善落后产能退出机制，关停转迁了一批工业企业，同时推进优势传统产业的高新技术和先进适用技术应用。

杭州积极倡导绿色低碳生活。2008 年，杭州在全国率先推出并建成全世界最大的公共自行车服务系统。如果按照日均租用量 10 万辆次，每次出行历程 2 km 计算，该系统每年可节约燃油 7 500 t，减排 CO_2 23 897 t。近年杭州还打造了一个集公交车、出租车、公共自行车、水上巴士、地铁“五位一体”的公共交通网络，既满足市民出行的需求，又实现了绿色环保。在生态文明普及教育方面，杭州建成全球第一家低碳科技馆，建立一批生态文化基地，制定和实施生态文明建设道德规范，发布生态文明公约，培育生态文明道德，推进生态文化创新。

第四节　习近平生态文明思想体系

“绿水青山就是金山银山”“要像保护眼睛一样保护生态环境，像对待生命一样对待生态环境”生态环境保护的科学理念在中国已深入人心，生态文明建设领域史无前例的深刻变革正铿锵前行，习近平总书记正是生态文明思想的倡导者。

习近平生态文明思想是由习近平同志创立的关于生态文明建设的全部观点、科学论断、理论体系和话语体系，是习近平新时代中国特色社会主义思想的重要组成部分，深刻回答了为什么建设生态文明、建设什么样的生态文明、怎样建设生态文明等重大问题，是新时代生态文明建设的根本遵循和行动指南，也是马克思主义关于人与自然关系理论的最新成果。

一、习近平生态文明思想的发展历程

习近平生态文明思想的形成，与习近平同志长期扎根基层、了解人民、对民间疾苦感同身受有着密切联系。从理念到思想，从理论到实践，从地方到中央，从国内到国际，习近平生态文明思想的形成经历了自然的孕育、发展和成熟过程。

1．习近平生态文明思想是历史形成的

习近平生态文明思想的形成过程贯穿于习近平同志早期知青岁月和整个地方政治生涯。

20 世纪 60 年代末，习近平同志插队陕西省延川县梁家河村，在那里他和群众一起打坝造田、发展生产。他在梁家河建成了沼气池，解决了村民做饭、照明和施肥问题。梁家河这段经历，是习近平生态文明思想的萌芽阶段。

20 世纪 80 年代，在河北正定，习近平同志率先提出了“宁肯不要钱，也不要污染”的理念。为了解决老百姓的吃饭问题，习近平同志带领班子，倡导发展“半城郊型经济”。为解决正定人多地少的矛盾，习近平同志面对沙荒面积大、无人耕种的情况，提出向荒滩进军，“要发展好林业，利用好荒滩”。习近平同志在河北正定工作期间，关于农村经济发展的许多重要论述，实际上已经涉及资源、环境和人口问题，涉及统筹经济发展和环境保护的问题。1985 年，习近平同志负责制订的《正定县经济技术、社会发展总体规划》，明确强调“宁肯不要钱，也不要污染，严格防止污染搬家、污染下乡”。这实际上已经宣示向污染宣战。

福建是习近平生态文明思想的重要孕育地。1985 年 6 月至 2002 年 10 月，习近平同志在福建工作的 17 年间，始终高度重视生态环境保护、林业发展、可持续发展和生态省建设，提出了许多在今天看来仍然极具前瞻性、战略性的生态文明建设理念、工作思路和决策部署。如在福建宁德，为了让闽东群众尽快摆脱贫困，习近平同志提出了“靠山吃山唱山歌，靠海吃海念海经”，体现了习近平同志始终坚持系统思维、坚持山水林田湖草综合治理的思路。

浙江是习近平生态文明思想“八八战略”践行地、“绿水青山就是金山银山”科学论断发源地。“八八战略”是习近平新时代中国特色社会主义思想特别是习近平生态文明思想在浙江的先行探索，为习近平生态文明思想的形成和发展提供了极具地域特色的地方经验。2003 年 7 月 10 日，时任浙江省委书记的习近平同志在浙江省委十一届四次全会上提出了“八八战略”。“八八战略”实质是中国特色社会主义“五位一体”总体布局在浙江省的先行先试板，涵盖经济、政治、文化、社会、生态和党的建设的各个方面，涉及经济转型、区域协调发展、城乡一体、陆海统筹、海洋生态文明、法治与人文、平安社会等多个事关浙江经济社会长远发展、科学发展的战略要素。

在上海，习近平同志提出：“要以对人民群众、对子孙后代高度负责的精神，把环境保护和生态治理放在各项工作的重要位置，下大力气解决一些在环境保护方面的突出问题。”习近平同志在上海工作尽管只有短短 7 个多月时间，但围绕生态环境保护和生态文明建设事业留下了重要思想和宝贵文献，特别是“三农”工作的许多新理念，涵盖了在今天仍然新颖的生态文明理念。

从陕西梁家河村到河北正定县，从河北正定县到福建厦门市、宁德市，从福建省、浙江省到上海市，从上海市到中央，都有各个不同地域层级不同的域情，都有动态的、变化的发展史。习近平同志在不同地方关于生态环境保护和生态文明建设系列重要理念、论断和思想，在各个历史阶段关于生态环境保护和生态文明建设所作的论述，是中华人民共和国成立以来我国生态环境保护和生态文明建设的历史缩影。

2．习近平生态文明思想是自然形成的

“绿水青山就是金山银山”理论是习近平生态文明思想的核心，是习近平同志关于生态文明建设最为著名的科学论断之一，也是习近平生态文明思想的独特价值和理念追求。通过“绿水青山就是金山银山”理论可以感知习近平生态文明思想从孕育、形成、成熟到走向世界舞台的过程。

早在 2004 年 7 月，习近平同志就提出了“绿水青山”与“金山银山”的关系范畴。在浙江省“千村示范、万村整治”工作现场会上，习近平同志指出：“实践证明，‘千村示范、万村整治’作为一项‘生态工程’，是推动生态省建设的有效载体，既保护了‘绿水青山’，又带来了‘金山银山’，使越来越多的村庄成了绿色生态富民家园，形成经济生态化、生态经济化的良性循环。”

2006 年 3 月，习近平同志在中国人民大学发表演讲。在这里，他首次系统论述了“绿水青山”和“金山银山”的辩证关系。在这里，他把人类在实践中对绿水青山和金山银山之间关系的认识划分了三个阶段：第一个阶段是用绿水青山去换金山银山，不考虑或者很少考虑环境的承载能力，一味索取资源；第二个阶段是既要金山银山，但是也要保住绿水青山，这时候经济发展和资源匮乏、环境恶化之间的矛盾开始凸显出来，人们意识到环境是我们生存发展的根本，要留得青山在，才能有柴烧；第三个阶段是认识到绿水青山可以源源不断地带来金山银山，绿水青山本身就是金山银山，我们种的常青树就是摇钱树，生态优势变成经济优势，形成了浑然一体、和谐统一的关系，这一阶段是一种更高的境界。

2013 年 9 月，习近平同志在哈萨克斯坦纳扎尔耶夫大学发表演讲时指出："中国明确把生态环境保护摆在更加突出的位置。我们既要绿水青山，也要金山银山。宁要绿水青山，不要金山银山，而且绿水青山就是金山银山。我们绝不能以牺牲生态环境为代价换取经济的一时发展。我们提出了建设生态文明、建设美丽中国的战略任务，给子孙留下天蓝、地绿、水净的美好家园。"

"构建人类命运共同体"是习近平同志 2015 年 9 月出席第七十届联合国大会时提出的重要战略思想。党的十九大又提出，构建人类命运共同体，建设持久和平、普遍安全、共同繁荣、开放包容、清洁美丽的世界。就生态文明建设而言，"要坚持环境友好，合作应对气候变化，保护好人类赖以生存的地球家园"。

2018 年 5 月，全国生态环境保护大会提出"生态文明体系"，首次提出加快构建生态经济体系的方针。毫无疑问，生态农业、生态工业和生态服务业就是生态经济体系十分重要的组成部分。

习近平生态文明思想的"绿水青山就是金山银山"理论，以承认"自然界的价值"为核心，在超越资本逻辑的基础上，为实现工业文明向生态文明转向转型提供了新的价值观和发展观。

3．党的十八大以来习近平生态文明思想的完善和成熟

习近平生态文明思想是由习近平同志创立的系统、完整、科学的理论体系和实践体系，揭示了生态文明建设的战略全貌。党的十八大以来，习近平同志关于生态文明建设所做的重要论述、重要文献、相关批示、科学论断，其数量之多、信息量之大、内涵之丰富、思想之深邃、体系之系统，前所未有。习近平同志以强烈的哲学思辨、炽热深沉的民生情怀、坚定的历史担当和博大开放的全球视野，全面系统地提出了一系列事关生态文明建设基本内涵、本质特征、演变规律、发展动力和历史使命等崭新的科学论断。比如：①针对爱护生态环境，他说："要像保护眼睛一样保护生态环境，像对待生命一样对待生态环境。”②针对绿水青山（自然生态）和金山银山（物质财富）的关系，他说：“对人的生存来说，金山银山固然重要，但绿水青山是人民幸福生活的重要内容，是金钱不能代替的。”③针对生态红线和底线思维，他指出：“生态红线的观念一定要牢固树立起来。在生态环境保护问题上，就是要不能越雷池一步，否则就应该受到惩罚。”

2018 年 5 月召开的全国生态环境保护大会上，正式确立了“习近平生态文明思想”。此次大会上，习近平同志首次提出了“生态文明体系”，涉及生态文化体系、生态经济体系、生态环境质量目标责任体系、生态文明制度体系和生态安全体系五大方面。“生态文明体系”实质上为我们指明了如何建设生态文明实践体系，提供了基于经济建设、政治建设、文化建设和社会建设全方位、绿色化的转向转型之路，也为从根本上、整体上推动物质文明、政治文明、精神文明、社会文明和生态文明协调发展提供了理论基石。科学完整的理论体系和大力推进的实践体系，创造性地回答当代中国和人类社会生态文明建设的重大理论和实践问题，既为马克思主义生态文明学说体系的当代创立做出了历史性贡献，也成为人类社会实现绿色发展的共同财富。

二、习近平生态文明思想的时代内涵

习近平生态文明思想的时代内涵集中体现为“六项原则”和“五个体系”。“六项原则”，即坚持人与自然和谐共生；坚持绿水青山就是金山银山；坚持良好生态环境是最普惠的民生福祉；坚持山水林田湖草是生命共同体；坚持用最严格制度最严密法治保护生态环境；坚持共谋全球生态文明建设。“五个体系”即建立健全生态文化体系、生态经济体系、目标责任体系、生态文明制度体系、生态安全体系。

1．坚持“六项原则”是习近平生态文明思想的核心要义

习近平生态文明思想“六项原则”是科学自然观、绿色发展观、基本民生观、整体系统观、严密法治观和全球共赢观的集中体现。“六项原则”的提出与习近平关于生态文明建设的科学论断、思想内涵、内在逻辑相一致，具有深刻的思想性和指导性。

1）坚持人与自然和谐共生。人与自然和谐共生是人与自然和谐发展、共生共荣的存在状态，是核心，也是根本。人与自然和谐共生既是生态文明建设的时代要求，更是实现中华民族伟大复兴的根本保障。新时代生态文明建设是通过实现人与自然的和谐来促进人与人、人与社会关系的和谐，是实现人类的生产方式、生活方式、消费方式与自然生态系统相互协调并最终实现人类可持续发展的科学举措。

2）坚持绿水青山就是金山银山。这实质上体现了经济发展与生态环境保护的关系。

绿水青山既是自然财富、生态财富，也是社会财富、经济财富。习近平总书记指出，坚持“绿水青山就是金山银山”既是重要的发展理念，也是推进现代化建设的重大原则。经济发展要坚持在发展中保护、在保护中发展，实现经济社会发展与人口、资源、环境相协调，要把经济活动、人的行为限制在自然资源和生态环境能够承载的限度内，给自然生态留下休养生息的时间和空间，实现经济社会发展和生态环境保护协同共进。

3）坚持良好的生态环境是最普惠的民生福祉。生态环境是关系党的使命宗旨的重大政治问题，也是关系民生的重大社会问题。我国将解决突出生态环境问题作为民生优先领域，以满足人民群众对生态环境质量提高的热切期盼，这体现了我们党全心全意为人民服务的根本宗旨。良好的生态环境意味着清洁的空气、干净的水源、安全的食品、宜居的环境，所以良好的生态环境就是最普惠的民生福祉。

4）坚持山水林田湖草是生命共同体。生态文明建设是一项系统工程，必须按照生态系统的整体性、系统性及内在规律，统筹考虑自然生态各要素，进行整体保护、宏观管控、综合治理，全方位、全地域、全过程开展生态文明建设，增强生态系统循环能力，维护生态平衡。

5）坚持用最严格的制度、最严密的法治保护生态环境。法规制度的生命力在于执行，贯彻执行法规制度关键在真抓，靠的是严管。习近平总书记指出，只有实行最严格的制度、最严密的法治，才能为生态文明建设提供可靠保障。对于破坏生态环境的行为，不能手软，不能下不为例。加快制度创新，强化制度执行，尤其是在创新生态补偿、生态文明考核评价、资源生态环境管理等制度方面，坚决执行，稳步落实。

6）坚持共谋全球生态文明建设。人类是命运共同体，保护生态环境是全球面临的共同挑战和共同责任。国际社会唯有携手合作，我们才能有效应对气候变化、海洋污染、生物保护等全球性环境问题，实现联合国 2030 年可持续发展目标。中国要深度参与全球环境治理，增强在全球环境治理体系中的话语权和影响力，积极引导国际秩序变革方向，形成世界环境保护和可持续发展的解决方案。

2．建立健全“五个体系”是贯彻“六项原则”的具体部署

党的十八大以来，我国绿色发展战略持续推进，生态文明建设取得历史性成就。“生态文明建设”“绿色发展”“美丽中国”写进党章和宪法，成为全党的意志、国家的意志和全民的共同行动。以《环境保护法》为代表的一系列法律和制度陆续实施，生态文明建设顶层设计性质的“四梁八柱”日臻完善。在《推动我国生态文明建设迈上新台阶》这篇重要讲话中，习近平总书记提出要建立健全“五个体系”，即以生态价值观念为准则的生态文化体系，以产业生态化和生态产业化为主体的生态经济体系，以改善生态环境质量为核心的目标责任体系，以治理体系和治理能力现代化为保障的生态文明制度体系，以生态系统良性循环和环境风险有效防控为重点的生态安全体系。“五个体系”系统界定了中国特色社会主义生态文明体系的基本框架，其中生态文化体系是生态文明建设的灵魂，生态经济体系是生态文明建设的物质基础，生态文明制度体系为生态文明建设提供可靠保障，目标责任体系明确生态文明建设的目标任务，生态安全体系是生态文明建设的基本底线。“五个体系”是对贯彻“六项原则”的具体部署，也是从根本上解决生态问题的对策体系。

1）生态文化体系。生态文化为生态文明建设提供思想保证、精神动力和智力支持。良好的生态文化体系包括人与自然和谐发展，共存共荣的生态意识、价值取向和社会适应。建立健全以生态价值观念为准则的生态文化体系要大力倡导生态伦理和生态道德，构建人与自然和谐的物质生态文化，树立大力弘扬人文精神的生态伦理观，提倡先进的生态价值观和生态审美观，注重对广大人民群众的舆论引导，在全社会形成绿色、环保、节约的文明消费模式和生活方式。

2）生态经济体系。绿水青山就是金山银山。生态经济体系提供物质基础，构建生态经济体系是贯彻绿色发展理念、增强我国经济可持续发展能力的现实需要。绿色发展本质是源头减量化和末端轻量化的发展方式，必须依靠技术进步和创新驱动，构建以产业生态化和生态产业化为主体的生态经济体系，深化供给侧结构性改革，让生态优势变成经济优势，形成生态与经济和谐统一的生态经济体系。

3）生态文明制度体系。保护生态环境必须依靠制度、依靠法治。加强党的领导，推进体制改革，是习近平生态文明思想方法论的重要组成部分。《生态文明体制改革总体方案》明确指出，要构建起由自然资源资产产权制度、国土空间开发保护制度、空间规划体系、资源总量管理和全面节约制度、资源有偿使用和生态补偿制度、环境治理体系、环境治理和生态保护市场体系、生态文明绩效评价考核和责任追究制度八项制度构成的产权清晰、多元参与、激励约束并重、系统完整的生态文明制度体系，推进生态文明领域国家治理体系和治理能力现代化。

4）目标责任体系。生态环保目标落实得好不好，领导干部是关键。要建立健全考核评价机制，压实责任、强化担当，要建立责任追究制度，特别对领导干部的责任追究制度。生态文明建设目标责任体系包括：以具体减排指标、环境质量改善等具体任务为导向的目标考核，以调整地方政府绩效考核为导向的综合性生态文明目标评价体系，以生态文明建设目标为导向的，引导性的、试点性的考评体系，厘清生态文明建设领域相关部门常态化分工责任的制度安排，以及建立在责任体系基础上的问责机制。

5）生态安全体系。生态安全是国家安全体系的重要基石，是一道生命与健康的警戒线。生态安全体系是人类生产、生活和健康等方面不受生态破坏与环境污染等影响的保障程度，是一个由生物安全、环境安全和系统安全三方面组成的动态安全体系。建立生态安全体系，首先要维护生态系统的完整性、稳定性和功能性，确保生态系统的良性循环，其次要处理好涉及生态环境的重大风险问题。

三、习近平生态文明思想金句

1．绿水青山就是金山银山

2005 年 8 月 15 日，习近平到安吉天荒坪镇余村考察时，首次提出“绿水青山就是金山银山”。一周后，习近平在浙江日报《之江新语》发表评论指出：“生态环境优势转化为生态农业、生态工业、生态旅游等生态经济的优势，那么绿水青山也就变成了金山银山。”

2．生态兴则文明兴，生态衰则文明衰

2018 年 5 月，习近平总书记在全国生态环境保护大会上强调，生态文明建设是关系中华民族永续发展的根本大计。中华民族向来尊重自然、热爱自然，绵延 5 000 多年的中华文明孕育着丰富的生态文化。生态兴则文明兴，生态衰则文明衰。

3．像保护眼睛一样保护生态环境

2015 年 3 月 6 日，习近平总书记在参加全国“两会”江西代表团审议时指出，环境就是民生，青山就是美丽，蓝天也是幸福。要像保护眼睛一样保护生态环境，像对待生命一样对待生态环境。

4．良好生态环境是最普惠的民生福祉

2018 年 5 月，习近平总书记在全国生态环境保护大会上指出，良好生态环境是最普惠的民生福祉，坚持生态惠民、生态利民、生态为民，重点解决损害群众健康的突出环境问题，不断满足人民日益增长的优美生态环境需要。

5．生态环境保护是功在当代、利在千秋的事业

2013 年 5 月 24 日，习近平总书记在十八届中央政治局第六次集体学习时强调，生态环境保护是功在当代、利在千秋的事业。要清醒认识保护生态环境、治理环境污染的紧迫性和艰巨性，清醒认识加强生态文明建设的重要性和必要性，以对人民群众、对子孙后代高度负责的态度和责任，真正下决心把环境污染治理好、把生态环境建设好，努力走向社会主义生态文明新时代，为人民创造良好生产生活环境。

6．生态环境是关系党的使命宗旨的重大政治问题，也是关系民生的重大社会问题

2018 年 5 月，习近平总书记在全国生态环境保护大会上再次强调，生态环境是关系党的使命宗旨的重大政治问题，也是关系民生的重大社会问题。广大人民群众热切期盼加快提高生态环境质量。我们要积极回应人民群众所想、所盼、所急，大力推进生态文明建设，提供更多优质生态产品，不断满足人民群众日益增长的优美生态环境需要。

7．山水林田湖草是生命共同体

2013 年 11 月，习近平总书记对《中共中央关于全面深化改革若干重大问题的决定》作说明时指出，我们要认识到，山水林田湖草是一个生命共同体，人的命脉在田，田的命脉在水，水的命脉在山，山的命脉在土，土的命脉在树。

8．用最严格制度最严密法治保护生态环境

2013 年 5 月 24 日，在十八届中央政治局第六次集体学习时，习近平总书记指出，只有实行最严格的制度、最严密的法治，才能为生态文明建设提供可靠保障。

9．共谋全球生态文明建设，深度参与全球环境治理

2018 年 5 月，习近平总书记在全国生态环境保护大会上指出，共谋全球生态文明建设，深度参与全球环境治理，形成世界环境保护和可持续发展的解决方案，引导应对气候变化国际合作。

10．保护生态环境和发展经济从根本上讲是有机统一、相辅相成的

2019 年 3 月 5 日，习近平总书记在参加第十三届全国人大第二次会议内蒙古代表团的审议时指出，保护生态环境和发展经济从根本上讲是有机统一、相辅相成的。不能因为经济发展遇到一点困难，就开始动铺摊子上项目、以牺牲环境换取经济增长的念头，甚至想方设法突破生态保护红线。

思考题

1. 什么是生态文明？
2. 请简述生态文明建设的意义。
3. 我国推进生态文明建设的途径有哪些？

4. 什么是绿色消费？结合实际，谈谈大学生如何践行绿色消费。

5. 实现生活方式绿色化的途径有哪些？

6. 简述习近平生态文明思想的时代内涵。

7. 结合党的十九大报告中有关“美丽中国”的内容，谈谈个人或企业在未来生态文明建设中所能做出的努力。

主要参考文献

[1] 蕾切尔·卡森. 寂静的春天[M]. 吕瑞兰，李长生，译. 上海：上海译文出版社，2013.

[2] 辞海编辑委员会. 辞海[M]. 上海：上海辞书出版社，1979.

[3] 侯宇光，杨凌真，黄川友. 水环境保护[M]. 成都：成都科技大学出版社，2012.

[4] 曹万金，刘曼蓉. 水体污染与水资源保护[M]. 北京：中国科学技术出版社，1990.

[5] 佟玉衡. 废水处理[M]. 北京：化学工业出版社，2004.

[6] 柏景方. 污水处理技术[M]. 哈尔滨：哈尔滨工业大学出版社，2006.

[7] 陆渝蓉. 地球水环境学[M]. 南京：南京大学出版社，1999.

[8] 高艳玲，刘海春，周长丽. 固体废物处理处置与资源化[M]. 北京：高等教育出版社，2007.

[9] 杨国清，刘康怀. 固体废物处理工程[M]. 北京：科学出版社，2004.

[10] 孙秀云，王连军，李健生，等. 固体废物处置及资源化（第二版）[M]. 南京：南京大学出版社，2009.

[11] 韩怀芬，林春绵，李非里，等. 环境保护导论[M]. 杭州：浙江科学技术出版社，2008.

[12] 汪群慧，叶暾旻，谷庆宝. 固体废物处理及资源化[M]. 北京：化学工业出版社，2004

[13] 蒋建国. 固体废物处置与资源化[M]. 北京：化学工业出版社，2007.

[14] 周启星，等. 污染土壤修复原理与方法[M]. 北京：科学出版社，2004.

[15] 赵景联. 环境修复原理与技术[M]. 北京：化学工业出版社，2006.

[16] 王红旗，刘新会，李国学. 土壤环境学[M]. 北京：高等教育出版社，2007.

[17] 崔龙哲，李社锋. 污染土壤修复技术与应用[M]. 北京：化学工业出版社，2016.

[18] 陈杰瑢. 物理性污染控制[M]. 北京：高等教育出版社，2007.

[19] 蔡俊. 噪声污染控制工程[M]. 北京：中国环境科学出版社，2011.

[20] 裴铁璠，金昌杰，关德新. 生态控制原理[M]. 北京：科学出版社，2003.

[21] 国家林业局. 中国重点保护野生植物资源调查[M]. 北京：中国林业出版社，2009.

[22] 国家林业局. 中国重点保护野生动物资源调查[M]. 北京：中国林业出版社，2009.

[23] 中国生物多样性保护战略与行动计划编写组. 中国生物多样性保护战略与行动计划（2011—2030 年）[M]. 北京：中国环境科学出版社，2011.

[24] 叶文虎. 环境管理学[M]. 北京：高等教育出版社，2006.

[25] 魏智勇. 环境与可持续发展[M]. 北京：中国环境科学出版社，2007.

[26] 马光. 环境与可持续发展导论[M]. 北京：科学出版社，2000.

[27] 刘青松. 可持续发展简论[M]. 北京：中国环境科学出版社，2003.

[28] 刘学谦. 可持续发展前沿问题研究[M]. 北京：科学出版社，2010.

[29] 林春绵. 环境保护导论[M]. 杭州：浙江科学技术出版社，2016.

[30] 杜明娥，杨英姿. 生态文明与生态现代化建设模式研究[M]. 北京：人民出版社，2013.

[31] 陈宗兴. 生态文明建设实践卷[M]. 北京：学习出版社，2014.

[32] 樊阳程，邬亮，陈佳，等. 生态文明建设国际案例集[M]. 北京：中国林业出版社，2016.

[33] 傅治平. 生态文明建设导论[M]. 北京：国家行政学院出版社，2009.

[34] 李龙强. 生态文明建设的理论与实践创新研究[M]. 北京：中国社会科学出版社，2015.

[35] 王春益. 生态文明与美丽中国梦[M]. 北京：社会科学文献出版社，2014.

[36] 贾卫列，杨永岗. 生态文明建设概论[M]. 北京：中央编译出版社，2013.